薬学・生命科学のための
有機化学・天然物化学

Satyajit D. Sarker・Lutfun Nahar 著

伊藤 喬・鳥居塚 和生 訳

東京化学同人

Chemistry for Pharmacy Students
General, Organic and Natural Product Chemistry

Satyajit D. Sarker
Lutfun Nahar
University of Ulster
Coleraine, Northern Ireland, UK

Copyright © 2007 John Wiley & Sons Ltd, The Atrium, Southern Gate, Chichester, West Sussex PO19 8SQ, England
All Rights Reserved. Authorised translation from the English language edition published by John Wiley & Sons, Ltd.
Japanese translation edition © 2012 by Tokyo Kagaku Dozin Co., Ltd.

序

　人の健康にかかわる現代の仕事の中で，薬を取扱う薬剤師の役割はこの20年ほどの間に大きく変化している．薬剤師が行う仕事の内容は，サプリメントの供給や，健康管理，患者対応などに広がっている．薬剤師として患者にかかわることだけでなく，人々の健康を守るということに主眼が置かれるようになってきている．現代の薬剤師業務の視点は，医薬品中心から患者中心へと移行しつつある．これらの変化に対応して現代の薬剤師に課せられるニーズを満たすために，先進国における薬学部教育は近年大きく改革されている．西洋では，ほとんどすべての登録薬剤師は街の薬局か病院に勤務している．その結果，調剤実践，薬にかかわる法律，薬局経営，患者対応，処方や薬物治療に関する科学的知識などが，薬学のカリキュラムの中で主要な位置を占めるようになってきた．当然のことながら，これらの変化すべてを取込むために，化学，統計学，薬理学，微生物学，生薬学その他の基礎的な科学の部分は大幅に縮小されている．しかし，これらの変化が医薬品化学領域へ与える影響は比較的小さい．

　すべての医薬品は化学物質であり，薬学は，医薬品の製造，保存，作用，毒性，代謝，管理など，薬物を多様な面から学習する分野であるから，薬学教育において化学は依然として大変重要な役割を担っている．しかし，20年前に教えられていたような化学と比較すると，その内容・範囲は近年大きく変化している．薬学生はしっかりとした化学の基礎知識を必要としているが，その内容は，化学科の学生が必要とする基礎知識と同じではあり得ない，ということが認識され始めている．

　一般化学，有機化学，天然物化学の教育に利用できる教科書はそれぞれいくつかあるが，すべてが化学を専攻とする学部学生用であり，薬学部生を対象とするものではない．また，ほとんどの薬学部カリキュラムにおいて，一般化学，有機化学，天然物化学は１年生，あるいは２年生の段階でのみ教えられる．さらに，学生が購入できる医薬品化学のテキストは限られており，しかも先進国における近年の薬学カリキュラムの変化には対応

していない．そのため，一般，有機，天然物化学の基本をカバーする，薬学部生に対して適正なレベルで書かれた化学の教科書の必要性が高まっている．物理化学や分析化学は現在の薬学カリキュラムにおいて2年，および3年生で別々に教えられていて，これらの領域については多くの近代的かつ優れた教科書が存在している．

私たちは教員としての経験の中で，薬学生に対して適正なレベルをもち，世界中で，少なくとも英国で進みつつある薬学カリキュラムの変化にも対応できる，一般，有機，天然物化学の教科書を見つけ出そうと常に努力してきた．しかし結局のところ，適切な1冊ものは見つからず，そのため複数のテキストを紹介し，足りないところを補うために学生用教材としてプリントを配布することになってしまっていた．そのような経験から，一般化学，有機化学，天然物化学を医薬品分子とのかかわりから理解する，薬学部学生用の1冊の化学の本をまとめようと決意した．つまり，この本の目的は，現在英国，米国や他の先進国で薬学部生に教えられている一般，有機，天然物化学に関係するすべての重要項目に対して基本的な知識を与え，つぎにこれらの知識を医薬品分子やその開発過程がより深く理解できるよう応用し，結果として薬学カリキュラムの要求を満たすことである．この本は，細かな事実や繰返しを省くことによって，これら化学のエッセンスを，通読可能で学生に親切なテキストの形に圧縮しようと試みたものである．

英国の薬学部にはさまざまな学習背景をもつ学生が進学してくる．その中には十分な化学の知識をもつ学生もいるが，ほとんど，もしくは全く化学の知識がない学生もいる．薬学部の学生を教えてきたこれまでの経験から，私たちは，これらすべての学生の学習に用いることができる教材のレベルを知っている．学習レベルや学習方法は学生個々によって違っていることは承知しているが，すべての学生にとって難しすぎずやさしすぎず，しかも学生にとって使いやすい標準的教育内容と難易度とのバランスをとることは可能であると考えている．これらのことに注意を払いながら，薬学部のカリキュラムの1年次および2年次に適するような内容でこの本を

構成した．多くの題材のうち，理論的な面についても適切と思われる分量を掲載したが，医薬品分子や，その発見，開発に関連づけて，これらの理論の応用面を中心に記述した．第1章では，化学の一般理論のいくつかと，それらの近代社会における重要性について，特に医薬品への応用に重点を置いて概論を述べると同時に，医薬品分子のさまざまな性質，たとえばpH，極性，溶解度のような物理化学的性質についても手短に記述する．第2章では原子の構造と結合に関する基礎を取扱い，第3章では立体化学に関する種々の内容を記述する．第4章では種々の官能基，脂肪族，芳香族，複素環，アミノ酸，核酸のさまざまな性質と，それらの医薬品としての重要性について取扱う．主要な有機反応は第5章で取扱い，種々の医薬品として重要な天然物を第6章で記述する．

　この本の主な読者は薬学部の1年生および2年生であるが，化学者を目指すわけではないが化学に対する基本的な知識を必要とする食品科学，生命科学，健康科学など他分野の学生も読者対象に含まれると考えている．

Dr. Satyajit D. Sarker
Dr. Lutfun Nahar

訳　者　序

　薬剤師資格を取るための薬学部が6年制となり，その教育内容にも大きな変革が起こっている．これまでの4年制の薬学部でも学生の多くは薬剤師として就職していたが，在学中は有機化学，物理化学，生化学のような基礎学問を中心に学び，実際の薬剤師として用いる知識は社会に出てから実地で学んでいた．6年制では，薬剤師業務やコミュニケーション能力に重点を置いた薬学教育が行われるようになったため，薬学の基礎となる学問のあり方も見直しの必要に迫られることとなった．4年次最後に実施される共用試験までにコアとなる項目を終えていなければならないため，年限が2年延長されたのにもかかわらず，4年次までのカリキュラムは過密なままである．必然的に，新しく導入された教育項目と，旧来から存在していた科目間での時間の調節が多くの薬学部で問題となっている．

　本書は英国で出版された，薬学部生を対象とする化学の教科書であるが，著者たちの序文にもあるように，英国の薬学教育の変化も日本の現状とかなり近いもののようである．したがって，そのような流れの中で，基礎薬学の一領域である化学をどのように教えていくのかということに関しても，日本の薬学部における化学教育に通じるような考え方に基づき，分量を抑えて提示しようという工夫がなされている．

　このような意味で，本書は，新しい6年制薬学の中で化学をどう教えるべきか，という問に対する回答の一つを提案しているものと考えることができる．日本と英国では強調したいポイントが若干異なっていることは当然であるが，薬学における化学の重要性に関しての認識は共通する部分が多い．本書1冊で一般化学，有機化学，天然物化学の基本的な知識が得られるという点で，中身の詰まった，かなりお得な書籍といえるだろう．

　第6章の天然物化学に関しては，日本の教科書と比べてやや幅が広い内容を扱っており，この部分が医薬品で用いられるものに特化して記載されていれば，本邦における化学系薬学の内容にほぼ等しい．高校化学を学んでいれば，読み始めることに問題を感じないレベルから記述されており，

本書を通読することによって化学系薬学の全体像が把握できる.

　最後になったが，原稿がなかなか進まない訳者たちを根気強く支えてくれた東京化学同人 編集部 幾石祐司氏に深く感謝します．

　2012年4月

訳者を代表して
伊　藤　　喬

目　　次

第1章　イントロダクション
- 1・1　現代生活における化学の役割 …………………………………………1
- 1・2　医薬品分子の物理的性質 …………………………………………………3

第2章　原子構造と結合
- 2・1　原子，元素および化合物 …………………………………………………15
- 2・2　原子構造：軌道と電子配置 ………………………………………………16
- 2・3　化学結合論：化学結合の形成 ……………………………………………19
- 2・4　電気陰性度と化学結合 ……………………………………………………25
- 2・5　結合の極性と分子間力 ……………………………………………………26
- 2・6　薬物–受容体相互作用における化学結合の重要性 ……………………28

第3章　立 体 化 学
- 3・1　立体化学：定義 ……………………………………………………………32
- 3・2　異　　性 ……………………………………………………………………32
- 3・3　医薬品の活性や毒性を決める立体異性の重要性 ………………………52
- 3・4　キラル分子の合成 …………………………………………………………54
- 3・5　立体異性体の分離——ラセミ体混合物の分割 …………………………55
- 3・6　炭素以外に立体中心をもつ化合物 ………………………………………56
- 3・7　4個の異なった基を含む正四面体原子をもたなくてもキラルになる化合物 ……………………………………………………………………………56

第4章　有機化合物中の官能基
- 4・1　官能基——その定義と構造上の特徴 ……………………………………58
- 4・2　炭化水素 ……………………………………………………………………60
- 4・3　アルカン，シクロアルカンおよびそれらの誘導体 ……………………60

- 4・4　アルケンおよびその誘導体 ……………………………………………104
- 4・5　アルキンおよびその誘導体 ……………………………………………109
- 4・6　芳香族化合物およびその誘導体 ………………………………………113
- 4・7　複素環化合物およびその誘導体 ………………………………………146
- 4・8　核　酸 ……………………………………………………………………175
- 4・9　アミノ酸とペプチド類 …………………………………………………185
- 4・10　医薬品の作用と毒性を決定する官能基の重要性 ……………………190
- 4・11　医薬品の安定性を決定するための官能基の重要性 …………………195

第5章　有機反応

- 5・1　有機反応の種類 ……………………………………………………………196
- 5・2　ラジカル反応: フリーラジカル連鎖反応 ………………………………196
- 5・3　付加反応 ……………………………………………………………………202
- 5・4　脱離反応: 1,2-脱離または β-脱離 ………………………………………231
- 5・5　置換反応 ……………………………………………………………………241
- 5・6　加水分解 ……………………………………………………………………274
- 5・7　酸化還元反応 ………………………………………………………………278
- 5・8　ペリ環状反応 ………………………………………………………………293

第6章　天然物化学

- 6・1　天然物化学からの医薬品発見入門 ………………………………………298
- 6・2　アルカロイド ………………………………………………………………303
- 6・3　炭水化物 ……………………………………………………………………319
- 6・4　配糖体 ………………………………………………………………………336
- 6・5　テルペノイド ………………………………………………………………349
- 6・6　ステロイド …………………………………………………………………375
- 6・7　フェノール類 ………………………………………………………………383

索　引 ………………………………………………………………………………396

世界中の薬学生に
本書をささげる

1. イントロダクション

学習目標
- 現代生活における化学の役割.
- 極性,溶解度,融点,沸点および酸塩基の性質など,医薬品の物性.
- pH,pK_a,緩衝液,中和などの意味.

1・1 現代生活における化学の役割

化学は,物質,特に原子および分子に関する組成,構造,性質および反応性を取扱う科学の一分野である.

生命そのものが化学に満ちあふれている.たとえば,生命活動は連続的な生化学反応の結果である.細胞の構成成分から生命体全体に至るまで,そこに化学が存在することは自明である.ヒトの体は化学物質でできており,多数の化学物質に依存して生きている.また,生活の水準を高めることも化学物質に依存して起こる.すべての生命は多くの有機物質からできている.生命の進化はヌクレオチドとよばれる一種の有機化合物から始まった.ヌクレオチドは互いに結合して生命の構成単位をつくる.私たちの個性や遺伝傾向や世代の継続性はすべて化学によって支配されている.

毎日の生活は,どの分野を見ても,化学研究から与えられた恩恵を長期間にもわたって利用し,消費している.実際,化学は現代生活の至るところに応用されている.衣服の染色からパソコンの形作りに至るまで,すべては化学を用いることによって可能となる.化学は,医薬品の進歩,衛生化学や近代農業の分野において主要な役割を果たしている.疾病やその治療は人間の生活の一部である.化学は,病気とその治療法である医薬品を理解するためにも重要である.この章の目的は,現代医学に対する化学の役割を述べることである.

さまざまな病気の治療に対して,用いられる医薬品や薬物は有機あるいは無機の化学物質であるが,その大半は有機化合物である.アスピリンを例にとってみよう.アスピリンは,その構造の単純さと低価格のために,おそらく最もよく知られ,最も広く用いられている鎮痛剤である.アスピリンは化学的には有機化合物のアセチルサリチル酸として知られている.アスピリンの前駆体はサリシンであり,これはヤナギの木の皮から発見された.しかし,アスピリンは,**コルベ反応**(Kolbe reaction,§4・6・10を参照)を用いることによりフェノールから容易に合成される.

1. イントロダクション

この本の先の章に進むにしたがって，一連の医薬品例およびその性質に触れることになる．

アスピリン
（アセチルサリチル酸）

サリシン
（アスピリンの前駆体）

アセトアミノフェン

モルヒネ

ペニシリン V

これらの医薬品とその作用について正しく学び，理解するためには，化学を学習する以外の方法は存在しない．その発見から開発に至るまで，また，生産や備蓄から管理の過程まで，そして医薬品の望ましい作用から副作用までの至るところで，化学は直接的にかかわっている．

医薬品の発見の段階では，適切な医薬品源が探索される．医薬品分子の源は，天然物，たとえば *Papaver somniferum*（ケシ）から得られる麻薬性鎮痛薬であるモルヒネや，よく使用される合成鎮痛薬，解熱薬であるアセトアミノフェンや，半合成品であるペニシリン類である．その源が何であれ，化学は医薬品発見のすべての過程に関与している．もし薬物分子を天然物，たとえば植物から単離精製しなければならない場合，抽出，単離，構造決定などの過程が用いられるが，これらはすべて化学の知識に基づいて行われる．

同様に，医薬品開発の過程のうち製剤化を検討する段階では，構造的および物理的性質，たとえば薬物の溶解度や pH が調査される．薬物の物性は保存の過程を決めるためにも重要である．たとえば，アスピリンのようにエステル官能基を有する医薬品は，湿気がある状態では不安定な可能性があり，乾燥した低温の場所に保存する必要がある．医薬品分子の化学は，薬物投与の適切な経路選択を決定する．投与された後の生体内中での薬物の作用は，適切な受容体への結合，およびそれにひき続く代謝の過程に依存しており，これらのすべてに酵素によってひき起こされる

生化学反応が関与している.

　すべての医薬品は化学物質であり,薬学では医薬品を多様な側面から学習する.したがって,いうまでもなく,よい薬剤師になるためには医薬品に関する化学的知識が必要不可欠である.次の章に進む前に,医薬品分子の物理的性質に関連するいくつかの基本的な概念を理解しておこう.

1・2　医薬品分子の物理的性質
1・2・1　物理的状態

　医薬品分子はさまざまな物理的状態で存在する.非晶性の固体,結晶性の固体,吸湿性の固体,液体,気体などである.医薬品分子の物理学的性質は,医薬品の製剤および送達にとって非常に重要な因子である.

1・2・2　融点および沸点

　融点(melting point, mp)は固体が液体に変化する温度であり,**沸点**(boiling point, bp)は液体の蒸気圧が大気圧と等しくなるときの温度を示す.ある物質の沸点は,ある気圧下において液体の至るところから気体が発生する温度,としても定義できる.たとえば,1気圧における水の融点は0℃(32°F, 273.15 K)であり,沸点は100℃である.

　融点は有機化合物を同定したり,純度を確認したりするのに用いられる.純粋な物質の融点は,少量の不純物を含む場合の融点と比べて常に高い値を示す.不純物が多いほど融点は下がり,ついには最低値に達する.最も低い融点を示す混合比を**共融組成**(eutectic ratio)という.

　融点は分子量が増すほど,また沸点は分子のサイズが大きくなるほど高くなる.融点の上昇は沸点の上昇ほどには規則的でない.なぜなら,融点の値には,結晶内での分子の詰まり方が影響を与えるからである.

　固体における分子の詰まり方とは,固体中の各分子が結晶格子中でどのくらい

$CH_3CH_2CH_2CH_3$
ブタン
融点 = −138.4 ℃

$CH_3CH_2CH_2CH_2CH_3$
ペンタン
融点 = −129.7 ℃
沸点 = 36.1 ℃

$CH_3CH_2CH_2CH_2CH_2CH_3$
ヘキサン
融点 = −93.5 ℃

CH_3
$CH_3CHCH_2CH_3$
イソペンタン
沸点 = 27.9 ℃

CH_3
CH_3CCH_3
CH_3
ネオペンタン
沸点 = 9.5 ℃

ぴったりと近づいているかということである．結晶格子がしっかり詰まっていればいるほど，それを壊して溶けた状態にするために必要なエネルギーは大きくなる．奇数個の炭素をもつアルカンは偶数個のものと比べて詰まり方が緩く，結果として融点が低下する．これとは対照的に，同じ分子量を有する二つのアルカンを比べると，より枝分かれしているものの方が低い沸点をもつ．

1・2・3 極性と溶解度

極性（polarity）は化合物の物性の一つであり，融点，沸点，溶解度，分子間力などの他の物性と密接に関連している．一般的に，分子の極性と，分子内に存在する極性および非極性結合の数や種類との間には直接的な関連がある．まれな例として，極性結合を有した分子であっても，対称構造をもっているため結果として極性をもたない二酸化炭素のような分子も存在する．

結合極性（bond polarity）は，原子間の電子の共有様式の目安となる．非極性の共有結合では，電子は二つの原子に均等に共有される．極性共有結合は，一方の原子が他方よりも電子をより強く引きつけることによって生じる．この引き合いの差が大きくなると，結合はイオン結合になる．

結合極性は，結合に関与する二つの原子の電気陰性度の差から生じる．この差が大きいほど，結合極性は大きくなる．たとえば，水は極性分子であるがシクロヘキサンは非極性である．結合極性と電気陰性度に関しては第2章で議論する．

溶解度（solubility）とは，一定条件下で，ある溶媒に対して溶ける溶質の量である．溶解する物質を**溶質**（solute），溶解させる液体を**溶媒**（solvent）とよび，両方を合わせて**溶液**（solution）という．溶解する過程は**溶媒和**（solvation）とよばれるが，溶媒が水の場合，特に**水和**（hydration）という．実際は，溶けている分子種と溶媒分子の相互作用が溶媒和である．

分子の溶解度は，分子自身の極性から理解できる．水のような極性溶媒と，ベンゼンのような非極性溶媒は混ざり合わない（お互いを溶かすことができない）．一般則として，似たもの同士，つまり類似した極性をもつもの同士は混ざり合う．水のような極性分子は，塩化ナトリウムのような極性化合物の部分電荷と相互作用できる部分電荷をもっている．非極性化合物は電荷をもっていないので，極性溶媒と相互作用しない．アルカンは非極性分子であり，水のような極性溶媒には溶けず，

石油エーテルのような非極性溶媒に溶解する．水素結合と他の非共有結合性相互作用については第2章で述べる．

　溶質をそれ以上溶かすことができない溶液は，**飽和溶液**（saturated solution）とよばれる．溶液の**平衡状態**（equilibrium）はおもに温度に依存する．ある単位量の溶媒に対する最大の溶質量は，その溶媒に対する溶質の**溶解度**（solubility）とよばれる．それは一般的に，飽和溶液としての最大濃度で表される．ある物質の他の液体に対する溶解度は，溶媒と溶質の間の**分子間力**（intermolecular forces），温度，溶媒和に伴うエントロピー変化，他の物質の存在状態，そして溶質が気体の場合には溶液にかかっている圧力など，によって決定される．**溶解速度**（rate of solution）とは，溶質がどれだけ速く溶媒に溶けるかということであり，溶質粒子の大きさ，撹拌の仕方，温度，すでに溶けている溶質量などに依存して決まる．

1・2・4　酸性-塩基性とpH

　アスピリンの副作用の一つに胃壁からの出血があるが，これはアスピリンが酸性のためである．胃の中では，アスピリンは加水分解されてサリチル酸となる．サリチル酸は，分子内に存在するカルボキシ基およびフェノール性ヒドロキシ基によって酸性を示す．アスピリンを摂取すると胃中の液性が大きく酸性側に傾き，この状態が長く続くと胃内での出血が起こる．酸性を示す医薬品はアスピリン以外にも多数存在する．塩基性，あるいは中性の医薬品ももちろん数多く知られている．酸性，塩基性，中性という用語が実際にはどのような意味をもち，これらのパラメータをどのようにして測定するのか，以下にみてみよう．

単純化して述べると，電子対を受け取る電子欠損性の分子種は酸であり，代表例として塩酸がある．一方，与えるべき電子対をもっている分子種は塩基とよばれ，たとえば水酸化ナトリウムがそうである．中性の分子種は電子対を受け取りも与えもしないものである．ほとんどの有機反応は酸塩基反応であるか，あるいは反応のどこかで酸，または塩基による触媒過程を含んでいる．

　a．アレニウスの酸・塩基　　アレニウスの定義によれば，酸とは水溶液中

でオキソニウムイオン（H_3O^+）を生成する物質であり，塩基とは水溶液中で水酸化物イオン（OH^-）を与える物質のことをいう．酸は塩基と反応して塩と水を与える．

$$HCl(酸) + NaOH(塩基) \rightleftharpoons NaCl(塩) + H_2O(水)$$

b. ブレンステッド・ローリーの酸・塩基　オランダ人化学者のJohannes Brønsted と，イギリス人の Thomas Lowry は，**酸**（acid）をプロトン供与体，**塩基**（base）をプロトン受容体と定義した．

$$HNO_2(酸) + H_2O(塩基) \rightleftharpoons NO_2^-(共役塩基) + H_3O^+(共役酸)$$

酸に対して**共役塩基**（conjugate base）が存在し，塩基に対しては**共役酸**（conjugate acid）がある．これらの共役対の構造の違いはプロトンがついているかいないかだけである．上の例では，HNO_2 は酸，H_2O は塩基，NO_2^- は共役塩基，H_3O^+ は共役酸である．すなわち，共役酸はプロトンを放出して塩基となり，共役塩基はプロトンと結合して酸を与える．水は酸にも塩基にもなりうる．プロトンが結合するとオキソニウムイオン，すなわち水の共役酸となり，プロトンを放出すると水酸化物イオン，すなわち水の共役塩基となる．

　酸が塩基にプロトンを移動させると，酸自体は共役塩基に変わる．プロトンを受け入れることによって，塩基はその共役酸へと変化する．以下に示した酸塩基反応において，H_2O は共役塩基である水酸化物イオン（OH^-）に変換され，NH_3 は共役酸であるアンモニウムイオン NH_4^+ に変わる．したがって，塩基の共役酸は必ず水素原子が1個増え，正の電荷が増すか，あるいは負の電荷が減っている．一方，酸の共役塩基では水素原子が1個減り，負の電荷あるいは非共有電子対が増すか，あるいは正の電荷が減る．

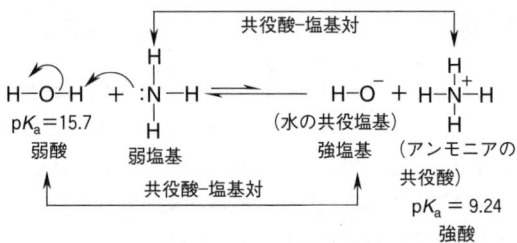

　ブレンステッド-ローリーの定義によれば，水素原子をもっているすべての化合物は酸として働く可能性をもっており，非共有電子対をもつすべての化合物は塩基と

して機能しうる．したがって，中性分子であっても，酸素，窒素，硫黄などをもっている場合には塩基として働くことがある．プロトン移動の反応では酸と塩基の両方が存在する必要がある，なぜなら，酸は，プロトンを受け取ってくれる塩基がなければプロトンを放出することができないからである．したがって，プロトン移動反応はしばしば**酸塩基反応**（acid-base reaction）とよばれる．

たとえば，つぎに示す酢酸とアンモニアの反応において，プロトンは酸である酢酸から塩基であるアンモニアへと移動している．

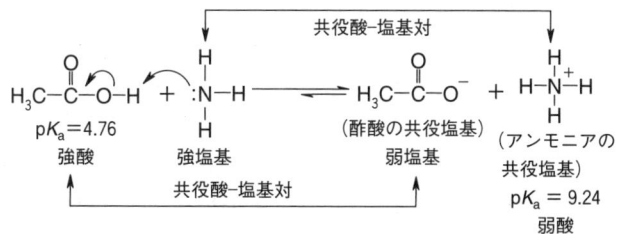

この酸塩基反応において，アンモニアはプロトンを受け取っているため塩基であり，酢酸はプロトンを与えているから酸である．逆反応では，アンモニウムイオンがプロトンを放出するのでこれが酸であり，酢酸アニオンはプロトンを受け取っているため塩基である．曲がった矢印は酸塩基反応における電子移動の方向を示している．

二つの片羽矢印は平衡反応を表すために用いられる．長い矢印は，平衡が酢酸アニオンとアンモニウムイオンを生成する方向に偏っていることを示している．酢酸はアンモニウムイオンよりも強い酸であり，平衡は弱い酸と弱い塩基を生成する方向に偏っている．

c. ルイスの酸塩基理論　ルイスの酸塩基理論は，酸を電子対受容体，塩基を電子対供与体として定義する．すなわち，プロトンは**ルイス酸**（Lewis acid）として機能する多くの化学種のうちの一つにすぎない．電子対を受け入れることができる空軌道をもつ分子やイオンは，どれでも酸として働く可能性がある（軌道およびルイスの理論に関しては第2章を参照）．他の化学種に対して与えることのできる電子対をもつすべての分子やイオンは塩基として働く可能性がある．

この理論を適用すると，多くの有機反応を酸塩基反応とみなすことが可能となる，なぜならそれらが水溶液中で起こらなくてもよくなるからである．ルイス酸は**非プロトン性の酸**（aprotic acid）で，プロトンを与えて反応するのではなく，電子対を受け取るかたちで塩基と反応する．

ボラン (BH$_3$), 三塩化ホウ素 (BCl$_3$) や三フッ化ホウ素 (BF$_3$) などはルイス酸として知られている. なぜならホウ素は空のp軌道を有しており, これが電子対供与体から電子対を受け取るからである. たとえば, ジエチルエーテルはBCl$_3$に対してルイス塩基として反応し, ジエチルエーテル–三塩化ホウ素錯体を形成する.

$$C_2H_5-\ddot{O}-C_2H_5 \ + \ BCl_3 \ \longrightarrow \ \underset{C_2H_5}{C_2H_5-\overset{+}{O}-\overset{-}{B}Cl_3}$$

ジエチルエーテル　三塩化ホウ素　　ジエチルエーテル–
（ルイス塩基）　（ルイス酸）　　　三塩化ホウ素錯体

d. 有機官能基の酸塩基反応性　さまざまな官能基を有する有機分子の酸塩基反応性について考えてみよう. 最も一般的な官能基の例はカルボン酸, アミン, アルコール, アミド, エーテル, ケトンなどである. 医薬品分子も種々の官能基を含んでおり, これらが医薬品分子全体の酸性や塩基性の決定に重要な役割を果たす. 窒素, 酸素, 硫黄, リンなどの非共有電子対が分子中に存在する有機化合物は, ルイス塩基もしくはブレンステッド塩基として働き, ルイス酸またはブレンステッド酸と反応する. ルイス酸はプロトン性, 非プロトン性のどちらでもよい. ブレンステッド酸は**プロトン酸**（protic acid）ともよばれる.

最も一般的な有機酸はカルボン酸である. これらは中程度の強さの酸であり, 3から5付近のpK_a値をもつ. 酢酸 (pK_a = 4.76) は酸として働いてプロトンを供与することができるが, 塩基としてプロトンを受け取る場合もある. プロトン化された酢酸 (pK_a = −6.1) は強酸である. 平衡反応は, 強い酸や塩基から弱い酸や塩基が生成する方向に偏っている.

$$H_3C-\underset{\overset{\|}{:O:}}{C}-O-H \ + \ H\ddot{O}^- \ \rightleftharpoons \ H_3C-\underset{\overset{\|}{:O:}}{C}-\ddot{O}:^- \ + \ HO-H$$

pK_a = 4.76　強塩基　　　　　　（共役塩基）　　（共役酸）
強酸　　　　　　　　　　　　　　弱塩基　　　　pK_a = 15.7
　　　　　　　　　　　　　　　　　　　　　　　弱酸

$$H_3C-\underset{\overset{\|}{:O:}}{C}-OH \ + \ H-SO_3OH \ \rightleftharpoons \ H_3C-\underset{\overset{\|}{\overset{+}{O}-H}}{C}-OH \ + \ HSO_4^-$$

弱塩基　　　pK_a = −5.2　　　　（共役酸）　　（共役塩基）
　　　　　　　弱酸　　　　　　　pK_a = −6.1　　強塩基
　　　　　　　　　　　　　　　　　強酸

アミン類は最も重要な有機塩基であるとともに, 弱い酸でもある. すなわち, アミンは塩基としてプロトンを受取ることもできるし, 酸として他の化合物にプロトンを供与することもできる.

1・2 医薬品分子の物理的性質

$$H_3C-NH_2 + H\ddot{O}^- \rightleftarrows H_3C-\bar{N}H + HO-H$$
$pK_a = 40$ 弱塩基 （共役塩基） （共役酸）
弱酸 強塩基 $pK_a = 15.7$
強酸

$$H_3C-NH_2 + H-SO_3OH \rightleftarrows H_3C-\overset{+}{N}H_2(H) + HSO_4^-$$
強塩基 $pK_a = -5.2$ （共役酸） （共役塩基）
強酸 $pK_a = 10.64$ 弱塩基
弱酸

アルコールは酸として働いてプロトン供与体になれる．しかし，アルコールはカルボン酸に比べればはるかに弱い酸であり pK_a 値は約 16 である．アルコールは塩基としても働くことがある．たとえば，エタノールは硫酸によってプロトン化されてエチルオキソニウムイオン（$C_2H_5OH_2^+$）を与える．プロトン化されたアルコール（$pK_a = -2.4$）は硫酸と比べれば弱い酸である．

$$C_2H_5O-H + H\ddot{O}^- \rightleftarrows C_2H_5-\ddot{O}:^- + HO-H$$
$pK_a = 15.9$ 弱塩基 （共役塩基） $pK_a = 15.7$
弱酸 強塩基 強酸

$$C_2H_5-OH + H-SO_3OH \rightleftarrows C_2H_5-\overset{+}{O}-H(H) + HSO_4^-$$
強塩基 $pK_a = -5.2$ （共役酸） （共役塩基）
強酸 $pK_a = -2.4$ 弱塩基

有機化合物の中には，2 個以上の原子が非共有電子対をもっているものも存在し，このような分子では 2 箇所以上で酸と反応する可能性がある．たとえばアセトアミドは，窒素，酸素両原子上に非共有電子対を有していて，どちらがプロトン化されてもよい．しかし，通常は，1 個のプロトンが付加した時点で反応は止まる．

アセトアミドでも酢酸でも，塩基性が強そうに見えるアミノ基やヒドロキシ基より，カルボニル酸素の方が容易にプロトン化される．カルボニルあるいはヒドロキシ基の酸素原子上の非共有電子対に対するプロトン化は，アセトアミド，酢酸，アルコール類などを基質とする酸性条件下での化学反応の重要な最初のステップであ

$$H_3C-\underset{:\ddot{O}:}{C}-NH_2 + H-SO_3OH \rightleftarrows H_3C-\underset{\overset{+}{O}-H}{C}-NH_2 + HSO_4^-$$
塩基 酸 （共役酸） （共役塩基）

$$H_3C-\underset{:\ddot{O}:}{C}-OH + H-Cl \rightleftarrows H_3C-\underset{\overset{+}{O}-H}{C}-OH + Cl^-$$
塩基 酸 （共役酸） （共役塩基）

る．これらの化合物の共役酸は，プロトン化されていない状態よりもルイス塩基に対する反応性が高い．そのため，酸は有機化合物の求核試薬に対する反応性を高めるための触媒として用いられる．

ジエチルエーテルと濃塩酸との反応は，プロトン酸が塩基性の酸素に反応する典型的な例である．水と同様に，酸素を含む有機化合物ではプロトン化されたオキソニウムイオン，この場合にはプロトン化されたエーテルが生成する．

$$C_2H_5\text{-}\ddot{O}\text{-}C_2H_5 + H\text{-}Cl \rightleftharpoons C_2H_5\text{-}\overset{+}{O}\text{-}C_2H_5 + Cl^-$$
$$\phantom{C_2H_5\text{-}\ddot{O}\text{-}C_2H_5 + H\text{-}Cl \rightleftharpoons\ }\underset{H}{\phantom{C_2H_5\text{-}\overset{+}{O}}}$$

（塩基）　（酸）　（共役酸）　（共役塩基）

ケトンは塩基としても作用しうる．アセトンはルイス酸である三塩化ホウ素に電子対を供与し，アセトン-三塩化ホウ素錯体を形成する．

$$H_3C\text{-}\underset{\underset{}{}}{\overset{\overset{\ddot{O}}{\|}}{C}}\text{-}CH_3 + BCl_3 \longrightarrow H_3C\text{-}\underset{}{\overset{\overset{\overset{+}{\ddot{O}}\text{-}\overset{-}{BCl_3}}{|}}{C}}\text{-}CH_3$$

アセトン　三塩化ホウ素　アセトン-三塩化ホウ素錯体
（ルイス塩基）　（ルイス酸）

有機化合物の酸としての反応性は，その化合物がどれだけ容易に塩基と反応してプロトンを与えるかで決まる．水素原子の酸性度は結合相手の原子の電気陰性度によって決定される．電気陰性度の大きい原子に結合しているほど，プロトンとしての酸性は強い．炭素は窒素や酸素と比べて電気陰性度は小さく，そのため，炭素は窒素や酸素ほどには電子を引きつけない．たとえば，すべての水素原子が炭素と結合しているエタン分子では，水素はきわめて弱い酸性しか示さない．窒素は酸素に比べると電気陰性度は小さい．したがって窒素原子は酸素ほど強くは電子を引きつけない．たとえば，メチルアミンにおいて，窒素上の水素は酸性を示すが，メタノールの酸素原子上の水素はもっと酸性が強い．弱い酸から生成する共役塩基の塩基性は強い．したがって，エタンはメチルアミンやメタノールよりも強い共役塩基を与える．エタン，メチルアミン，メタノールの共役塩基の強さの序列を以下に示した．

CH_3CH_3（エタン） ＞ CH_3NH_2（メチルアミン） ＞ CH_3OH（メタノール）
（炭素に結合した水素,窒素に結合した水素,酸素に結合した水素の順に酸性度が上昇する）

CH_3O^-（メトキシドアニオン） ＞ CH_3NH^-（メチルアミドアニオン）
　　　　　　　　　　　　　　　　　　　　＞ $CH_3CH_2^-$（エチルアニオン）
（共役塩基の塩基性の上昇する順）

e. pH と pK_a　pH 値は，水素イオン濃度の常用対数にマイナスの符号をつけたものとして定義される．物質の酸性や塩基性はおもに pH 値で定義される．

$$pH = -\log_{10}[H_3O^+]$$

水溶液中の酸性度はオキソニウムイオン H_3O^+ の濃度として定義される．そのため，溶液の pH は溶液中での水素イオン濃度と関連づけられる値である．水素イオン濃度は [H^+] もしくはこれの水和型，[H_3O^+] で表記される．水溶液中での [H_3O^+] の濃度はきわめて低いため，化学者は，この値が 0 から 14 までの正の値の間で表現できる方法を見出だした．pH が低ければ低いほど，溶液は強酸性になる．溶液の pH は，その溶液に酸または塩基を加えるだけで容易に変動する．pH と pK_a を混同しないようにしよう．pH は溶液の酸性度を示すのに使用される．pK_a の値は，ある化合物に特有のものであり，その化合物がどのくらい容易にプロトンを放出するかを示す．

塩の pH は以下に示すようにもともとの酸と塩基の強さに依存して決まる．

酸	塩基	塩の pH
強酸	強塩基	7
弱酸	強塩基	>7
強酸	弱塩基	<7
弱酸	弱塩基	どちらがより強いかによって決まる

平衡状態では，H^+ の濃度は 10^{-7} であり，平衡状態にある水の pH は，pH = $-\log_{10}[H^+] = -\log[10^{-7}] = 7$ と計算される．

pH 7 の溶液は**中性**（neutral）とよばれる．一方 7 以下の溶液は酸性，7 以上の溶液は塩基性とよばれる．血清の pH は約 7.4 であり，胃液の pH は 1 付近である．

強酸（strong acid），たとえば HCl, HBr, HI, H_2SO_4, HNO_3, $HClO_3$, $HClO_4$ など，および**強塩基**（strong base），LiOH, NaOH, KOH, RbOH, $Ca(OH)_2$, $Sr(OH)_2$, $Ba(OH)_2$ などは溶液中で完全にイオン化しており，化学反応式中でも完全にイオン化した状態で記述される．酸と塩基を混合すると，酸はプロトンを，塩基は水酸化物イオンを放出して塩が生成する．この過程を中和反応とよぶ．強酸の共役塩基は塩基性がきわめて弱く，同様に，強塩基の共役酸も酸性が弱い．

酸性度，塩基性度は平衡の概念で示すことができる．酸性度は，ある化合物がどれだけ容易にプロトンを放出するかの尺度であり，塩基性度は，ある化合物が，そ

の化合物中の電子対をどれだけしっかりとプロトンと共有できるかの尺度である．強酸とはプロトンを簡単に放出するものである．プロトンに対する親和性が弱いのだから，強酸の共役塩基はきわめて塩基性が弱いはずである．弱酸はなかなかプロトンを放出せず，プロトンに対する親和性は高いので，弱酸の共役塩基の塩基性は強い．したがって，酸として強いほどその共役塩基の塩基性は弱くなる．

塩酸（無機酸あるいは鉱酸）のような強酸を水に溶かすと，ほぼ完全に解離している．すなわち，平衡状態において生成物の方に偏っている．もっと弱い酸，たとえば酢酸の場合には，これを水に溶かしても少量しか解離せず，平衡状態において原料（反応物）の方が優先して存在する．

$$\underset{\substack{pK_a = -7 \\ \text{強酸}}}{\text{H–Cl}} + \underset{\text{強塩基}}{\text{H}_2\ddot{\text{O}}:} \rightleftarrows \underset{\substack{(\text{共役酸}) \\ pK_a = -1.74 \\ \text{弱酸}}}{\overset{+}{\text{H–O–H}}\atop\text{H}} + \underset{\substack{(\text{共役塩基}) \\ \text{弱塩基}}}{\text{Cl}^-}$$

$$\underset{\substack{pK_a = 4.76 \\ \text{弱酸}}}{\text{H}_3\text{C–C–Ö–H}\atop\overset{:\ddot{\text{O}}:}{}} + \underset{\text{弱塩基}}{\text{H}_2\ddot{\text{O}}:} \rightleftarrows \underset{\substack{(\text{共役酸}) \\ pK_a = -1.74 \\ \text{強酸}}}{\overset{+}{\text{H–O–H}}\atop\text{H}} + \underset{\substack{(\text{共役塩基}) \\ \text{強塩基}}}{\text{H}_3\text{C–C–Ö:}^-\atop\overset{:\ddot{\text{O}}:}{}}$$

可逆的反応が反応物と生成物のどちらを優先するかは，反応の平衡定数（K_{eq}）によって示される．[ ] はモル/リットル＝モル濃度を表しているということを覚えておこう．酸が解離する度合いを，酸解離定数 K_a として表す．酸解離定数は，平衡定数に，反応を行っている溶液の濃度をかけたものとして表される．

$$K_a = K_{eq}[\text{H}_2\text{O}] = \frac{[\text{H}_3\text{O}^+][\text{A}]}{[\text{HA}]}$$

酸解離定数が大きければ大きいほど，酸としては強い．塩酸の酸解離定数は 10 の 7 乗であり，それに対して酢酸は 1.74×10^{-5} の小さい酸解離定数を有している．簡便な表記法として，酸の強度は K_a 値よりもむしろ pK_a 値で表される．強酸である塩酸の pK_a 値は -7 であり，ずっと弱い酸である酢酸の pK_a 値は 4.76 である．

$$pK_a = -\log K_a$$

きわめて強い酸は $pK_a < 1$，中程度の酸は $pK_a = 1 \sim 5$，弱酸の $pK_a = 5 \sim 15$，きわめて弱い酸は $pK_a > 15$ のように分類される．

f. 緩衝液　緩衝液（buffer）とは，弱酸とその共役塩基（たとえば酢酸と酢酸アニオン），または弱塩基とその共役酸(たとえばアンモニアとアンモニウムイオン)を含む溶液である．

共通のイオンを含む酸-塩基溶液の最も重要な応用は，緩衝作用である．すなわち，緩衝液では，酸もしくは塩基溶液が加わったとしてもpHの変化が比較的起こりにくい．緩衝液の最も重要な実例はヒトの血液である．血液はpHを変えることなく，生体内反応で生じた酸や塩基を吸収する．ヒトの血液の通常のpHは7.4である．血液のpHが一定であることが生命活動にとって必須である，なぜなら細胞は，7.4付近の狭いpH範囲内でしか生きられないからである．

緩衝液は弱い酸とその塩，たとえば酢酸と酢酸イオンや，弱い塩基とその塩，たとえばアンモニアと塩化アンモニウムを含んでいる．どのようなpH領域でも，適当な化合物を選ぶことによって緩衝作用を示す溶液を調製できる．緩衝液のpHは，緩衝作用に用いる化合物の濃度比に依存して決まる．酸または塩基を加えても，溶液中の酸-塩基の比が最も変化しにくいとき，溶液はpH変化に最も強く抵抗する．すなわち，酸-塩基が等モル存在するときに最も効果的に緩衝作用が発揮される．緩衝液に選択された弱酸のpK_aが設定したいpHにできるだけ近いことが望ましい，なぜならそのとき以下の式が成り立つからである．

$$pH = pK_a$$

生体内における緩衝系の役割は重要である，なぜなら代謝過程で生じるあらゆるpH変化に対して抵抗するからである．大きなpHのゆらぎはほとんどの酵素を失活させ，生体内の代謝過程を阻害する．代謝により生じる二酸化炭素は血漿中で水と結合して炭酸を生成する．炭酸の量は存在する二酸化炭素の量に依存して決まる．次のような反応系が緩衝作用に関与している．

$$CO_2 + H_2O \rightleftharpoons H_2CO_3$$
$$H_2CO_3 + H_2O \rightleftharpoons H_3O^+ + HCO_3^-$$

g. 酸塩基滴定：中和反応　一定量の濃度既知の反応物との素速い化学反応を用いて，分析対象物の定量的な情報を得るためのプロセスを**滴定**（titration）という．滴定はまた，**容量分析**（volumetric analysis）ともよばれ，これは一種の定量的化学分析である．一般的に，**滴定剤**（titrant, 濃度既知の溶液）を，濃度不明で全量がわかっている検体溶液の中へ，ビュレットを用いて反応が完結するまで加える．滴定剤の使用量から，濃度未知の検体の濃度を決定することができる．しば

しば，反応の**終末点**（endpoint）をはっきり示すために指示薬が用いられる．

酸塩基滴定（acid-base titration）は濃度未知の酸または塩基溶液の濃度を定量的に解析するための方法論である．酸塩基滴定においては，塩基は弱い酸と反応して，酸とその共役塩基が共存する溶液を形成し，最後には酸が完全に中和される．以下に示す式は，緩衝液のpHを知るためによく用いられるものである．

$$\mathrm{pH} = \mathrm{p}K_a + \log[塩基]/[酸]$$

ここでpHは，水素イオンのモル濃度の対数，K_aは酸の平衡状態における解離定数であり，[塩基]は，塩基性溶液のモル濃度，[酸]は，酸性溶液のモル濃度を表す．

強塩基を弱酸で滴定する場合には，pHが7よりも大きいところで中和点に達する．半中和点には，酸を中和するのに必要な塩基量の半分が加えられたときに到達する．この点がpH = $\mathrm{p}K_a$となるところである．酸塩基滴定においては，指示薬の色の変化によって滴定の終点がわかるように，目的にあった指示薬を使用する．酸塩基指示薬は弱酸もしくは弱塩基である．以下の表に，通常よく用いられる酸塩基指示薬の名称と使用されるpH領域を示した．

参 考 書

指示薬	pH 領域	10 mL に対しての使用量	酸性での色	塩基性での色
ブロモフェノールブルー	3.0〜4.6	0.1%水溶液を1滴	黄色	青色〜紫色
メチルオレンジ	3.1〜4.4	0.1%水溶液を1滴	赤色	橙色
フェノールフタレイン	8.0〜10.0	70%アルコール中0.1%水溶液を1〜5滴	無色	赤色
チモールブルー	1.2〜2.8	0.1%水溶液を1〜2滴	赤色	黄色

Ebbing, D. D. and Gammon, S. D. *General Chemistry*, 7th edn, Houghton Mifflin, New York, 2002.

2. 原子構造と結合

=====学習目標=====
・原子構造の基本概念.
・化学結合のさまざまな特徴.
・薬物分子と薬物-受容体相互作用における化学結合の重要性.

2・1 原子, 元素および化合物

すべての物質の基本構成単位は**原子**(atom)である. 原子は, 負に荷電した**電子**(electron), 正に荷電した**陽子**(proton), および電気的に中性の**中性子**(neutron)などの素粒子の集合体である. 元素はそれぞれ固有の数の陽子, 中性子, 電子をもっている. 陽子と中性子には質量があるが, 電子の質量は無視できるぐらい小さい. 陽子と中性子は原子の中心の核内に存在する.

電子は核のまわりを動き回っていて, 核からある程度離れた殻の中に存在している. これらの殻は, それぞれ異なったエネルギー準位をもち, 最外殻のものが最もエネルギー準位が高い.

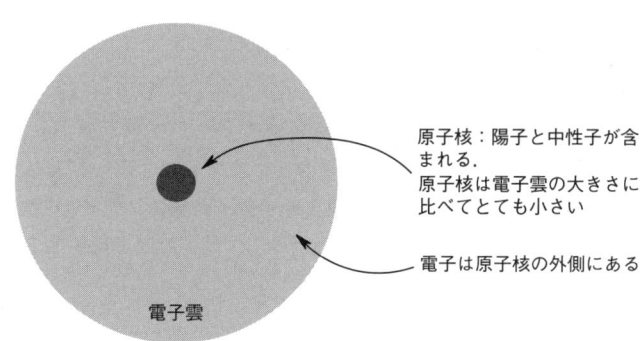

原子が核内にもっている陽子の数を**原子番号**(atomic number)という. 核内の陽子数と中性子数の和は**質量数**(mass number)とよばれる. たとえば, 炭素は6個の陽子と6個の中性子をもっているので, 質量数は12である.

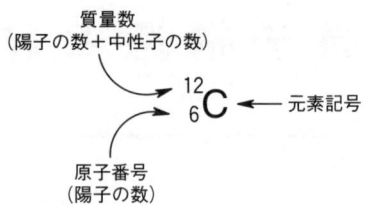

単体とは，1種類の原子のみを含んでいる物質のことである．たとえば，O_2，N_2，Cl_2 などがこれに含まれる．

化合物（compound）とは，2種類以上の元素が結合してできる物質である．NaCl，H_2O，HCl などがその例である．元素は118種存在することが知られているが，そのうちのいくつかはきわめて量が少ない（周期表で確認すること）．

2・2 原子構造: 軌道と電子配置

電子の存在位置を知ることはきわめて重要である．なぜなら原子間に電子が配列されることによって結合ができ，また化学反応とは新しい結合が生成することだからである．電子は化学結合や反応に深くかかわっており，原子中の**軌道**（orbital）に属している．

軌道とは二つの電子を収容することができる空間領域である．電子は核のまわりの空間を自由に運動しているわけではなく，**殻**（shell）とよばれる空間内の領域に限定されて存在する．それぞれの殻は $2n^2$ 個の電子を収容できる．ここで，n は殻の番号である．それぞれの殻は**原子軌道**（atomic orbital）とよばれる副殻をもっている．最初の殻は 1s 軌道とよばれる一つの軌道だけを有している．2番目の殻は，一つの 2s 軌道と三つの 2p 軌道を有している．これら三つの 2p 軌道はそれぞれ $2p_x$，$2p_y$，$2p_z$ と表記される．3番目の殻は 3s 軌道，三つの 3p 軌道，および五つの 3d 軌道を含んでいる．したがって，最初の殻には電子は2個しか入らず，2番目の殻には8個，3番目の殻には最大18個までの電子が入る．電子の数が増えるにしたがって，殻の番号も大きくなる．したがって，電子殻は主量子数 1，2，3，… に対応している．

殻	殻電子の総数	殻電子の相対的エネルギー
4	32	高
3	18	↑
2	8	
1	2	低

軌道中，副殻，殻における電子の配列様式を**電子配置**（electronic configuration）という．原子の電子配置は原子が収容している電子の数を表しており，軌道はこれらの電子が存在する空間を示している．電子配置は，希ガスの記号を用いて内殻部分を表したり，価電子を点で表すルイス構造式を用いて表現することもできる．

原子価（valence）というのは，ある原子が，周期表で最も近い位置にある希ガス（不活性ガス）と同じ電子配置をとるために失う，もしくは獲得しなくてはならない電子数のことである．満たされていない外殻の電子は価電子とよばれる．

基底状態での電子配置（groud-state electronic configuration）は最もエネルギーが低く，**励起状態の電子配置**（excited-state electronic configuration）は，より高いエネルギーの軌道に電子をもっている．基底状態の電子配置に対してエネルギーが与えられると，1個もしくは複数の電子がより高いエネルギーの軌道へ飛び上がる．第1番目の殻から電子を取り除くためには，それより外側の殻から電子を除くのよりも高いエネルギーを必要とする．たとえば，ナトリウムは2個，8個，1個の電子配置をもっている．したがって，安定な電子配置をとるためには，最外殻から1個の電子を除く必要があり，最も近い2個，8個の電子配置の希ガスであるネオンと等電子配置になる．したがって，ナトリウムの原子価は1である．周期表の第1族に属するすべての他の原子は最外殻に1個の電子をもっており，原子価は1となる．

周期表の最も右端の方，塩素の例を考えてみると，2個，8個および7個の電子配置をもっており，最も近い希ガスはアルゴンである．アルゴンは2個，8個，8個の電子配置をもっている．アルゴンと同様の電子配置をとるためには，塩素は1電子を獲得しなくてはならない．そのため，塩素は価数1となる．周期表第17族に属するすべての元素は最外殻に7個の電子をもっており，1電子を外部から受け取りやすい性質をもっている．そのため，これらは原子価1である．

殻	それぞれの殻の軌道
4	4s, $4p_x$, $4p_y$, $4p_z$, 五つの 4d, 七つの 4f
3	3s, $3p_x$, $3p_y$, $3p_z$, 五つの 3d
2	2s, $2p_x$, $2p_y$, $2p_z$
1	1s

それぞれの原子は可能な電子配置を無限にもっている．ここでとりあげるのは，最もエネルギーの低い，基底状態における電子配置のみである．基底状態における原子の電子配置は以下の三つの規則によって決定される．

- **構成原理**（Aufbau principle）は，最もエネルギーの低い軌道から順に電子が収容されるというものである．1s 軌道は核に最も近いため 2s 軌道よりもエネルギーが低く，2s 軌道は 3s 軌道よりもエネルギーが低い．
- **パウリの排他原理**（Pauli exclusion principle）は，それぞれの軌道に対して3個以上の電子は入らず，そして2個の電子が収容されている場合には，それらのスピンは逆向きになっていなくてはならない，というものである．たとえば，ヘリウム原子の2個の電子は，いずれも 1s 軌道に属し，逆向きのスピンをもっている．
- **フントの規則**（Hund's rule）は，**縮重した軌道**（degenerate orbitals）（エネルギー準位が同じ軌道）が存在し，それらのすべてを満たすだけの電子が存在しない場合,他の電子と対をつくる前に1個ずつの電子が空の軌道に収容される，というものである．したがって，炭素原子中の6個の電子は，最初の4電子が 1s, 2s に収容された後，5番目の電子が $2p_x$ に入り，6番目の電子が $2p_y$ に収容され，$2p_z$ が空のまま，という状態になる．

周期表で1番から18番までの元素の基底状態の電子配置を以下の表に記した（原子記号，原子番号および電子配置を記載してある）．

第1周期			第2周期			第3周期		
H	1	$1s^1$	Li	3	[He] $2s^1$	Na	11	[Ne] $3s^1$
He	2	$1s^2$	Be	4	[He] $2s^2$	Mg	12	[Ne] $3s^2$
			B	5	[He] $2s^2 2p^1$	Al	13	[Ne] $3s^2 3p^1$
			C	6	[He] $2s^2 2p^2$	Si	14	[Ne] $3s^2 3p^2$
			N	7	[He] $2s^2 2p^3$	P	15	[Ne] $3s^2 3p^3$
			O	8	[He] $2s^2 2p^4$	S	16	[Ne] $3s^2 3p^4$
			F	9	[He] $2s^2 2p^5$	Cl	17	[Ne] $3s^2 3p^5$
			Ne	10	[He] $2s^2 2p^6$	Ar	18	[Ne] $3s^2 3p^6$

酸素，塩素，窒素，硫黄，そして炭素に対して基底状態の電子配置をどのように書いたらよいか，p 軌道への電子の入れ方を中心にして見てみよう．酸素は原子番号8番で，基底状態の電子配置は $1s^2 2s^2 2p_x^2 2p_y^1 2p_z^1$ のように書ける．同様に，他の原子についても以下のように記載できる．

塩素（原子番号17）：$1s^2 2s^2 2p_x^2 2p_y^2 2p_z^2 3s^2 3p_x^2 3p_y^2 3p_z^1$
窒素（原子番号7）：$1s^2 2s^2 2p_x^1 2p_y^1 2p_z^1$
硫黄（原子番号16）：$1s^2 2s^2 2p_x^2 2p_y^2 2p_z^2 3s^2 3p_x^2 3p_y^1 3p_z^1$
炭素（原子番号6）：$1s^2 2s^2 2p_x^1 2p_y^1 2p_z^0$

2・3 化学結合論:化学結合の形成

原子は安定な電子配置を獲得するために,すなわち,周期表で最も近い位置の希ガスと等電子構造になるために,結合をつくる.すべての希ガスは,ヘリウム(2電子)を除き,最外殻電子の数が8個であり,安定な電子配置をもっているため不活性である.したがって,希ガスは電子を与えたり受け取ったりすることができない.

原子が結合をつくるように仕向ける駆動力の一つは,安定な原子価電子配置を獲得することである.満たされた殻に属する電子は**閉殻電子**(core electron)とよばれる.閉殻電子は化学結合に関与しない.完全には満たされていない殻の電子は**原子価電子**(valence electron)または**外殻電子**(outer-shell electron)とよばれる.そしてこれらが属する殻は,**原子価殻**(valence shell)といわれる.たとえば炭素の場合,基底状態の電子配置 $1s^2\,2s^2\,2p^2$ は,4個の外殻電子を有している.原子の外殻電子を表記するのにルイス式が一般的に使用される.

2・3・1 ルイス構造式

ルイス構造式は原子が互いにどのように結合しているのか,そして結合に関与する電子の数がいくつあるのか,ということに対して情報を与えてくれる.**ルイスの理論**(Lewis theory)によれば,原子は,外殻を8個の電子で満たすために,電子を与えたり,受け取ったり,共有したりする.共有結合によって成り立っている分子のルイス構造式では,それぞれの原子の原子価殻に存在する電子をすべて表記する.原子間の結合は共有される一対の電子として表される.原子は原子価殻が満たされた構造をとるときに最も安定である.そのため,原子は,満たされた殻をつくるために,電子を移動させたり,共有したりする.この安定な電子配置をオクテットとよぶ.水素とヘリウムを除いて,満たされた原子価殻は8個の電子を含んでいる.

ルイス構造式は,原子価電子を見失わないようにするのを助け,結合の種類を予測するのに役立つ.まず最初に,それぞれの元素中に存在する原子価電子の数を考える必要がある.価電子数によってオクテット則を完成するために必要な電子数が決まる.単純なイオンは,オクテット則を満たすように電子を失ったり獲得したりした原子である.しかし,すべての化合物がオクテット則に従うわけではない.

有機化合物中の元素は,それぞれの元素が1電子ずつ出しあって共有し,**共有結合**(covalent bond)をつくって互いに結びつけている.オクテット則を満たすために必要な電子の数が,結合に使われたり共有されたりする電子の数を決定する.この考え方によって,最終的にそれぞれの元素が他の元素と結合するときの結合数が決定される.**単結合**(single bond)では2個の電子が共有され,σ結合ができる.**二重結合**(double bond)では4個の電子が共有され,1個のσ結合と,1個のπ結

合ができる．**三重結合**（triple bond）では，二つの原子は三対すなわち6個の電子を共有し，1個のσ結合と，2個のπ結合ができる．

ナトリウムNaは3s軌道から1個の電子を失って，最外殻に電子が存在しない，より安定なネオンと同じ電子配置（$1s^2 2s^2 2p^6$）をとる．満たされた原子価殻をもつ原子は，**閉殻電子配置**（closed shell configuration）をもっている，という．それぞれの原子の原子価殻における電子の総数は，周期表における族番号から決定できる．共有される電子は**結合電子**（bonding electron）とよばれ，二つの原子間では線で表される．共有されない原子価殻の電子は，**非結合電子**（nonbonding electron），もしくは**孤立電子対**（lone pair）とよばれ，ルイス構造式では原子記号のまわりの点として表される．対になっていない電子を有する化学種は**ラジカル**（radical）とよばれる．一般的にラジカルは反応性が高く，加齢，発がんおよび他の多くの病気において重要な役割を果たしていると考えられている．

中性の有機化合物では，炭素は四つの結合，窒素は三つの結合（と一対の孤立電子対），酸素は二つの結合（と二対の孤立電子対）を形成する．原子の結合数は**原子価**（valence）とよばれる．

ルイス構造式では，原子の最外殻電子の数と同じ数の点を用いて，分子内の原子間結合を表現する．対になった電子は二つの点，もしくは1本の線で表される．ルイス構造式を書くときには，結合の形成に使える電子の数と，存在する場所を見失わないようにすることが大事である．原子価電子の数は周期表を見るとわかる，なぜなら原子価電子数は原子の族番号と等しいからである（主要族元素の13～17族では族番号から10を差引く）．たとえば，水素は1族，炭素は4族，フッ素は17族であり，それぞれ，1個，4個，7個の原子価電子をもつ．

CH_3Fのルイス構造式を書くためには，最初に，この構造中に含まれるすべての原子の原子価電子の総数を知らなければならない．C，H，Fはそれぞれ4個，1個，7個の価電子をもつので，$4 + 1 \times 3 + 7 = 14$である．

$$4 + 3(1) + 7 = 14$$
$$\text{C} \quad \text{3H} \quad \text{F}$$

炭素は3個の水素原子および1個のフッ素原子と結合し，4対の結合電子対，すなわち8個の電子を必要とする．残りの6電子は3個の孤立電子対としてフッ素原子上に存在する．

$$\text{H}-\overset{\overset{\displaystyle \text{H}}{|}}{\underset{\underset{\displaystyle \text{H}}{|}}{\text{C}}}-\text{F}:$$

2・3 化学結合論：化学結合の形成

周期表において，第2周期の元素 C, N, O, F は2番目の殻（2s および三つの 2p 軌道）に属する原子価電子をもつ．2番目の殻は8個の電子が入ると一杯になる．第3周期には，元素 Si, P, S, Cl などがあり，これらは3番目の殻（3s，三つの 3p および五つの 3d）に価電子が入る．8個の電子が 3s および三つの 3p 軌道を満たしていても，殻としては部分的に満たされているだけである．なぜなら，五つの 3d 軌道にさらに10個の電子を収容できるからである．第2周期と第3周期で原子価電子が収容される殻が違っているため，酸素と硫黄，窒素とリンなどを比較した場合，共有結合のつくり方には大きな差が生じる．酸素と窒素は原子価殻に8個以上の電子を収容できないのに対し，多くのリンを含む化合物ではリンの価電子として 10 電子を含んでいる．そして，硫黄を含む化合物でも，10個，さらには12個の価電子をもつ硫黄原子が存在する．

したがって，有機化合物全般のルイス構造式を書く場合には，以下の手順に従わなければならない．

(a) 仮の構造式を書く．化合物中で数が1番少ない元素が中央にくることが多い．
(b) 化合物中のすべての原子の価電子数を計算する．
(c) それぞれの原子記号の間に電子対を書き入れる．
(d) 外側の原子から順に，原子のまわりの電子数が8個（水素の場合は2個）となるように電子対を書き込んでいく．水素以外の原子が8電子未満の電子しかもっていない場合，非共有電子対を動かして多重結合をつくる．

もし，構造がイオンである場合，正しい荷電をもつように電子を追加したり取り去ったりする．ルイス構造式は，どの原子同士が結合しているか，どの原子が孤立電子対や形式電荷をもつかを知るために有用である．**形式電荷**（formal charge）は，ある原子の価電子数から，非結合電子の数と，結合に使用している電子数の半分を引き算したものである．このような計算の結果，ある原子上にプラスもしくはマイナスの記号がつくと，それを形式電荷という．どこに形式電荷を書くかを決めるためには，イオンまたは分子中のそれぞれの原子の形式電荷を計算すればよい．たとえば，オキソニウムイオン H_3O^+ は正に荷電していて，酸素原子が +1 の形式電荷をもっている．

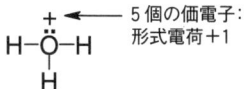

5個の価電子：
形式電荷 +1

形式電荷 =（族の番号）−（非結合電子）−（結合電子）/2 = 6 − 2 − ½(6) = 1

荷電していない酸素原子は6個の価電子をもっている．オキソニウムイオンでは，酸素は3個の水素原子と結合している．酸素原子には，結合電子3個と非共有電子2個，合計5個の電子しか所属しておらず，これは通常の価電子数より1個少ない．したがって，この酸素は+1の形式電荷をもつ．炭素，窒素，酸素，フッ素などを含む第2周期の元素は，原子価殻に4個（$2s$, $2p_x$, $2p_y$, $2p_z$）しか軌道をもっていないので，8電子以上を収容することができない．

2・3・2　さまざまなタイプの化学結合

　化学結合（chemical bond）とは，二つの原子を結びつける力のことである．価電子は結合をつくるのにかかわっている．電子を受け取った原子は負に荷電した**アニオン**（陰イオン，anion）になり，電子を失った原子は正に荷電した**カチオン**（陽イオン，cation）になる．金属は電子を失う傾向が強く，非金属は電子を受け取ることが多い．カチオンは元の原子よりも小さく，アニオンは元の原子よりも大きい．原子半径は，同一周期では右に行くほど小さくなり，同じ族では下に行くほど，また，電子を収容する殻の数が増えるほど大きくなる．

　気相中で原子またはイオンから電子を取り去るために必要なエネルギーを**イオン化エネルギー**（ionization energy）という．水素以外の原子は2個以上の電子を失う可能性も常にあるので，2個目，3個目などの電子が奪われる際のイオン化エネルギーも存在する．一般的に原子の第一イオン化エネルギーは周期表の右に行くほど大きくなり，下に行くほど小さくなる．原子に電子を与えることは取り去ることよりも簡単である．電子を取り除くためには大きなエネルギーが必要である．

　a．イオン結合　　**イオン結合**（ionic bond）は1個またはそれ以上の電子が原子間で移動することによって生じる．より電気陰性度の大きい原子が1個あるいはそれ以上の価電子を受け取り，アニオンとなる．電気陰性度の小さい方の原子は1個あるいはそれ以上の価電子を失ってカチオンとなる．片羽矢印は，電気陰性度の小さい原子から大きい原子に電子が1個移動していることを示している．イオン性の化合物は，互いの正と負の荷電により強く引きつけ合っている．すなわち，イオン結合とは，正と負に荷電したイオン同士の静電的な引き合いのことである．イオン結合は通常，（周期表の左の方にある）反応性の高い金属や正に荷電した元素と，（周期表で右側にある）非金属で電気陰性度の大きい元素との間に生じる．たとえば，ナトリウム（電気陰性度0.9）は容易に電子を放出し，塩素（電気陰性度3.0）は容易に電子を受け取って両者の間にイオン結合が形成される．イオン性の化合物である塩化ナトリウムができるときには，ナトリウム原子が1個だけもっている3s軌

道の価電子が，部分的（8分の7）に満たされた塩素の原子価殻に移動している．

Na([Ne]3s^1) + Cl([Ne]3s^{2}3p^5) → Na$^+$([Ne]3s^0) + Cl$^-$([Ne]3s^{2}3p^6) → Na$^+$Cl$^-$

b．共 有 結 合　共有結合（covalent bond）は二つの原子間で電子対が共有されることで生成する．この場合，電子を失ったり与えたりするのではなく，原子同士が電子を共有することによって満たされた原子価殻をつくる．たとえば，二つの塩素原子は，それぞれがもつ不対原子価電子を共有することによって18電子（価電子8個）をもつ原子価殻を満たすことができる．

$$:\ddot{\text{Cl}}:\ddot{\text{Cl}}: \longrightarrow \text{Cl}-\text{Cl}$$

同様に，水素とフッ素は電子を共有して共有結合を形成することができる．こうなることで，水素の1個しかない原子価殻（1s軌道）は満たされ，フッ素は原子価殻に8電子をもつことになる．

$$\text{H}:\ddot{\text{F}}: \longrightarrow \text{H}-\text{F}$$

c．非極性および極性共有結合　一般的に，薬物分子を含む有機化合物中のほとんどの結合は共有結合である．例外は金属原子を含む化合物であり，金属原子はイオンとして扱われる．もし結合が共有結合であれば，それが極性をもつか，非極性かを決めることが可能である．**非極性共有結合**（nonpolar covalent bond）では，電子は二つの原子に均等に所有される．たとえばH—HやF—Fがそうである．異なった原子間の結合では，電子は一方の原子により強く引きつけられている．このような，均等でない結合電子対の共有により，**極性共有結合**（polar covalent bond）ができる．

非極性共有結合		極性共有結合	
H:H	F:F	H:$\ddot{\text{F}}$:	H:$\ddot{\text{Cl}}$:
(H$_2$)	(F$_2$)	(HF)	(HCl)

極性共有結合では，1個の原子が他の原子より強く電子を引きつける．たとえば，クロロメタンでは，塩素が炭素に結合し，結合電子はより強く塩素に引きつけられている．別の言い方をすると，極性共有結合では，電子対は均等には共有されない．このことにより，炭素上にわずかに正の部分電荷が生じ，それとは符号が逆で同じ大きさの負の部分電荷が塩素上に生じる．結合の極性は双極子モーメント（μ；クロロメタンの場合 1.87）として測定される．双極子モーメントの単位はデバイ（D）

である.一般的に C—H 結合は極性をもっていないと考えられている.

$$H-\overset{H}{\underset{H}{C}}\overset{\delta+}{-}\overset{\delta-}{Cl}$$
$$\mu = 1.87\ D$$

化学者は,共有結合の三次元構造を記述するために,二つのパラメータ,**結合距離**(bond length)と**結合角**(bond angle)を用いる.結合距離とは,互いに共有結合している原子核間の平均距離である.結合角は,ある原子を含む二つの共有結合間の相互作用によって決定される角度である.

共有結合は原子軌道が重なったときにできる.原子軌道の重なり方には二通りの様式が存在し,それぞれからシグマ(σ)結合およびパイ(π)結合が形成される.π結合はσ結合によって結びつけられた原子同士の間にしか生成しない.すなわち,二重結合はσ結合および一つのπ結合からできており,三重結合はσ結合と二つのπ結合から成る.σ相互作用は,二つのs軌道同士の重なり,一つのs軌道と一つのp軌道の重なり,もしくは二つのp軌道同士が頭をつきあわせるようにして重なったときに生じる.π相互作用は,二つの平行なp軌道が横から重なり合う結合性相互作用が生じたときにのみ起こる.s軌道は球形であり,p軌道はダンベル型をしている.

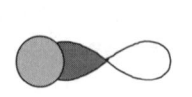

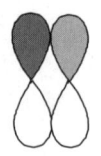

s軌道とp軌道のσ重なり　　　二つの平行なp軌道のπ重なり

水素分子における σ 結合の形成について考えてみよう.それぞれの水素原子は 1s 軌道に電子を 1 個もっている.2 個の水素原子の二つの s 軌道が重なり合うと σ 結合が生成する.σ 結合の電子密度は結合軸のまわりが最も大きい.s 軌道は球形であるため,二つの水素原子はどの方角から近づいても強い σ 結合を形成できる.

H· + ·H ⟶ H(:)H = H:H ⟶ H$_2$
水素分子

それぞれの水素原子は　　　結合分子軌道を形成する
1s軌道をもつ　　　　　　　水素原子

2・4 電気陰性度と化学結合

電気陰性度（electronegativity）とは，他の原子または原子団に結合している特定の原子が，その原子自身に電子を引きつける能力のことをいう．電子密度の奪い合いは，電気陰性度の値によって数値化される．大きな電気陰性度をもつ元素は結合性電子をより強く引きつける．すなわち，原子の電気陰性度は結合の極性に関連している．二つの原子の間の電気陰性度の差は，その原子間の結合の極性を見積もる尺度として用いることができる．結合している原子同士の電気陰性度の差が大きいほど，結合の極性も大きくなる．電気陰性度の差が十分に大きければ，電子は電気陰性度の小さい原子から大きい原子の方へと移動し，結果としてイオン結合ができる．二つの原子がまったく同じ電気陰性度をもっている場合にのみ非極性共有結合が生成する．電気陰性度は周期表の左から右に，そして下から上に行くほど大きくなる（下の表では電気陰性度をかっこ内に示した）．

1族	2族	13族	14族	15族	16族	17族
H(2.1)						
Li(1.0)	Be(1.5)	B(2.0)	C(2.5)	N(3.0)	O(3.5)	F(4.0)
Na(0.9)	Mg(1.2)	Al(1.5)	Si(1.8)	P(2.1)	S(2.5)	Cl(3.0)
						Br(2.8)
						I(2.5)

一般的に，もし結合にかかわる原子間の電気陰性度の差が0.5未満の場合は非極性共有結合，0.5から1.9の場合は極性共有結合と考えられる．もし差が2.0以上であれば，結合はイオン性である．いくつかの例を以下に示した．

結合	電気陰性度の差	結合の種類
C—Cl	3.0 − 2.5 = 0.5	極性共有結合
P—H	2.1 − 2.1 = 0	非極性共有結合
C—F	4.0 − 2.5 = 1.5	極性共有結合
S—H	2.5 − 2.1 = 0.4	非極性共有結合
O—H	3.5 − 2.1 = 1.4	極性共有結合

極性共有結合では，二つの結合している原子間で電子は不均一に共有されており，このことによって微少な正および負の電荷が発生する．この部分電荷の生成によって**双極子**（dipole）が発生する．双極子という言葉は二つの極，つまり離れたところに存在する正と負の電荷を意味している．非対称な原子の配列で，かつ極性結合をもっている分子は極性分子となる．構成原子の電気陰性度が完全にまたはほぼ等

しい非極性分子は，ゼロもしくは非常に小さい双極子モーメントしかもたない．極性結合をもっているが，分子構造が対称性をもち，それぞれの双極子を打ち消し合ってしまう場合にも双極子モーメントはゼロになる．

2・5 結合の極性と分子間力

結合の極性は，原子間の電子の共有の仕方を記述するために有用な概念である．電子対は二つの原子間で必ずしも均等に共有されるわけではなく，このことによって**結合の極性**（bond polarity）が発生する．窒素，酸素，ハロゲンなどの炭素よりも大きい電気陰性度をもつ原子は，部分的な負の電荷をもつ傾向がある．炭素や水素のような原子は，中性かもしくは若干正の電荷をもつ．すなわち，結合の極性は結合を形成する二つの原子の電気陰性度の差によって発生する．この極性は分子同士が引き合う力にもなっている．この相互作用は，**分子間相互作用**（intermolecular interaction）あるいは**分子間力**（intermolecular force）の一種であり，沸点，融点や溶解度のような分子の物理的性質は，おもにこの分子間の非結合性相互作用によって決定される．

3種類の非結合性分子間相互作用が存在する．上に示した**双極子−双極子相互作用**（dipole−dipole interaction）の他に，ファンデルワールス力，**水素結合**（hydrogen bonding）がある．これらの相互作用は，分子量が大きくなるほど，そして分子の極性が大きくなるほど重要になる．

2・5・1 双極子−双極子相互作用

双極子の正の末端と，他の双極子の負の末端が相互作用することを双極子−双極子相互作用という．双極子−双極子相互作用が起こった結果，極性分子は非極性分子よりも，互いにより強く引き合うようになる．双極子−双極子相互作用は，共有結合において，電気陰性度の差によって電子が均等に共有されていないときに発生する．たとえば，フッ化水素の双極子モーメントは 1.98 D の大きさで H から F の方に向かっている．フッ素は水素よりも大きい電気陰性度をもっているため，電子は下図に示したようにフッ素の方に引きつけられている．

$$\overset{\delta^+}{\text{H}}\!\!-\!\!\overset{\delta^-}{\text{F}}$$
$$\mu = 1.98\ \text{D}$$

矢印は，電子がより電気陰性度の大きいフッ素の方に引きつけられていることを示

2・5・2 ファンデルワールス力

　非極性分子間には，ファンデルワールス力，もしくは**ロンドン分散力**（London dispersion force）とよばれる比較的弱い引力が働いている．分子間の分散力は分子中の共有結合と比べるとはるかに弱い．電子は結合や分子の中を常に動き回っている，したがって，ある瞬間には分子の一方の側に電子がたくさん集まっている状態が起こりうる．このことにより一時的な双極子が発生する．分子内の双極子が新たにひき起こされているので，このような分子同士の相互作用は**誘起双極子-誘起双極子相互作用**（induced dipole-induced dipole interaction）ともよばれる．

　ファンデルワールス力は，すべての分子間力のうち最も弱い．アルカンは，分子を構成する炭素と水素の電気陰性度がほぼ同じであるため，非極性分子である．結果として，アルカン中のどの原子上にも大きな部分電荷は生じない．そのため，アルカン分子同士を集合させるファンデルワールス力の大きさは，分子間で接触できる表面積の広さに依存して決まる．接触する面が広いほど，ファンデルワールス力は大きくなり，この力に打ち勝って分子同士を引き離すエネルギーも大きくなる．たとえば，イソブタンとブタンは同じ分子量だが異なった沸点を示す．イソブタンはブタンと比較すると，よりコンパクトな分子である．したがって，ブタンの方が，他の分子と相互作用する，より広い表面積をもっている．ブタンの方がより強い相互作用が可能であるということがその沸点に反映され，イソブタンよりも高い沸点をもつことになる．

イソブタン
b.p. −10.2 ℃

n-ブタン
b.p. −0.6 ℃

2・5・3 水　素　結　合

　水素結合（hydrogen bonding）は，ある分子中の電気陰性度の大きい原子に結合した水素と，同じ分子中（**分子内** intramolecular）もしくは他の分子中（**分子間** intermolecular）の電気陰性度の大きい原子との間に働く結合力である．水素が窒素，酸素あるいはフッ素と結合している高極性分子において，水素結合は非常に強い結合力を示す．すなわち，水素結合は原子間に働くきわめて特殊な結合力である．水素結合は，水素原子を含む極性共有結合が，酸素や窒素のような電気陰性度の大きい原子と接近すると常に生成する．水素結合による結合力は通常，共有結合を表す

実線ではなく，点線で表現される．たとえば，水分子は以下のように分子間水素結合を形成する．

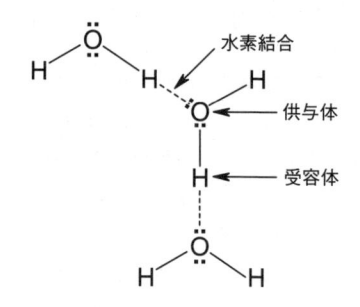

```
        ..
   H—O       水素結合
        H    ↙
         ..H
          O ← 供与体
         H
         H ← 受容体
         ..
         O
        H  H
```

上記の図から，溶液中では水分子は集団として存在することが示唆される．水は水素と酸素の電気陰性度の差によって極性をもつ分子である．正と負の部分電荷による水分子の極性は，水素結合の原動力となる．水素結合は水の性質，たとえば，表面張力，粘性，蒸気圧などに影響を与える．

水素結合は，酸素，フッ素，窒素と共有結合した水素原子で生成するが，塩素の場合には，塩素の原子半径が大きすぎるため，水素結合は生成しない．酸素，フッ素，あるいは窒素が関与する水素結合の結合力は，3〜10 kcal/mol 程度であり，分子間相互作用の中で最も強い．水における分子間水素結合は，分子量から予想される以上に水の沸点が高いことの原因でもある．水素結合は分子間の相互作用であり，分子内での水素に対する共有結合と混同してはいけない．水素結合は通常の双極子相互作用よりも強いが，イオン結合や共有結合ほどの強度はない．

水素結合は生物学においてきわめて重要な位置を占める．水素結合は"生命の結合"とよばれることがある．DNAの二重らせん構造は水素結合によって組立てられ，安定な構造をとっている（§4・8・2参照）．タンパク質中の水素結合の性質は，タンパク質自体の物性や機能を決定している．タンパク質の分子内水素結合は，球形のタンパク質である酵素やホルモンの形を決定している．一方では，分子間水素結合によって繊維状タンパク質のような不溶性タンパク質が生成する傾向がある．多糖類であるセルロースは，水素結合を介して分子同士が集合しており，このことによって植物に硬度を与え，保護している（§6・3・10参照）．薬物-受容体の結合において，水素結合はしばしば重要な役割を果たしている．

2・6 薬物-受容体相互作用における化学結合の重要性

ほとんどの薬物は，タンパク質としての特性および特異的な三次元構造をもった，

2・6 薬物−受容体相互作用における化学結合の重要性

巨大分子中に局在する受容体部位と相互作用する．**受容体**（receptor）は，この部分と薬物との相互作用により薬理作用が発現される，細胞内に存在する特徴的な化学構造である．ある薬物の分子標的として機能するすべてのタンパク質を受容体とよぶのが適切であると考えるかも知れない．しかし，この言葉は，おもに，化学伝達物質を介して細胞間情報伝達に重要な役割を果たすタンパク質に対して用いられる．そのため，酵素，イオンチャネル，キャリアータンパク質は通常受容体には分類されない．受容体という言葉は，化学伝達物質に対して分子内でアンテナの役割を果たすようなタンパク構造に限って用いられることが多い．受容体タンパク質は適切な化学シグナル（リガンドとよばれる）を認識し，そのシグナルを，多くの可能な経路を経て，標的細胞の生化学的な変換過程として伝える．

薬物分子が，受容体に対して，最少でも三つの部位を用いて結合するのは，望ましい効果をもたらすために必須である．ほとんどの場合，受容体部位とそれと相補的な薬物に対して，特異的な化学構造が求められる．薬物の分子構造がほんのわずかに変化すると，特異性は劇的に変化し，効果も大きく変わる．しかし，薬物の中には，細胞外で物理的手段によってのみ作用するものも存在し，このような薬物では受容体に対する結合は含まれない．このような部位としては，皮膚の表面や，消化管が含まれる．薬物はまた，化学的相互作用によって細胞外で機能することがある．たとえば，制酸薬による胃酸の中和などがその例である．

薬物−受容体相互作用，すなわち，対応する受容体への薬物分子の結合は，すでに議論したさまざまな化学結合によって決定されている．種々の化学的な力が，薬物が一時的に受容体に結合する状態をつくりだしている．相互作用は，単純な分子のときに働いている共有結合（$40 \sim 140\,\mathrm{kcal\,mol^{-1}}$），イオン結合（$10\,\mathrm{kcal\,mol^{-1}}$），イオン−双極子相互作用（$1 \sim 7\,\mathrm{kcal/mol^{-1}}$），双極子−双極子相互作用（$1 \sim 7\,\mathrm{kcal\,mol^{-1}}$），ファンデルワールス力（$0.5 \sim 1\,\mathrm{kcal\,mol^{-1}}$），水素結合（$1 \sim 7\,\mathrm{kcal\,mol^{-1}}$）および疎水性相互作用（$1\,\mathrm{kcal\,mol^{-1}}$），などと同じ力を用いて行われている．しかし，多くの有用な薬物は複数の弱い結合力を用いて受容体と結合する．

共有結合は強く，可逆的な開裂は起こらない．薬物と受容体の相互作用は可逆的な過程であるため，共有結合が生成するのは，限られた状況下でのごくまれな例である．薬物の中で，特異的なヌクレオチドを化学変換することによってDNAの機能を停止させるのが，マイトマイシンC，シスプラチン，アントラマイシンなどである．マイトマイシンCは，よく性質の知られた抗腫瘍薬であり，還元的に活性化された後，DNAと共有結合をつくり，となりのDNA鎖のグアニン塩基との間に架橋を形成して，結果として一本鎖DNAの合成を妨げる．同様に，アントラマイシンは，プリン−グアニン−プリンの並びを好み，中央のグアニンと反応する傾向

がある（プリン残基を含むのはアデニンもしくはグアニンである）．抗腫瘍薬であるシスプラチンは，*cis*-ジアンミンジクロロコバルトのことであり，遷移金属錯体である．この薬物の効果は，DNA 二重結合の主溝中のグアニンの N-7 位に白金が結合することによって発現される．白金による化学変換によって，同じ DNA 鎖中の隣接するグアニン 2 個に架橋が起こり，DNA ポリメラーゼの動きを阻害する（核酸の構造については§4・8・2参照）．

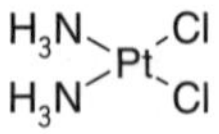

シスプラチン
抗腫瘍薬

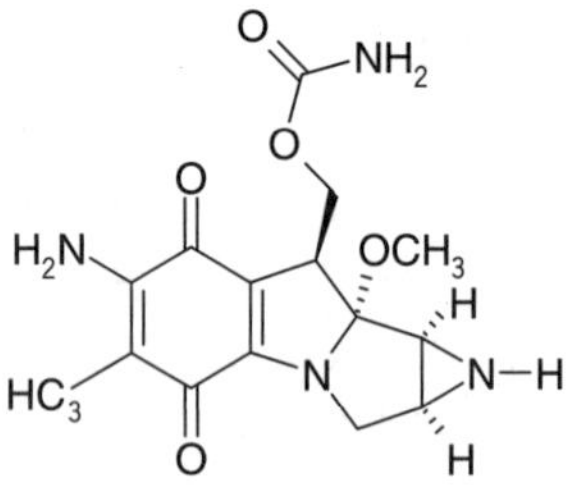

マイトマイシン C
抗腫瘍薬

アントラマイシン
抗腫瘍薬

多くの薬物は酸，あるいはアミンであり，生理学的 pH では容易にイオン化して，受容体内の，逆に荷電した部分とイオン結合による結合力を生み出すことができる．たとえば，サルブタモールのプロトン化されたアミノ基や，アセチルコリン中の第

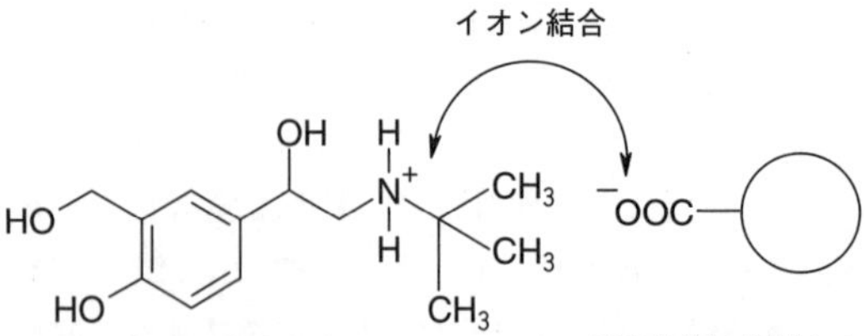

プロトン化された
サルブタモール

受容体側の解離した
カルボキシ基

四級アンモニウム塩構造と，受容体側の解離したカルボキシ基の相互作用などがその例である．同様に，薬物中の解離したカルボキシ基構造と受容体のアミノ基も結合することができる．イオン-双極子および双極子-双極子結合は同様の相互作用を起こすが，これらはイオン性の結合と比べて，より複雑であり，より弱い．

　水素結合のような，双極子-双極子相互作用も，薬物と受容体が相互作用を起こす力として重要である．なぜなら，薬物-受容体相互作用は，水と水素結合していた薬物分子が，水素結合の相手を受容体に代える過程だからである．

　薬物中の非極性の炭化水素基と，受容体の非極性部位における疎水性結合の形成もよく起こる．これらの結合は特異性が高いわけではないが，相互作用は水分子を追い出すようにして起こる．薬物-受容体間相互作用の安定性を弱めるような反発力が，同じ電荷をもつ場合と，立体障害が大きい場合に発生する．

参 考 書

Clayden, J., Greeves, N., Warren, S. and Wothers, P. *Organic Chemistry*, Oxford University Press, Oxford, 2001.

Ebbing, D. D. and Gammon, S. D. *General Chemistry*, Houghton Mifflin, Boston, MA, 2002.

3. 立 体 化 学

―― 学習目標 ――
- 立体化学の用語の定義.
- いろいろな形式の異性体についての概説.
- 配座異性体と立体配置異性体の区別.
- アルカンの配座異性体.
- 以下の用語についての説明.
  ひずみエネルギー　ねじれひずみ　角度ひずみ　鏡像異性体（エナンチオマー）　キラリティー　比旋光度　光学活性　ジアステレオマー　メソ化合物　ラセミ体
- 鏡像異性体の DL 表記，および *RS* 表示.
- アルケンや環状化合物の幾何異性体.
- ラセミ体の分割法.
- 医薬品の作用や毒性における立体異性体の重要性.

3・1 立体化学: 定義

立体化学（stereochemistry）とは，三次元における分子の化学をいう．立体化学を明確に理解することは，生物学的に重要なタンパク質，炭水化物，核酸，医薬品分子などの複雑な分子を，それらの働きや薬理作用などの観点から学習するときにきわめて重要である．より詳細な議論に入る前に，有機分子中に存在するさまざまな異性現象について見てみよう．

3・2 異　性

同じ分子式をもっているが構造が異なる化合物を**異性体**（isomer）という．たとえば，1-ブテンと 2-ブテンは同じ分子式 C_4H_8 であるが，二重結合の位置が異なっているので構造的には別の化合物である．異性体には二つのタイプがある，すなわち，**構造異性体**（constitutional isomer）と**立体異性体**（stereoisomer）である.

H₃C—CH₂—CH=CH₂　　　H₃C—CH=CH—CH₃
　　4　　3　　2　　1　　　　4　　3　　2　　1
　　　　1-ブテン　　　　　　　　2-ブテン

3・2・1 構造異性体

二つの異なる化合物が，同じ分子式をもっているが性質が異なったり原子の結合順が違うとき，それらは構造異性体である，という．たとえば，エタノールとジメチルエーテルは同じ分子式 C_2H_6O をもつが，原子の結合順が異なる．同様に，ブタンとイソブタンも構造異性体である．構造異性体同士は一般に物性や化学反応性が異なっている．

エタノール　ジメチルエーテル　ブタン　イソブタン

3・2・2 立体異性体

立体異性体とは，原子が同じ順番で結合しているが，配置が異なっている化合物のことである．すなわち，原子や原子団の三次元配置が互いに異なっている．たとえば，α-グルコースとβ-グルコースとでは，原子の結合順は同じであるが，1位のヒドロキシ基の三次元配置が両者では異なっている．同様に，*cis*-ケイ皮酸と *trans*-ケイ皮酸でも，原子または原子団の三次元的配置のみが異なっている．

α-グルコース　β-グルコース　trans-ケイ皮酸　cis-ケイ皮酸

立体異性体には二つの代表的な異性体がある，すなわち**配座異性体**（conformer または conformational isomer）と**立体配置異性体**（configurational isomer）である．立体配置異性体には光学異性体，幾何異性体，鏡像異性体（エナンチオマー），ジアステレオマーを含む．

a. 配座異性体　分子中の原子は，単結合のまわりの回転によって互いの相対関係が変化するように動いている．共有結合のこのような回転によってある化合物にはさまざまな配座が生じる．それぞれの構造は配座異性体とよばれる．通常，配座異性体は室温付近では相互変換している．

最も単純な配座異性の例は，エタン（C_2H_6）の場合に現れる．エタンでは，C-C σ 結合のまわりの回転によって無限数の配座異性体が存在する．エタンには二つの sp^3 混成炭素があり，結合角は 109.5° である．エタンで最も重要な配座異性体

はねじれ形（staggered）配座異性体と**重なり形**（eclipsed）配座異性体である．ねじれ形が最も安定で，エネルギーの低い異性体である．

エタンのC-C結合の回転

1）配座異性体の視覚化

紙面上に立体的な三次元構造を表記するための方法は4種類ある．これらは，球棒法，のこぎり台法，点線くさび形表記法，ニューマン投影法である．これらの方法を使うと，エタンのねじれ形と重なり形は以下のように示すことができる．

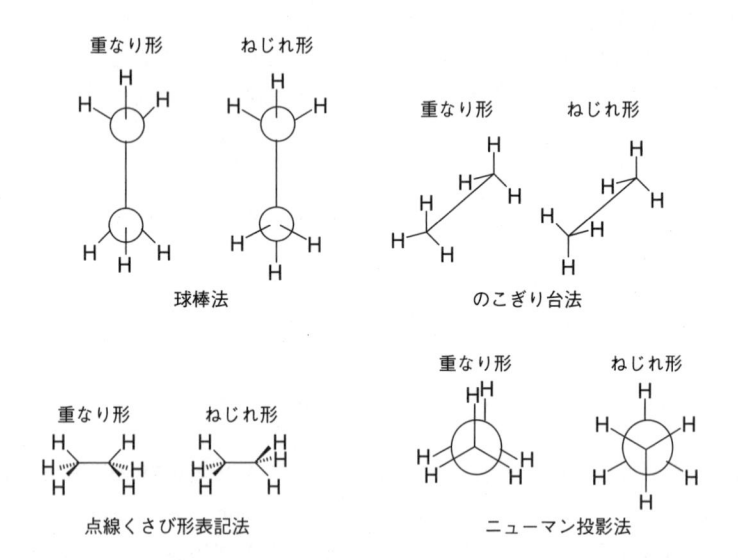

球棒法

のこぎり台法

点線くさび形表記法

ニューマン投影法

2）ねじれ形および重なり形配座異性体

ねじれ形配座では，水素原子ができるだけ離れて存在している．そのためにこれらが反発する力が弱くなる．これが，ねじれ形が安定な理由である．重なり形では，水素原子は互いに最も接近している．この結果，水素原子間に強い反発が生じて不安定な立体配座となる．どの瞬間をとっても，ねじれ形立体配座をとる分子が他の配座のものと比べて多数存在する．

3）ねじれエネルギーとねじれひずみ

ねじれエネルギーは，C–C σ結合のまわりの回転に必要なエネルギーである．非

常に小さい，わずか 3 kcal mol^{-1} という値である．ねじれひずみは，配座異性体が最も安定な（たとえばねじれ形のような）構造からずれているときに観測される不安定化のことである．重なり形におけるねじれひずみは，C–H 結合の電子雲が近づいたときに生じるわずかな反発に由来する．エタンではこの値は小さい．

4) プロパンにおける配座異性体

プロパンは三つの sp^3 炭素を含む直鎖状アルカンである．すべての炭素が正四面体の立体をもつ．エタンの水素 1 個をメチル基に置き換えるとプロパンができる．二つの C–C σ 単結合のまわりに回転が存在する．

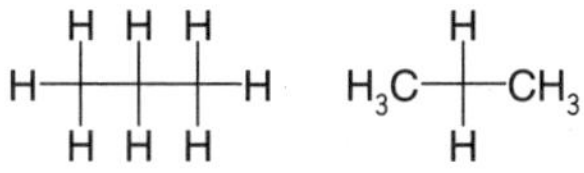

プロパン

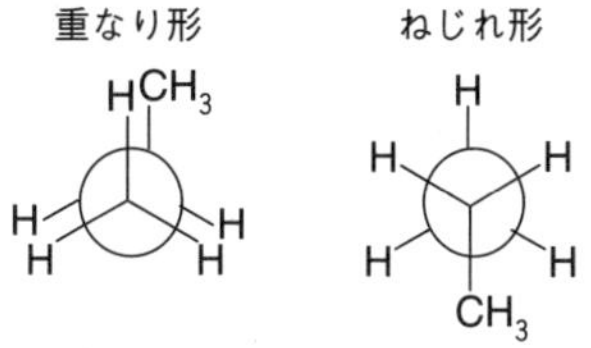

プロパンの配座異性体のニューマン投影

プロパンにおける重なり形配座では，水素より大きいメチル基が水素原子に近づいて存在している．この結果，立体反発によるひずみが増すこととなる．プロパンのねじれ形と重なり形の間のエネルギー差は，エタンの場合よりも大きい．

5) ブタンの配座異性体

ブタンは四つの sp^3 炭素をもつ直鎖状アルカンである．すべての炭素が正四面体構造をもつ．プロパンの水素原子が 1 個メチル基に置き換わるとブタンになる．C–C 単結合は三つあるが，C_2–C_3 の回転が最も重要である．

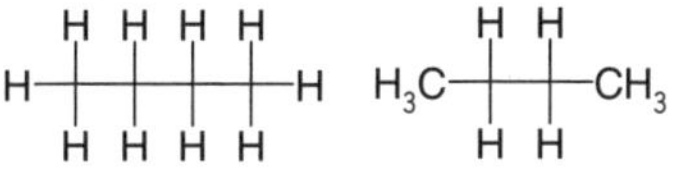

ブタン

配座異性体のうち，次の図で左側に示した重なり形が，二つのメチル基が完全に重なっているため最も不安定である．最も安定なのは左から 2 番目のねじれ形であり，ここでは二つのメチル基が互いに最も遠ざかっている．二つの大きな置換基が互い違いになっているとき，アンチ (anti) 形，互いに 60° の角度になっているときゴーシュ (gauche) 立体配座という．ブタンでは，ねじれエネルギーはプロパンの場

合より大きい．すなわち，C_2-C_3 のまわりの回転にはより高いエネルギー障壁が存在する．安定性の順序はアンチ→ゴーシュ→もう一つの重なり形→重なり形である．最も安定な配座異性体は，立体ひずみ，およびねじれひずみが最も小さい．

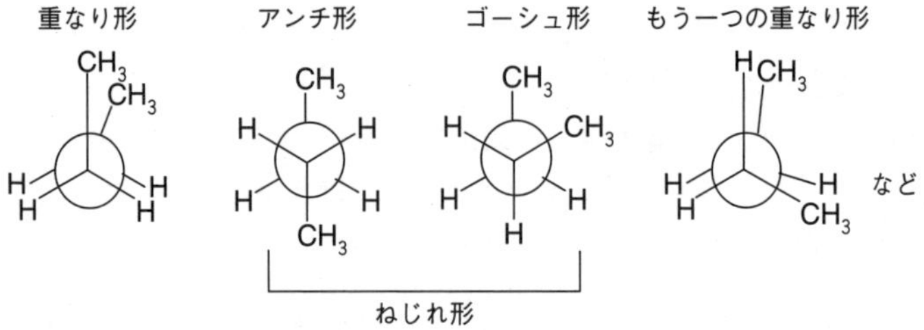

重なり形　　アンチ形　　ゴーシュ形　　もう一つの重なり形

　　　　　　ねじれ形

ブタンの配座異性体のニューマン投影

6) シクロプロパンの配座異性体

　シクロプロパンは一連のシクロアルカンのうち最初に出てくる化合物であり，3個の炭素と6個の水素から成る（C_3H_6）．C-C 単結合のまわりの回転は，シクロアルカン類，特にシクロプロパンのような小員環では極端に制限されている．

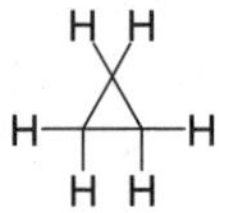

シクロプロパン

　シクロプロパンでは，それぞれの炭素原子は sp^3 混成軌道をとっているので，結合角は 109.5° をとるべきだが，それぞれの炭素原子が正三角形の角に位置しているので，結合角は 60° となってしまう．結果として，かなりの**角度ひずみ**（angle strain）が存在する．sp^3 混成軌道はほんのわずかしか重なり合うことができない．したがって，結合は弱く，不安定な分子となる．この角度ひずみは，結合角が理想的な正四面体の値からずれている分子中に発生する．シクロプロパンでは 109.5° から 60° にずれている．

7) シクロブタンの配座異性体

　シクロブタンは4個の炭素と8個の水素から成る（C_4H_8）．シクロブタンがもし完全な平面構造であると考えるならば，結合角は 90° となるはずであり，角度ひずみはシクロプロパンに比べてかなり小さいことになる．しかし，完全に平面のシクロブタンを考えると，すべての水素が重なり形となってしまうため，ねじれひずみ

が発生する．

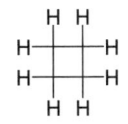

平面分子としてのシクロブタン
すべての H 原子は重なり形
結合角 = 90°

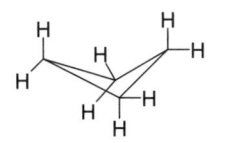

シクロブタンの最も安定なコンホメーション
H 原子は重なり形ではない．

シクロブタンは実際には平面ではない．ねじれひずみを弱めるために，上記のような折りたたまれた配座をとっている．この配座になると，水素原子は重なり形になっておらず，ねじれひずみは平面構造の場合よりもかなり小さくなっている．しかし，この構造では結合角は 90° 以下になっていて，角度ひずみは若干増加することとなる．

8) シクロペンタンの配座異性体

シクロペンタンは 5 個の炭素から成るシクロアルカンである．もしシクロペンタンを平面正五角形と考えると，結合角は 108° となる．したがって，角度ひずみはほとんど存在しない（sp^3 の結合角 109.5° とほぼ同じ）．しかし，この形になると，すべての水素が重なり形となるため，ねじれひずみが非常に大きくなる．このねじれひずみを小さくするために，シクロペンタンは，角度ひずみの増大とねじれひずみの減少のバランスをとって，折れ曲がった封筒型配座をとる．この配座では，ほとんどの水素がねじれ形の配座をとっている．

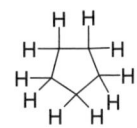

平面分子としてのシクロペンタン
結合角 = 108°

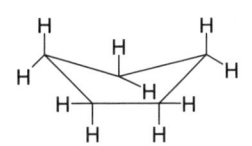

シクロペンタンの最も安定なコンホメーション
ほとんどの H 原子はねじれ形

9) シクロヘキサンの配座異性体

シクロヘキサンは 6 個の炭素を含むシクロアルカンであり，自然界にも広く存在する．多くの医薬品として重要な化合物，たとえばステロイド類などがシクロヘキサン環を含んでいる．もし，シクロヘキサンを平面正六角形とみなすと，結合角は 120° となる．

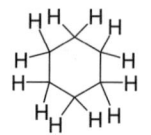

平面分子としての
シクロヘキサン
結合角 = 120°

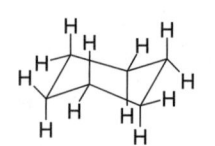

シクロヘキサンの
最も安定ないす形配座
すべての隣接 C–H 結合はねじれ形

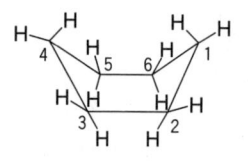

シクロヘキサンの
舟形配座

　実際には，シクロヘキサンは平面分子ではない．ねじれひずみと角度ひずみのバランスをとり，安定性を増すために，シクロヘキサンはさまざまな配座をとる．そのうち，**いす形配座**（chair conformation）と**舟形配座**（boat conformation）が最も重要である．ある瞬間において，シクロヘキサン分子の 99.9% はいす形をとっていると考えられる．

　シクロヘキサンのいす形配座は最も安定な配座異性体である．C–C–C 角は角度ひずみのない 109.5° であり，すべての隣り合う C–H 結合はねじれ形になっている．そのため，この立体配座には角度ひずみもねじれひずみも存在しない．

　シクロヘキサンの他の主要な立体配座は舟形である．ここでは，C_2–C_3 および C_5–C_6 の水素が重なり形となっており，ねじれひずみが増大している．また，C_1 と C_4 が近づきすぎて立体的な歪みを生じている．

　いす形配座では，環に導入される置換基の位置が，**アキシアル**（axial，環に垂直方向，環の対称軸に対して平行）と**エクアトリアル**（equatorial，環の平面方向に，すなわち環の赤道上に存在）の 2 種類ある．6 個の水素がアキシアル，残り 6 個の水素がエクアトリアルである．環内のそれぞれの炭素はアキシアル水素とエクアトリアル水素を 1 個ずつもっており，環の上下それぞれに 3 個ずつのアキシアル水素が存在する．

シクロヘキサンのいす形配座
6 個のアキシアル水素 (a) と 6 個のエクアトリアル水素 (e)

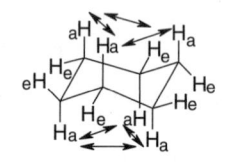

シクロヘキサンのいす形配座
ジアキシアル相互作用

　12 個の基すべてが水素の場合，立体ひずみは存在しない．水素より大きい置換基が存在すると，特にアキシアルにこれが存在する場合には，立体ひずみの増加によって安定性が変化する．アキシアルに置換基があると，**ジアキシアル相互作用**

(diaxial interaction) が立体反発をひき起こすことになる．置換基がエクアトリアルに存在する場合には，空間的に余裕があるので立体反発は生じにくい．したがって，大きい置換基は常にエクアトリアル位置を占めようとする傾向がある．

シクロヘキサンのいす形配座にはアキシアル水素とエクアトリアル水素が存在するので，一置換のシクロヘキサンには二つの異性体が存在すると考えるかも知れないが，実際には一置換体は１種類しか存在しない．その理由は，シクロヘキサン環が室温でも容易に立体配座を反転させるためである．異なるいす形配座は室温で互いに入れ替わることができ，結果としてアキシアル位とエクアトリアル位が入れ替わる．この相互変換は，**環反転**（ring-flip）として知られている．環反転の間，中央の四つの炭素はその場に止まり，両端の炭素が反対側に移動する．結果として，一つのいす形配座でアキシアルに入っていた置換基は，環反転した結果生じるもう一つのいす形配座ではエクアトリアルに存在する．同様に，エクアトリアルの置換基はアキシアルに変化する．

Rは置換基または
H以外の原子

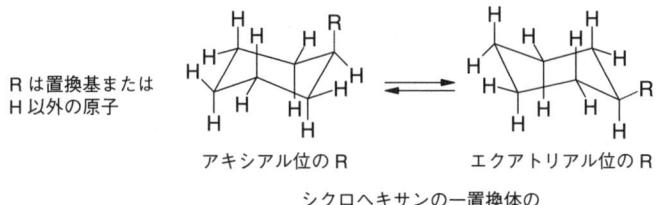

アキシアル位のR　　エクアトリアル位のR

シクロヘキサンの一置換体の
いす形配座での環反転

b． 立体配置異性体　立体配置異性体は，三次元的な原子配置のみが互いに異なり，分子内の単結合の回転では相互変換できない異性体のことをいう．さまざまな立体配置異性体の詳細を見る前に，**キラリティー**（chirality）の概念を理解する必要がある．

1）キラリティー

身のまわりのもののうち，多くは掌性をもっている．たとえば，右手と左手は互

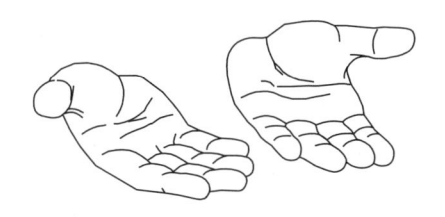

いに鏡像の関係にあり，重ね合わせることはできない．他のキラルな物体として靴，手袋などがある．多くの分子はやはりキラルである，すなわちその鏡像と重ね合わせることができない．そのような分子は**キラル分子**（chiral molecule）とよばれる．生体内に存在する多くの物質，たとえば炭水化物やタンパク質などはキラルである．

　キラル分子に最も共通に見られる特徴は，正四面体 sp^3 炭素が四つの異なる置換基，または原子と結合していることである．このような炭素は**キラル炭素**（chiral carbon）もしくは**不斉炭素**（asymmetric carbon）とよばれる．キラル分子は対称面をもたない．

キラル炭素　　　　　　　　　　アキラル炭素
四つの異なる置換基や原子と結合　　二つ以上の同じ置換基や原子(z)が結合

もし二つ以上の同じ原子または置換基が結合している場合，その炭素は**アキラル**（achiral）とよばれる．アキラル分子は対称面をもっている．もし，分子が，互いに鏡像の関係にある二つの部分に分けられる面をもっているならば，この面は対称面とよばれ，この分子はキラルではない．このようなアキラルな化合物ではその鏡像と構造が一緒であり，重ね合わせられる．

　以下に書いた鏡像同士は，180°回転すると互いに同じものであることがわかる．

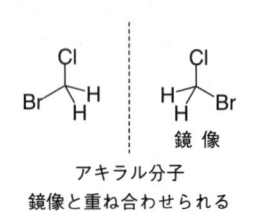

鏡　像
アキラル分子
鏡像と重ね合わせられる

2) 鏡像異性体（エナンチオマー）

　エナンチオ（*enantio*）という言葉は，ギリシア語で"反対の"という意味である．キラル分子とその鏡像体は，**鏡像異性体**（エナンチオマー，enantiomer）あるいは鏡像異性体対（enantiomeric pair）とよばれる．これら二つは互いに重ね合わせることができない．キラル炭素に結合した原子もしくは置換基の配列は，化合物の**立体配置**（configuration）とよばれる．

3・2 異　　性　　　　　　　　　　41

W, X, Y および Z の並び方を立体配置という．

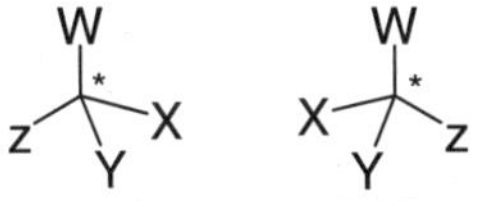

鏡像

鏡像異性体
重ね合わせられない

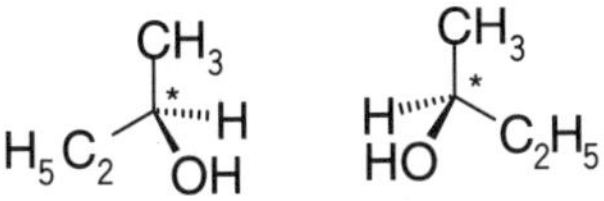

(−)-2-ブタノール　(+)-2-ブタノール
2-ブタノールの鏡像異性体

3) 鏡像異性体の性質

　鏡像異性体同士は融点，沸点，溶解度などの物性は等しい．化学的性質も同じである．しかし，鏡像異性体同士は，**平面偏光**（plane polarized light）に対する活性のみが異なり，**光学異性**（optical isomerism）が生じる．鏡像異性体同士は薬理作用も異なる場合が多い．

4) キラル分子（鏡像異性体）の表記法

　紙面上で，キラル分子は**くさび形結合**（wedge bond）を使って書くことができる．それ以外にも，横に出た結合を手前に突き出ている結合，縦に書いた結合が紙面の向こう側に向かっている結合，と考える表記法（フィッシャー投影式）もある．いくつかの例を以下に示した．

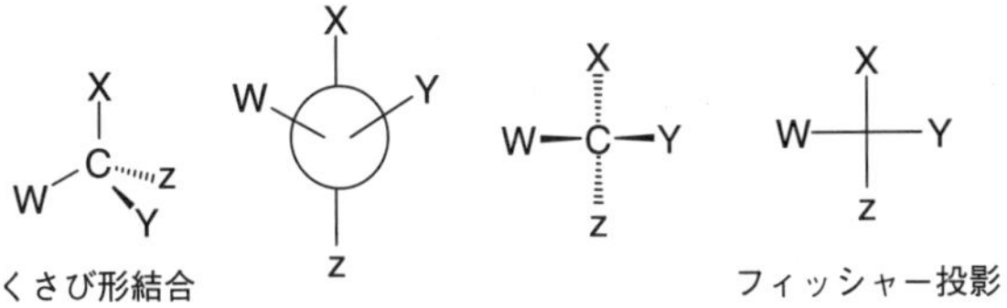

くさび形結合　　　　　　　　　　　　フィッシャー投影

5) 光学異性体

　光は，電気的および磁気的なベクトルをもつ波からできている．もし光を，光が進行してくる方向から眺めてみると，あらゆる方向に向かって振動している様子が見えるはずである．このような普通の光が**偏光子**（polarizer）を通過すると，偏光子が磁気的なベクトルと相互作用して，一つの平面内でのみ振動しているような光が出てくる．この光を平面偏光とよぶ．

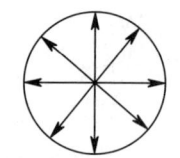

光はあらゆる方向に振動する　　　平面偏光では一つの
　　　　　　　　　　　　　　　　平面内でのみ振動する

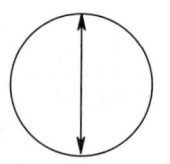

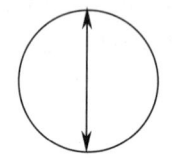

平面偏光が鏡像異性体の溶液を通過すると，偏光面が回転する．平面偏光を回転させるすべての化合物は**光学活性**（optically active）とよばれる．回転が時計回りであるとき，その鏡像異性体は**右旋性**（dextrorotatory）といい，（＋）の記号を化合物名の前につける．反時計回りの結果を与えるエナンチオマーは**左旋性**（levo-rotatory）といい，化合物名の前に（－）の符号をつける．

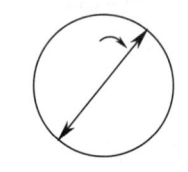

平面偏光が鏡像異性体の溶液を　　回転が時計回り(右回り)　　回転が反時計回り(左回り)
通過する前　　　　　　　　　　　右旋性(＋)　　　　　　　　　左旋性(－)

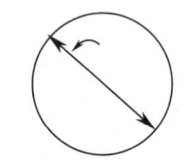

　　　　　　　　　平面偏光が鏡像異性体の溶液を通過した後

回転量は，**旋光度計**（polarimeter）とよばれる装置で測る．光学活性分子の溶液を試料管に入れ，平面偏光をその溶液に透過させると平面偏光の回転が起こる．光はその後分析計とよばれる二つ目の偏光子を通過する．光が透過するまで分析計を回転させることにより，新しい偏光面の位置がわかり，偏光面の回転の度合が測定できるわけである．

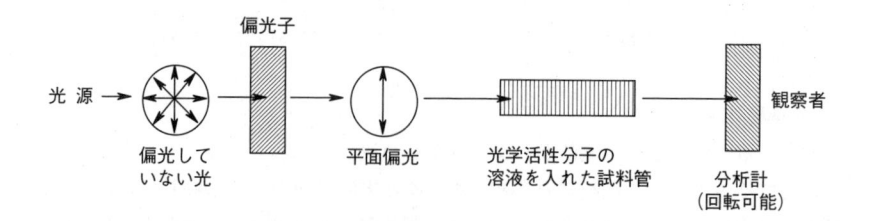

光源　偏光していない光　偏光子　平面偏光　光学活性分子の溶液を入れた試料管　分析計(回転可能)　観察者

鏡像異性体は光学活性であり，一方が（＋）ならば他方が（－）となって，**光学異性体**（optical isomer）ともよばれる．

3・2 異　　性

一対の鏡像異性体が存在すると，それらは平面偏光を同じ量だけ，逆の方向に回転させる．鏡像異性体の等量混合物は**ラセミ体混合物**（racemic mixture）とよばれる．ラセミ体混合物は光学不活性であり（互いに打ち消しあってしまうため），（±）の記号をつける．

6) 比旋光度

より多くの光学活性分子にぶつかればぶつかるほど，平面偏光はより大きく回転する．したがって，回転の量は試料の濃度と光が透過する距離に依存する．

もし濃度を一定に保って試料管の長さを 2 倍にすれば，観測される回転量は 2 倍になるはずである．

したがって，意味のある旋光度のデータを得るためには，標準的な実験条件を選ぶ必要があり，このために**比旋光度**（specific rotation）という概念が導入された．

比旋光度は，$[\alpha]_D$ として表記され，測定には，試料中を透過する長さ l が 1 dm（10 cm），試料濃度が 1 g mL^{-1}，599.6 nm の波長のナトリウム D 線を用いる．ナトリウム D 線は，通常のナトリウムランプから放出される黄色い光である．

$$[\alpha]_D = \frac{観測された回転\ \alpha[°]}{試料中を透過する長さ, l[\text{dm}] \times 試料濃度, C[\text{g mL}^{-1}]} = \frac{\alpha}{l \times C}$$

比旋光度は温度にも依存するため，測定温度も示すことが多い．たとえば 25 ℃ で測定した比旋光度は，より正確には以下のように表される．

$$[\alpha]_D^{25}$$

比旋光度をこの標準的な方法で表すことにすると，この値は与えられた光学活性化合物の物理定数の一つになる．たとえば，モルヒネの比旋光度は $-132°$ である．すなわち，

$$[\alpha]_D^{25} = -132°$$

これはナトリウムの D 線が光源として用いられ温度を 25 ℃ に保ち，1.00 g mL^{-1} の光学活性なモルヒネを入れた厚さ 1 dm の試料管を用いて測定すると，反時計回りに 132° の回転が起こることを示している．

7) 鏡像異性体の絶対配置をどのように表すか

すでに，鏡像異性体の光学活性を表現するために（＋）や（－）の記号を用いることを学習した．しかし，光学活性自体は，実際の絶対配置に関する情報を与えない．その鏡像異性体が平面偏光を時計回りに回転させるか，もしくは反時計回りに回転させるか，しか示していない．

光学活性分子であるグリセルアルデヒドの例を見てみよう．グリセルアルデヒドは鏡像異性体として存在する，すなわち（＋）体と（－）体がある．しかし，このプラス，マイナスの記号は分子の絶対配置に関する情報を与えてはくれない．

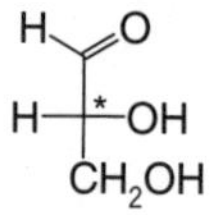

H-C=O
H-*-OH
CH₂OH
グリセルアルデヒド

鏡像異性体の絶対配置を表記する二つの方法がある，すなわちDとLで表記する方法と，(R)と(S)で表記する方法である（この方法はCahn-Ingold-Prelog表記法としても知られている）．

8) DL表記法

Emil Fischer は，DとLの表記を表現するのに，グリセルアルデヒドを標準物質として用いた．Fischerは，（＋）の鏡像異性体を便宜的にD-グリセルアルデヒドと考えた．もう一方の鏡像異性体は（－）体でありLと表現した．以下の構造をみると，これらの鏡像異性体間の差，すなわちキラル中心におけるヒドロキシ基の位置が異なることを簡単に見いだせる．D-グリセルアルデヒドの場合にはキラル中心のヒドロキシ基は右側に存在しているのに対し，L-グリセルアルデヒドでは左である．DL表記法では，キラル中心におけるグリセルアルデヒドとの構造の類似性を比較する．例として2,3-ジヒドロキシプロパン酸がある．

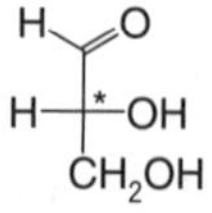

(＋)-D-グリセルアルデヒド 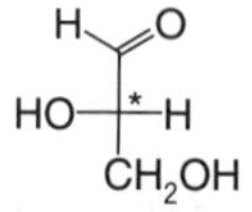　　　(－)-L-グリセルアルデヒド

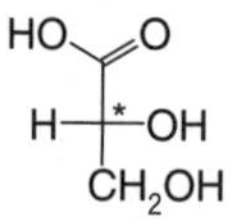

D-2,3-ジヒドロキシプロパン酸　　L-2,3-ジヒドロキシプロパン酸
キラル中心のヒドロキシ基は右側にある　キラル中心のヒドロキシ基は左側にある

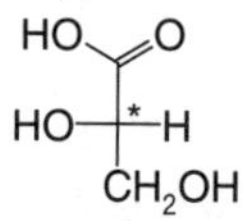

覚えておかなければならないのは，D, Lの記号と（＋），（－）の表記はまったく

関係ないことである。D形の異性体が（＋）表記をもつ必然性はなく，同様にL形の異性体が（－）の旋光度をもたなくてもよい．ある化合物ではD体が（＋）であり，他の化合物ではL体が（＋）の旋光度をもつこともある．同様に，いくつかの化合物ではL(－)，また他の化合物ではD(－)だったりする．このDおよびLの記載法は生物学もしくは生化学の分野，特に糖とアミノ酸でよく用いられる（アミノ酸では，グリセルアルデヒドのヒドロキシ基 –OH の代わりにアミノ基 –NH$_2$ を用いて配置を決定する）．種々の糖を表すのにこの方法は広く用いられ，D-グルコース，L-ラムノースなどと表示する．

9) *RS* 表記法（Cahn–Ingold–Prelog 表記法）

3人の化学者，R. S. Cahn（英国），C. K. Ingold（英国），V. Prelog（スイス）によって，鏡像異性体の絶対配置をより正確に表記する方法が考案された．この方法は *RS* 表記法，もしくは Cahn–Ingold–Prelog 表記法とよばれる．

この方法によれば，たとえば 2-ヘキサノールの一方の鏡像異性体を (*R*)-2-ヘキサノールと表記すると，その相手は (*S*)-2-ヘキサノールと表記される．*R*, *S* という文字は，それぞれラテン語の *rectus*（右という意味），*sinister*（左という意味）に由来する．

2-ヘキサノールの鏡像異性体

ある鏡像異性体が *R* か *S* かを決定する際には，以下の規則および手順に従って行う．

(a) キラル炭素に結合している四つの基に，優先順位の高いものから低いものの順に1から4までの番号をつける．優先順位は，キラル中心に直接結合している原子の原子番号に基づいて決定される．原子番号の大きいものが優先である．

2-ヘキサノールの場合には以下のように示すことができる．

2-ヘキサノールの優先順位

(b) キラル炭素に直接結合している原子では置換基の優先順位が決められない場合，決められなかった置換基の，そのつぎの原子を比較する．この過程を，最初の差が見つかるところまで続ける．

　　2-ヘキサノールの場合，キラル炭素に直接結合した炭素原子は二つ存在し，そのうち一つはメチル基，もう一つはプロピル基である．この二つの置換基の優先順位を最初の炭素のみで考えていては優劣はつけられないため，これらの炭素原子に結合しているその先の原子を考える必要がある．メチル基の先の原子を見ると水素が3個結合していることがわかる．一方，プロピル基ではつぎに結合している原子は1個の炭素と2個の水素である．炭素は水素よりも優先順位が高いので，プロピル基の方がメチル基よりも優先される．

(c) 二重結合，または三重結合をもつ基の場合，不飽和結合を形成している原子が二度，または三度出てくるように構造式を書く．例として以下のようなものがある．

$$\ce{>C=O}\ \text{は}\ \ce{-C(-O)(-)O\ C}\ \text{のようになる}$$

$$\ce{-C#N}\ \text{は}\ \ce{-C(N)(N)-N(C)(C)}\ \text{のようになる}$$

(d) 四つの置換基の優先順位が決定したら，4番目，すなわち優先順位最下位の基が観測者から反対の方向に向くように分子を回転させる．

優先順位の最も低い H 原子(4)は観察者の反対に向ける．

　そして，優先順位1番，2番，3番の順に曲がった矢印を書く．この向きが時計回りの場合，この分子は (R)-異性体であるという．もし反時計回りであれば，これを (S)-異性体であるという．もう一度注意しておくが，R, S と $(+)$，$(-)$ の間にはまったく関係はない．

(R)-2-ヘキサノール
優先順位1〜3は時計回り

Cahn-Ingold-Prelog 表記法に従うと，種々のキラル分子の (R) および (S)-鏡像異性体を描くことができる．たとえば 2,3-ジヒドロキシプロパン酸では，優先順位1番は -OH，2番は -COOH，3番は -CH$_2$OH，4番は -H である．

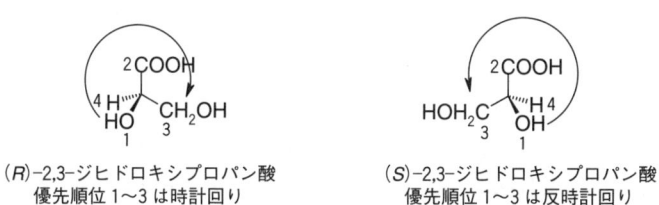

(R)-2,3-ジヒドロキシプロパン酸
優先順位1〜3は時計回り

(S)-2,3-ジヒドロキシプロパン酸
優先順位1〜3は反時計回り

2個以上のキラル中心（キラル炭素）が分子中に存在する場合，3個以上の異性体が存在する可能性がある．そのため，すべての立体異性体を RS 表記で表示する必要がある．2,3,4-トリヒドロキシブタナールには2個のキラル炭素が存在する．C-2 および C-3 位がキラル中心である．RS 表記法を用いて，これらの異性体を以下のように表すことができる．

	C-2	C-3	立体異性体の名称
	R	R	(2R, 3R)
	R	S	(2R, 3S)
	S	R	(2S, 3R)
	S	S	(2S, 3S)

2,3,4-トリヒドロキシブタナール
2個のキラル中心がある分子
（上記の構造は (2R,3R) 体を示してある）

10) 2個のキラル中心をもつ化合物の立体異性——ジアステレオマーとメソ化合物

sp^3 炭素がキラル中心であることによって生じる立体異性体の数は，キラル中心の数を n 個とした場合，2^n 個を超えることはない．たとえば，2,3,4-トリヒドロキシブタナールでは，キラル炭素が C-2 と C-3 位の2個存在する．したがって，可能な立体異性体の数は $2^2 = 4$ である．2,3,4-トリヒドロキシブタナールの4個の立

体異性体A，B，C，Dはいずれも光学活性であり，これらの中に2組の鏡像異性体対が存在する．すなわち，次に示したAとB，およびCとDである．

```
      A              B                    C              D
   H   O          H   O                H   O          H   O
    \\//           \\//                  \\//           \\//
     C              C                    C              C
  H─┼─OH        HO─┼─H                H─┼─OH        HO─┼─H
  H─┼─OH        HO─┼─H                HO─┼─H        H─┼─OH
    CH₂OH          CH₂OH                CH₂OH          CH₂OH
   └─ 鏡像異性体 ─┘                   └─ 鏡像異性体 ─┘
```

2,3,4-トリヒドロキシブタナールの四つの立体異性体

構造AとC，BとDを比べてみると，立体異性体ではあるが鏡像異性体ではない．このような異性体を**ジアステレオマー**（diastereomer）という．ジアステレオマーは物理的性質（たとえば融点など）が互いに異なっている．2,3,4-トリヒドロキシブタナールの立体異性体中での，これ以外のジアステレオマーの組合わせとしてAとD，およびBとCがある．

```
      A              C                    B              D
   H   O          H   O                H   O          H   O
    \\//           \\//                  \\//           \\//
     C              C                    C              C
  H─┼─OH        H─┼─OH               HO─┼─H        HO─┼─H
  H─┼─OH        HO─┼─H               HO─┼─H        H─┼─OH
    CH₂OH          CH₂OH                CH₂OH          CH₂OH
   └─ ジアステレオマー ─┘              └─ ジアステレオマー ─┘

      A              D                    B              C
   H   O          H   O                H   O          H   O
    \\//           \\//                  \\//           \\//
     C              C                    C              C
  H─┼─OH        HO─┼─H               HO─┼─H        H─┼─OH
  H─┼─OH        H─┼─OH               HO─┼─H        HO─┼─H
    CH₂OH          CH₂OH                CH₂OH          CH₂OH
   └─ ジアステレオマー ─┘              └─ ジアステレオマー ─┘
```

つぎに，キラル炭素が同様に2個存在する酒石酸分子について考えてみよう．酒石酸でも，理論上4個の異性体の存在が予想される．しかし，酒石酸分子の半分が，他の半分と鏡像になっている場合には**メソ化合物**となる．このような化合物は，そのものを鏡に映した像と重なり合う，すなわち鏡像と同じ構造をもつ物質である．したがって，酒石酸では立体異性体は3個しか存在しない．

3・2 異性

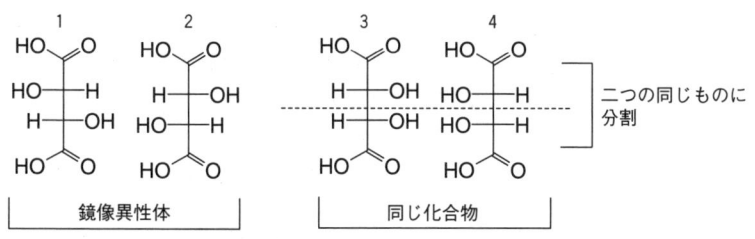

酒石酸の立体異性体

構造1と2は互いに鏡像異性体であり，両者とも光学活性である．構造3と4には対称面が存在し，分子中で鏡像同士の組合わせとなっている．このような構造をメソ化合物とよんでいる．構造3と4は互いに重ね合わせることができる，すなわち同じ物質である．したがって，1個のメソ酒石酸が存在し，これはアキラルであり（分子内に対称面をもち，鏡像と重ね合わせることができる），光学不活性である．以上のことから，酒石酸に関しては3個の異性体，(−)-酒石酸，(+)-酒石酸，メソ酒石酸が存在する．

11) 環状化合物

環に存在する置換基の種類に依存して，キラル（光学活性）になる場合とアキラル（光学不活性）になる場合がある．たとえば1,2-ジクロロシクロヘキサンはメソ化合物（光学不活性）になる場合と鏡像異性体（光学活性）になる場合がある．環に結合する二つの基が違う種類のものである場合，対称面は存在し得なくなるので4個の異性体ができることになる．

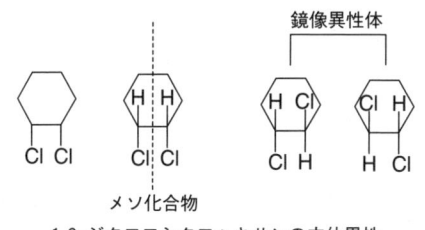

1,2-ジクロロシクロヘキサンの立体異性

c. 幾何異性体 幾何異性は，アルケンおよび環状化合物で見いだされる．アルケンの場合，二重結合のまわりは束縛回転を受けている．二重結合の炭素に置換基が存在する場合，異なった形式で結合することがあり，*trans*（反対側）と*cis*（同じ側）異性体が生じる．これらを**幾何異性体**（geometrical isomer）という．これらは化学的および物理的性質が異なっている．それぞれの異性体は，UV照射

や，300℃付近まで加熱するなど，エネルギーが十分に加えられた場合には他方へ異性化することができる．この変換は，エネルギーを吸収することによってπ結合が開裂し，π結合が再生する前に分子の両側が互いに回転したために起こる．

trans 異性体
置換基 G は二重結合炭素の
反対側にある

cis 異性体
置換基 G は二重結合炭素の
同じ側にある

二重結合をつくっている炭素に同じ置換基が結合している場合には，*trans* と *cis* を表記することは簡単にできる．しかし，以下に示したように，2個以上の異なる置換基や原子が存在している場合には *cis* と *trans* を決めるのは難しくなる．

二重結合炭素に異なる置換基が結合したアルケン

この状況を単純化するために，幾何異性体の命名法として *EZ* 表示法が用いられる．*Z* はドイツ語の zusammen（一緒に）という意味であり，*E* はドイツ語で entgegen（反対の）という意味である．

　EZ 表示法はつぎの規則および段階を踏んで適用される．
(a) 二重結合のそれぞれの炭素に付いている原子または原子団に優先順位をつける．優先順位は *RS* 表示法の場合と同じ原則で行う（原子番号に基づいている）．
(b) もし二つの炭素に結合している優先順位の高い基が二重結合に対して同じ側にある場合は，その異性体を (*Z*)-異性体とよぶ．
(c) もし二つの炭素に結合している優先順位の高い基が二重結合に対して反対側に位置する場合は，この異性体は (*E*)-異性体とよばれる．

例として1-ブロモ-1,2-ジクロロエテンを見てみよう．この分子では，1位の炭素にはClとBrが，また2位の炭素にはClとHが結合している．これら置換基の原子番号の順はBr＞Cl＞Hである．優先順位が決まると，以下に示すように，1-ブロモ-1,2-ジクロロエテンの (*E*) および (*Z*)-異性体は簡単に書くことができる．

(*Z*)-1-ブロモ-1,2-ジクロロエテン
優先順位の高い二つの基が同じ側にある

(*E*)-1-ブロモ-1,2-ジクロロエテン
優先順位の高い二つの基が反対側にある

3・2 異性

つぎに,環状化合物を見てみよう.二つまたはそれ以上の置換基を含む環状化合物に対して EZ 表記法を適用することができる.たとえば,もし以下に示すシクロペンタンの置換基 A と B が異なっている場合,A と B が結合している炭素はそれぞれキラル中心(または立体中心)である.

(E)形
優先順位の高い基(A と B＞H)が反対側にある

(Z)形
優先順位の高い基(A と B＞H)が同じ側にある

1-ブロモ-2-クロロシクロペンタン分子中には 2 個のキラル中心がある.したがって,4 個の立体異性体が存在しうる.

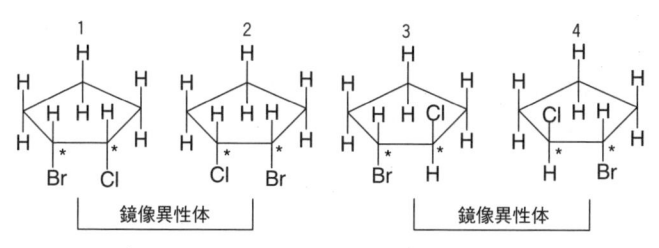

1-ブロモ-2-クロロシクロペンタンの四つの可能な異性体

異性体は,(＋)-cis-1-ブロモ-2-シクロペンタン (1),(－)-cis-1-ブロモ-2-シクロペンタン (2),(＋)-trans-1-ブロモ-2-シクロペンタン (3),(－)-trans-1-ブロモ-2-シクロペンタン (4) の 4 個である.

しかし,A と B が同じ置換基であるとき,たとえば 1,2-ジヒドロキシシクロペンタンのような場合には異性体は 3 個しか存在しない,なぜなら分子内に対称面が存在できるからである.この場合メソ化合物が得られる.

cis-1,2-ジヒドロキシシクロペンタン
分子内に対称面がある

対称面が存在しうるため，1,2-ジヒドロキシシクロヘキサンには以下のような3個の異性体が存在する．

一つは光学不活性なメソ異性体（cisもしくはZ異性体）であり，他の二つは光学活性なtransまたはE異性体である．シクロヘキサンの場合，エクアトリアルおよびアキシアル結合がある．したがって，trans構造の場合には，ジアキシアルまたはジエクアトリアルに置換基が入り，cis異性体の場合にはアキシアルとエクアトリアルに置換基が存在する．

1,2-ジヒドロシクロヘキサンの四つの可能な異性体

3・3 医薬品の活性や毒性を決める立体異性の重要性

薬学は種々の医薬品を取扱う学問分野である．すべての医薬品は化学物質であり，そのうちの多くは（30～50％）キラル中心をもっているため立体異性体が存在し，その中には鏡像異性体が含まれる．さらに，医薬品販売における現在の傾向として，アキラルな医薬品に代わるキラル医薬品の数が急速に増加している．今後数年の間に，キラルな医薬品が医薬品市場の大勢を占めるものと予想される．したがって，医薬品のキラリティーが標的分子とどのように相互作用するのかを理解すること，医薬品の名称をつけるときに適切な命名を採用する能力をもつこと，標的分子との相互作用に関与する結合力の性質を記述する能力をもつこと，の3点はきわめて重要である．

多くの場合，立体異性体のうち1個のみが正しい生理作用と薬理作用を示す．たとえば，モルヒネは天然型鏡像異性体のみが鎮痛薬として活性をもち，グルコースの鏡像異性体のうち一方のみが体内で代謝されてエネルギーとなり，アドレナリンの鏡像異性体のうち天然型のみが神経伝達物質である．

医薬品の鏡像異性体の一方が活性であるとき，他方は不活性であったり，活性が弱かったり，また時として毒性があったりする．医薬品のみならず，生命活動に必須の多くの分子には立体異性体が存在し，それらの生物学的性質は，通常1個の立体異性体に特有のものである．生体を構成するほとんどの分子はキラルであり，立体異性体をもっている．たとえば，20個の"生体構成"アミノ酸は（グリシンを

3・3 医薬品の活性や毒性を決める立体異性の重要性

除き）キラルである．したがって，医薬品分子の作用および毒性をよりよく理解するためには，立体化学を理解することが重要となる．

イブプロフェンは人気のある鎮痛抗炎症薬である．イブプロフェンには二つの立体異性体が存在するが，(S)体のみが活性である．(R)体は全く活性がないが，体内でゆっくりと活性のある (S)体へと変化する．市販されている医薬品は (R)-イブプロフェンと (S)-イブプロフェンのラセミ混合物である．

(S)-イブプロフェン
活性な立体異性体

(R)-イブプロフェン
不活性な立体異性体

1950 年代初期に，ドイツの製薬会社であるグリュネンタール社によってサリドマイドと名付けられた医薬品が開発され，妊婦のつわりや不眠症に処方された．しかしこの医薬品は，この医薬品にさらされた何千という胎児に深刻な副作用をもたらした．この医薬品は 1 万 2 千人の新生児に，足がなかったり，四肢が変形したりする奇形をひき起こした．後の研究によって，サリドマイド分子は二つの立体異性体の形で存在しており，一方は鎮静剤として，もう一方は催奇形活性（胎児に対する危険性）を示すということが判明した．

鎮静剤　　　　　　催奇形性

サリドマイドの立体異性体

リモネンはかんきつ類に含まれるモノテルペンである．リモネンの二つの鏡像異性体は異なった香りをもっている．(−)-リモネンはレモンの香りをもち，(+)-リモネンはオレンジの香りである．これと同様に，カルボンの一方の鏡像異性体はヒメウイキョウの香り，また他の鏡像異性体はスペアミントエッセンスの香りを示す．

(+)-リモネン
（オレンジに含まれる）

(−)-リモネン
（レモンに含まれる）

(S)-フルオキセチン
（偏頭痛予防）

プロザックという商品名で知られるフルオキセチンは，ラセミ体で抗うつ薬として使用されるが，偏頭痛には効果がない．純粋な (S) 体は偏頭痛の予防にきわめて高い効果を示し，現在臨床試験が行われている．

3・4 キラル分子の合成
3・4・1 ラセミ化合物

多くの反応例において，アキラルな反応物から，キラル中心をもつ化合物が形成される．キラルな要素が影響を与えなければ，このような反応で得られる生成物はラセミ体である．たとえば，エチルメチルケトンの水素添加反応では 2-ヒドロキシブタンのラセミ体混合物を与える．

$$H_3C-CO-CH_3 + H_2 \xrightarrow{Ni} H_3C-\overset{*}{C}H(OH)-CH_3$$
エチルメチルケトン　　　　　　　　　　(±)-2-ヒドロキシブタン

$$H_3C-CH=CH_2 \xrightarrow[\text{エーテル}]{HBr} H_3C-\overset{*}{C}H(Br)-CH_3$$
1-ブテン　　　　　　　　　　　　　　　(±)-2-ブロモブタン

同様に，1-ブテンへの HBr の付加反応は 2-ブロモブタンのラセミ体混合物を与える．

3・4・2 エナンチオ選択的合成

一方の鏡像異性体を他方より優先してつくり出す反応は**エナンチオ選択的合成**(enantioselective synthesis) として知られている．エナンチオ選択的反応を実行するためには，キラル試薬，キラル溶媒，あるいはキラル触媒が反応の過程に影響を与えなければならない．自然界では，ほとんどの有機および生物有機反応はエナンチオ選択的である．選択性は，種々の**酵素**(enzyme) に由来している．酵素はキラル分子であり，反応する分子が，反応の進行過程で一時的に結合する活性中心をもっている．酵素の活性中心はキラルであり，反応物の一方の鏡像異性体のみがぴったりと適合する．また，酵素は実験室でエナンチオ選択的反応を行うのにも使用される．**リパーゼ** (lipase) は実験室でよく用いられる酵素の一つである．

リパーゼは，エステルが水分子と反応してカルボン酸とアルコールに変換される，**加水分解** (hydrolysis) とよばれる反応を触媒する．

リパーゼを使用すると，加水分解反応を，ほぼ純粋な鏡像異性体を調製するために使用することが可能になる．

$$\text{(±)-2-フルオロヘキサン酸エチル} \xrightarrow[\text{H-OH}]{\text{リパーゼ}} \text{(R)-(+)-2-フルオロヘキサン酸エチル (>99\%)} + \text{(S)-(−)-2-フルオロヘキサン酸 (>69\%)} + \text{EtOH}$$

3・5 立体異性体の分離――ラセミ体混合物の分割

多くの化合物がラセミ体混合物，すなわち（＋）と（−）の二つの鏡像異性体の当量混合物として存在している．しばしば，一方の鏡像異性体が医薬品としての性質を示すことがある．したがって，ラセミ体混合物を精製して活性な方の鏡像異性体を獲得することが重要となる．鏡像異性体の混合物を分離することを，**ラセミ体の分割**（resolution of a racemic mixture）とよぶ．

幸運にも味方されて，1848 年に Louis Pasteur は，ラセミ体の酒石酸を**結晶化**（crystallization）によって（＋）体と（−）体に分けることに成功した．酒石酸のナトリウムアンモニウム塩の二つの鏡像異性体同士は形の異なるキラルな結晶をつくるため，それらを容易に分けることができた．しかし，酒石酸のナトリウムアンモニウム塩のように，鏡像異性体同士が結晶する際に，キラルな形をしている別々の結晶として得られることはほとんどない．したがって，Pasteur の用いた鏡像異性体分割法は，他の鏡像異性体の分割に一般的に用いることはできない．

鏡像異性体を分割するのに用いられる現代的手法の一つは，ラセミ体混合物を，他の光学的に純粋な単一の鏡像異性体と反応させることである．

この反応により，ラセミ体混合物はジアステレオマーの混合物へと変換される．ジアステレオマー同士は，沸点，融点，溶解度が異なるので，再結晶，クロマトグラフィーなどの通常の方法で分離できる．

ラセミ体混合物の分離は酵素を使って行うこともできる．酵素は，ラセミ体の一方の鏡像異性体のみをほかの化合物に変換し，その結果未反応の鏡像異性体と新しい生成物が分離される．たとえばリパーゼは，先の例で示したように，キラルエス

テルの加水分解に用いられる．

近年開発された機器分析のうち，**キラルクロマトグラフィー**（chiral chromatography）を鏡像異性体の分割に用いることができる．最もよく用いられるクロマトグラフィーは，**高速液体クロマトグラフィー**（high performance liquid chromatography，HPLC）である．

ラセミ体混合物中のそれぞれの鏡像異性体がキラルカラムと相互作用すると，一過性のジアステレオマーになるため，異なった溶出速度でカラム中を移動することになり，分離が可能になる．

3・6 炭素以外に立体中心をもつ化合物

ケイ素（Si）とゲルマニウム（Ge）は周期表で炭素と同族であり，炭素と同じように正四面体形の化合物を形成する．ケイ素，ゲルマニウム，窒素に対して四つの異なる置換基が結合している場合，分子はキラルになる．四つの置換基のうち一つが非結合性の孤立電子対となっているスルホキシドも，同様にキラルである．

ケイ素, ゲルマニウム, 窒素が立体中心となっているキラル化合物　　キラルスルホキシド

3・7 4個の異なった基を含む正四面体原子をもたなくても
　　　　　　　　　　　　　　　　　　キラルになる化合物

ある分子は，それ自身の鏡像と重なり合わないときキラルである．4個の異なる基をもつ正四面体形の原子は，分子にキラリティーを与える一つの要素にすぎない．そのような要素がなくとも，鏡像と重なり合わないキラルな分子は多数存在する．たとえば，1,3-ジクロロアレンはキラル分子であるが，四つの異なる基をもつ正四面体原子は存在しない．

1,3-ジクロロアレン

アレンは中央の炭素が他の二つの炭素と二重結合で結ばれている構造をもつ炭化

水素である．アレンという名称は1,2-プロパジエン構造をもつ一連の化合物の共通名でもある．アレンのπ結合面は互いに直交している．π結合のこの配置により，両端の炭素は直交した面上に存在することになる．このため，両端の炭素に異なる置換基が存在すると，アレンはキラル分子になる．しかし，アレンには *cis-trans* 異性は存在しない．

参 考 書

Robinson, M. J. T. *Organic Stereochemistry*, Oxford University Press, Oxford, 2002.

4. 有機化合物中の官能基

―学習目標―
- 有機化合物中にあるさまざまな官能基.
- 医薬品の作用や毒性の決定に対する官能基の重要性.
- 医薬品分子の安定性の決定に対する官能基の重要性.
- アルカン,アルケン,アルキン類およびその誘導体の合成法と反応性の概略.
- 芳香族性の定義し,芳香族化合物の見分け,種々の芳香族化合物の合成法と反応性.
- 複素環芳香族化合物の化学についての概略.
- アミノ酸の分類,アミノ酸の性質およびペプチドの合成法.
- 核酸の化学の基礎.

4・1 官能基——その定義と構造上の特徴

すべての有機化合物は**官能基**(functional group)とよばれる特徴的な構造に基づいて分類される.官能基とは,ある分子中で化学反応を受けやすい原子または原子団のことである.炭素は,水素,窒素,酸素,硫黄,ハロゲンなどの炭素以外の原子と結合して官能基をつくる.**反応**(reaction)とは,ある化合物が新しい化合物へと変換される過程のことであり,官能基は化学反応において重要な役割を果たす.学生諸君にとって,これらの官能基を特定できるようになることがきわめて重要である,なぜなら官能基は医薬品を含む多様な有機分子の物理的および化学的性質を決定しているからである.重要な官能基とその化合物の一般的表記法と具体例とを併せて以下の表に示した.

名 称	一般的な構造	例
アルカン	R—H	$CH_3CH_2CH_3$ プロパン
アルケン	$\diagdown$C=C$\diagup$	$CH_3CH_2CH=CH_2$ 1-ブテン
アルキン	—C≡C—	HC≡CH エチン

4・1 官能基——その定義と構造上の特徴

(つづき)

芳香族	C_6H_5- = Ph = Ar	$C_6H_5-CH_3$ トルエン
ハロアルカン	R−Cl, R−Br, R−I, R−F	$CHCl_3$ クロロホルム
アルコール	R−OH (RはHでない)	CH_3CH_2-OH エタノール(エチルアルコール)
チオール(メルカプタン)	R−SH (RはHでない)	$(CH_3)_3C-SH$ 2-メチル-2-プロパンチオール
スルフィド	R−S−R′ (RはHでない)	$CH_3CH_2-S-CH_3$ エチルメチルスルフィド
エーテル	R−OR′ (RはHでない)	$CH_3CH_2-O-CH_2CH_3$ ジエチルエーテル
アミン	RNH_2, R_2NH, R_3N	$(CH_3)_2-NH$ ジメチルアミン
アルデヒド	$R-\overset{O}{\overset{\|}{C}}-H$ RCHO	$H_3C-\overset{O}{\overset{\|}{C}}-H$ アセトアルデヒド
ケトン	$R-\overset{O}{\overset{\|}{C}}-R'$ RCOR	$H_3C-\overset{O}{\overset{\|}{C}}-CH_3$ アセトン
カルボン酸	$R-\overset{O}{\overset{\|}{C}}-OH$ RCO_2H	$H_3C-\overset{O}{\overset{\|}{C}}-OH$ 酢酸
エステル	$R-\overset{O}{\overset{\|}{C}}-OR'$ RCO_2R	$H_3C-\overset{O}{\overset{\|}{C}}-O-C_2H_5$ 酢酸エチル
無水物	$R-\overset{O}{\overset{\|}{C}}-O-\overset{O}{\overset{\|}{C}}-R'$ $(RCO)_2R$	$H_3C-\overset{O}{\overset{\|}{C}}-O-\overset{O}{\overset{\|}{C}}-CH_3$ 無水酢酸
アミド	$R-\overset{O}{\overset{\|}{C}}-NH_2$ $RCONH_2$	$C_2H_5-\overset{O}{\overset{\|}{C}}-O-NH_2$ プロパンアミド
ニトリル	R−C≡N RCN	$H_3C-C≡N$ アセトニトリル

R, R′はメチル基，エチル基といった炭化水素基であり，Hやフェニル基でもよい場合もある．二つのR基が一つの構造にある場合，同一の基であっても同一でない基であってもよい．

4・2 炭化水素

炭化水素（hydrocarbon）とは，炭素原子と水素原子のみからなる化合物の総称であり，分子中に含まれる結合の種類によって以下のように分類される．

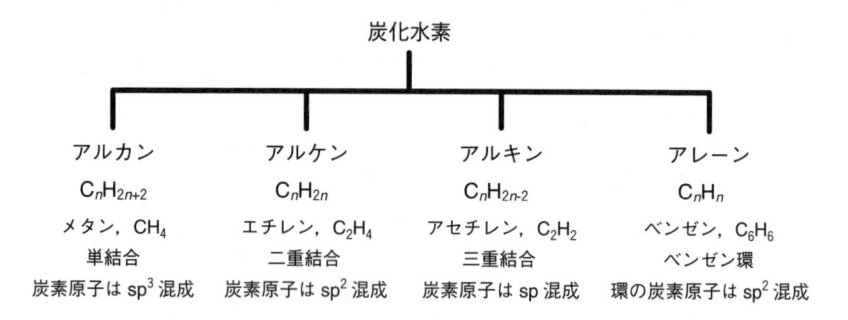

```
                        炭化水素
        ┌──────────┬──────────┬──────────┐
     アルカン     アルケン    アルキン     アレーン
     $C_nH_{2n+2}$   $C_nH_{2n}$   $C_nH_{2n-2}$    $C_nH_n$
     メタン, $CH_4$  エチレン, $C_2H_4$  アセチレン, $C_2H_2$  ベンゼン, $C_6H_6$
      単結合       二重結合      三重結合       ベンゼン環
  炭素原子は$sp^3$混成 炭素原子は$sp^2$混成 炭素原子は$sp$混成 環の炭素原子は$sp^2$混成
```

4・3 アルカン，シクロアルカンおよびそれらの誘導体

4・3・1 アルカン類

単結合のみでできており，二重結合，三重結合をもっていない炭化水素は**アルカン**（alkane）に分類される．これらの分子中の炭素原子は鎖状（アルカン）もしくは環状（**シクロアルカン**，cycloalkane）に並んでおり，**飽和炭化水素**（saturated hydrocarbon）とよばれる．鎖状アルカンは一般式 C_nH_{2n+2} で表され，**脂肪族アルカン**（aliphatic alkane）もしくは**非環状アルカン**（acyclic alkane）ともよばれる．アルカン類の炭素原子の軌道は正四面体形sp^3混成のみである．メタン CH_4 とエタン C_2H_6 はアルカン類に属する代表的な化合物である．アルカンから1個の水素原子を取り除いた基を**アルキル基**（alkyl group）とよぶ．たとえばメタン CH_4 からはメチル基 CH_3-，エタン CH_3CH_3 からはエチル基 CH_3CH_2- が得られる．

a. アルカン類のIUPAC命名法 一般的に，有機化合物は"接頭語－母核の名称（基本名）－接尾語"の組合わせを用いて，IUPAC命名法（体系的命名法）によって名前がつけられる．接頭語は，枝分かれした置換基がどれだけ存在するかを表し，母核は最も長い炭素鎖を表し，接尾語はその化合物が属するグループを表している．慣用名は，体系名とともに，アルカンやその誘導体に用いられる．しかし，通常は，単純な規則の組合わせから成り立っている IUPAC（国際純正応用化学連合，International Union of Pure and Applied Chemistry）命名法を用いることが推奨されている．

アルカンのIUPAC命名法は，炭素鎖中の炭素原子の数を表す接頭語と，接尾語

4・3 アルカン，シクロアルカンおよびそれらの誘導体

接頭語	炭素原子の数	接頭語	炭素原子の数
meth-	1	hept-	7
eth-	2	oct-	8
prop-	3	non-	9
but-	4	dec-	10
pent-	5	undec-	11
hex-	6	dodec-	12

-ane から成り立っている．たとえば，もし3個の炭素を含んでいる場合には**プロパン** (propane) であり，4個であれば**ブタン** (butane) とよぶ．構造中の最も長い鎖（主鎖）以外の部分は，主鎖に対する置換基として取扱う．置換基の位置を示すために，主鎖中の炭素に番号をつける．

最初に分子内の最も長い直鎖の部分を母核として名称を定め，次に側鎖の基（置換基）の名称を決め，置換基のある位置が最小の番号になるように直鎖の炭素に番号をつける．たとえば，ペンタンの異性体の一つとして2-メチルブタンがあるが，母核はブタンであり，番号はメチル基に近い方の端からつける．したがって，メチル基は2番の炭素に結合しているものとして表される．

体系名: 2-メチルブタン

体系名: 2-メチルプロパン
慣用名: イソブタン

同様に，**イソブタン** (isobutane) は C_4H_{10} のブタンの構造異性体である．最も長い炭素鎖は3個なので，体系名ではプロパンを基準として命名される．メチル基は二番目の炭素上に結合しているので，正しい体系名は 2-メチルプロパン (2-methylpropane) となる．

2個以上の置換基が存在する場合，それぞれの置換基について適切な名称と位置番号をつける必要がある．二つ以上同じ置換基が存在する場合は，接頭語のジ (di, 2個)，トリ (tri, 3個)，テトラ (tetra, 4個) などで示し，それぞれの置換位置を接頭語の前に番号で示す．番号と名称の間はハイフンで区切り，数と数の間はコンマで区切る．たとえば，2,2-ジメチルブタンでは，二つのメチル基がいずれもブ

体系名: 2,2-ジメチルブタン

体系名: 3-エチル-2-メチルヘキサン

タンの二番目の炭素に結合している．置換基の名称は，炭素数の順番ではなくアルファベット順に並べる．たとえば 3-ethyl-2-methylhexane は正しいが，2-methyl-3-ethylhexane は誤りである．

b. アルカン類の異性体と物性　　$-CH_2-$ の単位で分子式が異なっている化合物群を**同族列**（homologous series）とよぶ．つまり，エタンとプロパンは飽和炭化水素の同族列である．分子式が同じで，原子の結合順が異なっている化合物は**構造異性体**（constitutional isomer）とよばれる（§3・2・1参照）．分子式が CH_4，C_2H_6，C_3H_8 の化合物については原子の結合様式は1種類しかない．分子式 C_4H_{10} の場合，4個の炭素と10個の水素が以下のような形式で結合した二つの異なる構造式が存在する．これらの構造式は骨格表記法でも表すことができ，ジグザグの線が炭素鎖を表している（あいまいさを避けるため，末端の炭素を記載することが多い．本書もそれに従う）．

n-ブタンとイソブタン（2-メチルプロパン）は構造異性体である．両者は結合様式が異なっているため別の化合物であり，物性も異なっている．例として沸点は以下に示したような値をとる．

n-ブタン（沸点 $-0.6\,°C$）　　　　　　イソブタン（沸点 $-10.2\,°C$）

アルカンはどれも類似した化学的性質をもつ，しかしそれらの物性は分子量および分子の形によって異なる．アルカン中のすべての化学結合はほとんど分極していな

名　称	炭素原子の数	分子式	短縮式	沸点〔℃〕	融点〔℃〕
メタン	1	CH_4	CH_4	-164	-182.5
エタン	2	C_2H_6	CH_3CH_3	-88.6	-183.3
プロパン	3	C_3H_8	$CH_3CH_2CH_3$	-42.1	-189.7
ブタン	4	C_4H_{10}	$CH_3(CH_2)_2CH_3$	-0.60	-138.4
ペンタン	5	C_5H_{12}	$CH_3(CH_2)_3CH_3$	-36.1	-129.7
ヘキサン	6	C_6H_{14}	$CH_3(CH_2)_4CH_3$	-68.9	-93.5
ヘプタン	7	C_7H_{16}	$CH_3(CH_2)_5CH_3$	-98.4	-90.6
オクタン	8	C_8H_{18}	$CH_3(CH_2)_6CH_3$	-125.7	-56.8
ノナン	9	C_9H_{20}	$CH_3(CH_2)_7CH_3$	-150.8	-51.0
デカン	10	$C_{10}H_{22}$	$CH_3(CH_2)_8CH_3$	-174.1	-29.7
ウンデカン	11	$C_{11}H_{24}$	$CH_3(CH_2)_9CH_3$	196	-26
ドデカン	12	$C_{12}H_{26}$	$CH_3(CH_2)_{10}CH_3$	216	-10

いため,アルカン分子間に働く分子間力は弱い**双極子-双極子相互作用**(dipole-dipole force,§2・5・1参照)のみであり,これは熱エネルギーにより簡単に打ち負かされる.結果として,他の官能基をもつ分子と比較して,アルカンは融点,沸点ともに低い.また,水のような極性溶媒に溶けにくく,ヘキサンやジクロロメタンのような非極性溶媒に溶けやすい.ほとんどのシクロアルカン類も低極性分子である.

アルカンの沸点は,表に示したように分子量の増大に伴って上昇する.メタンからブタンまでのアルカンは室温で気体である.

c. アルカン類の構造および立体配座 アルカン中の炭素原子の軌道は sp^3 混成のみである.アルカンの立体配座については第3章で議論した(§3・2・2を参照).メタン(CH_4)は非極性分子であり,4本の炭素-水素共有結合をもっている.メタン分子中の4本の結合は長さが等しく(1.10 Å),すべての結合角の大きさは等しい(109.5°).つまり,この4本の結合は等価である.メタン分子を表現するためのさまざまな方法をここに示した.立体表記法では,紙面上に存在する結合を実線で表し,紙面から手前に突き出している結合を実線のくさびで表現し,紙面の反対側に向かっている結合を破線のくさびで表す.

CH_4	H-C(H)(H)-H	1.10Å 立体
短縮式	ルイス構造	立体表記

メタン分子中の水素原子の一つを他の原子または原子団で置き換えると,別の化合物,たとえばハロゲン化アルキルやアルコールが生成する.クロロメタンはメタンの水素原子の1個を塩素原子で置き換えたものである.クロロメタン(塩化メチル)はハロゲン化アルキルの一種であり,分子中の炭化水素部分がメチル基(CH_3-)になっている.同様に,メタノール(CH_3OH)では,CH_4の水素原子のうち1個がOH基に置き換わっている.

H-C(H)(H)- または CH_3-	H-C(H)(H)-Cl または H_3C-Cl	H-C(H)(H)-OH または H_3C-OH
メチル基(アルキル基の一種)	クロロメタンまたは塩化メチル(ハロゲン化アルキルの一種)	メタノールまたはメチルアルコール(アルコールの一種)

アルキル基の名称は接尾語 -ane を -yl に変えると得られる．たとえば，メチル（methyl）基はメタン（methane）に，エチル（ethyl）基はエタン（ethane）に基づいて命名される．アルカンは一般的な書き方として RH と表されることがあり，対応するアルキル基を R- と表記する．

d. 置換炭素の分類法　分子中のある炭素原子は，他の炭素原子が何個結合しているかによって第一級，第二級，第三級，第四級に分類される．1個の炭素と結合している炭素は第一級とよばれる．2個，3個，4個の炭素と結合している炭素をそれぞれ第二級，第三級，第四級炭素という．以下の化合物中に，種々の炭素の級数を示した．

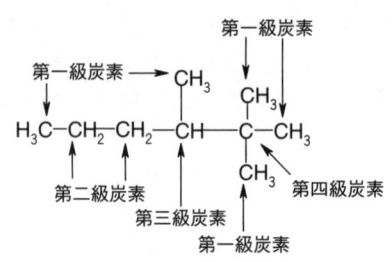

$$H_3C-CH_2-CH_2-CH(CH_3)-C(CH_3)_2-CH_3$$

（第一級炭素，第二級炭素，第三級炭素，第四級炭素，第一級炭素）

4・3・2　シクロアルカン類

シクロアルカン類は，環状のアルカン類である．最も単純なものは，単環の無置換化合物であり，一般式 C_nH_{2n} で表される．これらに対して直鎖状アルカンと同様に，炭素数が1個と水素が2個ずつ増加する一連の化合物を考えることができる．C_3 から C_6 までのシクロアルカンとその構造の表記法を以下の表に示した．

名　称	分子式	構造式	名　称	分子式	構造式
シクロプロパン	C_3H_6	△	シクロペンタン	C_5H_{10}	⬠
シクロブタン	C_4H_8	□	シクロヘキサン	C_6H_{12}	⬡

a. シクロアルカン類の命名法　シクロアルカン類の命名法は，アルカンの名

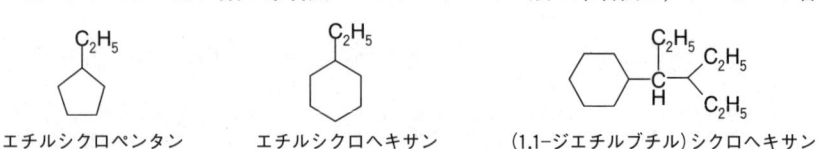

エチルシクロペンタン　　エチルシクロヘキサン　　(1,1-ジエチルブチル)シクロヘキサン

称の前に接頭語シクロ cyclo- が付くことを除いては,アルカンの場合とほとんど同じである.環内に置換基があるときは,置換基名をシクロアルカンの名称の前に接頭語として付ける.置換基が1個の場合には,置換基の位置番号は必要ない.

しかし,二つ以上の置換基が環内にある場合には,アルファベット順で優先する置換基が結合した炭素から番号付けを始めて,二番目の置換基が早く現れる方向に環のまわりを進んでいく.

1,2-ジメチルシクロペンタンであって,
1,5-ジメチルシクロペンタンではない

1,3-ジエチルシクロヘキサンであって,
1,5-ジエチルシクロヘキサンではない

環構造をつくっている炭素原子の数が,最も長い炭素側鎖の炭素数以上である場合には,その化合物はシクロアルカンとして命名される.しかし,シクロアルカン中に存在するアルキル側鎖の炭素数が環の炭素数を上回っている場合には,アルキル鎖が母核となり,シクロアルカンは,シクロアルキル置換基をして命名される.

1,1,2-トリメチルシクロヘキサンであって,
1,2,2-トリメチルシクロヘキサンではない

5-シクロペンチル-4-メチルノナン

b. シクロアルカン類の幾何異性 ブタン(C_4H_{10})は n-ブタンとイソブタン(2-メチルプロパン)という二つの異性体の形で存在できる.直鎖状のアルカンでは,C−C 単結合のまわりの自由回転が可能であるが,シクロアルカン類では自由回転ができない.そのため置換基をもつシクロアルカン類ではシス(*cis*)およびトランス(*trans*)の異性体が生じる(§3・2・2参照).

cis-1,2-ジエチルシクロペンタン

trans-1,2-ジエチルシクロペンタン

c. シクロアルカン類の物性 シクロアルカン類はアルカンと同様に非極性の

分子である．結果として融点および沸点は，官能基をもっている他の化合物と比べて低い傾向を示す．

4・3・3 アルカン類およびシクロアルカン類の起源

アルカン類のおもな起源は石油と天然ガスであり，揮発性の高いアルカン類のみが含まれている．そのため，メタンや，少量のエタン，プロパンその他の低分子量アルカン類は天然ガスから直接に得られる．それ以外の化石燃料，石炭はアルカンの二番目に主要な起源である．通常，アルカン類は石油や石炭の精製や水素化によって得られる．

三員環から三十員環までのシクロアルカン類が自然界から見いだされている．五員環（シクロペンタン）および六員環（シクロヘキサン）を含む化合物が最も多く存在している．

4・3・4 アルカン類およびシクロアルカン類の合成法

アルカン類は，アルケン類およびアルキン類の**接触還元**（catalytic hydrogenation）によって合成される（§5・3・1参照）．

アルカン類は，ハロゲン化アルキルを亜鉛–酢酸で直接還元する（§5・7・14参照）ことによって，またグリニャール試薬を調製後，これを加水分解する（§5・7・15参照）ことによっても得られる．ハロゲン化アルキルとギルマン試薬（R'_2CuLi，有機銅リチウム）をカップリング（炭素–炭素結合形成反応）させることによってもアルカンを合成できる（§5・5・2参照）．

クレメンゼン還元（Clemmensen reduction，§5・7・17参照）や**ウォルフ–キシュ**

ナー還元（Wolff-Kishner reduction，§5・7・18参照）によって，アルデヒドやケトンを選択的に還元してもアルカンが得られる．

4・3・5 アルカン類とシクロアルカン類の反応

アルカンは，強い結合力をもつσ結合のみから成り立っており，C−C結合とC−H結合はいずれも非極性結合である．そのため，アルカン類やシクロアルカン類はほとんどの試薬に対して反応性が低い．実際，分子中の炭化水素骨格は，より反応性の高い官能基が結合した，低反応性の支持体構造とみなされることが多い．より多く枝分かれしたアルカンは，直鎖状アルカンよりさらに安定で反応性が低い．たとえば，イソブタンはn-ブタンより安定である．アルカンとシクロアルカンはある条件下では酸素と反応する．これらの化合物は，紫外線照射下，あるいは高温でハロゲン類と反応する．この反応は**ラジカル連鎖反応**（free radical chain reaction）とよばれる（§5・2参照）．小員環シクロアルカンの接触還元によって直鎖状のアルカンが生成する．

a. アルカン類の燃焼（酸化）　アルカン類は高温で酸素と燃焼反応を起こして二酸化炭素と水を発生する．これが，アルカンがよい燃料となる理由である．飽和炭化水素の酸化反応は，天然ガス，液化石油ガス（LPG），燃料油などでは熱源として，またガソリンやディーゼル油，航空燃料などでは動力源として用いられるための基本反応である．

$$CH_4 + 2\,O_2 \longrightarrow CO_2 + 2\,H_2O \qquad CH_3CH_2CH_3 + 5\,O_2 \longrightarrow 3\,CO_2 + 4\,H_2O$$
　　メタン　　　　　　　　　　　　　　　　　プロパン

b. 小員環シクロアルカン類の還元反応　シクロプロパンやシクロブタンは，シクロペンタンやシクロヘキサンのようなより大きい環と比較すると，環に歪みが存在するため不安定である．そのため，これらの小員環はアルケンではないにもかかわらず水素と反応する．ニッケル触媒存在下で開環反応が進行し，対応する直鎖状アルカンが得られる．シクロブタン類の場合，開環反応を起こすためにはシクロプロパンの場合よりも高温を必要とする．

△ $\xrightarrow{H_2/Ni}_{120℃}$ CH$_3$CH$_2$CH$_3$　　　□ $\xrightarrow{H_2/Ni}_{200℃}$ CH$_3$CH$_2$CH$_2$CH$_3$
シクロプロパン　　プロパン　　　　シクロブタン　　　n-ブタン

4・3・6 ハロゲン化アルキル

ハロゲン化アルキル（alkyl halide，ハロアルカン類）は，正四面体形sp^{3}炭素原

子にハロゲン原子が結合した化合物のことである．官能基は一般的に−Xと表記し，−Xは−F，−Cl，−Br，−Iのいずれかを示している．簡単な例としては塩化メチル（CH_3Cl）や塩化エチル（CH_3CH_2Cl）などがある．

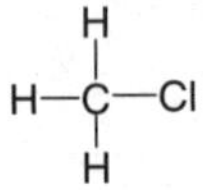

クロロメタン
（塩化メチル）

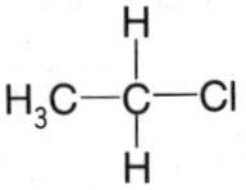

クロロエタン
（塩化エチル）

ハロゲン化アルキルは，ハロゲンと結合した炭素原子がもつアルキル基の数によって第一級（$1°$），第二級（$2°$），第三級（$3°$）に分類される．

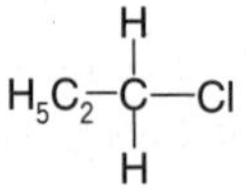

クロロプロパン
（塩化プロピル）
（$1°$ ハロゲン化物）

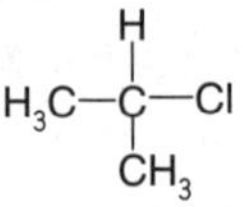

2-クロロプロパン
（塩化イソプロピル）
（$2°$ ハロゲン化物）

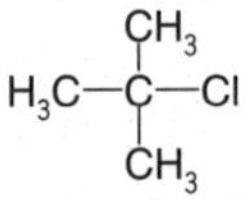

2-クロロ-2-メチルプロパン
（塩化 t-ブチル）
（$3°$ ハロゲン化物）

ジェミナル（*gem*）-二ハロゲン化物は一つの炭素上に二つのハロゲン原子をもつ化合物であり，ビシナル（*vic*）-二ハロゲン化物は隣り合う炭素上に一つずつハロゲン原子をもった化合物である．

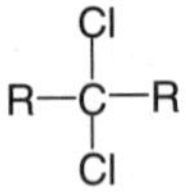

gem-二塩素化物

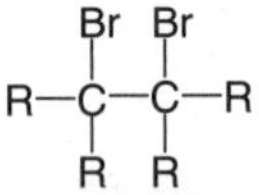

vic-二臭素化物

a. ハロゲン化アルキルの命名法　　IUPAC 命名法では，ハロゲン化アルキルはハロゲン置換基をもつアルカン類として取扱う．つまり，ハロゲンは，接頭語としてフルオロ，クロロ，ブロモ，ヨードなどと表し，ハロゲン化アルキルはアルカンを母核として，ハロアルカンとして命名される．

1-クロロブタン

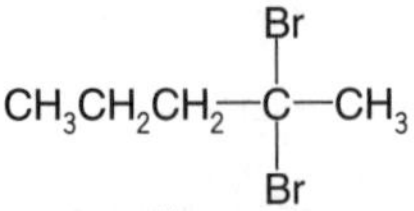

2,2-ジブロモペンタン

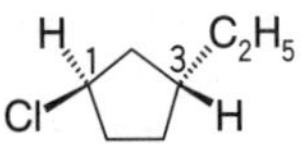

trans-1-クロロ-3-エチルシクロペンタン

CH_2X_2 のタイプの化合物は，たとえば塩化メチレン CH_2Cl_2 のように，しばしばハロゲン化メチレンとよばれる．CHX_3 のような構造の化合物は，たとえばクロロホ

ルム CHCl₃ のように，**ハロホルム**（haloform）とよばれる．そして CX₄ のような化合物は，四塩化炭素 CCl₄ のように，四ハロゲン化炭素とよばれる．塩化メチレン（ジクロロメタン DCM），クロロホルム，および四塩化炭素は，非極性溶媒として有機合成で非常によく用いられる．

b. ハロゲン化アルキルの物性 ハロゲン化アルキルは，類似構造のアルカンと比較してかなり高い沸点および融点を示す．ハロゲン原子の質量が大きくなると沸点も高くなる．すなわち，フッ化アルキルは最も低い沸点をもち，ヨウ化アルキルが最も高い沸点を示す．ハロゲン化アルキルは水素結合をつくることができないため，水には溶けない．しかし，極性の低いエーテルやクロロホルムには溶解する．

c. ハロゲン化アルキルの合成法 通常ハロゲン化アルキルは，対応するアルコールを，エーテル溶媒中でハロゲン化水素酸 HX やハロゲン化リン PX₃ と反応させることによって合成される（§5・5・3参照）．塩化アルキルはトリエチルアミン（Et₃N）あるいはピリジンを溶媒として，アルコールと塩化チオニル（SOCl₂）を反応させることによっても合成できる（§5・5・3参照）．

$$R-H \xrightarrow[h\nu \text{または熱}]{X_2} R-X \xleftarrow[\text{エーテル}]{HX \text{または} PX_3} R-OH \xrightarrow[\text{ピリジンまたは} Et_3N]{SOCl_2} R-Cl$$

アルカン　　　　　　　　ハロゲン化　　　　　　　　アルコール　　　　　　　　塩化アルキル
　　　　　　　　　　　　　アルキル

ハロゲン化アルキルを合成するその他の方法として，アルケンに対するハロゲン化水素酸の求電子付加反応（§5・3・1参照），およびアルカンへのラジカルハロゲン化反応（§5・2参照）がある．

$$RHC=CH_2 \xrightarrow{HX} \underset{\substack{\text{ハロゲン化アルキル}\\\text{マルコウニコフ付加}}}{R-\underset{H}{\overset{X}{C}}-\underset{H}{\overset{H}{C}}-H}$$

アルケン

d. ハロゲン化アルキルの反応性 ハロゲン化アルキルの官能基は，強いσ結合でハロゲンと結合した sp³ 炭素原子から成っている．ハロゲン原子の電気陰性度が大きく，また ハロゲン原子が分極しやすいために，ハロゲン化アルキルの C–X

$$H-\underset{H}{\overset{H}{\underset{|}{C}}}{}^{\delta+}-Cl^{\delta-} \xrightarrow{\mu}$$

クロロメタン

結合は大きく分極している.そのためハロゲン類(Cl, Br, I)は求核置換反応においてよい脱離基となる.電気陰性度は F>Cl>Br>I であり,分極のしやすさはI>Br>Cl>F である.

e. ハロゲン化アルキルの反応　ハロゲン化アルキルは,**求核置換**(nucleophilic substitution)を受けるだけでなく**脱離反応**(elimination reaction)も起こし,塩基性条件で両方の反応が進行する.多くの場合,置換反応と脱離反応が競合して起こる.一般的に,ほとんどの求核試薬は塩基としても作用しうるので,脱離または置換のどちらが優先するのかは,反応条件と用いるハロゲン化アルキルによって決定される.

$$RCH_2CH_2-X + Y:^- \begin{array}{c} \xrightarrow{\text{置換}} RCH_2CH_2-Y + X:^- \\ \xrightarrow{\text{脱離}} RCH=CH_2 + H-Y + X:^- \end{array}$$

ハロゲン化アルキルは,炭素-金属(通常 Mg または Li)結合をもつ有機金属化合物に変換される,最も一般的な化合物である.

$$\overset{\delta-}{H_3C}-\overset{\delta+}{Mg} \qquad \overset{\delta-}{H_3C}-\overset{\delta+}{Li}$$

1) 有機金属化合物

ある化合物中に炭素-金属間の結合が存在するとき,その化合物を**有機金属化合物**(organometallic compound)とよぶ.炭素-金属結合は共有結合からイオン結合まで,金属の種類に応じてさまざまな種類がある.結合のイオン性が大きければ大きいほど,その化合物の反応性は高くなる.最も一般的な有機金属化合物は**グリニャール試薬**(Grignard reagent),**有機リチウム試薬**(organolithium reagent),および**ギルマン試薬**(Gilman reagent,**有機銅リチウム** lithium organocuprate,R_2CuLi)などである.炭素-金属結合は,金属の電気陰性度が小さいため,炭素が負に荷電する形で分極する.したがって求核的な炭素が化合物中に存在することになり,そのため強い塩基性を示す.

有機金属試薬は酸素,窒素,硫黄などと結合した水素原子,あるいはその他の酸性を示す水素原子と容易に反応する.末端アルキンと酸塩基反応によって反応すると,アルキニド(アルキニルグリニャール試薬やアルキニルリチウムなど)ができ

る（§4・5・3参照）．アルキニド基は多くの有機化合物を合成するために有用な求核試薬である（§4・5・3参照）．有機リチウム試薬はグリニャール試薬と同様に反応するが，反応性はより高い．ギルマン試薬はより反応性の低い有機金属であり，酸塩化物と容易に反応するが，アルデヒド，ケトン，エステル，アミド，酸無水物，ニトリルなどとは反応しない．ギルマン試薬はハロゲン化アルキルとカップリング反応を起こす．

2) グリニャール試薬

この試薬は有機ハロゲン化合物と金属マグネシウムを無水エーテル中で反応させることによって調製される．エーテル溶媒は，グリニャール試薬と錯体を形成して安定化させるために使用される．この反応は適用範囲が広く，第一級，第二級，第三級のハロゲン化アルキルに用いることができ，さらに，ハロゲン化ビニル，ハロゲン化アリル，ハロゲン化アリールにも適用できる．

$$R-X + Mg \xrightarrow{\text{無水エーテル}} RMgX \qquad C_2H_5\text{-Br} + Mg \xrightarrow{\text{無水エーテル}} C_2H_5MgBr$$

3) 有機リチウム試薬

この試薬はハロゲン化アルキルと金属リチウムをエーテル溶媒中で反応させることによって調製される．グリニャール試薬とは異なり，有機リチウムは他の炭化水素系溶媒，たとえばヘキサンやペンタン中でも調製することが可能である．

$$R-X + 2Li \xrightarrow{\text{エーテルまたは}\atop\text{ヘキサン}} R-Li + LiX$$

4) ギルマン試薬（有機銅リチウム試薬）

最も有用なギルマン試薬は有機銅リチウム R_2CuLi である．これはヨウ化銅(I)と二当量の有機リチウム試薬をエーテル中で反応させると容易に得られる．

$$2R\text{-Li} + Cu\text{-I} \xrightarrow{\text{エーテル}} R_2CuLi + Li\text{-I}$$

アルカンはハロゲン化アルキルを Zn-酢酸で直接還元する（§4・3・4および§5・7・14参照）ことによって，またはグリニャール試薬を調製後，これを加水分解処理する（§4・3・4および§5・7・15参照）ことによって合成できる．ハロゲン化アルキルとギルマン試薬のカップリング反応によってもアルカンを合成することができる（§5・5・2参照）．塩基によるハロゲン化アルキルの脱ハロゲン化水素

反応はアルケンを合成するための重要な反応である（§5・4参照）.

$$\text{H}-\underset{|}{\overset{|}{\text{C}}}-\underset{|}{\overset{|}{\text{C}}}-\text{X} \xrightarrow[\text{熱}]{\text{NaOH}} \text{C=C} + \text{HX}$$

ハロゲン化　　　　　　　　　　　アルケン
アルキル

ハロゲン化アルキルはトリフェニルホスフィンと反応してホスホニウム塩を与えるが，これはリンイリドを調製するための重要な中間体である（§5・3・2参照）.

$$\text{RCH}_2-\text{X} + (\text{Ph})_3\text{P}: \longrightarrow \text{RCH}_2-\overset{+}{\text{P}}(\text{Ph})_3\text{X}^-$$

ハロゲン化　　　トリフェニル　　　　　　ホスホニウム塩
アルキル　　　　ホスフィン

ハロゲン化アルキルはさまざまな求核試薬によってS_N2反応を受ける．水酸化物イオン（NaOHまたはKOH），アルコキシド（NaORまたはKOR），シアン化物イオン（NaCNまたはKCN）との反応により，それぞれアルコール，エーテル，ニトリルが生成する．ハロゲン化アルキルはナトリウムアミド$NaNH_2$またはNH_3，第一級アミン，第二級アミンと反応して，第一級アミン，第二級アミン，第三級アミンをそれぞれ与える．また，金属アセチリド($R'C\equiv CNa$)，アジ化物イオン(NaN_3)，カルボン酸塩（$R'CO_2Na$）などと反応して内部アルキン，アジド，エステルをそれぞれ生じる．これらの変換のほとんどが第一級ハロゲン化アルキルに限られている（§5・5・2参照）．級数の高いハロゲン化アルキルでは脱離を経由する反応が進行しやすくなる．

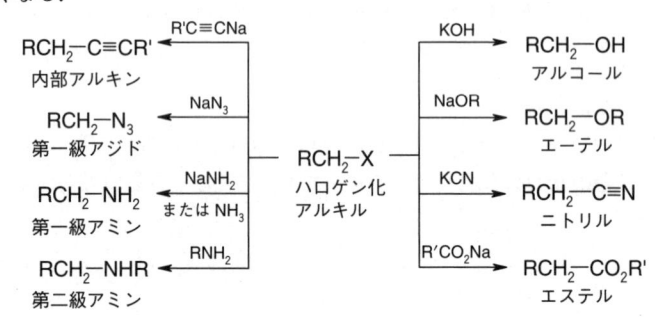

4・3・7 アルコール類

アルコール類に存在する官能基はヒドロキシ基（-OH）である．そのため，**アルコール**（alcohol）の一般式はROHのように表される．低分子で一般的なアルコールはメタノール（メチルアルコール）CH_3OHとエタノール（エチルアルコール）

CH₃CH₂OH である.

```
      H                    H
      |                    |
  H—C—OH              H₃C—C—OH
      |                    |
      H                    H
   メタノール              エタノール
 (メチルアルコール)     (エチルアルコール)
```

アルコールには鎖状のものと環状のものがある. 二重結合やハロゲン, 2個以上のヒドロキシ基をもっているものもある. アルコールは通常, 第一級, 第二級, 第三級に分類される. ヒドロキシ基が直接芳香環に結合している場合, その化合物はフェノール (phenol) とよばれ (§4・6・10 参照), アルコールとは全く異なった性質を示す.

```
        H                H              CH₃              OH
        |                |               |                |
 CH₃CH₂—C—OH      H₃C—C—OH       H₃C—C—OH          ⌬
        |                |               |
        H               CH₃             CH₃
   プロパノール(1°)   2-プロパノール(2°)  2-メチル-2-プロパノール(3°)  フェノール
  (プロピルアルコール)(イソプロピルアルコール) (t-ブチルアルコール)
```

a. アルコール類の命名法　通常, アルコールの名称は -ol で終わる. アルコールはアルキル基が小さい場合には, たとえばメチルアルコールやエチルアルコールのように, アルキルアルコールとして命名される. ヒドロキシ基が結合している最も長い炭素鎖を母核とし, アルカンの最後の -e を -ol に置き換えると母核の名称 (基本名) ができる. ヒドロキシ基に近い方の端から一番長い炭素鎖に番号をつけると, ヒドロキシ基の位置についても番号が決まる. 環状のアルコールの場合には接頭語の cyclo- をつけ, ヒドロキシ基は1位に存在しているものとみなす.

```
     CH₃ OH                        OH                 HO  CH₂CH₂CH₃
      |   |                         |                    \ /
 H₃C—CH—CH—CH₂Br       CH₃CH₂—CH—CH—CH₂Cl              ⬠
      4  3  2  1                5  4  3  2  1
 1-ブロモ-3-メチル-2-ブタノール   1-クロロ-3-ペンタノール        1-プロピルシクロ
 (ヒドロキシ基はブタンのC-2位  (ヒドロキシ基はペンタンの           ペンタノール
  に存在している)               C-3位に存在している)
```

二重結合や三重結合をもつアルコールの場合は, アルケンやアルキンの名前の語尾を接尾語 -ol に置き換えて命名する. 位置番号は, ヒドロキシ基のところができるだけ小さくなるように付ける. 多重結合の位置にも番号を付ける必要があるので, ヒドロキシ基の位置を表す数字は接尾語 -ol の直前に付ける. もしヒドロキシ基以

上に優先する構造が存在している場合には，置換基としてヒドロキシ-と命名する．

$\underset{5}{CH_3}\underset{4}{CH_2}\underset{3}{\overset{OH}{\underset{|}{CH}}}\underset{2}{CH_2}\underset{1}{CO_2H}$
3-ヒドロキシペンタン酸

$\underset{5}{H_2C}=\underset{4}{CH}\underset{3}{CH_2}\underset{2}{\overset{OH}{\underset{|}{CH}}}\underset{1}{CH_3}$
ペンタ-4-エン-2-オール

3-ブロモ-5-クロロ
シクロヘキサノール

ジオール（diol）というのは，ヒドロキシ基を2個もっている化合物である．命名はアルコールに準じて行われるが，語尾が -diol となるところだけが違っており，ヒドロキシ基がある場所を特定するために二つの番号を付ける必要がある．1,2-ジオールはグリコールとよばれる．グリコールの慣用名は通常その化合物の原料となったアルケンの名前から付けられる．

1,2-エタンジオール
（エチレングリコール）

1,2-プロパンジオール
（プロピレングリコール）

3,4-ヘキサンジオール

b. アルコール類の物性 アルコール類は水を有機化合物へと誘導体化したものと考えることができる．酸素の電気陰性度が大きいため，C-O 結合も O-H 結合も大きく分極している．O-H 結合が大きな極性をもっていることで，他のアルコール分子や他の水素結合可能な化合物，たとえば水やアミンと水素結合をつくる．そのため，**分子間水素結合**（intermolecular hydrogen bonding）ができ，それによってアルコール類は比較的高い沸点を示す．炭化水素よりも極性が高いため極性分子を溶かすのに適している．

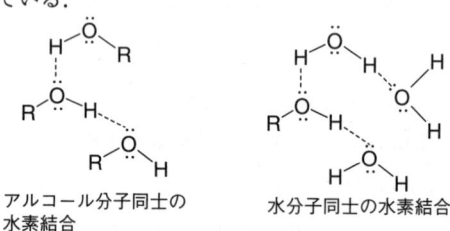

アルコール分子同士の
水素結合

水分子同士の水素結合

ヒドロキシ基は**親水性**（hydrophilic，水と親和性が高い）であり，一方アルキル基（炭化水素部分）は**疎水性**（hydrophobic，水と反発する）である．低分子量のアルコールは水と混ざり合うが，アルキル基の長さが増すにつれて水への溶解度は下がってくる．また，以下の表に示すように，アルコールの沸点はアルキル基の長さが増すにつれて上昇する．イソペンチルアルコールがその異性体である n-ペンタ

4·3 アルカン，シクロアルカンおよびそれらの誘導体

名　称	分子式	分子量	水に対する溶解度 〔g/100 g 水〕	沸点〔℃〕
メタノール	CH_3OH	32	非常に大きい	64.5
エタノール	C_2H_5OH	46	非常に大きい	78.3
プロパノール	C_3H_7OH	60	非常に大きい	97.0
イソプロピルアルコール	$CH_3CHOHCH_3$	60	非常に大きい	82.5
n-ブタノール	C_4H_9OH	74	8.0	118.0
イソブチルアルコール	$(CH_3)_2CHCH_2OH$	74	10.0	108.0
n-ペンチルアルコール	$C_5H_{11}OH$	88	2.3	138.0
イソペンタノール	$(CH_3)_2CH(CH_3)_2OH$	88	2.0	132.0

ノールに比べて低沸点であることに注意しよう．このような関係は，アルコールの異性体の間でよくみられる．

c. アルコール類の酸性および塩基性　アルコールは酸および塩基として作用する点で水と似ている．アルコールは末端アルキン，第一級および第二級アミンよりは強い酸である．しかし，HCl, H_2SO_4, 酢酸よりは弱い酸である．アルコールは水中で解離してアルコキシドイオンとオキソニウムイオン(H_3O^+)に変換される．

$$R-OH + H_2O \longrightarrow RO^- + H-\overset{+}{O}-H$$
$$\text{アルコキシドイオン} \quad \underset{H}{\text{オキソニウムイオン}}$$

活性な金属に対しては酸として反応し，水素ガスを発生する．**アルコキシド** (alkoxide, RO^-) は，アルコールと金属ナトリウムまたはカリウムとの反応によって調製することができる．

$$R-OH + Na \longrightarrow R-O^-Na^+ + 1/2\,H_2$$
$$\text{ナトリウムアルコキシド}$$

水酸化物イオン（OH^-）と同様に，アルコキシドイオンは強塩基であり，求核試薬でもある．ハロゲンが置換基として存在すると酸性が上がり，アルキル基の数が多くなると酸性は下がる．

アルコールは塩酸や硫酸のような強酸と混合すると塩基として反応し，プロトンを受け取り，酸性溶液中では完全に解離することがある．t-ブチルアルコールのように立体的にかさ高いアルコール類は塩基性が高く（pK_a が大きい），強酸と反応

してオキソニウムイオン（ROH_2^+）を生成する．

$$R-OH + H_2SO_4 \longrightarrow R-\overset{+}{\underset{H}{O}}-H + HSO_4^-$$

オキソニウム
イオン

アルコール	分子式	pK_a	アルコール	分子式	pK_a
メタノール	CH_3OH	15.5	シクロヘキサノール	$C_6H_{11}OH$	18.0
エタノール	C_2H_5OH	15.9			
2-クロロエタノール	ClC_2H_4OH	14.3	フェノール	C_6H_5OH	10.0
2,2,2-トリフルオロエタノール	CF_3CH_2OH	12.4	水	HOH	15.7
			酢酸	CH_3COOH	4.76
t-ブチルアルコール	$(CH_3)_3COH$	19.0	塩酸	HCl	-7

d. アルコール類の合成法　アルコール類は，アルケンに対する水和反応によって容易に合成できる（§5·3·1参照）．

$$\underset{\text{アルコール}\atop\text{逆マルコウニコフ付加}}{R-\underset{R}{\overset{H}{C}}-\underset{R}{\overset{OH}{C}}-H} \xleftarrow[\text{iii. }H_2O_2,\text{ NaOH}]{\text{i. }BH_3\cdot THF} \underset{\text{アルケン}}{R_2C=CHR} \xrightarrow[\substack{\text{i. Hg(OAc)}_2,\text{ THF, }H_2O\\ \text{ii. NaBH}_4,\text{ NaOH}}]{H_2O,\ H_2SO_4\text{ または}} \underset{\text{アルコール}\atop\text{マルコウニコフ付加}}{R-\underset{R}{\overset{OH}{C}}-\underset{R}{\overset{H}{C}}-H}$$

しかし，アルコールを合成するための最も重要な方法は，アルデヒド，ケトン，カルボン酸，酸塩化物，エステルなどの，接触還元（H_2/Pd-C）あるいは金属ヒドリド（$NaBH_4$ または $LiAlH_4$）還元（§5·7·15および§5·7·16参照），および有機金属化合物（RLi または RMgX）のアルデヒド，ケトン，酸塩化物，エステルなどに対する求核付加反応である（§5·3·2または§5·5·5参照）．

$$\underset{\substack{\text{1° または}\\ \text{2° アルコール}}}{R-\underset{}{\overset{OH}{CH}}-Y} \xleftarrow[NaBH_4\text{ または }LiAlH_4]{H_2/Pd\text{-}C\text{ または}} \underset{\substack{Y=H\text{ または }R\\ \text{アルデヒドまたはケトン}}}{R-\overset{O}{\underset{}{C}}-Y} \xrightarrow[\text{ii. }H_3O^+]{\text{i. }R'MgX\text{ または }R'Li} \underset{\substack{\text{2° または}\\ \text{3° アルコール}}}{R-\underset{R'}{\overset{OH}{C}}-Y}$$

$$\underset{\text{1° アルコール}}{R-CH_2OH} \xleftarrow[\text{ii. }H_3O^+]{\text{i. }LiAlH_4,\text{無水エーテル}} \underset{Y=Cl\text{ または }OR}{R-\overset{O}{\underset{}{C}}-Y} \xrightarrow[\text{ii. }H_3O^+]{\text{i. }2\,R'MgX\text{ または }2\,R'Li} \underset{\text{3° アルコール}}{R-\underset{R'}{\overset{OH}{C}}-R'}$$

アルコール類は，酸触媒存在下でのエポキシドに対する水の付加，あるいはグリニャール試薬（RMgX，RLi），金属アセチリドあるいはアルキニド（RC≡CM），金属ヒドロキシド（KOH，NaOH），およびLiAlH$_4$などによるエポキシドへの求核反応によっても得られる（§5・5・4参照）．

$$\underset{\text{2-置換アルコール}}{\overset{\text{OH}}{\underset{R}{\bigvee}}\text{Nu}} \xleftarrow[\substack{(\text{Nu}:^-=\text{R}^-,\text{RC}\equiv\text{C}^-,\text{C}\equiv\text{N}^-, \\ \text{N}_3^-,\text{OH}^-,\text{H}^-)}]{\text{塩基触媒分解}} \underset{\text{エポキシド}}{\overset{O}{\underset{R}{\triangle}}} \xrightarrow[\text{Nu}:=\text{H}_2\text{O}]{\text{酸触媒分解}} \underset{\text{1-置換アルコール}}{\overset{R}{\underset{\text{Nu}}{\bigvee}}\text{OH}}$$

e. アルコール類の反応性 アルコールのヒドロキシ基（−OH）は酸素と水素の電気陰性度の差により分極している．ヒドロキシ基の酸素は求核置換反応において，塩基としても求核試薬としても反応しうる．

f. アルコール類の反応 アルコール自身は求核置換反応を起こさない．なぜなら，ヒドロキシ基は塩基性が高く，脱離基としての能力も低いからである．そのため，H$_2$Oのような，よりよい脱離基に変換する必要がある．弱い塩基性しか示さない求核剤（ハロゲン化アルキル）が通常用いられる．中程度の塩基性（アンモニア，アミンなど）あるいは強塩基性（アルコキシド，シアン化物イオン）の求核剤は，酸性条件下ではプロトン化してしまうので，結果として求核反応性が全くなくなるか，あるいは大幅に減少する．

ハロゲン化アルキルは，ほとんどの場合，対応するアルコールを原料として，エーテル中ハロゲン化水素HXあるいはハロゲン化リンPX$_3$と反応させることによって合成される（§5・5・3参照）．塩化アルキルはアルコールと塩化チオニルSOCl$_2$をピリジンもしくはトリエチルアミン中で反応させることによっても合成できる（§5・5・3参照）．

$$\underset{\substack{\text{ハロゲン化}\\\text{アルキル}}}{\text{R-X}} \xleftarrow[\text{エーテル}]{\text{HX または PX}_3} \underset{\text{アルコール}}{\text{R-OH}} \xrightarrow[\text{ピリジンまたはEt}_3\text{N}]{\text{SOCl}_2} \underset{\text{塩化アルキル}}{\text{R-Cl}}$$

アルケンは，アルコールからの脱水反応で獲得できる（§5・4・3参照）．また，エステルは，酸触媒によるアルコールとカルボン酸の反応によって容易に合成できる（§5・5・5参照）．

$$\underset{\text{エステル}}{\text{RCH}_2\text{CH}_2\text{-COOR}'} \xleftarrow[\text{HCl}]{\text{R}'\text{CO}_2\text{H}} \underset{\text{アルコール}}{\text{RCH}_2\text{CH}_2\text{-OH}} \xrightarrow{\text{H}_2\text{SO}_4,\text{熱}} \underset{\text{アルケン}}{\text{RCH=CH}_2}$$

対称なエーテル類は，硫酸を用いて2分子のアルコールから1分子の水を除く脱水反応によって得ることができる（§5・5・3参照）．アルコール類は塩化 p-トルエンスルホニル（塩化トシル，TsCl），一般的には塩化スルホニルとよばれる試薬と，ピリジンもしくはトリエチルアミン溶媒中で反応してトシル酸アルキル類を与える（§5・5・3参照）．カルボン酸類，アルデヒド類，ケトン類は，第一級および第二級アルコール類の酸化によって合成される（§5・7・9および§5・7・10参照）．第三級アルコールは，酸素が結合している炭素原子上に水素が存在しないため，酸化反応を受けない．

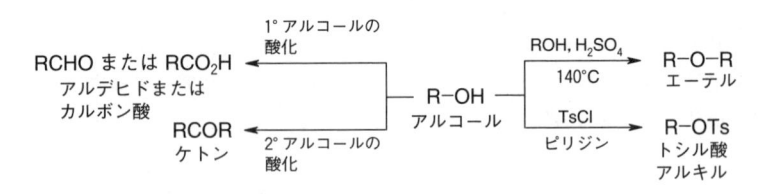

```
                    1°アルコールの
                    酸化                    ROH, H₂SO₄
  RCHO または RCO₂H ─────┐            ┌────140℃────── R-O-R
                                                      エーテル
  アルデヒドまたは        ├─ R-OH ─┤
  カルボン酸              │   アルコール │    TsCl
                         │              └────────────── R-OTs
           RCOR ─────────┘               ピリジン      トシル酸
           ケトン    2°アルコールの                      アルキル
                    酸化
```

4・3・8 チオール類

チオール（thiol）は一般式 RSH で表され，アルコールの酸素が硫黄に置き換わった構造をもつ．チオールの官能基は−SH である．簡単なチオールはメタンチオール（CH_3SH），エタンチオール（C_2H_5SH），プロパンチオール（C_3H_7SH）などである．

H_3C-SH　　　　C_2H_5-SH　　　　$C_2H_5-CH_2-SH$
メタンチオール　　エタンチオール　　プロパンチオール

a. チオール類の命名法　チオールの命名法はアルコールの場合と似ており，接尾語 -thiol を -ol の代わりに用いる．または，接頭語としてはスルファニル sulfanyl- と表す．

$$CH_3CHCH_2-SH \quad HS-CH_2CH_2CH_2-SH \quad HS-CH_2CH_2CH_2-OH$$
$$|$$
$$CH_3$$

2-メチル-1-プロパンチオール　1,3-プロパンジチオール　3-スルファニルプロパノール

b. チオール類の物性　チオールの S−H 結合はアルコールの O−H 結合と比べて極性が低い，なぜなら硫黄は酸素よりも電気陰性度が小さいからである．そのため，チオールはアルコールと比べて，より弱い水素結合しかつくらず，類似のアルコールと比べて沸点も低い．

c. チオール類の酸性・塩基性 チオール類は対応するアルコールと比べてより酸性が強い．一般にチオールの pK_a = 10 であるのに対し，アルコールの pK_a = 16〜19 である．また求核性も対応するアルコールに比べて高い．実際，解離していない RSH の求核反応性は，解離している RO⁻ と同じぐらいである．

d. チオール類の合成法 チオール類はハロゲン化アルキルと硫化水素ナトリウム（NaSH）の S_N2 反応により合成される．立体障害の大きくないハロゲン化アルキルに対しては，大過剰の NaSH を用いると，ジアルキル化して R−S−R になるのを防ぐことができる．

$$R-X \xrightarrow{Na\overset{+}{S}\overset{-}{H}} R-SH$$
ハロゲン化アルキル　　　　　チオール

e. チオール類の反応性 チオール類は容易に酸化されてジスルフィドに変換されるが，これはタンパク質の構造に影響する重要な反応である．$KMnO_4$，HNO_3，次亜塩素酸ナトリウム NaOCl のような強い酸化剤を用いるとスルホン酸にまで酸化される．

$$2\,CH_3SH \underset{[還元]}{\overset{[酸化]}{\rightleftarrows}} H_3C-S-S-CH_3 \qquad C_2H_5SH \xrightarrow[HNO_3\,\text{または}\,NaOCl]{KMnO_4} C_2H_5-\underset{O}{\overset{O}{\underset{\|}{\overset{\|}{S}}}}-OH$$

ジスルフィド　　　　　　　　　　　　　　　　　　　　　　　エタンスルホン酸

4・3・9 エーテル類

エーテル（ether）も水の構造に関連した有機化合物であり，水の二つの水素がアルキル基に置き換わっている．すなわち，エーテル類は，一つの酸素原子に結合した二つの炭化水素基をもっている．単純で一般的なエーテルは，ジエチルエーテルと，環状エーテルのテトラヒドロフラン THF である．

$C_2H_5-O-C_2H_5$
ジエチルエーテル
（エーテル）

テトラヒドロフラン
（THF）

エーテル類は多くの試薬に対して反応性が乏しく，有機反応では溶媒としてよく使

$H_3C-O-CH_2CH_2-O-CH_3$
1,2-ジメトキシエタン
(DME)

$H_3C-O-C(CH_3)_3$
t-ブチルメチルエーテル
(MTBE)

1,4-ジオキサン

用される．いくつかの一般的なエーテル系溶媒を示した．

a. エーテル類の命名法　エーテル類は二つのアルキル基が等しい場合には対称，異なっている場合には非対称構造となる．ジエチルエーテルは対称分子であるが，エチルメチルエーテルは非対称である．非対称エーテルの体系名は，二つのアルキル基をアルファベット順により，接尾語としてエーテルを付ける．

$$H_3C-O-CH_3 \qquad H_3C-O-C_2H_5$$
ジメチルエーテル（対称）　　　エチルメチルエーテル（非対称）

エーテルを命名する場合には接尾語 -ether か，接頭語 alkoxy- のどちらかを用いる．たとえば，ジエチルエーテルはエトキシエタンとよぶことができる．また，t-ブチルメチルエーテルは2-メトキシ-2-メチルプロパンと命名することができる．

$$C_2H_5-O-C_2H_5 \qquad H_3C-O-\underset{CH_3}{\overset{CH_3}{C}}-CH_3$$
ジエチルエーテル　　　　　　t-ブチルメチルエーテル
（エトキシエタン）　　　　（2-メトキシ-2-メチルプロパン）

三員環の環状エーテル類は**エポキシド**（epoxide）という名称で知られている．これらは三員環のオキシラン環をもっているエーテル類である．環状エーテル類は接頭語 epoxy- か，接尾語 -alkene oxide のいずれかをもつ．五員環および六員環の環状エーテルは，それぞれ**オキソラン**（oxolane）および**オキサン**（oxane）とよばれる．

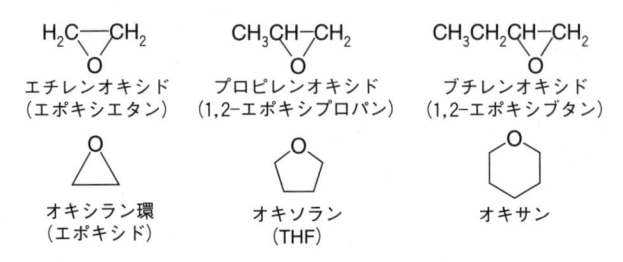

エチレンオキシド　　　プロピレンオキシド　　　ブチレンオキシド
（エポキシエタン）　（1,2-エポキシプロパン）　（1,2-エポキシブタン）

オキシラン環　　　　オキソラン　　　　オキサン
（エポキシド）　　　（THF）

b. エーテル類の物性　エーテルはヒドロキシ基をもたないため，他の分子にHを供与することができず，したがって他のエーテル分子と水素結合をつくらない．しかし，水素を供与することができる分子，たとえば水，アルコール，アミンなどとは水素結合をつくることができる．エーテルは，類似構造をもつアルコールと比べると，融点，沸点が低く，水に溶けにくい．反応性もかなり低く，そのため極性の非プロトン性溶媒として多くの有機反応に用いられる．たとえば，ジエチルエー

テルや THF はグリニャール反応に用いられる一般的溶媒である．エーテルは，空軌道をもつ分子と錯体をつくることが多い．たとえば THF はボラン BH_3 と錯体 $BH_3 \cdot THF$ を形成する．この錯体は**ヒドロホウ素化-酸化反応**（hydroboration-oxidation reaction）に用いられる（§5・3・1参照）．

c. エーテル類の合成法　エーテル類はハロゲン化アルキルと金属アルコキシドとの反応によって合成される．この反応は**ウィリアムソンエーテル合成**（Williamson ether synthesis）として知られている（§4・3・6および§5・5・2参照）．ウィリアムソンエーテル合成は対称および非対称エーテルを実験室で合成する際の重要な方法である．対称エーテルは第一級アルコール2分子と硫酸による脱水反応によっても合成することができる（§4・3・7および§5・5・3参照）．エーテルは，アルケンを原料として，酸触媒存在下でのアルコールの付加反応や，アルコキシ水銀化-還元反応を用いても合成できる（§5・3・1参照）．

d. アルケンのエポキシドへの変換　最も単純なエポキシドであるエチレンオキシドは，エチレンの触媒的酸化反応によって合成できる．そして他のアルケンを過酸，あるいはペルオキシ酸で酸化することによって種々のエポキシドが合成される（§5・7・2参照）．

アルケンは，水存在下ハロゲンと反応させることによって**ハロヒドリン**（halohydrin）へと変換される．ハロヒドリンを強塩基と反応させると，分子内閉環反応が進行する．たとえば，1-ブテンはブチレンクロロヒドリンを経由してブチレンオキシドへと変換される．

e. エーテル類の反応性

非環状エーテルは塩基，酸化剤，還元剤などに対して反応性が低い．エーテル類は，高温でのハロゲン化水素酸との反応以外には求核置換反応を受けない．ハロゲン化水素酸との反応では，エーテル酸素がプロトン化を受けた後に求核置換反応が起こり，対応するハロゲン化アルキルが得られる（§5・5・4参照）．

$$\underset{\text{エーテル}}{\text{R-O-R}} \xrightarrow[\text{X=BrまたはI}]{\text{HX, 熱}} \underset{\substack{\text{ハロゲン化}\\\text{アルキル}}}{\text{RX}}$$

エポキシドは環構造のひずみのため通常のエーテルに比べてはるかに反応性が高く，またエポキシドの合成自体も容易であることから，反応の中間体として有用である．エポキシドは酸性，塩基性どちらの条件であっても求核置換反応を受けてアルコールを生成する（§4・3・7および§5・5・4参照）．

4・3・10 アミン類

アミン (amine) は窒素を含む化合物で，官能基としてアミノ基 ($-NH_2$) をもつ．これらはアンモニアの類縁体と考えることができ，アンモニアの水素原子を1個，またはそれ以上アルキル基で置換して得られる．そのため，アミンは一般式としてRNH_2, R_2NH, R_3N などと表される．最も基本的かつ一般的なアミンはメチルアミン CH_3NH_2，エチルアミン $CH_3CH_2NH_2$ などである．

$$\underset{\text{メチルアミン}}{H_3C-NH_2} \qquad \underset{\text{エチルアミン}}{C_2H_5-NH_2}$$

アミン類は，窒素原子に結合しているアルキル基の数に応じて，第一級，第二級，第三級，第四級に分類される．第四級のアミン類は，アンモニウムイオンとよばれる．

$$\underset{\substack{\text{プロピルアミン}\\(1°\text{アミン})}}{CH_3CH_2CH_2-NH_2} \quad \underset{\substack{\text{ジメチルアミン}\\(2°\text{アミン})}}{H_3C-NH-CH_3} \quad \underset{\substack{\text{トリメチルアミン}\\(3°\text{アミン})}}{H_3C-\overset{\overset{\displaystyle CH_3}{|}}{N}-CH_3} \quad \underset{\substack{\text{テトラメチルアンモニウム}\\(4°\text{アンモニウム塩})}}{H_3C-\overset{\overset{\displaystyle CH_3}{|}}{\underset{\underset{\displaystyle CH_3}{|}}{N^+}}-CH_3}$$

a. アミン類の命名法

脂肪族アミンは，アルキル基，もしくは窒素に結合した置換基の名称に基づいて，接尾語アミン -amine を付けて命名される．窒素原子に2個以上のアルキル基が結合している場合には，接頭語ジ di- (2個)，トリ tri- (3個) を，それぞれ2個，3個の同じ置換基がついていることを示すために用いる．より複雑な骨格をもつアミン類では，接頭語アミノ amino- を母核の名称 (基本名)

の前に付けて用いることが多い．窒素に結合している置換基には，置換基名の前に接頭語 *N*–（訳者注: N はイタリックで示す）を付けて結合位置を明確にする．最も基本的な芳香族アミンはアニリン（$C_6H_5NH_2$）であり，この化合物では窒素原子が直接ベンゼン環に結合している．

$H_2N-CH_2CH_2-NH_2$
エチレンジアミン
（1°アミン）

$C_2H_5-NH-CH_3$
エチルメチルアミン
（2°アミン）

$H_3C-NH-CH(CH_3)(CH_2)_3CH_3$
2-(*N*-メチルアミノ)ヘキサン
（2°アミン）

アニリン　　*o*-クロロアニリン　　*p*-トルイジン

b. アミン類の物性　アミン分子では，窒素原子の電気陰性度が大きいため C-N 結合も N-H 結合も分極している．N-H 結合に極性があることで，アミン分子は他のアミン分子，あるいは水素結合をつくりやすい水やアルコールのような分子と水素結合を形成する．そのため，アミン類は類似のアルカン類と比べて高い融点，沸点を示し，水にも溶けやすい．

c. アミン類の塩基性および反応性　アミンの窒素原子は孤立電子対をもっており，塩基または求核試薬として反応することができる．アミンの塩基性および求核反応性は，アンモニアの場合と類似している．アミン類は対応するアルコールやエーテルと比べて塩基性が強い．-NH 基は-OH 基などと同様に脱離基としての能力は低く，置換反応を起こすためには，よりよい脱離基に変換する必要がある．アミンの脱プロトン化によって生じるアニオンはアミドイオン NH_2^- とよばれるが，カルボン酸誘導体のアミド $RCONH_2$ と混同しないよう注意する必要がある．アミドイオンは有機反応において重要な塩基の一つである．

d. アミン類の合成法　アミン類はハロゲン化アルキルの**アミノリシス**（aminolysis），あるいはアルデヒドおよびケトンの**還元的アミノ化**（reductive amination，アンモニア存在下での還元反応）によって合成される（§ 5·7·19 参照）．アミン類は，アミドの**ホフマン転位**（Hofmann rearrangement）によっても容易に合成できる．

1) ハロゲン化アルキルのアミノリシス

　第一級ハロゲン化アルキルを水溶液あるいはアルコール溶液中でアンモニアと反応させるとアミン類を合成できる．この反応は，アミノリシスとして知られている．第一級アミン特異的に生成物が得られるわけではなく，いくつかのアミンの混合物となる．したがって，この方法で純粋な第一級アミンを得ることは難しい．蒸留を行うことによって第一級アミンのみを分離することができるが，収率は低い．しかし，大過剰のアンモニアを用いることによってある程度収率を改善することができる．

2) ホフマン転位

　この反応では，NaOH または KOH 水溶液中でアミドをハロゲン（Br_2 または Cl_2）と反応させることにより，アミン（炭素数が1個少ないもの）が合成できる．

アミド，アジド，ニトリルなどを接触還元，あるいは $LiAlH_4$ 還元することによってもアミンが得られる（§5・7・23 参照）．

e. アミン類の反応　　第一級および第二級アミンは，ピリジンまたはトリエチルアミン溶媒中で酸塩化物や酸無水物による求核的アシル基置換反応を受け，第二級および第三級アミドを与える（§5・5・5 参照）．第一級アミンはアルデヒドやケトンと反応し，水を失ってイミンを与える．イミンは**シッフ塩基**（Schiff base）ともよばれる（§5・3・2 参照）．第二級アミンはアルデヒドやケトンと同

4・3 アルカン，シクロアルカンおよびそれらの誘導体

様に反応し，水が脱離した後に互変異性化してエナミンを与える（§5・3・2参照）．

[反応スキーム：イミン、1°アミン、2°アミド（N-置換アミド）、エナミン、2°アミン、3°アミド（N,N-ジ置換アミド）を示す図]

スルホン酸由来のアミドは**スルホンアミド**（sulfonamide）とよばれる．これらは，アミンと塩化スルホニルをピリジン中で反応させることによって得られる．

[反応スキーム：1°アミン→N-置換スルホンアミド(2°)、2°アミン→N,N-ジ置換スルホンアミド(3°)]

塩基触媒下，第四級アンモニウム塩はアルケンと第三級アミンを与える．この反応は**ホフマン脱離**（Hofmann elimination）または**ホフマン分解**（Hofmann degradation）とよばれる．アミン類を過剰量の第一級ハロゲン化アルキルと反応させ，酸化銀と水で処理すると第四級アンモニウム塩が得られる．これを NaOH 水溶液中で加熱するとアルケンと第三級アミンが生成する．NaOH による第四級アンモニウム塩のアルケンへの熱分解反応はホフマン脱離として知られている．

[反応スキーム：1°アミン→（i. 過剰RX、ii. Ag₂O/H₂O）→第四級アンモニウム塩→（NaOH, 熱、E2）→アルケン + NR₃（3°アミン）]

4・3・11 アルデヒドおよびケトン

カルボニル基（C=O）は炭素-酸素間の二重結合である．アシル基（R-C=O）はアルキル基またはアリール基と結合したカルボニル基からなる．カルボニル基を含む化合物は大きく分けると2種類ある．一方はカルボニル炭素に水素や炭素が結合しているもの，もう一方はカルボニル炭素に電気陰性度の大きい原子が結合しているものである（§4・3・13参照）．

[図：カルボニル基、アシル基（R = アルキル基またはアリール基）]

アルデヒド (aldehyde) はカルボニル炭素に水素原子が結合したアシル基をもつ化合物である．最も自然界に多く存在するアルデヒドはグルコースである．最も簡単な構造のアルデヒドはホルムアルデヒド（CH_2O）であり，カルボニル炭素が2個の水素原子と結合している．それ以外のすべてのアルデヒドでは，カルボニル炭素は1個のアルキルもしくはアリール置換基，および1個の水素と結合している．例としてアセトアルデヒド（CH_3CHO）がある．

H−C(=O)−H H_3C−C(=O)−H H_3C−C(=O)−CH_3
ホルムアルデヒド   エタナール   プロパノン
                 （アセトアルデヒド） （アセトン）

ケトン (ketone) は，アシル基のカルボニル炭素にもう一つのアルキル基またはアリール基が結合した化合物である．テストステロン，プロゲステロンなど多くのステロイドホルモンはケトン官能基を含んでいる．最も簡単な構造のケトンはアセトンであり，カルボニル炭素は二つのメチル基と結合している．

a．アルデヒドおよびケトンの命名法 アルデヒド類の慣用名は，対応するカルボン酸の名称の語尾 -ic acid を -aldehyde に代えたものである．たとえばギ酸（formic acid）から**ホルムアルデヒド**（formaldehyde），酢酸（acetic acid）から**アセトアルデヒド**（acetaldehyde）が名付けられる．最も簡単なケトン構造は慣用名アセトンとして知られている．IUPAC 命名法によるとアルデヒドはアルカンの語尾 -e を -al に置き換えて命名される．たとえば**エタナール**（ethanal）の母核のアルカンはエタン（ethane）である．同様に，ケトン類はアルカンの語尾 -e を -one に換えて命名される．たとえば**プロパノン**（propanone）の母核のアルカンはプロパン（propane）である．カルボニル基をもつ最長の炭素鎖が母核構造と見なされる．アルデヒドの場合，カルボニル炭素は常に炭素鎖の1位である．他の置換基は接頭語を用いて表現され，位置番号はカルボニル炭素からの関係によって示される．もしアルデヒド基が環構造の置換基として存在する場合，接尾語カルバルデヒド -carbaldehyde を用いて表現する．

シクロヘキサンカルバルデヒド   3,3-ジメチル-2-ブタノン   4-クロロシクロヘキサノン

多数の官能基をもつ化合物では，他の官能基を母核の名称（基本名）とし，アルデヒドやケトンを置換基として命名することもある．このような場合，アルデヒドは

接頭語ホルミル formyl-,ケトンはオキソ oxo- と記載し,それらの置換基が存在する位置を炭素の位置番号で示す.アルデヒドとケトンの両方をもっている分子では,アルデヒドの方がケトンよりも優先順位の高い官能基であるため,アルデヒドとして命名する.ベンゼン環をもつケトンはフェノン -phenone という慣用的語尾を用いて命名されることがある.

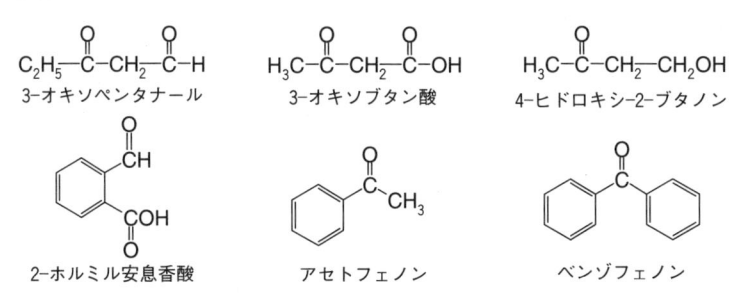

$C_2H_5-\overset{O}{\underset{}{C}}-CH_2-\overset{O}{\underset{}{C}}-H$ $H_3C-\overset{O}{\underset{}{C}}-CH_2-\overset{O}{\underset{}{C}}-OH$ $H_3C-\overset{O}{\underset{}{C}}-CH_2-CH_2OH$
3-オキソペンタナール   3-オキソブタン酸   4-ヒドロキシ-2-ブタノン

2-ホルミル安息香酸   アセトフェノン   ベンゾフェノン

b. アルデヒドおよびケトンの物理的性質 カルボニル基の酸素原子はルイス塩基(§1・2・3,§1・2・4参照)として機能し,酸の存在下で容易にプロトン化を受ける.炭素原子と酸素原子の間の電気陰性度の差により C=O 二重結合は分極している.カルボニル基同士では分子間水素結合をつくることはできないが,水,アルコール,アミンのような水素供与体から水素を受取ることができる.したがって,アルデヒドやケトンは対応するアルカンに比べて高い沸点,融点である一方,類似のアルコールと比べるとかなり低い沸点をもつ.アルデヒド,ケトン類はアルカンよりもかなり水に溶けやすいが,アルコールに比べると溶けにくい.アセトン,アセトアルデヒドなどは水と任意の比率で混ざり合う.

c. アルデヒドおよびケトンの合成法 アルデヒド類はアルキン類のヒドロホウ素化-酸化反応(§5・3・1参照),第一級アルコールの選択的酸化反応(§5・7・9参照),および酸塩化物(§5・7・21参照),エステル(§5・7・22参照),また

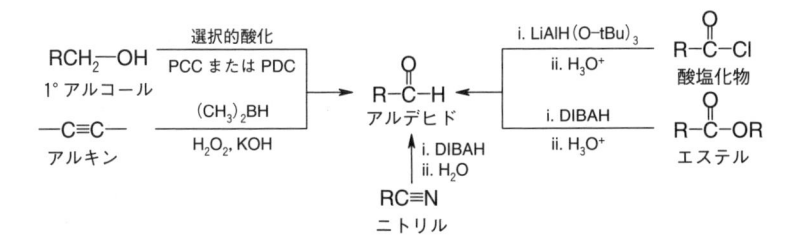

はニトリル（§5・7・23参照）の，ヒドリドトリス(*t*-ブトキシ)アルミン酸リチウム，または水素化ジイソブチルアルミニウム（DIBAH）による部分還元によって合成される．

ケトン類は第二級アルコールの酸化反応（§5・7・10参照），ギルマン試薬（有機銅試薬 R'_2CuLi）による酸塩化物の部分還元と加水分解による後処理（§5・5・5参照），ニトリルと有機金属試薬の反応とそれに続く酸処理（§5・3・2参照）によって合成できる．

$$\underset{2°\text{アルコール}}{R-\underset{R'}{\overset{}{C}H}OH} \xrightarrow[\text{KMnO}_4, \text{K}_2\text{Cr}_2\text{O}_7,]{\text{酸化剤}} \underset{\text{ケトン}}{R-\overset{O}{\overset{\|}{C}}-R'} \xleftarrow[\text{ii. H}_2\text{O}]{\text{i.} R'_2\text{CuLi, エーテル}} \underset{\text{酸塩化物}}{R-\overset{O}{\overset{\|}{C}}-Cl}$$

$$\underset{\text{ニトリル}}{RC\equiv N} \xrightarrow[\text{ii. H}_3\text{O}^+]{\text{i. R'MgBr, エーテル}}$$

アルデヒドおよびケトン類はアルケン類のオゾン分解（§5・7・6参照）およびアルキン類の水和反応（§5・3・1参照）によっても得られる．

$$\underset{\text{アルケン}}{\diagdown C=C\diagup} \xrightarrow[\text{ii. Zn, AcOH}]{\text{i. O}_3, \text{CH}_2\text{Cl}_2} \underset{\text{アルデヒドまたはケトン}}{\diagdown C=O \; + \; O=C\diagup}$$

$$\underset{\text{アルキン}}{-C\equiv C-} \xrightarrow[\text{HgSO}_4, \text{H}_2\text{SO}_4]{\text{H}_2\text{O}} \underset{\underset{\text{アルデヒドまたはケトン}}{Y=H\text{または}R}}{-CH_2-\overset{O}{\overset{\|}{C}}-Y}$$

d. アルデヒドおよびケトンの構造と反応性　アルデヒドとケトンのカルボニル基は，酸素の電気陰性度が炭素に比べて大きいため，大きく分極している．カルボニル炭素は正の部分電荷（δ+）をもち，一方酸素原子は負の部分電荷（δ−）をもつ．そのため，カルボニル基は求核試薬としても求電子試薬としても反応することができる．アルデヒドおよびケトンでは，脱離基が存在しないため置換反応は進行しない．したがって，カルボニル基の一般的な反応は求核付加反応である．

$$\overset{\delta-}{:\overset{}{O}:} \longleftarrow \text{求核的な酸素}$$
$$-\overset{}{\underset{|}{C}}\overset{\delta+}{-}$$
$$\text{求電子的な炭素}$$

アルデヒドの方がケトンよりも反応性が高い．その理由は電子効果および立体効果の二つである．ケトンは二つのアルキル基をもっているのに対しアルデヒドは一つ

しかない．アルキル基は電子供与性基であるため，ケトンのカルボニル炭素の正の部分電荷はアルデヒドと比べて弱められている．求電子的なカルボニル炭素が，求核試薬が接近して反応を起こす場所である．ケトンの場合には，二つのアルキル基が，1個のアルキル基しかもたないアルデヒドに比べてより大きい立体障害となっている．結果としてケトン類はアルデヒド類よりも求核試薬に対する反応性が低い．

e．アルデヒドおよびケトンの反応：求核付加　カルボニル化合物は，多くの誘導体合成に応用できるため，有機化学において中心的な役割を果たす．先に記述したように，アルコール類は，アルデヒドやケトンに対する有機金属化合物の求核付加（§5・3・2参照），接触還元（H_2/Pd-C），または水素化ホウ素ナトリウムや水素化アルミニウムリチウムのような金属水素化物による還元（§5・7・16参照）で合成できる．アルデヒド類とケトン類はクレメンゼン還元（§5・7・17参照）およびウォルフ−キシュナー還元（§5・7・18参照）を用いて選択的にアルカンにまで還元される．還元的アミノ化を用いるとアミン類を合成できる（§5・7・19参照）．

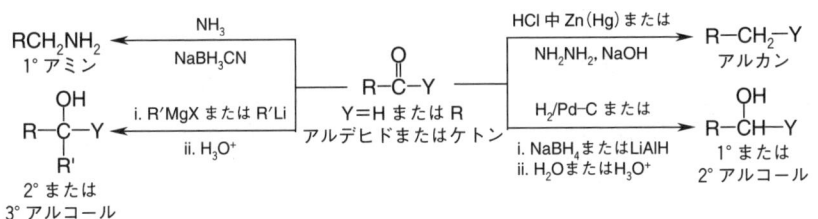

```
                        NH₃                              HCl 中 Zn(Hg) または
RCH₂NH₂    ←────────────────                ────────────────→    R−CH₂−Y
 1° アミン              NaBH₃CN            O               NH₂NH₂, NaOH        アルカン
                                           ‖
            i. R'MgX または R'Li         R−C−Y            H₂/Pd-C または
  OH       ←────────────────                ────────────────→       OH
  |                                       Y=H または R                          |
R−C−Y         ii. H₃O⁺                アルデヒドまたはケトン    i. NaBH₄ または LiAlH    R−CH−Y
  |                                                           ii. H₂O または H₃O⁺            1° または
  R'                                                                                        2° アルコール
2° または
3° アルコール
```

アルデヒドやケトンの反応のうち，最も重要なものの一つとして**アルドール縮合**（aldol condensation）がある．この反応では，アルデヒドあるいはケトンと塩基性水溶液（たとえばNaOH水溶液）の反応によりエノラートイオンが生成する．エノラートイオンは他のアルデヒドまたはケトンと反応して，β−ヒドロキシアルデヒドまたはβ−ヒドロキシケトンを与える（§5・3・2参照）．

```
        O                O                              OH  O
        ‖                ‖             NaOH, H₂O        |   ‖
RCH₂−C−Y   +   RCH₂−C−Y     ────────→    RCH₂−C−CH−C−Y
                                                        |   |
        Y=H または R                                     Y   R
     アルデヒドまたはケトン
                                             β−ヒドロキシアルデヒド（Y=H）または
                                             β−ヒドロキシケトン（Y=R）
```

4・3・12　カルボン酸

カルボン酸はアシル基（R−C=O）がヒドロキシ基（−OH）と結合した構造を

もつ有機酸である．短縮構造式による表記では，カルボキシ基は$-CO_2H$と表記され，カルボン酸の一般式はRCO_2Hと書かれる．

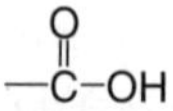

$-CO_2H$ または $-COOH$
カルボキシ基

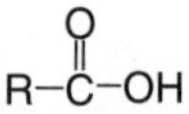

RCO_2H または $RCOOH$
カルボン酸

カルボン酸は，カルボキシ基にアルキル基が結合した脂肪酸と，カルボキシ基に芳香族置換基が結合した芳香族カルボン酸に分類される．単純なカルボン酸としてギ酸（HCO_2H）と酢酸（CH_3CO_2H）がある．

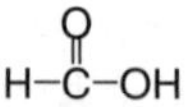

メタン酸
（ギ酸）

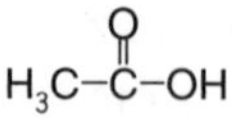

エタン酸
（酢酸）

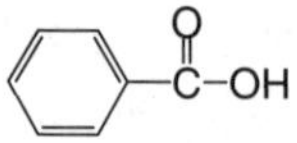

ベンゼンカルボン酸
（安息香酸）

a. カルボン酸の命名法 母核の名称（基本名）は，カルボキシ基を含む最も長い炭素鎖とする．語尾の -e を -oic acid に変えて命名する．炭素鎖はカルボキシ基の炭素原子から順に番号を付ける．カルボキシ基は他の官能基に比べて優先順位が高い．代表的な官能基の優先順位は以下の通りである．

カルボン酸＞エステル＞アミド＞ニトリル＞アルデヒド＞ケトン＞アルコール＞アミン＞アルケン＞アルキン

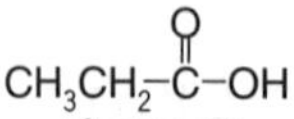

プロパン酸
（プロピオン酸）

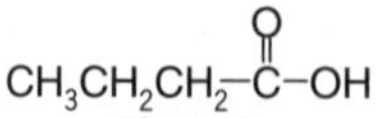

ブタン酸
（酪酸）

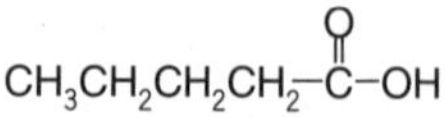

ペンタン酸
（吉草酸）

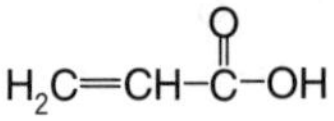

プロペン酸
（アクリル酸）

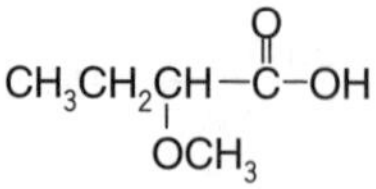

2-メトキシブタン酸

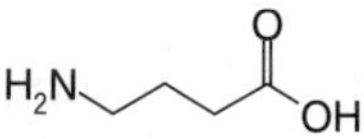

4-アミノブタン酸
（γ-アミノ酪酸: GABA）

カルボキシ基をもつシクロアルカン類は，シクロアルカンカルボン酸として命名される．二重結合をもつ酸は，アルケンの名称を用い，語尾の -e を -oic acid として命名する．炭素鎖中の番号は，カルボキシ基炭素を1とし，二重結合の位置をカル

ボキシ基から何番目かで表す．さらに二重結合に対して Z または E の表記を行う．

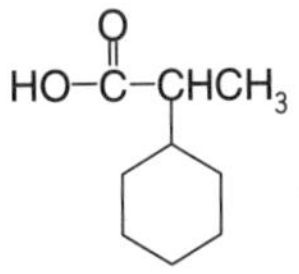

2-シクロヘキシルプロパン酸 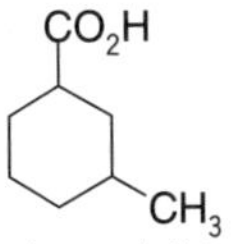　　3-メチルシクロヘキサンカルボン酸 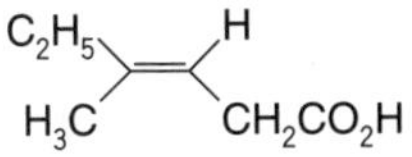　　(E)-4-メチル-3-ヘキセン酸

芳香族カルボン酸は安息香酸の誘導体として命名され，置換基の位置は，カルボキシ基の位置を基準として $o-$（オルト ortho-），$m-$（メタ meta-），$p-$（パラ para-）を用いて表記する．

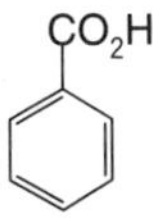

安息香酸
（ベンゼンカルボン酸）　　$o-$クロロ安息香酸 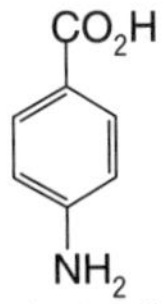　　$p-$アミノ安息香酸

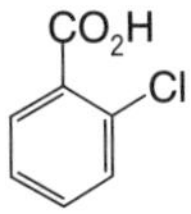

脂肪族ジカルボン酸は，母核の名称の語尾に -dioic acid（二酸）を付加させるだけで命名できる．母核の名称は両方のカルボン酸を含む最も長い炭素鎖に由来する．炭素の番号は，置換基が存在する場合には，置換基に近い方のカルボキシ炭素を1とする．

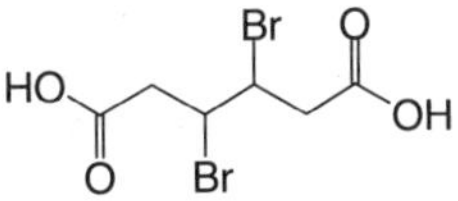

3,4-ジブロモヘキサン二酸

b. カルボキシ基の構造　　カルボキシ基の最も安定な構造は平面である．炭素原子の軌道は sp^2 混成であり，O–H 結合は C=O 二重結合と重なり形になるように，平面上に存在する．この意外と思われる構造は，共鳴によって合理的に説明できる．カルボキシ基には以下のような共鳴構造が書けるからである．

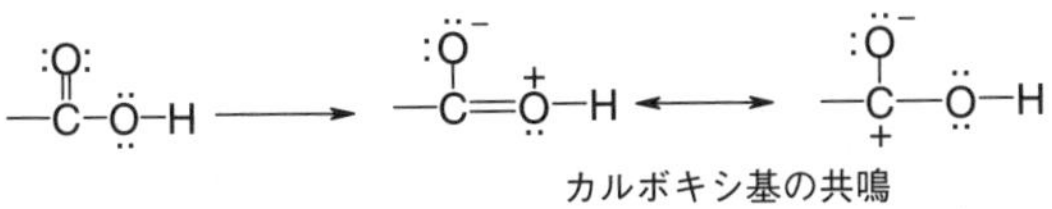

カルボキシ基の共鳴

c. カルボキシ基の酸性度　　カルボン酸は塩酸，硫酸，硝酸のような強い鉱酸と比べるときわめて弱い酸であるが，それでも水中で解離してカルボン酸アニオン RCO_2^- を生成する．この反応の平衡定数 $K_a = 10^{-5}$（pK_a 約 5）程度である．カル

ボン酸は類縁体のアルコールと比べてより酸性が強い．たとえば，エタン酸とエタノールのpK_aは，それぞれ 4.79 と 15.9 である．

$$R-\underset{}{\overset{:\ddot{O}:}{C}}-\ddot{\underset{..}{O}}-H + H_2\ddot{O} \rightleftharpoons R-\underset{}{\overset{:\ddot{O}:}{C}}-\ddot{\underset{..}{O}}^- + H_3\ddot{O}^+$$

d. カルボン酸の酸性度に影響を与える置換基効果 負の電荷を安定化する置換基は解離の過程を促進し，酸性度を上昇させる．電気陰性度の大きい元素は，誘起効果によって酸としての強さを増す．生じるアニオンに対して置換基が近ければ近いほど，その効果はより強く出る．

$pK_a=4.76$　　$pK_a=2.86$　　$pK_a=1.48$　　$pK_a=0.64$

e. カルボン酸の塩 カルボン酸はアルコールやアセチレンより強酸性である．水溶液中の強塩基により完全に脱プロトン化されてカルボン酸の塩が生成する．水溶液に強い鉱酸を加えると塩はもとのカルボン酸に戻る．カルボン酸塩は水に溶けやすく，ヘキサンやジクロロメタンのような非極性溶媒に溶けにくい．

$$R-\overset{:\ddot{O}:}{C}-\ddot{O}H \underset{H^+}{\overset{OH^-}{\rightleftharpoons}} R-\overset{:\ddot{O}:}{C}-\ddot{O}^- + H_2O$$

f. カルボン酸の物性 カルボン酸は O−H 基も C=O 基も分極しているため極性分子である．カルボン酸は他のカルボン酸分子または水と強い水素結合を形成する．そのためカルボン酸は，類縁のアルコールと比較して高い融点および沸点をもち，一般に水に溶けやすい．pK_a は約 5 である．

カルボン酸の二つの
分子の間の水素結合

水溶液中の
水との水素結合

g. カルボン酸の合成法 最も重要なカルボン酸である酢酸は,アセトアルデヒドの触媒的空気酸化によって合成される.

$$H_3C-\overset{O}{\underset{}{C}}-H \xrightarrow[\text{触媒}]{O_2} H_3C-\overset{O}{\underset{}{C}}-OH$$
　　　アセトアルデヒド　　　　　　　酢酸

カルボン酸はアルケンの酸化（§5・7・2参照），アルキンの酸化（§5・7・7参照），第一級アルコールの酸化（§5・7・9参照），アルデヒドの酸化（§5・7・11参照），アルケンおよびアルキンのオゾン分解と酸化的後処理（§5・7・6，§5・7・8参照），グリニャール試薬の炭酸化（§5・3・2参照）によって合成される.

```
RHC=CHR          i. KMnO₄, NaOH, 熱                    i. CO₂
(cis または trans)アルケン   ii. H₃O⁺                    ii. H₃O⁺    R-MgX
                                                                   グリニャール試薬
                                    → R-C-OH ←
R-CH₂OH                                カルボン酸                  RHC=CHR
第一級アルコール     [O]                         i. O₃, H₂O         アルケン
  または          酸化剤                                             または
RCHO           KMnO₄, K₂Cr₂O₇,                 ii. H₂O₂, NaOH     RC≡CH
アルデヒド      Na₂Cr₂O₇ または CrO₃                                 アルキン
```

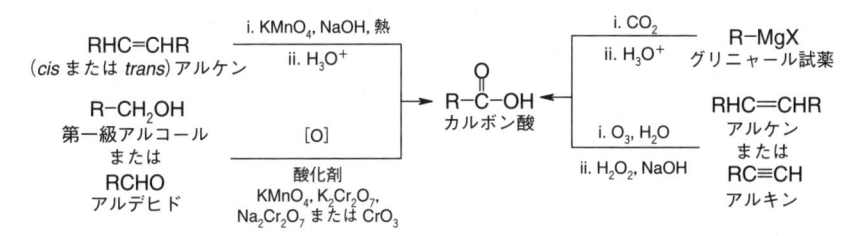

カルボン酸はまた，酸塩化物，酸無水物の加水分解，および酸または塩基触媒下でのエステル，第一級アミド，ニトリルなどの加水分解によっても合成できる（§5・6・1参照）.

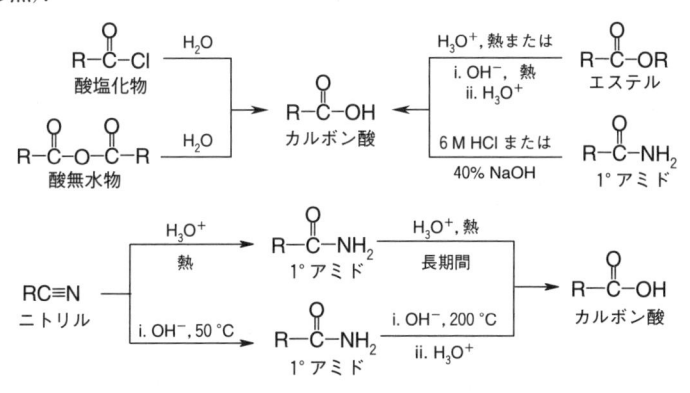

```
R-C-Cl    H₂O                            H₃O⁺, 熱 または    R-C-OR
酸塩化物                                   i. OH⁻, 熱         エステル
               → R-C-OH ←                 ii. H₃O⁺
R-C-O-C-R  H₂O   カルボン酸              6 M HCl または      R-C-NH₂
酸無水物                                   40% NaOH          1°アミド

             H₃O⁺      R-C-NH₂   H₃O⁺, 熱
             熱        1°アミド   長期間           R-C-OH
RC≡N →                                    →       カルボン酸
ニトリル     i. OH⁻, 50 °C   R-C-NH₂   i. OH⁻, 200 °C
                            1°アミド   ii. H₃O⁺
```

h. カルボン酸の反応 カルボン酸の反応の中で最も重要なものは,酸塩化物,酸無水物,エステルなどのさまざまなカルボン酸誘導体への変換反応である.エステル類は,カルボン酸とアルコールの反応によって合成される.この反応は酸によって触媒され,**フィッシャーのエステル合成**（Fischer esterification）として知られ

ている（§5・5・5参照）．酸塩化物はカルボン酸と塩化チオニル $SOCl_2$ または塩化オキサリル $(COCl)_2$ との反応によって得られる．酸無水物は2分子のカルボン酸から得られる．カルボン酸の反応のまとめを下図に示した．これらすべての反応は，求核的アシル基置換反応に含まれる（§5・5・5参照）．

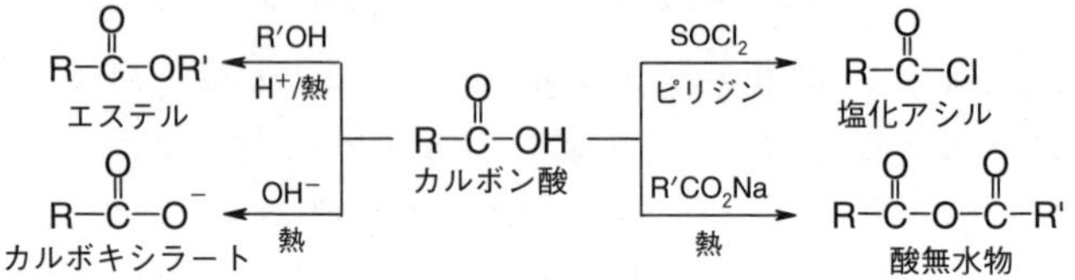

```
         O                                              O
         ‖            R'OH            SOCl2             ‖
    R-C-OR'        ←――――      O      ――――→         R-C-Cl
                    H+/熱      ‖       ピリジン
    エステル                 R-C-OH                 塩化アシル
         O                 カルボン酸                    O   O
         ‖            OH-               R'CO2Na         ‖   ‖
    R-C-O-         ←――――              ――――→         R-C-O-C-R'
                     熱                   熱
    カルボキシラート                                    酸無水物
```

4・3・13 カルボン酸誘導体

カルボン酸誘導体はアシル基（R-C=O）と電気陰性度の高い原子-Cl，-OCOR，-OR，-NH_2 などが結合した化合物である．これらは，酸または塩基存在下での加水分解によりカルボン酸へと変換できる．重要なカルボン酸誘導体は酸塩化物，酸無水物，エステル，およびアミドである．通常ニトリルもカルボン酸誘導体の一つと見なされている．なぜなら，ニトリルは見た目にはカルボン酸誘導体ではないが，酸または塩基触媒下の加水分解によってカルボン酸へと変換されるからである．さらに，ニトリルはカルボン酸誘導体であるアミドの脱水反応によって合成される．

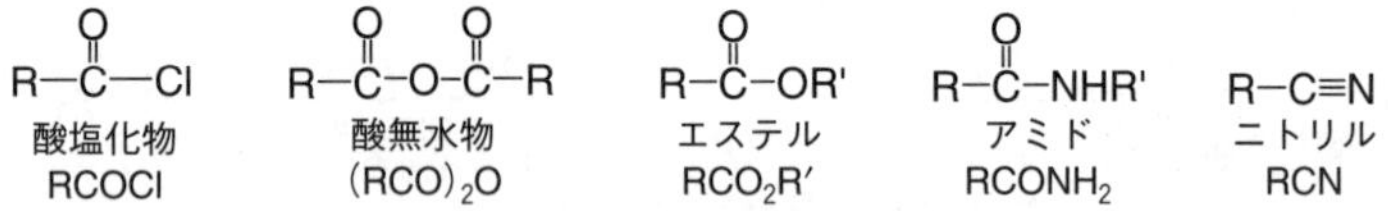

```
    O           O   O          O           O
    ‖           ‖   ‖          ‖           ‖
  R-C-Cl     R-C-O-C-R      R-C-OR'     R-C-NHR'     R-C≡N
  酸塩化物    酸無水物         エステル       アミド        ニトリル
  RCOCl      (RCO)2O        RCO2R'      RCONH2        RCN
```

a. カルボン酸誘導体の反応性　カルボン酸誘導体はアシル基置換反応に対する反応性が大きく異なっている．一般的に，より反応性の高い誘導体を，より反応性の低い誘導体に変換することは容易である．すなわち，酸塩化物は容易に酸無水物，エステルやアミドに変換されるが，アミドは加水分解によりカルボン酸に変換できるのみである．酸塩化物や酸無水物は容易に加水分解されるが，アミドは沸騰アルカリ水中でゆっくりと加水分解される．

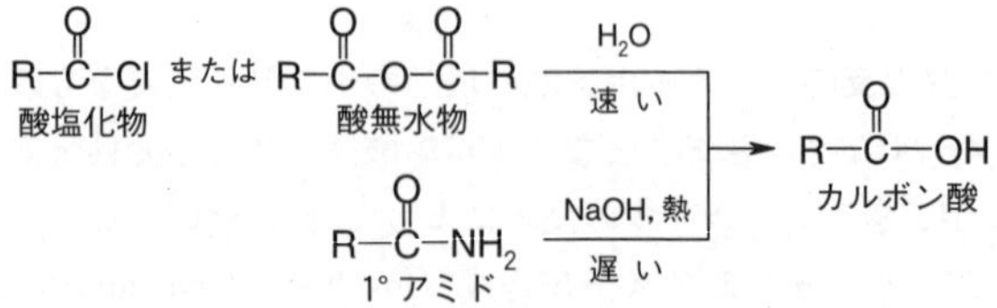

```
     O              O   O
     ‖              ‖   ‖            H2O
   R-C-Cl  または  R-C-O-C-R        速い               O
   酸塩化物         酸無水物          ―――→            ‖
                                                    R-C-OH
                    O                NaOH, 熱        カルボン酸
                    ‖                 遅い
                  R-C-NH2            ―――→
                  1°アミド
```

4・3 アルカン，シクロアルカンおよびそれらの誘導体　　　95

カルボン酸誘導体の反応性は，アシル基に結合した置換基の塩基性に依存して決まる．つまり，置換基の塩基性が弱いほど，誘導体としての反応性は高い．別の言い方をすると，強い塩基は脱離基としては劣っている．カルボン酸誘導体は酸性，および塩基性の条件下でさまざまな反応を起こし，それらの反応のすべてにアシル基置換反応機構が関与している（§5・5・5参照）．

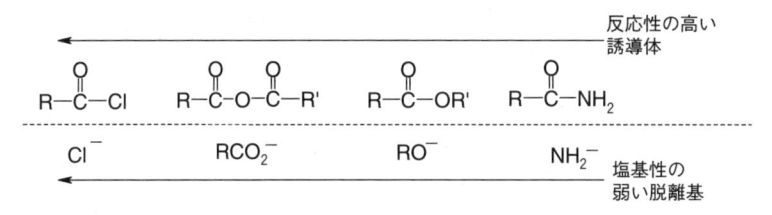

$$\underset{Cl^-}{\underset{R-C(=O)-Cl}{}} \quad \underset{RCO_2^-}{\underset{R-C(=O)-O-C(=O)-R'}{}} \quad \underset{RO^-}{\underset{R-C(=O)-OR'}{}} \quad \underset{NH_2^-}{\underset{R-C(=O)-NH_2}{}}$$

←―――――――――――――――― 反応性の高い誘導体
←―――――――――――――――― 塩基性の弱い脱離基

4・3・14　酸塩化物

　酸塩化物はアシル塩化物としても知られており，塩素原子とアシル基が直接結合している．このうち最も簡単な構造のものが塩化アセチル（CH_3COCl）であり，アセチル基が塩素原子と結合している．

$$H_3C-\underset{\|}{\overset{O}{C}}-Cl \qquad CH_3CH_2-\underset{\|}{\overset{O}{C}}-Cl \qquad CH_3CH_2CH_2-\underset{\|}{\overset{O}{C}}-Cl$$

塩化エタノイル　　　塩化プロパノイル　　　塩化ブタノイル
（塩化アセチル）

a. 酸塩化物の命名法　酸塩化物はカルボン酸の語尾 -oic acid を -yl chloride に変更するか，カルボン酸で終わる名称を -carbonyl chloride と表現することによっても記述できる．

$$CH_3CH_2CH_2CH_2-\underset{\|}{\overset{O}{C}}-Cl \qquad CH_3CH_2\underset{Br}{\overset{|}{C}}H-\underset{\|}{\overset{O}{C}}-Cl$$

塩化ペンタノイル　　　塩化2-ブロモブタノイル　　　塩化シクロヘキサンカルボニル　　　塩化ベンゾイル

b. 酸塩化物の合成法　酸塩化物は対応するカルボン酸を原料として，塩化チオニルまたは塩化オキサリルと反応させることによって合成できる（§5・5・5参照）．

$$R-\underset{\|}{\overset{O}{C}}-OH \xrightarrow[\text{(COCl)}_2]{\text{SOCl}_2 \text{ または}} R-\underset{\|}{\overset{O}{C}}-Cl$$

カルボン酸　　　　　　　　　　　酸塩化物

c. 酸塩化物の反応性　酸塩化物はカルボン酸誘導体のうちで最も反応性が高く，求核的アシル基置換反応によって酸無水物，エステル，アミドなどに容易に変換できる（§5・5・5参照）．また，水とも容易に反応して加水分解を受け，カルボン酸を与える（§5・6・1参照）．

$$R-\underset{\underset{\text{2°アミド}}{}}{\overset{\overset{O}{\|}}{C}}-NHR' \xleftarrow{\underset{Et_3N}{R'NH_2}} \underset{\text{酸塩化物}}{R-\overset{\overset{O}{\|}}{C}-Cl} \xrightarrow{\underset{\text{エーテル}}{R'CO_2Na}} R-\underset{\text{酸無水物}}{\overset{\overset{O}{\|}}{C}-O-\overset{\overset{O}{\|}}{C}-R'}$$

$$R-\underset{\underset{\text{カルボン酸}}{}}{\overset{\overset{O}{\|}}{C}}-OH \xleftarrow[H_2O]{\text{加水分解}} \qquad \xrightarrow[\text{ピリジン}]{R'OH} R-\underset{\text{エステル}}{\overset{\overset{O}{\|}}{C}-OR'}$$

酸塩化物は，適切な金属ヒドリド，もしくは有機金属試薬を選択することにより，容易に第一級アルコール，アルデヒド，第三級アルコール，ケトンなどに変換される（§5・5・5および§5・7・21参照）．酸塩化物はルイス酸（$AlCl_3$）の存在下フリーデル–クラフツアシル化反応により，ベンゼンと反応する（§5・5・6参照）．

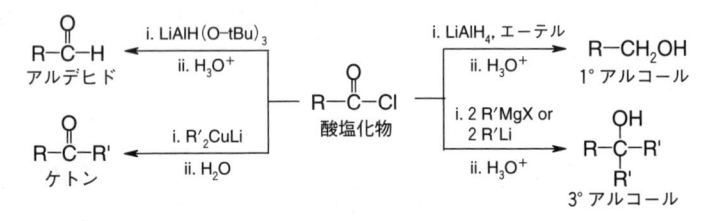

$$R-\underset{\text{アルデヒド}}{\overset{\overset{O}{\|}}{C}-H} \xleftarrow[\text{ii. }H_3O^+]{\text{i. LiAlH(O-tBu)}_3} \underset{\text{酸塩化物}}{R-\overset{\overset{O}{\|}}{C}-Cl} \xrightarrow[\text{ii. }H_3O^+]{\text{i. LiAlH}_4,\,\text{エーテル}} \underset{\text{1°アルコール}}{R-CH_2OH}$$

$$R-\underset{\text{ケトン}}{\overset{\overset{O}{\|}}{C}-R'} \xleftarrow[\text{ii. }H_2O]{\text{i. R}'_2\text{CuLi}} \qquad \xrightarrow[\text{ii. }H_3O^+]{\text{i. 2 R'MgX or 2 R'Li}} \underset{\text{3°アルコール}}{R-\overset{\overset{OH}{|}}{\underset{\underset{R'}{|}}{C}}-R'}$$

4・3・15　酸 無 水 物

　酸無水物の官能基は，酸素原子で結びつけられた二つのアシル基である．このような化合物は**酸無水物**（acid anhydride）あるいは**アシル無水物**（acyl anhydride）とよばれる．なぜならこれらは2分子のカルボン酸から1分子の水が失われてできるからである．酸無水物は二つのアシル基が同じである対称形のものと，二つの異なるアシル基が酸素と結合した非対称形のものがある．最も単純な化合物は無水酢酸（$(CH_3CO)_2O$）であり，この化合物ではアシル基（アセチル基）が酢酸イオンと結合している．

$$\underset{\substack{\text{エタン酸無水物}\\(\text{無水酢酸})}}{H_3C-\overset{\overset{O}{\|}}{C}-O-\overset{\overset{O}{\|}}{C}-CH_3} \qquad \underset{\text{酢酸プロパン酸無水物}}{H_3C-\overset{\overset{O}{\|}}{C}-O-\overset{\overset{O}{\|}}{C}-CH_2CH_3}$$

a. 酸無水物の命名法　対称形の酸無水物は，元のカルボン酸の語尾である

-acid を無水物 anhydride という言葉に変えて命名する．異なる 2 種類の酸に由来する混合酸無水物は，二つのカルボン酸をアルファベット順に並べて名前を付ける．

$CH_3CH_2-\underset{\underset{O}{\|}}{C}-O-\underset{\underset{O}{\|}}{C}-CH_2CH_3$　　　$CH_3CH_2-\underset{\underset{O}{\|}}{C}-O-\underset{\underset{O}{\|}}{C}-CH_2CH_2CH_3$

　　　プロパン酸無水物　　　　　　　　　　ブタン酸プロパン酸無水物

　　ブタン二酸無水物　　　　2-ブテン二酸無水物　　　　安息香酸無水物
　　（無水コハク酸）　　　　（無水マレイン酸）

b. 酸無水物の合成法　酸無水物は通常，酸塩化物とカルボン酸またはカルボン酸塩との反応で合成される（§4・3・14 および §5・5・5 参照）．五員環および六員環の酸無水物はジカルボン酸を高温で加熱することによって合成できる．

コハク酸 → (200°C) → 無水コハク酸

c. 酸無水物の反応　酸無水物はカルボン酸誘導体のうち二番目に反応性が高く，比較的容易に反応性の低い他のカルボン酸誘導体，エステル，カルボン酸，アミドなどに変換される．酸無水物は酸塩化物と同様に多くの反応を起こすことができるため，かなりの場合酸塩化物の代わりとして用いることができる．

$R-\underset{\underset{O}{\|}}{C}-O-\underset{\underset{O}{\|}}{C}-R'$ 酸無水物

　加水分解 H_2O → $R-\underset{\underset{O}{\|}}{C}-OH$ カルボン酸

　$2\,R'NH_2$ / Et_3N → $R-\underset{\underset{O}{\|}}{C}-NHR'$ アミド

　$R'OH$ / H^+ → $R-\underset{\underset{O}{\|}}{C}-OR'$ エステル

4・3・16 エステル

エステル基は，アシル基がアルコキシ基に結合した形をしている．エステル類で

最も簡単な構造のものは、酢酸メチル、酢酸エチルなどである。

$$H_3C-\underset{\underset{O}{\|}}{C}-O-CH_3 \qquad H_3C-\underset{\underset{O}{\|}}{C}-O-CH_2CH_3 \qquad H_3C-\underset{\underset{O}{\|}}{C}-O-CH_2CH_2CH_3$$

酢酸メチル　　　　　　酢酸エチル　　　　　　酢酸プロピル
（エタン酸メチル）　　（エタン酸エチル）　　（エタン酸プロピル）

a. エステル類の命名法　エステル類の名称は、それを合成するのに用いられた化合物の名称に由来して決まる。名前の前半部分は用いられたカルボン酸のイオン構造、後半部分はアルコールのアルキル基に由来する。環状エステルはラクトンとよばれ、ラクトンの IUPAC 名は、元のカルボン酸の名称に、**ラクトン**（lactone）の語尾を付ける。

$$CH_3CH_2-\underset{\underset{O}{\|}}{C}-OCH_2(CH_2)_2CH_3 \qquad H_3C-\underset{\underset{O}{\|}}{C}-OCH_2CH_2CH(CH_3)_2$$

プロパン酸ブチル　　　　　　　　　　酢酸イソペンチル

シクロヘキサン
カルボン酸 t-ブチル　　　　　　安息香酸エチル　　　　　4-ヒドロキシブタン酸ラクトン

b. エステルの合成法　エステル類はカルボン酸とアルコールを酸触媒存在下で反応させることにより合成される。この方法はフィッシャーのエステル合成とよばれる。また、エステルは酸塩化物、酸無水物、および他のエステル類を用いることによっても合成できる。酸、または塩基の存在下で他のエステルから合成する方法は、**エステル交換反応**（transesterification）という。これらすべての変換反応は、求核的アシル付加反応の過程を含んでいる（§5·5·5参照）。

ラクトン類は、ヒドロキシ基とカルボキシ基が同じ分子中に存在する化合物に

フィッシャーのエステル合成を適用することによって得られる.

$$\text{4-ヒドロキシブタン酸} \xrightarrow[\text{熱}]{H^+} \text{4-ヒドロキシブタン酸ラクトン} + H_2O$$

アルコール類は酸と反応して，トシル酸エステル，リン酸エステルのようなエステル類へと変換される（§ 5・5・3参照）．リン酸エステルはDNA中の核酸塩基同士を結びつける結合として自然界で重要な役割を果たす（§ 4・8）．

$$R-OH + HO-SO_2-C_6H_4-CH_3 \longrightarrow R-O-SO_2-C_6H_4-CH_3 + H_2O$$
p-トルエンスルホン酸 (TsOH)　　p-トルエンスルホン酸エステル (ROTs)

$$R-OH + HO-P(O)(OH)-OH \longrightarrow R-O-P(O)(OH)-OH + H_2O$$
リン酸　　リン酸アルキル（リン酸エステル）

c. エステルの反応性　エステル類は酸塩化物や酸無水物に比べて反応性が低い．エステルは酸，または塩基による加水分解でカルボン酸へと変換される．また，塩基存在下でのアルコール分解によって他のエステルが得られる（エステル交換反応）．第一級，第二級，第三級アミド類は，エステルをアンモニア，第一級アミン，第二級アミンと反応させることによってそれぞれ合成できる．

第一級アルコールはエステルをLiAlH₄で還元することによって，また第三級アルコールはエステルに2当量の有機金属試薬（R'MgXまたはR'Li）を反応させることによって容易に得られる（§ 5・7・22および§ 5・5・5参照）．還元力の弱い水素化ジイソブチルアルミニウム（DIBAH）を用いてエステルを還元するとアルデ

ヒドが得られる (§5・7・22 参照).

$$\underset{3°\text{アルコール}}{R-\underset{R'}{\underset{|}{\overset{OH}{\underset{|}{C}}}}-R'} \xleftarrow[\text{ii. } H_3O^+]{\text{i. 2 R'MgX または 2 R'Li}} \underset{\text{エステル}}{R-\overset{O}{\overset{\|}{C}}-OR} \xrightarrow[\text{ii. } H_3O^+]{\text{i. LiAlH}_4, \text{エーテル}} \underset{1°\text{アルコール}}{R-CH_2OH}$$

$$\downarrow \text{i. DIBAH} \atop \text{ii. } H_2O$$

$$\underset{\text{アルデヒド}}{R-\overset{O}{\overset{\|}{C}}-H}$$

エステル類の重要な反応の一つとして**クライゼン縮合**（Claisen condensation）がある．この反応では，エステルとナトリウムエトキシド（NaOEt）のような強塩基との反応によってエノラートイオンが生成し，これが他のエステル分子を攻撃してβ-ケトエステルが得られる（§5・5・5 参照）．

$$\underset{\text{エステル}}{RCH_2-\overset{O}{\overset{\|}{C}}-OR'} + \underset{\text{エステル}}{RCH_2-\overset{O}{\overset{\|}{C}}-OR'} \xrightarrow[\text{ii. } H_3O^+]{\text{i. NaOEt, EtOH}} \underset{\beta\text{-ケトエステル}}{R-CH_2-\overset{O}{\overset{\|}{C}}-\underset{R}{\underset{|}{CH}}-\overset{O}{\overset{\|}{C}}-OR'}$$

4・3・17 アミド

アミド基は，アシル基と窒素原子が結合した構造をもっている．最も簡単なアミドとしてホルムアミド（$HCONH_2$），アセトアミド（CH_3CONH_2）などがある．

$$\underset{\substack{\text{メタンアミド}\\(\text{ホルムアミド})}}{H-\overset{O}{\overset{\|}{C}}-NH_2} \quad \underset{\substack{\text{エタンアミド}\\(\text{アセトアミド})}}{H_3C-\overset{O}{\overset{\|}{C}}-NH_2} \quad \underset{\text{プロパンアミド}}{C_2H_5-\overset{O}{\overset{\|}{C}}-NH_2}$$

アミド類は通常第一級アミド，第二級あるいは N-置換アミド，第三級あるいは N,N-ジ置換アミドなどに分類される．

$$\underset{\substack{\text{第一級アミド}\\(1°)}}{R-\overset{O}{\overset{\|}{C}}-NH_2} \quad \underset{\substack{\text{第二級}(2°)\text{または}\\N\text{-置換アミド}}}{R-\overset{O}{\overset{\|}{C}}-NHR'} \quad \underset{\substack{\text{第三級}(3°)\text{または}\\N,N\text{-ジ置換アミド}}}{R-\overset{O}{\overset{\|}{C}}-NR'_2}$$

a. アミドの命名法　アミド類は対応するカルボン酸の語尾の -oic acid または -ic acid の部分を接尾語 -amide に変えることにより，もしくは -carboxylic acid を -carboxamide に変えることにより命名される．窒素原子上のアルキル基は置換基として命名され，$N-$ もしくは $N,N-$ などの表記の次にアルキル基の名称を付けるこ

とによって名付けられる．

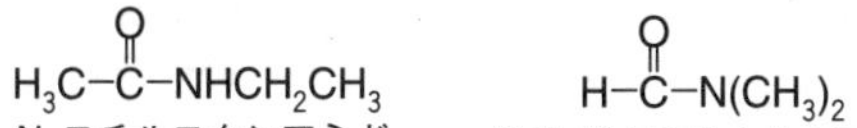

H₃C-CO-NHCH₂CH₃
N-エチルエタンアミド

H-CO-N(CH₃)₂
N,N-ジメチルホルムアミド
(DMF)

シクロヘキサンカルボキサミド

ベンズアミド

窒素原子上の置換基がフェニル基の場合には語尾の -amide は -anilide に変わる．環状のアミドは**ラクタム**（lactam）とよばれ，IUPAC 命名法では元のカルボン酸の名称の後に lactam という単語を付け加えて名付ける．

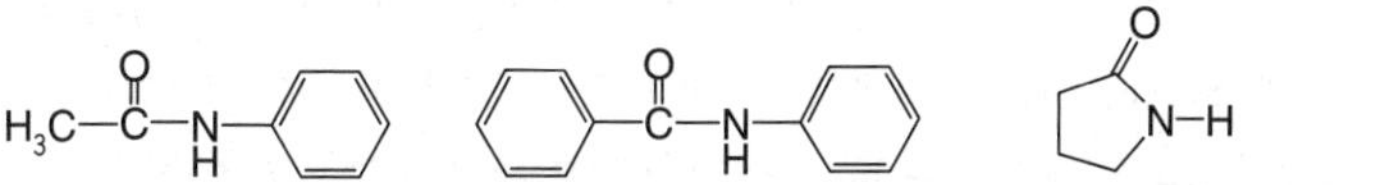

アセトアニリド

ベンズアニリド

4-アミノブタン酸ラクタム

b. アミドの物性 アミド類は元のアミンと比べて塩基性が著しく弱い．窒素原子上の孤立電子対がカルボニル酸素に非局在化しているためであり，強酸と反応させるとカルボニル酸素の方が先にプロトン化される．アミドは分子間水素結合を形成するため沸点は高い．炭素数が 5 個ないし 6 個までのアミドは水にも溶ける．

c. アミドの合成法 アミド類は最も反応性が低いカルボン酸誘導体であり，他のカルボン酸誘導体から容易に合成できる．カルボン酸はアンモニア，第一級アミン，第二級アミンと反応してそれぞれ第一級，第二級，第三級アミドに変換される（§5・5・5参照）．スルホン酸由来のアミドは**スルホンアミド**（sulfonamide）とよばれる．スルホンアミドは通常アミンと塩化スルホニルの反応によって合成される（§4・3・10参照）．

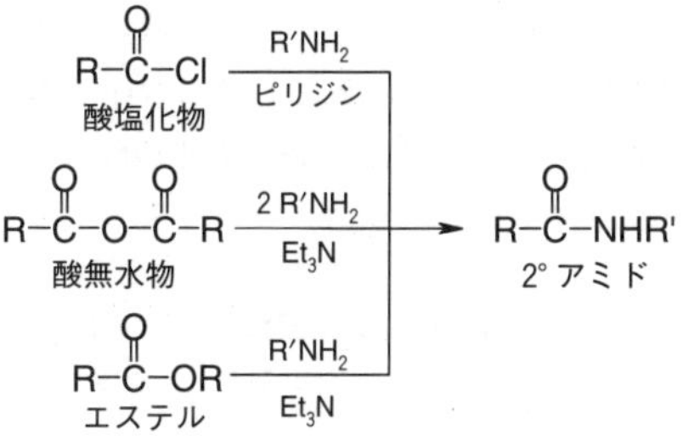

R-CO-Cl   酸塩化物
R-CO-O-CO-R   酸無水物
R-CO-OR   エステル

→ R-CO-NHR'   2° アミド

ラクタムは同じ分子中に存在するアミノ基とカルボキシ基がアミド結合をつくることにより合成される. β-ラクタム類は, ペニシリンVのような抗生物質の活性発現に必要な官能基である.

$$\text{4-アミノブタン酸} \xrightarrow{\text{熱}} \text{4-アミノブタン酸ラクタム} + H_3O^+$$

d. アミドの反応性 アミド類はカルボン酸誘導体の中で最も反応性が低く, 酸または塩基の存在下で加水分解を受けてカルボン酸を与える. また, 還元を受けて対応するアミンへと変換される (§4・3・10参照). アミド類は, 沸騰無水酢酸, 塩化チオニル$SOCl_2$, オキシ塩化リン$POCl_3$ などにより脱水反応を受けてニトリルに変換される (§4・3・18参照). 炭素数が一つ少ないアミン類は, アミドをNaOHまたはKOH水溶液中ハロゲン (Br_2 または Cl_2) と反応させることによって合成できる. この反応はホフマン転位として知られている (§4・3・10参照).

$$\begin{array}{c}
R-COOH \text{ (カルボン酸)} \\
RCH_2-NH_2 \text{ (1°アミン)}
\end{array}
\xleftarrow[\substack{\text{i. LiAlH}_4, \text{エーテル} \\ \text{ii. H}_2\text{O}}]{\substack{H^+, \text{熱または} \\ \text{i. OH}^-, \text{熱} \\ \text{ii. H}_3\text{O}^+}}
R-CO-NH_2 \text{ (アミド)}
\xrightarrow[\substack{X_2, \text{NaOH} \\ \text{H}_2\text{O}}]{\substack{(\text{AcO})_2\text{O または} \\ \text{SOCl}_2 \text{ または POCl}_3}}
\begin{array}{c}
R-C\equiv N \text{ (ニトリル)} \\
R-NH_2 \text{ (1°アミン)} \\
\text{(アミドより炭素が1個少ない)}
\end{array}$$

4・3・18 ニトリル

ニトリル類は炭素と窒素の間に三重結合が存在する有機化合物である. ニトリル中の官能基はシアノ基であり, ニトリル類はしばしばシアノ化合物ともよばれる. ニトリル類はカルボニル化合物ではないが, ニトリルとカルボニル基の化学反応性が似ているため, カルボニル化合物の分類に含まれることが多い. ニトリルの加水分解によってアミドやカルボン酸が得られるため, ニトリルはカルボン酸誘導体と見なすことができる. 酢酸, および安息香酸に関連づけられるニトリルは, それぞれアセトニトリル, ベンゾニトリルである.

$H_3C-C\equiv N$ エタンニトリル (アセトニトリル) $CH_3CH_2-C\equiv N$ プロパンニトリル

a. ニトリルの命名法　IUPAC 命名法によれば，ニトリル中の炭素を含んだアルカンの名称を母核の名称（基本名）として，それに接尾語ニトリル -nitrile を結合させて命名する．

ベンゾニトリル

5-メトキシヘキサンニトリル

b. ニトリルの合成法　ニトリル類は通常，対応するカルボン酸を第一級アミドに変換した後，沸騰無水酢酸中で脱水反応を起こすことによって合成される．沸騰無水酢酸に代えて，他の一般的な脱水試薬である塩化チオニル $SOCl_2$ やオキシ塩化リン $POCl_3$ を用いることもできる．これは有用なニトリル合成法である，なぜなら置換基の立体障害による制限を受けないからである．立体障害の小さいアルキルニトリルはハロゲン化アルキルと金属シアン化物の反応によっても合成できる（§5・5・2参照）．

$$R-X \xrightarrow{NaCN} R-C\equiv N \xleftarrow{(AcO)_2O \text{ または } SOCl_2 \text{ または } POCl_3} R-\underset{O}{\overset{\parallel}{C}}-NH_2$$

ハロゲン化アルキル　　ニトリル　　アミド

c. ニトリルの反応性　ニトリルの窒素は炭素より電気陰性度が高く，三重結合は窒素の側に分極している．この現象は C=O 二重結合の場合と類似している．このため，求核試薬は求電子的なニトリル基の炭素を攻撃する．ニトリルは加水分解を受けて第一級アミドになり，さらに加水分解を受けてカルボン酸を与える（§5・6・1参照）．ニトリルを $LiAlH_4$，もしくは接触還元によって還元すると第一

$R-CH_2NH_2$ （1°アミン） ← 2 H_2/Pd-C または ラネー Ni ─ $R-C\equiv N$ ニトリル

$R-CH_2NH_2$ （1°アミン） ← i. $LiAlH_4$, エーテル ii. H_2O

i. R'MgX または R'Li, ii. H_3O^+ → $R-\underset{O}{\overset{\parallel}{C}}-R'$ ケトン

H^+, 熱または OH^-, 熱 → $R-\underset{O}{\overset{\parallel}{C}}-NH_2$ アミド

H^+, 熱または i. OH^-, 熱 ii. H_3O^+ → $R-\underset{O}{\overset{\parallel}{C}}-OH$ カルボン酸

級アミンが得られる（§5・7・23 参照）．グリニャール試薬，あるいは有機リチウム試薬と反応させ，その後酸性条件下で加水分解するとケトンが得られる（§5・3・2 参照）．

4・4　アルケンおよびその誘導体

アルケン（alkene，オレフィン）とは，炭素–炭素二重結合をもつ不飽和炭化水素のことである．二重結合は σ 結合と π 結合から成り立っている．π 結合は σ 結合よりも結合力が弱く，反応性が高い．したがって，π 結合を官能基と見なすことができる．アルケンには炭素鎖が 1 個ずつ伸びた，一般的な分子式 C_nH_{2n} で表される同族分子が存在する．簡単なアルケンとして，エテン（C_2H_4），プロペン（C_3H_6），ブテン（C_4H_8），ペンテン（C_5H_{10}）などがある．

エテン（エチレン）　　プロペン（プロピレン）　　1-ブテン（ブチレン）　　1-ペンテン（ペンチレン）

シクロアルケンでは，シクロブテン，シクロペンテン，シクロヘキセンなどがよく知られている．シクロブテンはシクロペンテンよりも 4 kcal mol^{-1} 程度ひずんでおり不安定である．シクロブテンの結合角は，一般の sp^2 結合角 120° と比べてかなり小さくなっており，このためシクロブテンはシクロペンテンより反応性が高くなる．

シクロブテン　　シクロペンテン　　シクロヘキセン

4・4・1　アルケン類の命名法

アルケン類の体系名は，二重結合を含む最も長い炭素鎖のアルカン名を元に名づける．炭素数が 3 個以上の場合は，二重結合に近い側から炭素に番号を付ける．二重結合を示す語尾はエン -ene である．

$\overset{4}{C}H_3\overset{3}{C}H=\overset{2}{C}H\overset{1}{C}H_3$　　　$\overset{5}{C}H_3\overset{4}{C}H_2\overset{3}{C}H=\overset{2}{C}H\overset{1}{C}H_3$　　　$\overset{1}{H_3C}-\overset{2}{C}H=\overset{3}{C}H\overset{4}{C}H_2\overset{5}{C}H_2\overset{6}{C}H_3$

2-ブテン　　　　　　2-ペンテン　　　　　　2-ヘキセン
(*cis* または *trans*)　　(*cis* または *trans*)　　(*cis* または *trans*)

枝分かれしている場合，置換基が結合している部分に番号を付けるが，二重結合に

4・4 アルケンおよびその誘導体

小さい番号を付けるという規則が優先する．

$$H_2C=CHCH_2CHCH_3$$
$$\underset{1\ 2\ 3\ 4\ 5}{}$$
(4位に CH_3)

4-メチル-1-ペンテン

環状アルケンでは，接頭語 cyclo- を，非環状アルケンの名称の前に付けて命名する．二重結合の二つの炭素を1位および2位と考える．

シクロペンテン　　1,2-ジクロロシクロペンテン　　4-ブロモ-1-シクロヘキセン

幾何異性体が存在するとき，接頭語 cis (Z) または trans (E) を用いる．二重結合があるため，アルケンのC＝C結合は自由回転できない．π結合が回転できないため，**幾何異性体**（geometric isomer）が生じる．二重結合の二つの炭素それぞれに1個ずつ置換基が存在する場合，cis- または trans-アルケンとして命名することができる．類似の置換基が二重結合の同じ側に存在しているときそのアルケンは cis であるといい，反対側にくるときは trans という．より複雑なアルケンでは，Cahn-Ingold-Prelog の優先規則に基づいて，E- あるいは Z- という記号を用いて記述する（§3・2・2参照）．

cis-2-ブテン　　trans-2-ブテン　　cis-2-ペンテン　　trans-2-ペンテン

二重結合を二つもつ化合物は**ジエン**（diene），三つの場合は**トリエン**（triene）と命名する．それぞれの二重結合の位置を特定する番号をつける．

$$H_2C=CH-CH=CH_2$$
$$\underset{4\ 3\ 2\ 1}{}$$

1,3-ブタジエン　　(2E,4E)-2,4-ヘキサジエン　　1,3,5,7-シクロオクタテトラエン

アルケンの sp^2 炭素は**ビニル炭素**（vinylic carbon）といい，ビニル炭素に隣接する sp^3 炭素は**アリル炭素**（allylic carbon）とよばれる．以下に示した2種類の不飽和基は，**ビニル基**（vinyl group, $CH_2=CH-$）および**アリル基**（allyl group, $CH_2=CH$

−CH$_2$−）という．

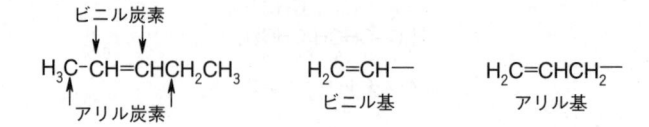

$$H_3C-CH=CHCH_2CH_3 \quad H_2C=CH- \quad H_2C=CHCH_2-$$

ビニル炭素 ↓↓
アリル炭素 ↑↑
ビニル基
アリル基

シクロアルケン類では，trans 二重結合を環内にもつためには八員環以上の大きさが必要である．したがって，特別な状況でない限り，シクロアルケン類はシス体であると考えてよい．架橋した二環性の化合物では，一方の環が八員環以上でない限り，橋頭位に二重結合は存在できない．橋頭位の炭素とは，両方の環に属する炭素のことである．架橋した二環性の化合物は，橋頭位の元素をつなぐ三つのつながりの間に，それぞれ1個以上の炭素が存在する．

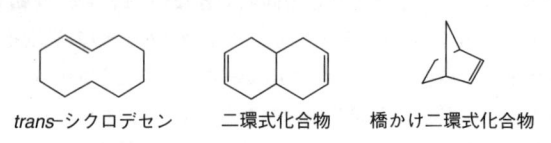

trans-シクロデセン　　二環式化合物　　橋かけ二環式化合物

4・4・2 アルケン類の物性

アルカンの場合と同様に，アルケン類の沸点や融点は分子量が増大するにつれて上昇するが，分子の形によって多少のばらつきがある．同じ分子量をもつアルケンの場合，二重結合の位置と立体化学が異なっていれば互いに異性体の関係になる．たとえば，ブテン C_4H_8 と同じ分子量で書ける非環状構造は四つ存在する．これらは以下に示すように異なる融点および沸点をもっている．

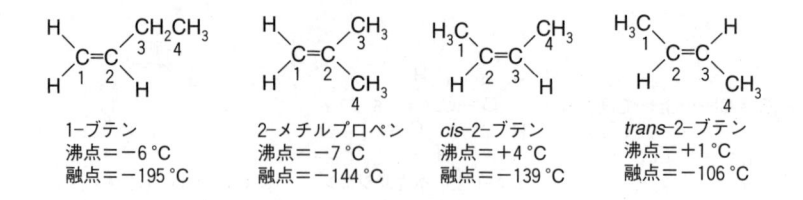

1-ブテン
沸点＝−6 ℃
融点＝−195 ℃

2-メチルプロペン
沸点＝−7 ℃
融点＝−144 ℃

cis-2-ブテン
沸点＝+4 ℃
融点＝−139 ℃

trans-2-ブテン
沸点＝+1 ℃
融点＝−106 ℃

4・4・3 アルケン類の構造

エテン（C_2H_4）では，それぞれの炭素原子は三つの sp^2 混成軌道を使って三つの

σ結合を形成する．一つは炭素と，残り二つは水素と結合している．それぞれの炭素上に残っているp軌道が平行になり横から重なるとエテンのπ結合が形成される．エテンの炭素-炭素結合はエタンと比べて短く，結合力も強い．sp^2-sp^2の重なりの方がsp^3-sp^3の重なりより大きいことが原因の一部であるが，エテン中にπ結合が存在しているということがより大きな理由である．

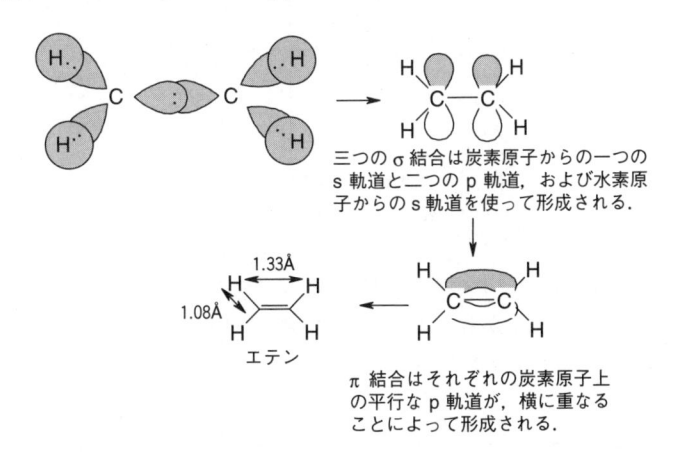

三つのσ結合は炭素原子からの一つのs軌道と二つのp軌道，および水素原子からのs軌道を使って形成される．

π結合はそれぞれの炭素原子上の平行なp軌道が，横に重なることによって形成される．

エテン

4・4・4 アルケン類の工業的利用

アルケン類は有機合成の中間体として有用であるが，工業的に用いられる場合，おもな用途はポリマーの前駆体である．たとえばスチレンは高分子化してポリスチレンになる．

スチレン　重合　ポリスチレン

4・4・5 アルケン類およびシクロアルケン類の合成法

アルケン類は，さまざまな官能基からの変換反応によって合成される．たとえば，アルコールの脱水反応（§5・4・3参照），ハロゲン化アルキルからの脱ハロゲン化水素（§5・4・5参照），ジハロゲン化アルキルの脱ハロゲン化または還元（§5・4・5参照）などである．これらの反応は**脱離反応**（elimination reaction）として知られている．脱離反応は，隣接する2個の炭素から水素および脱離基がそれぞれ取

り除かれることによって進行し，結果として二つの炭素の間にπ結合ができる．

$$\underset{\text{ハロゲン化アルキル}}{\overset{H\ \ X}{\underset{|\ \ |}{-C-C-}}} \xrightarrow{\underset{熱}{KOH(alc)}}$$

$$\underset{\text{アルコール}}{\overset{H\ \ OH}{\underset{|\ \ |}{-C-C-}}} \xrightarrow{\underset{熱}{H_2SO_4}} \quad \underset{\text{アルケン}}{\overset{}{\underset{}{C=C}}}$$

$$\underset{\text{ジハロゲン化アルキル}}{\overset{X\ \ X}{\underset{|\ \ |}{-C-C-}}} \xrightarrow[\text{または Zn, AcOH}]{NaI, アセトン}$$

アルケンは，アルキンに対する選択的水素添加反応によっても合成できる（§5・3・1参照）．またアルデヒドあるいはケトンとリンイリド（ウィッティッヒ試薬）の反応によっても得ることができる（§5・3・2参照）．

$$\underset{\underset{syn\ 付加}{cis-\text{アルケン}}}{\overset{R\quad\ R}{\underset{H\quad\ H}{C=C}}} \xleftarrow[\underset{CH_3OH}{キノリン,}]{H_2,\ Pd/BaSO_4} \underset{\text{アルキン}}{RC\equiv CR} \xrightarrow[\text{液体 }NH_3,\ -78°C]{Na} \underset{\underset{anti\ 付加}{trans-\text{アルケン}}}{\overset{H\quad\ R}{\underset{R\quad\ H}{C=C}}}$$

$$\underset{Y=H\ \text{または}\ R}{\overset{R}{\underset{Y}{C=O}}} \xrightarrow[\text{リンイリド}]{Ph_3\overset{+}{P}-\overset{-}{CHR'}} \underset{\text{アルケン}}{\overset{R}{\underset{Y}{C}}=CHR'} + \underset{\underset{\text{ホスフィンオキシド}}{\text{トリフェニル}}}{Ph_3P=O}$$

4・4・6 アルケン類の反応性および安定性

アルケンは二重結合が電子豊富で，π結合中の電子が緩やかに保持されているため（反応しやすいため）求核種として作用する．求電子試薬がπ電子に引きつけられ，その結果アルケンは付加反応を受ける．この付加反応は典型的な発熱反応である．以下の三つの要素がアルケンの安定性に影響を与えている．

　（a）置換基の数：アルキル基で置換されているほどアルケンは安定である．つまり，アルケンの安定性は四置換＞三置換＞二置換＞一置換である．これは，アルキル基が二重結合を安定化していることによる．二重結合の反結合性π軌道とアルキル基のC-Hσ結合が超共役することにより電子が広がって存在し，アルキル基のC-Hσ結合が多いほど，つまり多置換であるほど超共役が

起こりやすく，アルケンは安定化する．アルケンの安定性は，対応するアルカンとの比較で定義される．一般的に，二重結合炭素（sp^2 炭素）は単結合炭素（sp^3 炭素）よりも立体的に大きな置換基を効果的に遠ざけるため，立体的なひずみは小さい．多置換のアルケンを還元してアルカンにしたときの発熱は，置換基の少ないアルケンの場合と比べて小さい．すなわち，アルケンとしては多置換体の方が安定ということになる．
(b) 立体化学: *trans* の方が *cis* より安定である．*trans* では，立体的に大きい置換基が二重結合の反対側に位置するため，置換基同士の立体的相互作用を弱めることができるからである．
(c) 共役アルケンは単独で存在するアルケンよりも安定である．

4・4・7 アルケン類およびシクロアルケン類の反応性

アルケン類は電子豊富な分子である．二重結合は求核種として反応し，求電子試薬を攻撃する．そのため，アルケンの最も重要な反応は二重結合に対する**求電子付加**（electrophilic addition）である（§5・3・1参照）．アルケンに対する求電子付加反応の概略図について以下に記載する．

4・5 アルキンおよびその誘導体

アルキン類は炭素-炭素三重結合をもつ炭化水素である．三重結合は1個のσ結合および2個のπ結合からできている．アルキンの一般式は C_nH_{2n-2} であり，不飽和度2の化合物である．アルキン類は置換アセチレンとして命名されることが多

い．末端に三重結合をもつ分子は，**末端アルキン**（terminal alkyne）とよばれる．末端のC-H結合はアセチレン水素とよばれる．三重結合の両側にアルキル基が存在する場合は，その化合物は**内部アルキン**（internal alkyne）とよばれる．

$$HC≡CH \qquad CH_3CH_2C≡CH \qquad CH_3CH_2C≡CCH_3$$

エチン（アセチレン）　1-ブチン（エチルアセチレン）　2-ペンチン（エチルメチルアセチレン）
　　　　　　　　　　　末端アルキン　　　　　　　　　　　内部アルキン

4・5・1 アルキン類の命名法

アルキンのIUPAC命名法はアルケンの場合と類似している．アルカンの語尾 -ane を -yne に変える．炭素鎖は三重結合に近い方の末端から順に番号を付ける．さらに官能基が結合している場合には接尾語をつなげて書く．

$$CH_3CH_2\underset{5\,4\,3\,2\,1}{CHC≡CH} \qquad CH_3\underset{1\,2\,3\,4\,5\,6\,7}{CHC≡CCHCH_2CH_3} \qquad CH_3\underset{1\,2\,3\,4\,5\,6}{C≡CCHCH_2CH_3}$$
　　　OH　　　　　　　　　CH₃　　Br　　　　　　　　　OCH₃

1-ペンチン-3-オール　　5-ブロモ-2-メチル-3-ヘプチン　　4-メトキシ-2-ヘキシン

4・5・2 アルキン類の構造

三重結合は1個のσ結合および2個のπ結合からなる．それぞれの炭素原子は他の二つの原子と結合しており，非共有電子は存在しない．炭素は他の原子2個と結合するために二つの混成軌道を必要とし，sp混成軌道がこれに用いられる．二つのsp混成軌道は直線状であり，互いに180°の角度をなしている．炭素-炭素結合はsp軌道同士の重なりによって生じる．C-H結合はsp軌道と水素のs軌道の重なりによってできる．sp軌道の生成により炭素原子には二つのp軌道が余っていて，これらが2個のπ結合の形成に関与する．エチンの炭素-炭素結合は1.20 Åであり，エタン（1.54 Å）やエテン（1.33 Å）に比べて短い．エチンのC-H結合は1.06 Åであり，これもエタン（1.09 Å）やエテン（1.08 Å）中のC-Hよりも短い．これは，C-H結合においても，よりs性が高い軌道を用いるほど，強い結合ができることを示している（$sp^3 → sp^2 → sp$）．

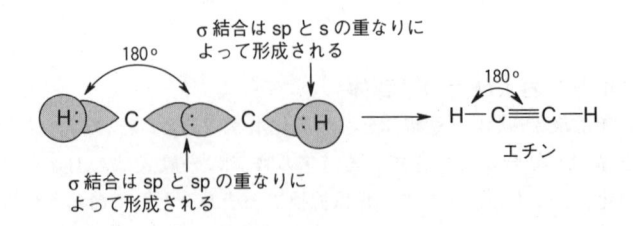

σ結合はspとsの重なりによって形成される

180°

H:⟩C⟨:⟩C⟨:H　→　H-C≡C-H

エチン

σ結合はspとspの重なりによって形成される

180°

4・5・3 アルキン類の酸性度

末端アルキンは酸としての性質をもち,末端の水素を強塩基(有機リチウム試薬,グリニャール試薬,$NaNH_2$など)で脱離させて,金属アセチリドまたはアルキニドを生成させることができる.この化合物は強い求核試薬であり,水や酸と反応してプロトン化を受ける.そのため,金属アセチリドやアルキニドは水や酸の存在しない状態で用いなければならない.

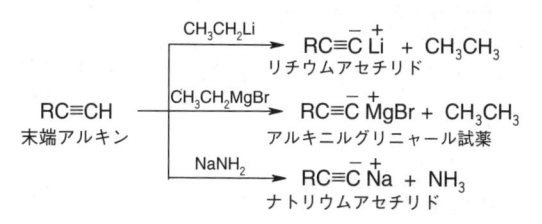

$$RC{\equiv}CH \xrightarrow{CH_3CH_2Li} RC{\equiv}C^-Li^+ + CH_3CH_3 \quad (\text{リチウムアセチリド})$$

$$RC{\equiv}CH \xrightarrow{CH_3CH_2MgBr} RC{\equiv}C^-MgBr^+ + CH_3CH_3 \quad (\text{アルキニルグリニャール試薬})$$

$$RC{\equiv}CH \xrightarrow{NaNH_2} RC{\equiv}C^-Na^+ + NH_3 \quad (\text{ナトリウムアセチリド})$$

4・5・4 重金属アセチリド:末端アルキンの試験法

三重結合の位置によりアルキンの反応性は異なる.酸性の末端アルキンはAg^+やCu^+のような重金属イオンと反応して沈殿を生成する.アルキンを硝酸銀$AgNO_3$のアルコール溶液に加えて沈殿が生じると,三重結合炭素に水素が結合していることを示している.そのため,この反応は末端アルキンと内部アルキンを区別するのに用いられる.

$$CH_3C{\equiv}CH \xrightarrow{Ag^+} CH_3C{\equiv}C{-}Ag + H^+ \quad (\text{沈殿})$$
末端アルキン

$$CH_3C{\equiv}CCH_3 \xrightarrow{Ag^+} \text{反応しない}$$
内部アルキン

4・5・5 アルキン類の工業的利用法

エチンはビニール製の床材や,プラスチックパイプの原料となるテフロンやアクリルポリマーの合成に用いられる.ポリマーは高分子化合物で,多くの低分子モノマーを結合させることによって調製される.一般にPVCとして知られているポリ塩化ビニルは,塩化ビニルの高分子化により合成される高分子化合物である.

$$HC{\equiv}CH + HCl \longrightarrow H_2C{=}CHCl \xrightarrow{\text{重合}} {-}[CH_2{-}CHCl]_n{-}$$
エチン,塩化ビニル,ポリ塩化ビニル(PVC)

4・5・6 アルキン類の合成法

アルキン類は，ジハロゲン化アルキル中の隣接する炭素から，原子および原子団が脱離することによって合成される．*vicinal-* および *geminal-*ジハロゲン化物からの脱ハロゲン化水素化反応はアルキン合成には特に有用な方法である（§5・4・5参照）．

$$\begin{array}{c} \text{R-CHX-CHX-R'} \\ \text{または} \\ \text{R-CX}_2\text{-CH}_2\text{-R'} \end{array} \xrightarrow{\text{NaNH}_2} \underset{\text{H}}{\overset{\text{R}}{\diagup}}\text{C=C}\underset{\text{R'}}{\overset{\text{X}}{\diagup}} \xrightarrow{\text{NaNH}_2} \text{RC}\equiv\text{CR'}$$

geminal- または *vicinal-* ジハロゲン化アルキル　　　　　　　　　　　　　　アルキン

金属アセチリドまたはアルキニドは，第一級ハロゲン化アルキル，あるいは第一級トシル酸アルキルと反応してアルキンを与える（§5・5・2および§5・5・3参照）．

$$\text{RCH}_2\text{-Y} \xrightarrow[\text{R'C}\equiv\text{CMgX}]{\text{R'C}\equiv\text{CNa または}} \text{RCH}_2\text{C}\equiv\text{CR'}$$

Y=X または OTs 　　　　　　　　　　　　　　　　　アルキン

4・5・7 アルキン類の反応

アルキン類は電子豊富な化合物である．三重結合は求核剤として反応し，求電子試薬を攻撃する．そのためアルキンはアルケンと同じように，水素化反応，ハロゲン化反応，ハロゲン化水素化反応などの**求電子付加**（electrophilic addition）を受ける．ただし，三重結合に完全に付加を起こすためには2当量の試薬が必要である．付加を一段階で止めてアルケンを合成することも可能である．したがって，2段階

反応	試薬	生成物
水和	H₂O, H₂SO₄ / HgSO₄	ケトン
ハロゲン化	2 X₂	四ハロゲン化アルキル
ハロゲン化水素付加	2 HX	二ハロゲン化アルキル
水素化	2 H₂ / Pt-C または Pd-C	アルカン
syn 付加	H₂	cis-アルケン
anti 付加	Na または Li, NH₃	trans-アルケン

それぞれで異なる種類のハロゲンを反応させることもできる．アルキンに対する求電子付加反応（§5・3・1）の概略図を示した．

4・5・8 アセチリドおよびアルキニドの反応

求電子付加以外に，末端アルキンは，末端の水素が酸性を示すため酸−塩基タイプの反応を起こす．アセチリドやアルキニド（アルキニルグリニャール試薬やアルキニルリチウム）が生成することは，末端アルキンの重要な反応性である（§4・5・3参照）．アセチリドやアルキニドはアルデヒドやケトンに対して**求核付加**（nucleophilic addition）を起こし，アルコール誘導体を生成する（§5・3・2参照）．

$$R-\underset{Y}{\underset{\|}{C}}-Y \xrightarrow[\text{ii. } H_3O^+]{\text{i. } R'C\equiv \bar{C}-\overset{+}{M}, M^+=Na, Li} R-\underset{Y}{\underset{|}{C}}(OH)-C\equiv CR' \xleftarrow[\text{ii. } H_3O^+]{\text{i. } R'C\equiv \bar{C}-\overset{+}{M}gBr} R-\underset{Y}{\underset{\|}{C}}-Y$$

Y=H または R　アルデヒドまたはケトン　　アルコール　　Y=H または R　アルデヒドまたはケトン

また，これらの化合物はハロゲン化アルキルと反応し，**求核置換**（nucleophilic substitution）を経由して内部アルキンを与える．この形式の反応は**アルキル化**（alkylation）ともよばれる．末端アルキンであればアセチリドまたはアルキニドに変換でき，ハロゲン化アルキルとの反応でアルキル化されて内部アルキンになる．この反応で得られるアルキンを利用して，多くの他の官能基を求電子的に導入することができる．

$$R-X \xrightarrow[\text{ii. } H_3O^+]{\text{i. } R'C\equiv \bar{C}-\overset{+}{M}, M^+=Na, Li} RC\equiv CR' \xleftarrow[\text{ii. } H_3O^+]{\text{i. } R'C\equiv \bar{C}-\overset{+}{M}gBr} R-X$$

ハロゲン化アルキル　　内部アルキン　　ハロゲン化アルキル

4・6 芳香族化合物およびその誘導体

すべての医薬品は化学物質であり，そのうちの多くは芳香族化合物である．したがって，医薬品分子の化学的性質，物性，安定性，薬理作用，毒性などを理解するためには芳香族化合物の化学を理解することがきわめて重要である．芳香族に属するさまざまな医薬品の実例をみる前に，**芳香族性**（aromaticity）とは何か，ということから理解してみよう．

一般的に，"芳香族化合物"という名称は，いい香りがする物質，という意味である．後に，ベンゼンとその構造類縁体が芳香族と名付けられた．しかし，ベンゼン以外の化合物にも多くの芳香族化合物に分類される物質が存在する．

4・6・1 歴 史

1825年，Michael Faraday(マイケル ファラデー)はベンゼンを発見し，炭素原子と水素原子が同数含まれることから"bicarburet of hydrogen"と名付けた*．彼は鯨油を熱分解することによって得た灯火用ガスからベンゼンを単離した．1834年に Eilhardt Mitscherlich は，安息香酸と酸化カルシウムを加熱することによってベンゼンを合成した．19世紀後半になり，August Kekulé(ケクレ)は，既に発見されていたすべての芳香族化合物は，多くの化学反応や分解反応では壊れない，炭素6個からなる構成単位をもっていることに気づいた．

4・6・2 定義: ヒュッケル則

芳香族化合物は分子平面の上下に，非局在化したπ電子雲をもっており，これらの電子雲は合計で $(4n+2)$ 個のπ電子を含んでいる（n は0を含む自然数）．これは**ヒュッケル則**（Hückel's rule）として知られている（1931年に Erich Hückel(ヒュッケル) によって導入された）．たとえば，ベンゼンは $n=1$ の芳香族化合物である．

ベンゼン

$n=1$ のとき，$4n+2=6$ となり，このことから6個のπ電子をもつ化合物は芳香族であることがわかる．ベンゼン中には三つの二重結合が存在するので6個のπ電子があり，平面性の分子である．したがってベンゼンはヒュッケル則に従っており，芳香族となる．

4・6・3 芳香族化合物の一般的性質

芳香族化合物は以下のような一般的性質をもっている．
(a) 不飽和度は高いが付加反応を受けにくい．
(b) 求電子置換反応を起こしやすい．
(c) 非常に安定である．
(d) 水素化熱や燃焼熱が小さい．
(e) 環状化合物である．
(f) 平面性の化合物である．

---

* （訳注）1825年当時，炭素1個の質量は6，水素は質量1と考えられていた．したがって，Faraday が付けた名称は，"炭素：水素＝2：1の化合物"という意味である．

4・6・4 芳香族化合物の分類
a. ベンゼンおよび単環性誘導体

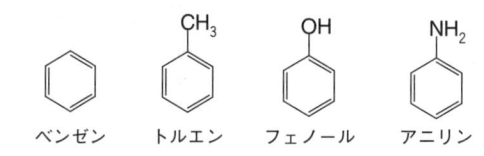

ベンゼン　　トルエン　　フェノール　　アニリン

b. 多環性ベンゼン誘導体
これらの芳香族化合物は，ナフタレンやアントラセンのように，2個以上のベンゼン環が互いに縮合して得られる．

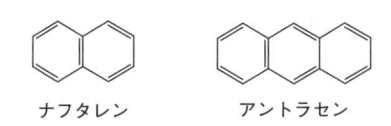

ナフタレン　　　　アントラセン

c. 非ベンゼン系化合物
これらの化合物は，互いに縮環した二つ以上の環をもっているが，環はいずれもベンゼン構造ではない．しかしヒュッケル則は満たされている．すなわち $(4n + 2)$ 個のπ電子をもつ芳香族である．アズレンなどが挙げられる．

アズレン

上記のアズレンの構造中には，五つの共役する二重結合があり，ヒュッケル則で $n = 2$ の場合に相当する10個のπ電子が存在する．

d. 大環状化合物
これらは単環性の非ベンゼン化合物であり環のサイズは大きい．ヒュッケル則を満たすためには適切な数の二重結合とπ電子が必要である．たとえば [14] アヌレンはヒュッケル則を満たしており，芳香族である．

[14]アヌレン

e. 複素環化合物
少なくとも1個以上のヘテロ原子（炭素以外のO, N, Sなど）を環内にもつ化合物（= 複素環）のうち，ヒュッケル則を満たすものが存

在する．複素環，たとえばピリジンやピロールの芳香族性は以下のように説明される．

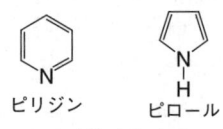

ピリジン　　ピロール

ピリジンはベンゼンとよく似たπ電子構造を有する．五つの sp^2 混成炭素は環平面に垂直な方向に p 軌道をもっている．窒素原子も sp^2 混成軌道で，p 軌道中に 1 電子をもっている．したがって，環内には 6 個の電子が存在する．窒素の孤立電子対はベンゼン環平面内の sp^2 混成軌道に入っており，芳香族のπ電子系には関与していない．

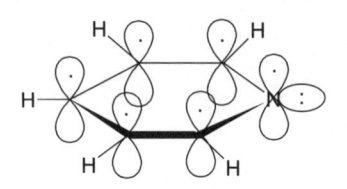

ピリジンの p 軌道の構造

ピロールの場合には状況が少し異なっている．ピロールはシクロペンタジエニルアニオンに類似したπ電子系をもっている．4 個の sp^2 混成炭素があり，それぞれ環に垂直な方向に p 軌道をもち，π電子が 1 個ずつ入っている．窒素原子も sp^2 混成軌道であり，孤立電子対は p 軌道に入っている．そのため，全部で 6 個の電子があり，結果としてピロールは芳香族化合物になる．

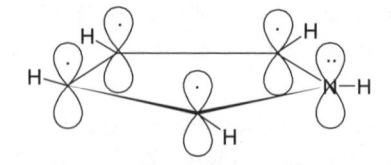

ピロールの p 軌道の構造

4・6・5　芳香族化合物の医薬品としての重要性：いくつかの例

医薬品または医薬品の添加物として薬学領域で重要な芳香族化合物は非常にたくさんある．医薬品として重要な芳香族化合物の数例を示した．アスピリンはよく知られた非麻薬性鎮痛，解熱薬であるが，これは最も古典的な医薬として重要な芳香族化合物である．芳香族アルカロイドであるモルヒネは，痛みを和らげるために用いられる麻薬性鎮痛薬である．ジアゼパムは鎮静薬，イブプロフェンは抗炎症薬と

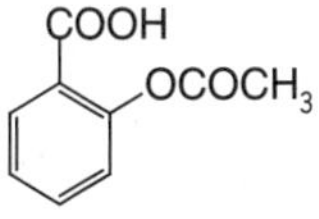

4・6 芳香族化合物およびその誘導体

アスピリン
（アセチルサリチル酸）

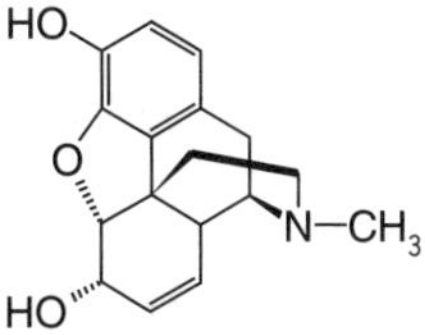

モルヒネ

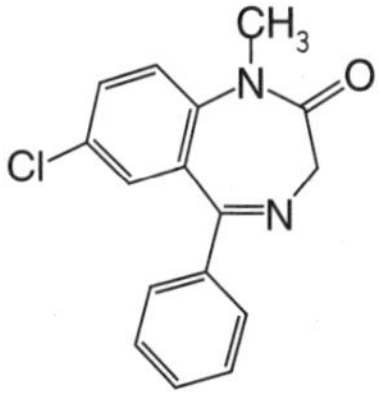

ジアゼパム

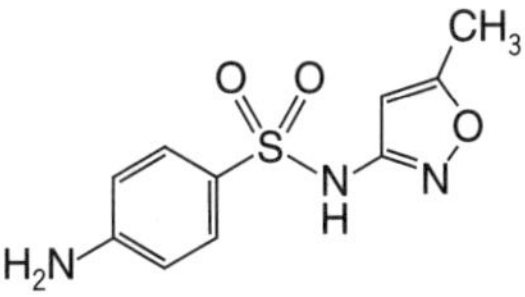

スルファメトキサゾール

イブプロフェン

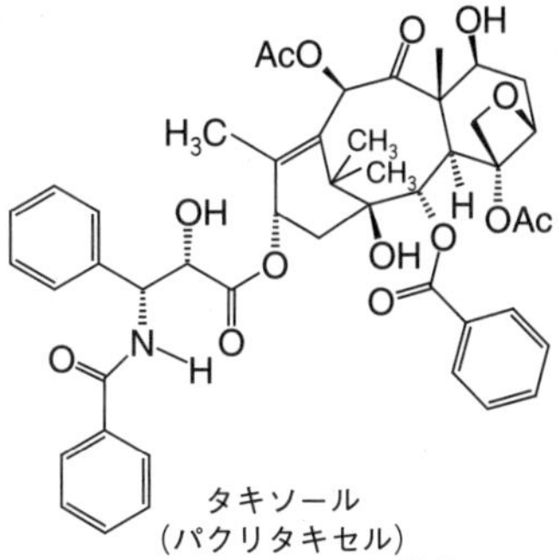

タキソール
（パクリタキセル）
Taxus brevifolia より単離

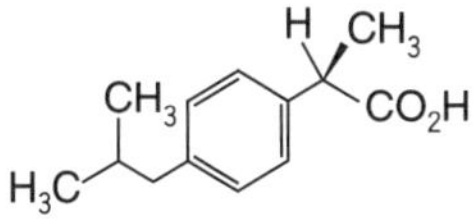

して使用される．スルファメトキサゾールのようなサルファ剤は抗菌薬として使用される．現在非常によく用いられている抗がん剤のタキソールも芳香族化合物に属している．サキナビルとインジナビルは，抗HIV薬（プロテアーゼ阻害薬）であり，やはり芳香族構造を有している．

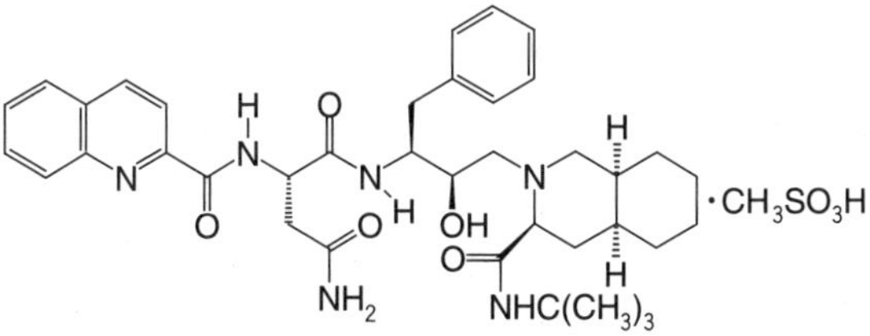

サキナビル
（サキナビルメシル酸塩）

インジナビル
(インジナビル硫酸塩)

4・6・6 ベンゼンの構造

a. ベンゼンのケクレ構造　1865年に, August Kekulé はベンゼンの構造を C_6H_6 であると提案した. その提案によると, ベンゼンは

(a) 6個の炭素すべてが環内に存在する.
(b) すべての炭素原子が二重結合と単結合を交互に繰返しながら環状に結合する.

ベンゼンのケクレ構造

(c) 水素原子1個がそれぞれの炭素原子に結合している.
(d) すべての水素原子は等価である.

1) **ケクレ構造の限界**

ケクレ構造では, 二つの異なった1,2-ジブロモベンゼンが存在することになる. しかし実際には1,2-ジブロモベンゼンは1種類しか存在しない. Kekulé は, これら二つの構造が平衡状態にあり, 非常に速く相互変換しているために単離できないのだと提案した. しかし, 後にこの考えは正しくないことが証明された, なぜならそのような平衡は存在しないからである.

Kekuléによって示された1,2-ジブロモベンゼンの二つの構造

ベンゼンはケクレ構造のどちらかで正確に表されるものではなく, また, 二つの間を行ったり来たりしているものでもない. また, ケクレ構造では, ベンゼンの安定性を説明することができない.

b. ベンゼンの構造についての共鳴理論による説明 共鳴理論はベンゼンの構造の説明にうまく用いることができる．最初に共鳴理論について学んでみよう．この理論によれば

(a) 共鳴構造は架空のものであって，実際の構造とは異なる．
(b) 共鳴構造同士は電子の位置のみが異なっている．
(c) 異なる共鳴構造同士は等価である必要はない．
(d) より多くの共鳴構造式が存在するほど，分子は安定である．
(e) 分子に二つ以上の共鳴構造式が書けるとき，その構造のどれも，その化合物の化学的，物理的性質と完全には一致しない．
(f) 実際の分子またはイオンは，これらの構造の混成体として最も適切に表現される．
(g) 等価な共鳴構造式が書けるとき，その分子（混成体）はどの共鳴構造式よりも（もしそれらが独立して存在できたとしても）はるかに安定である．

ベンゼンのケクレ構造をみると，二つの構造は電子の位置が異なっているだけである．したがって，二つの分子が平衡にあるのではなく，これらはベンゼン分子の本当の姿を表現した，共鳴に寄与する二つの極限構造式なのである．

ベンゼンの二つの極限構造式

これら二つの構造の混成体を考慮すれば，ベンゼン中の炭素-炭素結合は単結合でも二重結合でもないことになる．それらは単結合（1.47 Å）と二重結合（1.33 Å）の間の結合次数をもっている．実際に，ベンゼンは平面分子であり，すべての炭素-炭素結合が等しい長さ（1.39 Å）をもっている．この結合距離からも，結合次数が単結合と二重結合の間であることがわかる．そのため，ベンゼンを単結合と二重結合を交互に用いて書くのではなく，以下のような表記で書くこともできる．

ベンゼンの混成構造

ベンゼンの混成構造は，正六角形の中に円を書くことによって表される．ベンゼン中の円は，6個の炭素原子周辺で非局在化している6個の電子を表している．

共鳴理論によって，仮想的な1,3,5-シクロヘキサトリエンと比較した場合のベン

ゼンのきわめて大きな安定性（**共鳴エネルギー**，resonance energy）がよく説明できる．また，共鳴理論により，1,2-ジブロモベンゼンが2種類ではなく1種類しかないということも説明できる．すなわち，ベンゼンは実際に1,3,5-シクロヘキサトリエンではなく，上に示したような混成構造なのである．

c. ベンゼンの構造の分子軌道法による説明　ベンゼン中の炭素原子の結合角は120°である．すべての炭素原子がsp^2混成軌道をもっており，それぞれの炭素上には混成に使用されないp軌道が，環平面に垂直な方向に存在している．炭素-炭素結合の距離は1.39 Åと短いため，p軌道は隣り合ったもの同士が互いに効果的に，環のまわり全体で重なり合うことができる．

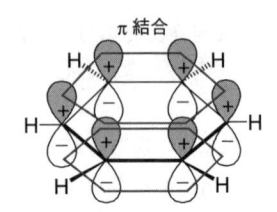

ベンゼンの構造の分子軌道法による説明

6個の重なり合ったp軌道は，6個のp軌道由来の分子軌道をつくりだす．6個のπ電子は環全体に非局在化し，環の上下にドーナツ状のπ電子雲を形成する．

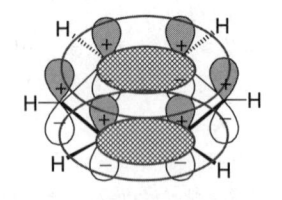

ドーナツ状のπ電子雲

それぞれの炭素原子に由来する6個のp軌道は，結合して6個のπ分子軌道をつくる．このうち3個の分子軌道のエネルギーは，独立して存在するp軌道のエネルギーよりも低くなり，これらは**結合性分子軌道**（bonding molecular orbital）とよばれる．他の3個の分子軌道は独立して存在するp軌道よりもエネルギーが高く，**反結合性分子軌道**（antibonding molecular orbital）という．結合性分子軌道のうちの2個は同じレベルのエネルギーをもっており，**縮退**（degenerate）しているという．反結合性軌道にも2個の縮退軌道がある．

d. ベンゼンの安定性　ベンゼンは，π電子が非局在化した閉殻構造（訳注：3個の結合性分子軌道に電子が2個ずつ入っている状態）をもっている．この閉殻構造がベンゼンの安定化の要因である．ベンゼンはケクレ構造から予想される安定性以上に安定である．ベンゼンの安定性は以下のようにして示すことができる．

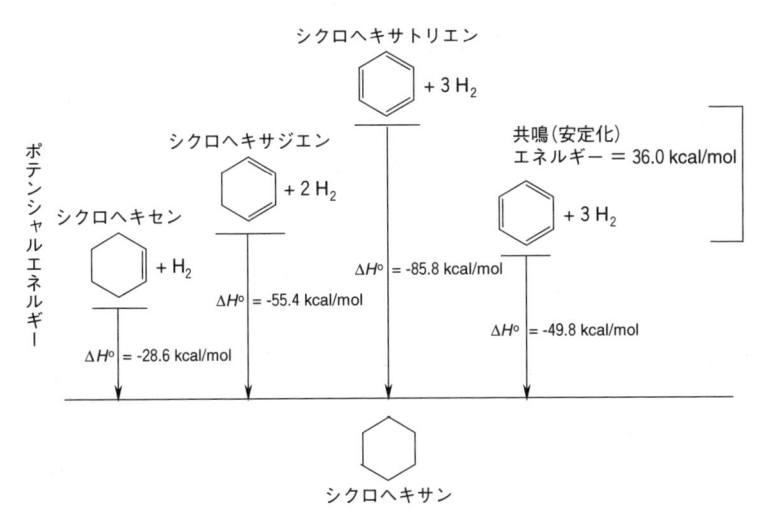

シクロヘキセンをシクロヘキサンに変換するための水素化エネルギーは-28.6 kcal/molである．したがって，シクロヘキサジエンでは，二つの二重結合があるので水素化エネルギーは$-28.6 \times 2 = -57.2$ kcal/molと計算できる．実際に得られる実験データは-55.4 kcal/molであり，この計算値に非常に近い．このように考えていくと，もしベンゼンがKekuléによって提案されたシクロヘキサトリエンだとすれば，水素化エネルギーは$-28.6 \times 3 = -85.8$ kcal/molに近い値になるはずである．実際には，ベンゼンをシクロヘキサンに変換する際の水素化エネルギーは-49.8 kcal/molであり，計算値との間には36 kcal/molの差がある．この36

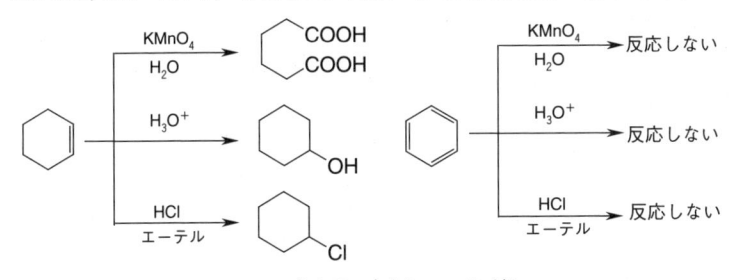

シクロヘキセン vs ベンゼン

kcal/mol が，ベンゼンの**安定化エネルギー**（stabilization energy）または**共鳴エネルギー**（resonance energy）とよばれるもので，ベンゼンの安定性はこの値で説明される．この安定化エネルギーのために，ベンゼンはシクロアルケンと同じようには反応しない．

4・6・7 ベンゼン誘導体の命名法

ベンゼン誘導体は，クロロベンゼン，ニトロベンゼン，のように，ベンゼンという名称に対して置換基名を接頭語として付けることによって命名する．多くのベンゼン誘導体が慣用名をもっているが，フェノール，トルエン，アニリンなどは，結合している置換基を連想させる名称ではない．

クロロベンゼン　ニトロベンゼン　フェノール　　　トルエン　　　アニリン
　　　　　　　　　　　　　　　（ヒドロキシベンゼン）（メチルベンゼン）（アミノベンゼン）

二つの置換基が結合している場合には，これらの相対的な位置を示さなければならない．二置換ベンゼンには三つの異性体が存在し，これらはオルト ortho，メタ meta，パラ para とよばれ，それぞれ o-，m-，p- と略記される．

o-ジブロモベンゼン　m-ジブロモベンゼン　p-ジブロモベンゼン

二つの置換基が異なっている場合，そしてどちらの置換基も慣用名でよべるものでない場合には，二つの置換基を連続して表記し，最後にベンゼンという名称を付ける．二つの置換基のうち一つが慣用名として命名できる場合，その化合物は慣用名のある分子の誘導体として命名する．いずれの場合にも，置換基の相対位置を表記する必要がある．

m-クロロニトロベンゼン　　p-ブロモフェノール

4・6 芳香族化合物およびその誘導体

三つ以上の置換基が結合している場合，相対的な位置関係を示すために番号を付ける．置換基の種類が同じ場合にもそれぞれに番号を付ける．番号は，位置番号の組合わせとしての数値の合計が最小になるように付ける．置換基が異なっている場合，一番後に名称の出てくる置換基の位置を1とし，他の置換基をこれに関連づけて番号付けする．置換基の一つに慣用名を付けられる場合は，その官能基が1番の位置になる．

3-ブロモ-5-クロロニトロベンゼン　1,2,4-トリブロモベンゼン

4・6・8 ベンゼンの求電子置換反応

ベンゼンは求電子攻撃を受けやすく，アルケンとは異なって付加反応ではなく置換反応を受ける．この反応の詳細に立ち入る前に，以下の用語について理解しよう．

アレーン（arene）：芳香族炭化水素はアレーン類とよばれる．

アリール基（aryl group）：芳香族炭化水素から水素原子を1個取り除いたものをいう．Ar–と表す．

フェニル基（phenyl group）：ベンゼンから水素原子を1個取り除いたもの（C_6H_5–）をフェニル基という．Ph–と略記する．

求電子試薬（electrophile）：電子を好む試薬．カチオンE^+，または電子欠損性化合物．たとえばCl^+，Br^+（ハロニウムイオン）や$^+NO_2$（ニトロニウムイオン）などがある．

求電子試薬（E^+）はベンゼンと反応して，6個の水素のうちの1個と置換反応を起こす．π電子雲がベンゼン環の上下に広がって存在しており，このπ電子が求電子試薬と反応しやすい原因である．

求電子試薬が付加した後，置換反応を行うことにより，芳香族6π電子系が再生することになる．求電子試薬はベンゼンのπ電子を攻撃して，カチオンが非局在化した非芳香族カルボカチオン（**アレニウムイオン**，arenium ion または σ錯体とよぶ）

を形成する．求電子反応のいくつかの具体例を以下に示した（5章を参照）．

$$\text{C}_6\text{H}_6 \xrightarrow{\begin{array}{c}X_2, FeX_3\\(X=Cl, Br)\\ \text{ハロゲン化}\end{array}} \text{C}_6\text{H}_5\text{X} + HX$$

$$\xrightarrow{\begin{array}{c}HNO_3, H_2SO_4\\ \text{ニトロ化}\end{array}} \text{C}_6\text{H}_5\text{NO}_2 + H_2O$$

$$\xrightarrow{\begin{array}{c}SO_3, H_2SO_4\\ \text{スルホン化}\end{array}} \text{C}_6\text{H}_5\text{SO}_3\text{H} + H_2O$$

$$\xrightarrow{\begin{array}{c}RCl, AlCl_3\\ \text{FC アルキル化}\end{array}} \text{C}_6\text{H}_5\text{R} + HCl$$

$$\xrightarrow{\begin{array}{c}RCOCl, AlCl_3\\ \text{FC アシル化}\end{array}} \text{C}_6\text{H}_5\text{COR} + HCl$$

a. 置換ベンゼンの求電子置換反応に対する反応性と配向性　置換ベンゼンが求電子試薬の攻撃を受けるとき，すでに環上に存在していた置換基が反応性と反応位置（配向性）に影響を与える．求電子置換反応の反応性と配向性に対して置換基が与える効果を以下の表にまとめた．

置換基	反応性	配向性	誘起効果	共鳴効果
$-CH_3$	活 性	オルト，パラ	供与性（弱）	供与性（弱）
$-OH$, $-NH_2$	活 性	オルト，パラ	供与性（弱）	供与性（強）
$-F$, $-Cl$, $-Br$, $-I$	不活性	オルト，パラ	求引性（強）	供与性（弱）
$-N^+(CH_3)_3$	不活性	メタ	求引性（強）	なし
$-NO_2$, $-CN$, $-CHO$, $-COOCH_3$, $-COCH_3$, $-COOH$	不活性	メタ	求引性（強）	求引性（強）

1) 反応性

ベンゼン環上にあらかじめ存在する置換基には，無置換のベンゼンと比べて，求電子置換反応に対する反応性を上げる基（**活性化基**，activating group）と下げる基（**不活性化基**，deactivating group）とがある．前者の代表例としてベンゼンより 1000 倍反応性を上げる $-OH$ 基，後者の例としてベンゼンより 10,000,000 倍反応性を下げる $-NO_2$ 基がある．相対反応速度は，置換基が水素に比べて電子を供与しているか，求引しているかによって決まる．置換基 $-S$ が電子供与性のとき，反応

速度はベンゼンより速くなり，求引性基のとき反応速度はベンゼンより低下する．

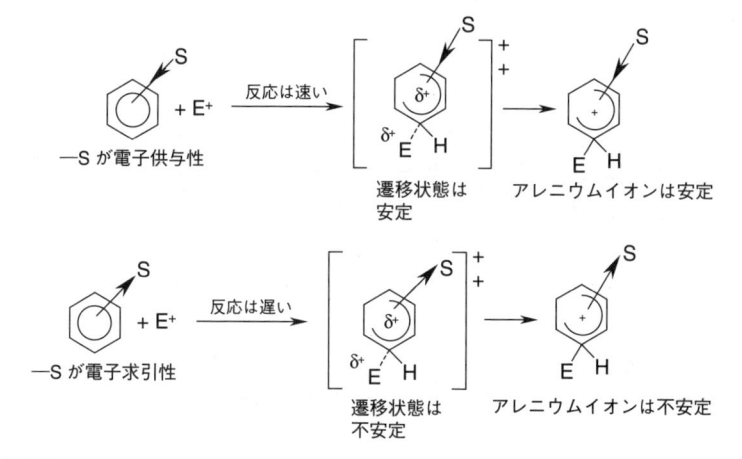

（図：—Sが電子供与性の場合　反応は速い　遷移状態は安定　アレニウムイオンは安定）

（図：—Sが電子求引性の場合　反応は遅い　遷移状態は不安定　アレニウムイオンは不安定）

2) 配向性

同様に，ベンゼン環上にすでに存在する置換基は，つぎに入ってくる置換基がオルト，メタ，パラのうち，どこに反応してくるかを決める．たとえば，クロロベンゼンにニトロ化を行うと o-クロロニトロベンゼン（30%）と p-クロロニトロベンゼン（70%）が得られる．

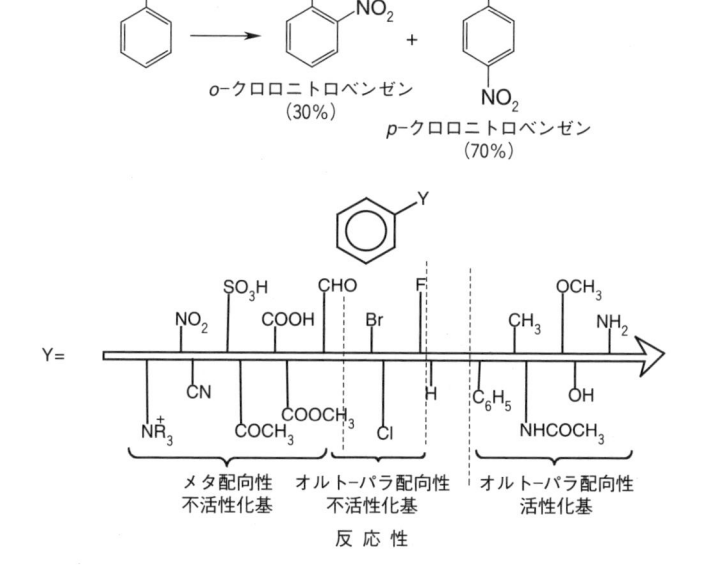

（図：クロロベンゼン → o-クロロニトロベンゼン（30%）＋ p-クロロニトロベンゼン（70%））

（図：Y＝ の反応性スケール

メタ配向性　不活性化基： NR_3^+, NO_2, CN, SO_3H, $COOH$, $COCH_3$, $COOCH_3$, CHO

オルト-パラ配向性　不活性化基： F, Br, Cl

オルト-パラ配向性　活性化基： CH_3, C_6H_5, OH, $NHCOCH_3$, OCH_3, NH_2

反応性）

すべての活性化基はオルト-パラ配向性であり，ハロゲン以外の不活性化基はメタ配向性である．ハロゲン類は特殊であり，ベンゼン環を不活性化するがオルト-パラ配向性である．ベンゼン環上のいろいろな置換基が反応性と配向性に与える影響のまとめを以下に示した．

b. ベンゼン環上に存在する置換基の誘起効果 誘起効果（inductive effect）とは，電気陰性度の差や，官能基中の結合の分極によって，σ結合を介して電子が求引されたり供与されたりすることである（**静電的相互作用**，electrostatic interaction）．ベンゼン環に結合する置換基（−S）が炭素よりも電気陰性度が大きい場合，たとえばF，Cl，Brなどでは，ベンゼン環は双極子のプラス側になる．これらの置換基はベンゼン環から電子を求引していることになる．結果として，環に正の部分電荷が生じることになり，求電子的攻撃は起こりにくくなる．

$S_{\delta-}$ $\delta+$
S=F, Cl または Br

$S_{\delta+}$ $\delta-$
S=CH$_3$

ベンゼン環に結合している置換基が水素よりも電子を求引しない場合には，置換基をベンゼン環に結合させているσ結合の電子は，水素が結合している場合よりも，よりベンゼン環側に動くことになる．このような置換基（たとえばメチル基）は，水素の場合と比べてベンゼン環の側に誘起的に電子を供与していることになる．誘起的電子供与によりベンゼン環の求電子置換反応はより起こりやすくなる．

c. ベンゼン環上に存在する置換基の共鳴効果 共鳴効果は，芳香環のp軌道と置換基がもつp軌道の重なりによって，π結合を通して働く．電子求引性（−CO，−CN，−NO$_2$ など）と電子供与性（−X，−OH，−OR など）がある．

ホルミル基（−CHO）による電子求引

フェノール性ヒドロキシ基（−OH）による電子供与

置換基の存在により，中間体のアレニウムイオンが共鳴安定化する場合と，不安定化する場合とがある．

電子供与性の共鳴効果は，強いものから順に以下のようになる．

$$-\ddot{N}H_2 \quad -\ddot{N}R_2 \quad > \quad -\ddot{O}H \quad -\ddot{O}R \quad > \quad -\ddot{X}:$$

強い電子供与性 ←――――――――――――――――――→ 弱い電子供与性

d. なぜ$-CF_3$（トリフルオロメチル基）はメタ配向性なのか　すべてのメタ配向性基はベンゼン環に直接結合している原子上に，部分的な，もしくは完全な正の電荷をもっている．トリフルオロメチル基の場合，電気陰性度の大きいフッ素原子が3個存在し，電子を強く求引している．このため，$-CF_3$基はベンゼン環を不活性化し，置換反応をメタ位に進行させるようになる．トリフルオロメチルベンゼンのオルト位またはパラ位に反応が起こると，アレニウムイオンの共鳴構造中に非常に不安定な構造が生じるが，メタ位への攻撃ではそのような不安定構造は現れない．オルト位またはパラ位への反応では，共鳴構造に寄与する極限構造式のうちの一つが，電子求引性基の結合した炭素上に正の電荷をもっている．したがって，メタ攻撃により生じるアレニウムイオンが3種のうち最も安定であり，メタ位への攻撃が優先する．そのためトリフルオロメチル基はメタ配向性を示す．

e. なぜメチル基はオルト-パラ配向性なのか　ベンゼン環上の置換基が接近

してくる求電子試薬をオルト，メタ，パラのうち特定の場所に誘導する原因は，律速段階で形成されるカルボカチオン中間体の安定性である．メチル基は誘起的に電子を供与する置換基であり，オルト，メタ，パラに求電子試薬が攻撃した場合のカルボカチオン中間体は以下のように書ける．最も安定な中間体構造はオルト，パラ攻撃が起こった場合に生じ，正に荷電したカルボカチオンにメチル基が直接結合している．メチル基は誘起効果によって電子を供与し，カルボカチオンを安定化させることができる．メタ攻撃を受けた中間体ではそのような安定化を受けた構造は生じない．そのため反応位置としてオルトーパラ位が有利である．すなわち，メチル基はオルトーパラ配向性を示す．

f. なぜハロゲンはオルトーパラ配向性か ハロゲンは唯一，オルトーパラ配向性の不活性化基である．しかし，不活性化基としては最も弱いものである．ハロゲンは，共鳴効果で電子を供与する以上に強く，誘起効果によってベンゼン環から電子を求引する．共鳴による電子供与によってハロゲンはオルトーパラ配向性基となる．ハロゲンは，オルトーパラに付加した中間体を安定化することができる．一方，ハロゲンの電子求引性の誘起効果がハロベンゼンの反応性を低下させる．塩素のようなハロゲン原子は非共有電子対を供与し，オルトまたはパラに置換基が入ったアレニウムイオンの共鳴混成体を安定化する．そのため，ハロゲンは不活性化基ではあるが，オルトーパラ配向性となる．クロロベンゼンへのオルト，メタ，パラ攻撃で生じる中間体の共鳴構造を以下に示した．

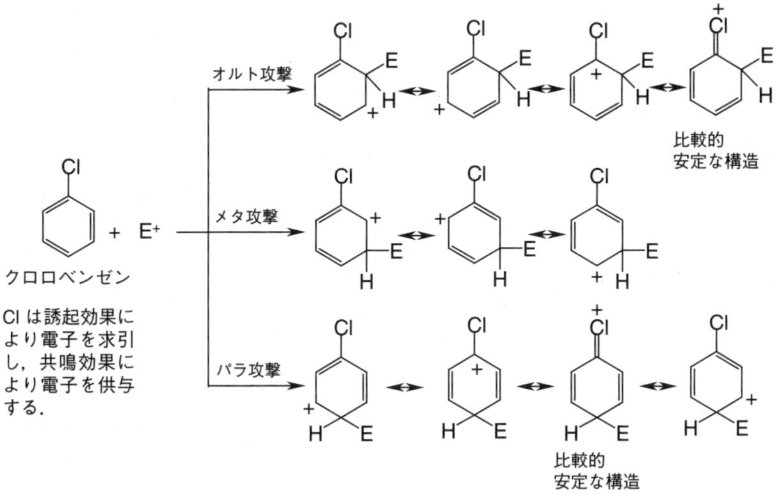

4・6 芳香族化合物およびその誘導体　　　129

クロロベンゼン + E⁺

Cl は誘起効果により電子を求引し，共鳴効果により電子を供与する．

オルト攻撃 → （比較的安定な構造）

メタ攻撃 →

パラ攻撃 → （比較的安定な構造）

4・6・9 アルキルベンゼン：トルエン

　トルエンはメチルベンゼンともよばれるが，**アルキルベンゼン**（alkylbenzene）のうち最も単純な化合物であり，メチル基がベンゼン環に直接結合している．ベンゼンは中枢神経系や骨髄に対して有害作用を示し，また変異原性もあるため，これを非極性溶媒として使用することはかなり前から禁止されている．トルエンはベンゼンの代わりに非極性溶媒として使用される．ベンゼンと同様に中枢神経系への作用はあるが，白血病や再生不良性貧血の原因となることはない．
　トルエンはベンゼンと同様に求電子置換反応を受ける．置換はメチル基のオルト位およびパラ位で進行する．たとえば，トルエンに対してニトロ化を行うと，o-ニトロトルエン（61％）とp-ニトロトルエン（39％）が得られる．メチル基は活性化基であるため，ベンゼン自身の場合よりも反応速度は大きい．

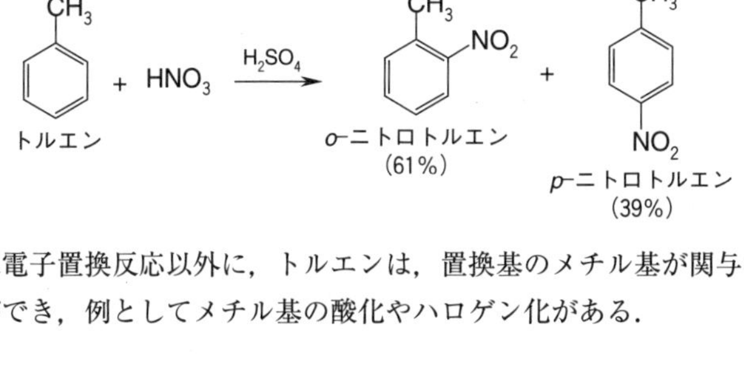

トルエン + HNO₃ —H₂SO₄→ o-ニトロトルエン（61％） + p-ニトロトルエン（39％）

　芳香族求電子置換反応以外に，トルエンは，置換基のメチル基が関与する反応を行うことができ，例としてメチル基の酸化やハロゲン化がある．

a. トルエンの酸化反応　アルキル置換基の長さに関係なく，アルキルベンゼンのベンジル位の炭素に1個でも水素原子が存在していれば，酸化反応を行うことによりアルキルベンゼンをカルボン酸に変換できる．つまり，第一級および第二級のアルキル側鎖をもつベンゼンはこの反応を受けるが，第三級アルキル基をもつものは反応しない．トルエンは安息香酸に酸化される．

$$\text{トルエン} \xrightarrow[H_2O]{KMnO_4} \text{安息香酸}$$

b. トルエンのベンジル位ブロモ化　トルエンのベンジル位水素は，ラジカル置換反応により臭素と反応してブロモメチルベンゼン（臭化ベンジル）を与える．N-ブロモコハク酸イミドがトルエンのベンジル位ブロモ化に用いられる．

$$\text{トルエン} \xrightarrow[CCl_4]{} \text{ブロモメチルベンゼン}$$

ブロモメチルベンゼン（臭化ベンジル）は他の求核反応に用いることができる．臭素は多くの求核剤と S_N2 および S_N1 反応で反応して，多くのモノ置換ベンゼン誘導体を与える．

ブロモメチルベンゼン
- OH^- → ベンジルアルコール（CH_2OH）
- $^-C\equiv N$ → フェニルアセトニトリル（CH_2CN）
- $:NH_3$ → $CH_2\overset{+}{NH_3}Br^-$ $\xrightarrow{OH^-}$ ベンジルアミン（CH_2NH_2）

4・6・10 フェノール類

　フェノール類は一般式 ArOH で表される．ここで Ar はフェニル基，置換基をもつフェニル基，またはナフチル基のような他の芳香族を意味する．フェノール類は，芳香族化合物に直接ヒドロキシ基が結合していることによってアルコールとは異なる性質をもつ．フェノール類の最も単純な構造であるヒドロキシベンゼンは，一般に**フェノール**（phenol，固有名詞として）とよばれる．

フェノール
—OH が直接芳香環炭素に
結合している

ベンジルアルコール
—OH が直接芳香環炭素に
結合していない

天然物または合成化合物に由来する，多くの医薬品や薬理的に重要な化合物がフェノール類に属している．例としてサリチル酸やクエルセチンがある．

サリチル酸
鎮痛剤であり，
アスピリンの前駆体

クエルセチン
天然の抗酸化剤

a. フェノール類の命名法　　通常フェノール類は，この化合物群のうち最も単純な，母核のフェノールの誘導体として命名される．たとえばヒドロキシ基のオルト位にクロロ基があれば，o-クロロフェノールと命名する．m-クレゾールのような慣用名もしばしば用いられる．フェノールがヒドロキシ化合物として命名される

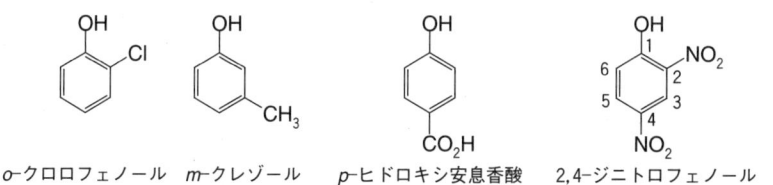

o-クロロフェノール　　m-クレゾール　　p-ヒドロキシ安息香酸　　2,4-ジニトロフェノール

こともある．例として *p*-ヒドロキシ安息香酸などがある．位置番号は，たとえば 2,4-ジニトロフェノールのように，フェノールのヒドロキシ基を基準として，それとの位置関係で表される．

b. フェノール類の物性　簡単な構造のフェノール類は液体もしくは低融点の固体である．水素結合を形成するため，フェノール類の沸点はかなり高い（たとえば *m*-クレゾールの沸点は 201 ℃ である）．無置換フェノールは，水と水素結合を形成し，ある程度水に溶ける（100 g の水に 9 g）．他の多くのフェノール類は水に溶けない．

一般的に，フェノール類は無色であるが，容易に酸化されて着色する．フェノール類は酸としての性質をもち，ほとんどのフェノールの K_a 値は約 10^{-10} である．

1) ニトロフェノール類の物性

ニトロフェノールは異性体間で物性が大きく異なる．

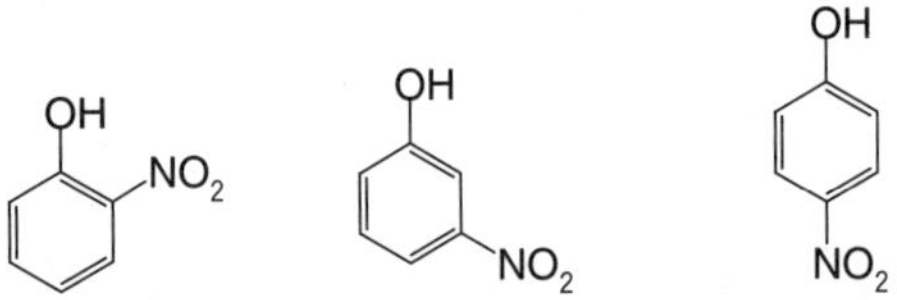

o-ニトロフェノール　　*m*-ニトロフェノール　　*p*-ニトロフェノール

ニトロフェノール類のうち，メタとパラ異性体は，以下に示したような**分子間水素結合**（intermolecular hydrogen bonding）を形成するため高い沸点を示す．

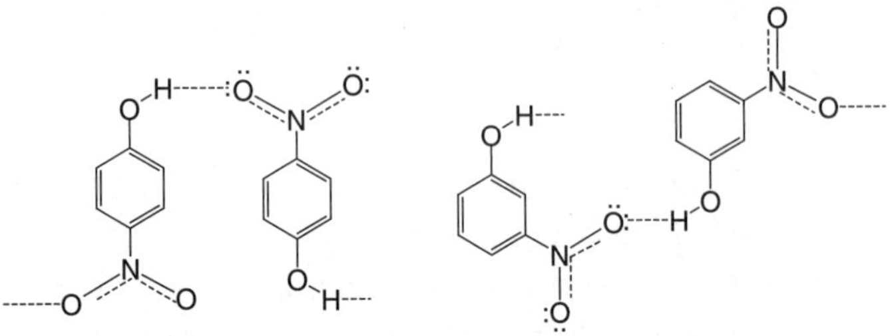

p-ニトロフェノール間の分子間水素結合

m-ニトロフェノール間の分子間水素結合

ニトロフェノール	沸点〔℃〕	溶解度〔g/100 g H$_2$O〕
o-ニトロフェノール	100	0.2
m-ニトロフェノール	194	1.35
p-ニトロフェノール	分　解	1.69

これらのニトロフェノールは，水とも下図のような水素結合をつくるため，水にも溶けやすい．

p-ニトロフェノールと水の
分子間水素結合

m-ニトロフェノールと水の
分子間水素結合

しかし，o-ニトロフェノールの場合にはニトロ基とヒドロキシ基が，分子内で水素結合をつくるのにちょうどよい位置に存在している．つまり，下図に示したような**分子内水素結合**（intramolecular hydrogen bonding）を形成する．この分子内結合の形成により，他のフェノール分子または水との分子間水素結合をつくることができなくなる．

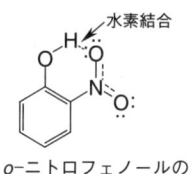

o-ニトロフェノールの
分子内水素結合

結果としてo-ニトロフェノールはm-またはp-ニトロフェノールと比べて低い沸点となり，水に対しても他の二つと比べてきわめて溶けにくい分子となる．

2) フェノール類の酸性度

　フェノール類は酸性化合物である．NaOHのような水溶液中の水酸化物イオンはフェノール類を対応する塩に変換する（炭酸水素塩では塩にはならない）．

$$\mathrm{Ar\ddot{O}H\ +\ H\ddot{O}^-\ \longrightarrow\ Ar\ddot{O}^-\ +\ H_2\ddot{O}:}$$

鉱酸水溶液，カルボン酸水溶液，炭酸水溶液などは生成した塩を元のフェノール類に戻す．

$$\mathrm{Ar\ddot{O}^-\ +\ H_2CO_3\ \longrightarrow\ Ar\ddot{O}H\ +\ HCO_3^-}$$

ほとんどのフェノール類（K_a値約10^{-10}）はカルボン酸（K_a値約10^{-5}）に比べる

とかなり弱い酸である．しかしフェノールはアルコール（K_a 値約 10^{-16}〜10^{-18}）に比べれば強い酸である．フェノールのベンゼン環があたかも電子求引性基のような役割を果たす．これがヒドロキシ基から電子を求引し，酸素を部分的に正に荷電させる．

フェノール類の酸性度は－OH 基の酸素を正に荷電させるような電荷の分配によって生じる．結果として，プロトンとの結合が弱まり，下図のようにプロトンが外れて**フェノキシドイオン**（phenoxide ion）が生じる．

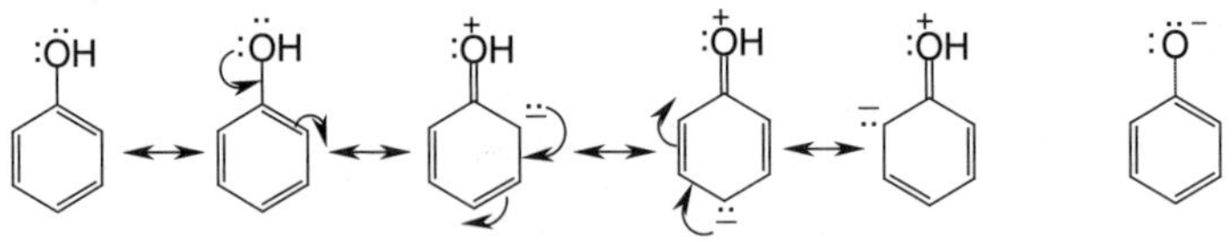

フェノールの共鳴構造　　　　　　　　　　フェノキシドイオン

c. フェノール類の合成法　　実験室では，フェノール類はジアゾニウム塩の加水分解，またはベンゼンスルホン酸誘導体のアルカリ融解によって合成される．

1）ジアゾニウム塩の加水分解
　ジアゾニウム塩は鉱酸の存在下，水と反応してフェノールを生成する．

$$Ar\text{-}N_2^+ + H_2O \xrightarrow{H^+} Ar\text{-}OH + N_2$$

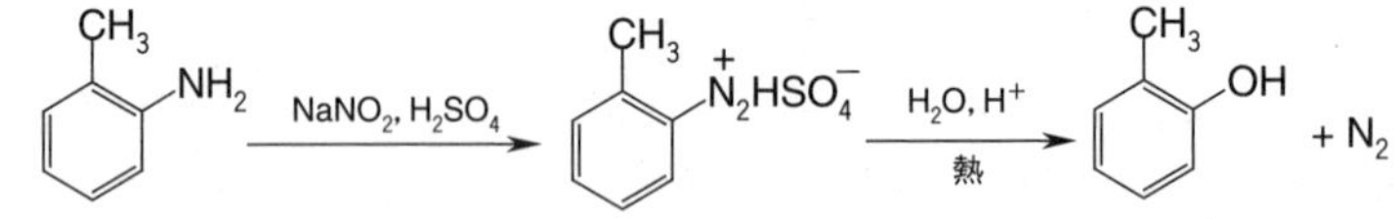

o-トルイジン　　　　　　　　　　　　　　　　　　　　o-クレゾール

2）スルホン酸塩のアルカリ融解
　フェノール類は，対応するスルホン酸をアルカリ融解することによっても合成できる．

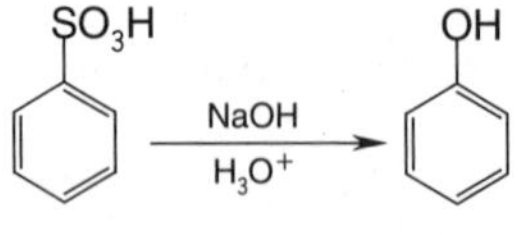

d. フェノール類の反応　　フェノール類は求電子置換反応を受ける．フェノー

ルでは置換反応はオルトおよびパラ位で進行する．ヒドロキシ基が活性化基であるため，反応の進行はベンゼンの場合と比べてはるかに速い．たとえば，フェノールのブロモ化では，o-ブロモフェノール（12％）とp-ブロモフェノール（88％）が生成する．

$$\text{C}_6\text{H}_5\text{OH} + \text{Br}_2 \xrightarrow[30°\text{C}]{\text{酢 酸}} o\text{-ブロモフェノール（12％）} + p\text{-ブロモフェノール（88％）} + \text{HBr}$$

以下に示すような多くの反応がフェノールを基質として行われる．

1）塩の生成

　フェノールは酸性であるため，水酸化ナトリウムのようなアルカリ性物質と反応して塩をつくる．

$$\text{C}_6\text{H}_5\text{OH} + \text{NaOH} \longrightarrow \text{C}_6\text{H}_5\text{O}^-\text{Na}^+ \text{（ナトリウムフェノキシド）} + \text{H}_2\text{O}$$

2）エーテル合成

　フェノールは水酸化ナトリウム水溶液中でヨウ化エチル（$\text{C}_2\text{H}_5\text{I}$）と反応してエチルフェニルエーテルを与える．

$$\text{C}_6\text{H}_5\text{OH} + \text{C}_2\text{H}_5\text{I} \xrightarrow[\Delta]{\text{NaOH 水溶液}} \text{C}_6\text{H}_5\text{OC}_2\text{H}_5 \text{（エチルフェニルエーテル）}$$

3）エステル合成

　フェノール類はエステル化反応により対応するエステルへと変換できる．たとえば，フェノールは塩化ベンゾイルと反応して安息香酸フェニルを与える．また，ブロモフェノールは塩化トルエンスルホニルと反応してトルエンスルホン酸ブロモフェニルを生じる．

4) 炭酸化：コルベ反応

フェノールの塩を二酸化炭素と反応させるとベンゼン環上の水素とカルボキシ基の置換反応が進行する．この反応はフェノールを o-ヒドロキシ安息香酸，すなわちサリチル酸に変換するために用いられる．サリチル酸のアセチル化によりアセチルサリチル酸（アスピリン）が合成され，これは今日最も繁用されている鎮痛薬である．

5) アルデヒド生成：ライマー–ティーマン反応

フェノールをアルカリ水溶液中でクロロホルムと反応させると，おもにヒドロキシ基のオルト位にホルミル基が導入される．塩化ベンザル（ジクロロメチルベンゼ

ン）が最初に生成し，アルカリ水溶液中で加水分解を受けてアルデヒドとなる．サリチルアルデヒドはこの反応によってフェノールから合成される．サリチルアルデヒドは酸化によってサリチル酸となり，これはアセチル化されてアスピリンへと変換できる．

6) ホルムアルデヒドとの反応（フェノール-ホルムアルデヒド樹脂の合成）

フェノールはホルムアルデヒド HCHO と反応して o-ヒドロキシメチルフェノールを与え，これはさらにフェノールと反応して o-(p-ヒドロキシベンジル)フェノールに変換される．この反応が連続して起こり，高分子化合物が生成する．

4・6・11 芳香族アミン：アニリン

アミンは一般式として RNH_2（第一級アミン），R_2NH（第二級アミン），R_3N（第三級アミンに分類される．ここで R はアルキル基またはアリール基であり，簡単な例としてメチルアミン CH_3NH_2，ジメチルアミン $(CH_3)_2NH$，トリメチルアミン $(CH_3)_3N$ などがある．

アミノ基が直接ベンゼン環に結合した化合物はアニリン（aniline）として知られている．

アニリン
—NH_2 基が直接ベンゼン環に結合している

a. アニリンの物性 アニリンは極性化合物であり，二つのアニリン分子同士が分子間水素結合をつくる．アニリンは同分子量の低極性化合物よりも高い沸点

(184 ℃) をもっている．アニリンは水とも水素結合をつくることができる．アニリンが水にある程度溶ける（100 g の水に 3.7 g）のは，この水素結合形成による．

アニリン同士の分子間水素結合　　　　アニリンと水の分子間水素結合

1) アニリンの塩基性

アニリンは他のアミン類と同様に塩基性化合物である（$K_b = 4.2 \times 10^{-10}$）．アニリニウムイオンの p$K_a$ = 4.63 であり，一方メチルアンモニウムイオンの pK_a = 10.66 である．アニリンのようなアリールアミンは，窒素上の孤立電子対が芳香環の π 電子と相互作用して**非局在化**（delocalization）しているため，プロトンとの結合に使われにくくなっており，結果としてアルキルアミン類よりも塩基性が弱い．アリールアミン類は以下に示した五つの共鳴構造式により，アルキルアミンよりも安定化している．共鳴安定化はプロトン化によって失われてしまう，なぜならアリールアンモニウムイオンには二つしか共鳴構造式が存在しないからである．

アニリンの共鳴構造

アリールアンモニウムイオン

図中に示したプロトン化構造と非プロトン化構造の間のエネルギー差 $\Delta G°$ は，アルキルアミンの場合よりもアリールアミンの場合の方が大きくなっている．すなわち，アリールアミンの方がプロトン化による不安定化が大きい．これがアリールア

ミンの塩基性が弱い理由である.

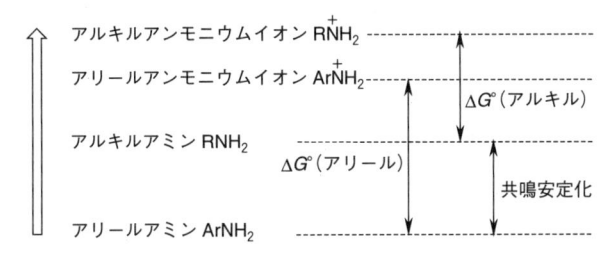

アルキルアンモニウムイオン $R\overset{+}{N}H_2$

アリールアンモニウムイオン $Ar\overset{+}{N}H_2$

$\Delta G°$（アルキル）

アルキルアミン RNH_2

$\Delta G°$（アリール）

共鳴安定化

アリールアミン $ArNH_2$

2) アニリン類の塩基性に及ぼす置換基効果

アニリン類の塩基性に及ぼす置換基効果を下の表にまとめた．電子供与性の置換基は環を活性化し，アニリンの塩基性を上げる．一方，電子求引性基は環を不活性化して塩基性を低下させる．

Y—〈 〉—NH_2

	置換基 Y	共役酸の pK_a	反応性に及ぼす効果
強	$-NH_2$	6.15	活性化
⇧	$-OCH_3$	5.34	活性化
塩基性	$-CH_3$	5.08	活性化
⇩	$-H$	4.63	
弱	$-Cl$	3.98	不活性化
	$-CN$	1.74	不活性化
	$-NO_2$	1.00	不活性化

b. アニリンの合成

1) ニトロベンゼンの還元反応

アニリンはニトロベンゼンを還元すると得られる．還元方法としては，酸と金属を用いる化学的還元法，分子状水素を用いる接触還元法のどちらでもよい．

NO_2—〈 〉 $\xrightarrow[30°C]{Fe, 希 HCl}$ $\overset{+}{N}H_3Cl^-$—〈 〉 $\xrightarrow{Na_2CO_3}$ NH_2—〈 〉

化学還元法

NO_2—〈 〉 $\xrightarrow[エタノール]{H_2, Pt}$ NH_2—〈 〉

接触還元法

2) クロロベンゼンからの合成

触媒存在下,高温下高圧でクロロベンゼンとアンモニアを反応させるとアニリンが得られる.

3) ベンズアミドのホフマン分解

この反応では,原料のベンズアミドよりも炭素が一つ少ないアニリン誘導体が得られる.アミド(この場合はベンズアミド)のカルボニル炭素に結合した置換基(フェニル基)が生成物中では窒素に結合している.これは**転位**(rearrangement)の例である.

置換ベンズアミドは対応する置換アニリンへと変換されるが,置換基の種類による反応性の順は以下のようになる.

$$Y = -OCH_3 > -CH_3 > -H > -Cl > -NO_2$$

c. アニリンの反応性

アニリンは求電子置換反応を受ける.アニリンでは置換反応はオルトとパラの位置に起こる.$-NH_2$基は強い活性化基なので,ベンゼンに比べて反応速度は速い.多くの他の様式の反応がアニリンでも起こる.それらの反応のうちのいくつかを以下に記載する.

1) 塩の生成

アニリンは塩基であり,鉱酸と反応して塩をつくる.

4・6 芳香族化合物およびその誘導体

$$\text{C}_6\text{H}_5\text{NH}_2 + \text{HCl} \rightleftharpoons \text{C}_6\text{H}_5\overset{+}{\text{N}}\text{H}_3\text{Cl}^-$$

塩化アニリニウム

2) N-アルキル化

アニリン中のアミノ基の水素原子はアルキル基と置き換えることができ，それによって N-アルキルアニリンが得られる．

アニリンは塩化メチル CH_3Cl と反応して N-メチルアニリンとなるが，これは再度塩化メチルと反応して N,N-ジメチルアニリンとなり，最終的には第四級塩になる．

$$C_6H_5NH_2 \xrightarrow{CH_3Cl} C_6H_5NHCH_3 \xrightarrow{CH_3Cl} C_6H_5N(CH_3)_2 \xrightarrow{CH_3Cl} C_6H_5\overset{+}{N}(CH_3)_3Cl^-$$

N-メチルアニリン　　N,N-ジメチルアニリン

ハロゲン化アルキル（この場合は塩化メチル）は，塩基性のアニリンを求核試薬とする求核置換反応を受ける（§5・5・1参照）．窒素に結合している水素のうち一つがアルキル基に置換される．この反応が繰返された後，最後の段階では4個の置換基が窒素に共有結合でつながった第四級アンモニウム塩が生成する．窒素上に生じた正の電荷は塩化物イオンの負電荷と釣り合っている．

3) アミドの合成

アニリンは酸塩化物と反応して対応するアミドを与える．たとえば，ピリジン存在下アニリンを塩化ベンゾイルと反応させるとベンズアニリドが得られる．

$$C_6H_5NH_2 + C_6H_5COCl \xrightarrow{\text{ピリジン}} Ph-NH-CO-C_6H_5$$

塩化ベンゾイル　　ベンズアニリド

4) スルホンアミドの合成

アニリンは塩化スルホニルと反応して対応する**スルホンアミド** (sulfonamide) を与える．たとえば，塩基の存在下でアニリンを塩化ベンゼンスルホニルと反応さ

せると N-フェニルベンゼンスルホンアミドが得られる．

5) 還元的アミノ化の応用

アニリンを還元的アミノ化に用いることができる．たとえば，アニリンを還元剤テトラヒドロホウ酸ナトリウム $NaBH_4$ 存在下でアセトンと反応させると，N-イソプロピルアニリンが得られる．

6) ジアゾニウム塩の生成

第一級アリールアミンは亜硝酸（HNO_2）と反応して比較的安定なアレンジアゾニウム塩 $Ar-N^+ \equiv NX^-$ を与える．アルキルアミンも亜硝酸と反応するが，アルキルジアゾニウム塩は反応性が高くて単離することはできない．

アニリンは第一級アリールアミンであり，亜硝酸と反応してベンゼンジアゾニウム塩を生成する．

ジアゾニウム塩から安定な気体窒素を生成する反応がエネルギー的に有利なため，窒素の脱離とともにさまざまな求核試薬との置換反応を容易に起こす．

求核試薬がジアゾニウム基と置換する反応機構は用いる求核試薬の種類によって異なる．いくつかの置換反応ではフェニルカチオンが関与しているが，他の置換反応ではラジカルが含まれる．CN^-，Cl^-，Br^-のような求核試薬では，アレーンジアゾニウム塩が溶けている溶液にCu(I)を加えることによってジアゾニウム基と置換反応を起こす．アレーンジアゾニウム塩とCu(I)塩との反応は**サンドメイヤー反応**（Sandmeyer reaction）として知られている．

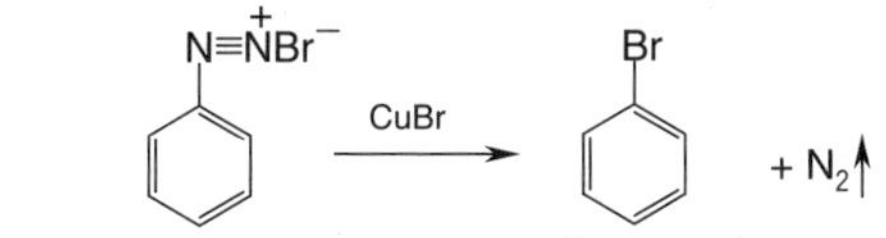

臭化ベンゼンジアゾニウム　　　ブロモベンゼン

$$\text{Ph-N}_2^+\text{Br}^- \xrightarrow{\text{CuBr}} \text{Ph-Br} + N_2\uparrow$$

ジアゾ化反応はベンゼン環上に他の置換基が存在していても利用できる．アレーンジアゾニウム塩は合成化学上きわめて重要である，なぜなら，ジアゾニオ基（N≡N）をラジカル置換反応によって求核試薬と置換させることができるからである．これによりフェノール，クロロベンゼン，ブロモベンゼンなどを合成できる．適切な条件下ではアレーンジアゾニウム塩は他の芳香族と反応して一般式 Ar−N=N−Ar′ で示される**アゾ化合物**（azo compound）を与える．このカップリング反応では，ジアゾニウム基の窒素原子は生成物中に残っている．

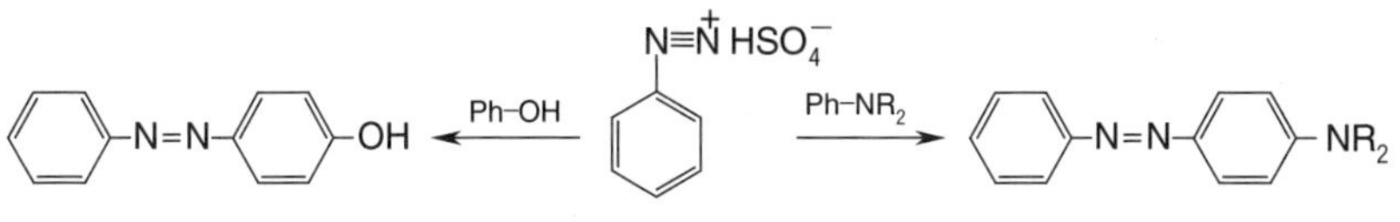

$$\text{Ph-N=N-C}_6\text{H}_4\text{-OH} \xleftarrow{\text{Ph-OH}} \text{Ph-N}_2^+ \text{HSO}_4^- \xrightarrow{\text{Ph-NR}_2} \text{Ph-N=N-C}_6\text{H}_4\text{-NR}_2$$

d．アニリンからのサルファ剤の合成　　抗菌薬であるサルファ剤（例としてスルファニルアミドなどがある）は，スルファニル酸アミド，またはその置換誘導体を含む．最初のサルファ剤であるスルファニルアミドは，p-アミノ安息香酸を葉酸に取込む細菌酵素を阻害し，細菌がさらに増殖することを防ぐことで抗菌作用を示す．

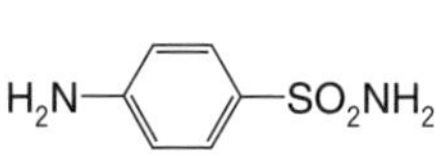

$H_2N-C_6H_4-SO_2NH_2$

スルファニルアミド
（p-アミノベンゼンスルホンアミド）

以下の図に示すような，アニリンを原料とする多段階合成によってサルファ剤を合成することができる．

144   4. 有機化合物中の官能基

[アニリン + CH₃COCl → アセトアニリド → p-アセトアミドベンゼンスルホニルクロリド → （NH₃で）スルファニルアミド、または（RNH₂で）置換されたスルファニルアミドへの反応経路図]

e. 中性物質を含む混合物からのアニリンの単離　ある混合物がアニリンと中性物質を含んでいる場合，溶媒による抽出法を用いて両方の物質を容易に単離することができる．これらの混合物を分けるためには，まずジエチルエーテルに溶かし，塩酸と水を加え，分液漏斗を用いて抽出する．水層と有機層に分離したら，これを別の容器に分ける．下の層（水層）はアニリンの塩を含み，上の層（エーテル層）は中性物質を含んでいる．ロータリーエバポレーターを用いてエーテルを留去すると純粋な中性物質が得られる．水層には水酸化ナトリウムを加え，さらにエーテル

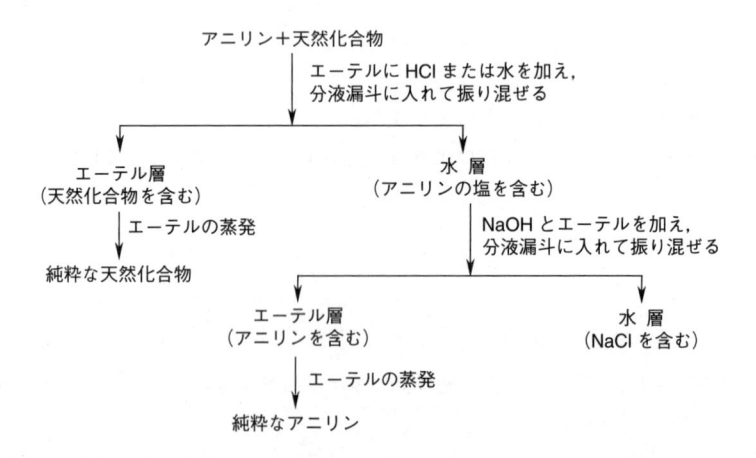

```
アニリン＋天然化合物
    │ エーテルに HCl または水を加え，
    │ 分液漏斗に入れて振り混ぜる
    ├──────────────┐
エーテル層            水 層
（天然化合物を含む）   （アニリンの塩を含む）
    │ エーテルの蒸発      │ NaOH とエーテルを加え，
    │                    │ 分液漏斗に入れて振り混ぜる
純粋な天然化合物         ├──────────────┐
                     エーテル層        水 層
                     （アニリンを含む）（NaCl を含む）
                         │ エーテルの蒸発
                     純粋なアニリン
```

を加えた後,分液漏斗で抽出する.二つの層を分離すると,エーテル層にはアニリンが,水層には塩化ナトリウムが溶けている.エーテル層をロータリーエバポレーターで留去すると純粋なアニリンを得ることができる.

4・6・12 多環式芳香族化合物

二つまたはそれ以上のベンゼン環が縮合するとさまざまな多環式芳香族化合物が得られる.ナフタレン,アントラセン,フェナントレンおよびその誘導体である.これらすべての炭化水素は石炭タールから得られる.すべての石炭タール含有成分のうち,ナフタレンが最も多く(5%)含まれている.

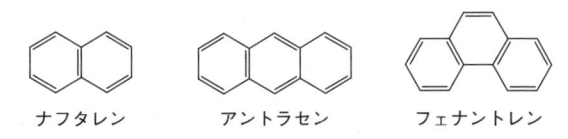

ナフタレン　　アントラセン　　フェナントレン

a. ベンゼンからのナフタレン合成: ハース合成　ナフタレンはベンゼンを原料として,フリーデル–クラフツアシル化,クレメンゼン還元,芳香族化反応など,多段階を経由して合成することができる.概略を以下の図に示した.

無水コハク酸　　β-ベンゾイルプロピオン酸　　γ-フェニル酪酸　　α-テトラロン　　テトラリン　　ナフタレン

b. ナフタレンの反応　ナフタレンは求電子置換反応を受け,さまざまな誘導体に変換される.通常の求電子置換反応に加えて,以下に示したような特殊な条件下で酸化反応や還元反応を受ける.

1) 酸化

ナフタレンは，五酸化二バナジウムの存在下で酸素により酸化されて一方のベンゼン環が開裂し，無水フタル酸を与える（工業的に重要な反応である）．しかし，無水クロム酸と酢酸の存在下では一方のベンゼン環の芳香族性が失われ，ナフトキノンへと変化する（ジケト化合物の一種）．

1,4-ナフトキノン ← CrO_3, AcOH / 25°C ─ ナフタレン ─ O_2, V_2O_5 / 460–480°C → 無水フタル酸

1,2,3,4-テトラヒドロナフタレン ← Na, ヘキサノール / 還流 ─ ナフタレン ─ Na, EtOH / 還流 → 1,4-ジヒドロナフタレン

↓ H_2, 触媒

デカヒドロナフタレン

2) 還元

ナフタレンの一方，または両方のベンゼン環が，上の式に示したように，試薬と反応条件に依存して還元を受ける．

4・7 複素環化合物およびその誘導体

1個以上の炭素以外の元素，たとえばN，O，Sなどを環内にもつ環状化合物のことを**複素環化合物**（heterocyclic compound）または**複素環**（heterocycles）という．例として，ピリジン，テトラヒドロフラン，チオフェンなどがある．

ピリジン（Nはヘテロ原子） テトラヒドロフラン（Oはヘテロ原子） チオフェン（Sはヘテロ原子）

複素環化合物にはピリジンのような芳香族化合物と，テトラヒドロフランのような非芳香族化合物とがある．似たような分類として，飽和複素環化合物（例：テトラヒドロフラン）と不飽和複素環化合物（例：ピリジンのような）とがある．また，環の大きさにもいくつかの種類がある．たとえば，ピリジンは六員環，テトラヒド

ロフランは五員環の複素環化合物である．

4・7・1 複素環化合物の医薬品としての重要性

知られている有機化合物のうちの50%以上が複素環化合物である．これらは医学および生物学の分野で重要な役割を果たしている．カフェイン，ニコチン，モルヒネ，ペニシリン，セファロスポリンなどの重要な医薬品や天然物はすべて複素環化合物である．含窒素複素環であるプリンとピリミジンはRNAやDNAの構成成分である．生体内に存在する神経伝達物質のセロトニンは，多くの生体機能に重要な役割を果たしている．

4・7・2 複素環化合物の命名法

ほとんどの複素環化合物には慣用名がよく用いられる．ピリジン，インドール，キノリン，イソキノリン，チオフェンなどである．しかし，複素環の命名には，環の大きさや，環の飽和の度合を示す接尾語の使い方に，従うべきいくつかの一般則がある．それを以下の表に示した．たとえば，ピリジン（pyridine）という名称では接尾語が -ine なので，窒素を含む複素環であり，かつ六員環で不飽和であるこ

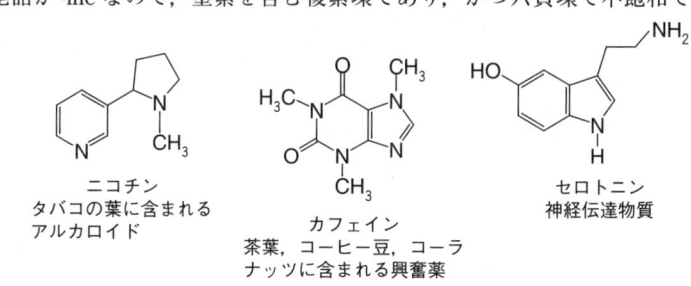

ニコチン
タバコの葉に含まれる
アルカロイド

カフェイン
茶葉，コーヒー豆，コーラ
ナッツに含まれる興奮薬

セロトニン
神経伝達物質

ペニシリンG
抗生物質

セファロスポリンC
抗生物質

ピリミジン
RNAとDNAの構成単位

プリン
RNAとDNAの構成単位

環の大きさ	含窒素複素環		窒素を含まない複素環	
	不飽和	飽和	不飽和	飽和
3	irine	iridine	irene	irane
4	ete	etidine	ete	etane
5	ole	olidine	ole	olane
6	ine	—	ine	ane
7	epine	—	epine	epane
8	ocine	—	ocine	ocane
9	onine	—	onine	onane
10	ecine	—	ecine	ecane

ともわかる．

3個から10個の原子から成る単環性複素環で1個またはそれ以上の複素原子を含んでいる化合物は，接頭語や，含まれる複素原子を表す接頭語をつけて，以下の表のように表される．たとえばチアシクロブタン（thiacyclobutane）は硫黄原子を含む四員環化合物である．

元素	接頭語	元素	接頭語	元素	接頭語
O	oxa	P	phospha	Ge	germa
S	thia	As	arsa	Sn	stanna
Se	selena	Sb	stiba	Pb	plumba
Te	tellura	Bi	bisma	B	bora
N	aza	Si	sila	Hg	mercura

2個またはそれ以上の同種の複素原子を示す場合には数を表す接頭語の di-, tri-, tetra- などを用いる．2個以上の異なる複素原子が存在する場合には，周期表の族番号が下のものから順に，接頭語をつけて表す．たとえば oxa- は aza- よりも優先する．周期表の同じ族にある原子の場合には，原子番号が小さいものから順番に記載する．たとえば oxa- は thia- よりも前にくる．

不飽和複素環では，もし二重結合を複数の方法で配置できる場合には，不飽和結合が存在しないNまたはC原子を指示することによって位置を定義し，その原子は結果として余分な水素原子をもつことになるので，それを 1H, 2H などの記号で

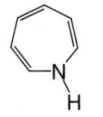

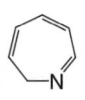

1H-アゼピン　　2H-アゼピン

示す．たとえば1*H*-アゼピンや2*H*-アゼピンがその例である．
　複素原子を1個含む重要な芳香族複素環には，ピリジン，キノリン，イソキノリン，ピロール，チオフェン，フラン，インドールなどがある．

ピリジン　　キノリン　　イソキノリン

ピロール　チオフェン　フラン　インドール

これらの複素環誘導体は，ほとんどの場合，ほかの化合物の命名法と同様に，置換基の名称と置換基の位置番号を，複素環化合物名の前に付けることによって命名する．たとえば2-メチルピリジン，5-メチルインドール，3-フェニルチオフェンなどである．

2-メチルピリジン　5-メチルインドール　3-フェニルチオフェン

複素環芳香族には二つ以上の複素原子をもつものがある．もしそのうちの一つが窒素であり，五員環である場合には，名称はすべてazoleで終わる．そして-azoleの前の部分で他の複素原子を表現する．たとえば，ピラゾール (pyrazole) とイミダゾール (imidazole) は，環内に二つの窒素原子をもつ，互いに異性体の関係にある複素環化合物である．チアゾール (thiazole) は環内に硫黄原子と窒素原子を，またオキサゾール (oxazole) は酸素と窒素をもっている．イミダゾールとオキサゾールでは二つの複素原子は炭素によって隔てられている，一方それらの異性体であるピラゾールとイソオキサゾールでは複素原子同士が直接結合している．窒素原子を

ピラゾール　イミダゾール　チアゾール　オキサゾール　イソオキサゾール

二つ含む六員環芳香族複素環には 3 種の異性体が存在するが，最も重要なのはピリミジン（pyrimidine）である．

不飽和	部分的飽和	完全飽和
ピロール	2-ピロリン	ピロリジン
イソキサゾール	2-イソキサゾリン	イソキサゾリジン
ピリジン	1,4-ジヒドロピリジン	ピペリジン

多くの飽和非芳香族複素環が存在する．たとえば，ピロリジン（pyrrolidine），テトラヒドロフラン（tetrahydrofuran），イソキサゾリジン（isoxazolidine），ピペリジン（piperidine）などは，それぞれピロール，フラン，イソキサゾール，ピリジンが，完全に飽和形となった誘導体である．部分的に飽和した 2-ピロリン（2-pyroline），2-イソキサゾリン（2-isoxazoline），1,4-ジヒドロピリジンなども知られている．

4・7・3 複素環の物性

多くの構造的に多様な化合物が複素環に含まれる．そのため，これらの化合物の物性を一般化して議論することはきわめて難しい．なぜなら，飽和か不飽和か，芳香族か非芳香族か，環の大きさはどうか，存在している複素原子の種類は何か，などによって大きく変わってしまうからである．飽和複素環は**脂環式複素環**（alicyclic heterocycle）として知られ，5 個または 6 個の原子からなる環をもつものは，同じ種類の原子をもつ非環式化合物と類似した物性および化学反応性をもつ．つまり，これらの化合物は，開環した類似化合物と同様の反応を起こす．一方，芳香族複素環化合物は，きわめて特徴的かつ複雑な反応性を示す．しかし，芳香族複素環には，ある部分構造に特有な，予測可能な反応様式が存在することが多い．いくつかの重

要な複素環の物性および化学反応性を以下に述べる．

4・7・4 ピロール，フランおよびチオフェン：五員環不飽和複素環

　ピロール（pyrrole）は含窒素五員環芳香族化合物である．窒素上の孤立電子対が非局在化することによって芳香族性を示す．ピロールには4個のπ電子しか存在せず，ヒュッケルによる芳香族の定義からは2電子不足している．しかし，ピロールの窒素原子は sp^2 混成軌道をとっており，形式的には環に直交するp軌道に孤立電子対が収まっている．この孤立電子対が非局在化し，環内に流れ込むことによって芳香族性に必要な6電子となる．つまり，窒素上の非結合性の2電子は芳香族性の一部に取込まれている．自然界にはピロール誘導体が少数存在している．しかし，生物学的にきわめて重要な天然形ピロールは単純とはいえない構造をもっている．それらはピロールの四量体でポルフィリンとして知られており，クロロフィルやヘムに含まれている．

　フラン（furan）は，酸素を含む五員環芳香族化合物である．通常，樹木，特に松の木からの蒸留物として得られる．電気陰性度の大きい酸素が電子を強く引きつけている．酸素は非共有電子対をもっているが，これらの電子は容易には非局在化しない．そのため，フランの芳香族性は弱いと考えられている．

　チオフェン（thiophene）は硫黄を含む五員環複素芳香族化合物である．硫黄の孤立電子対は3s軌道に入っているため，二重結合のπ電子系との相互作用は弱い．そのため，チオフェンの芳香族性は弱いと考えられている．アセチレンが結合したチオフェンが，いくつかの高等植物から見いだされている．また，チオフェン環は多くの重要な医薬品に含まれている．

アセチレンが結合したチオフェン

a. ピロール，フラン，チオフェンの物性　ピロールはきわめて弱い塩基である．窒素上の孤立電子対は芳香族性の一部となっているため，プロトンとの反応に

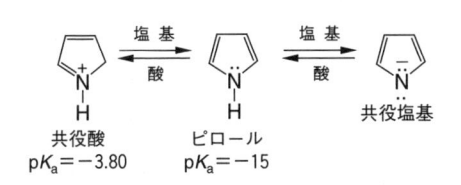

共役酸　　　　　ピロール　　　　共役塩基
$pK_a = -3.80$　　$pK_a = -15$

用いることはできず,塩基性はきわめて弱い (pK_a 約 15). ピロールはプロトンと,窒素に隣接する炭素上で反応する. 窒素上の水素原子は,水酸化物イオンと反応して脱離し,対応する共役塩基を与える.

ピロールアニオンを含む塩はこのようにして容易に調製できる. アンモニアの窒素とは異なり,ピロール窒素の非共有電子対はプロトンと反応しない. したがって,ピロールはアンモニア (pK_a = 36) と比べて塩基性ははるかに弱く,言い換えればアンモニアよりも酸としてははるかに強い.

フランとチオフェンは両方とも室温で透明な液体である. フランが高揮発性で室温に近い沸点 (31.4 ℃) をもち,可燃性であるのに対し,チオフェンの沸点は 84 ℃である. チオフェンはほのかにベンゼンに似た香りがする.

b. ピロール,フラン,チオフェンの合成法 複素環化合物を合成する一般的な方法は,必要な複素原子を導入するための求核試薬を,ジカルボニルまたはジケト化合物と反応させることである.

1) パール-クノール合成

これは,ピロール,フラン,チオフェンのような五員環複素環化合物を合成するための直接的な手法として有用な合成法である. しかし,ジカルボニル化合物などの必要な前駆体を得るのが容易ではない. アンモニア,第一級アミン,ヒドロキシルアミン,ヒドラジンなどがピロールを合成する場合の窒素源として用いられる.

パール-クノール合成 (Paal-Knorr synthesis) は,フラン環,チオフェン環を合成するのにも用いることができる. 1,4-ジカルボニル化合物の単純な脱水反応によってフラン環が生成する. チオフェンおよび置換基をもつチオフェンは 1,4-ジカルボニル化合物を硫化水素 H_2S および塩酸で処理することによって合成できる.

1,4-ジカルボニル化合物 → 置換チオフェン (H₂S/HCl)

2) ピロール，フラン，チオフェンの工業的合成法

ピロールは，石炭タールから直接，もしくはフランとアンモニアをアルミナ触媒存在下 400 ℃で反応させることによって得られる．

フラン $\xrightarrow{NH_3, H_2O, Al_2O_3, 400°C}$ ピロール

フランはフルフラール（フルフリルアルデヒド）の脱カルボニル化反応によって合成される．フルフラール自身は，カラスムギの殻や，トウモロコシの穂軸，米の外皮などで見いだされるペントース類に対して，酸性で脱水反応を行うことによって得られる．

$C_5H_{10}O_5$ (ペントース混合物) $\xrightarrow{H_3O^+}$ フルフラール (CHO) $\xrightarrow{Ni 触媒, 280°C}$ フラン + CO

チオフェンは石炭タール中に少量存在している．工業的には，ブタンまたはブタジエンと硫黄を 600 ℃で反応させることによって合成される．

1,3-ブタジエン + S $\xrightarrow{600°C}$ チオフェン + H_2S

3) ハンチュ合成

α-ハロケトンとβ-ケトエステルを，アンモニアまたは第一級アミンと反応させることによって置換基をもつピロール類が得られる．

β-ケトエステル + α-ハロケトン $\xrightarrow{RNH_2}$ 置換ピロール

置換基をもつフランは，ピロールに対する**ハンチュ合成**（Hantszch synthesis）に

類似した**フェイスト-ベナリー合成**（Feist–Bénary synthesis）によって調製できる．この反応では，α-ハロケトンは，ピリジンの存在下で1,3-ジカルボニル化合物と反応して置換フランを生成する．

$$\underset{\text{1,3-ジカルボニル化合物}}{R-\overset{O}{\overset{\|}{C}}-CH_2-\overset{O}{\overset{\|}{C}}-OC_2H_5} + \underset{\alpha\text{-ハロケトン}}{R'-\overset{O}{\overset{\|}{C}}-CH_2Cl} \xrightarrow{\text{ピリジン}} \underset{\text{置換フラン}}{\underset{}{}}$$

c. ピロール，フラン，チオフェンの反応性　ピロール，フランおよびチオフェンはいずれも求電子置換反応を受けるが，反応性は大きく異なる．求電子置換反応の起こりやすさは，一般的にフラン＞ピロール＞チオフェン＞ベンゼン，である．明らかに，これら三つの複素環化合物はベンゼンよりも求電子置換反応を受けやすい．求電子置換反応は通常C-2位，つまり複素原子の隣で起こる．

1) ビルスマイヤー反応

ピロール，フラン，またはチオフェンのホルミル化反応が，オキシ塩化リンとN,N-ジメチルホルムアミド（DMF）の組合わせによって行われる．この反応は求電子的なビルスマイヤー錯体の生成と，それに続く複素環の求電子置換反応によって進行する．ホルミル基は加水分解による後処理によって生成する．

ピロール + DMF $\xrightarrow[\text{ii. } H_2O]{\text{i. POCl}_3,\, \text{DMF}}$ 2-ホルミルピロール

フラン + DMF $\xrightarrow[\text{ii. } H_2O]{\text{i. POCl}_3,\, \text{DMF}}$ 2-ホルミルフラン（フルフラール）

チオフェン + DMF $\xrightarrow[\text{ii. } H_2O]{\text{i. POCl}_3,\, \text{DMF}}$ 2-ホルミルチオフェン

2) マンニッヒ反応

ピロールとアルキル置換されたフランは**マンニッヒ反応**（Mannich reaction）を

起こす．チオフェンもこの反応を起こすが，酢酸の代わりに塩酸が用いられる．

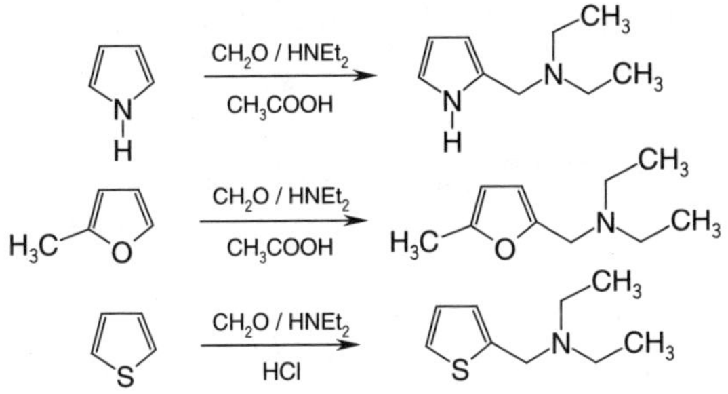

3) スルホン化反応

ピロール，フランおよびチオフェンはピリジン-三酸化硫黄錯体（$C_5H_5N^+SO_3^-$）との反応によりスルホン化を受ける．

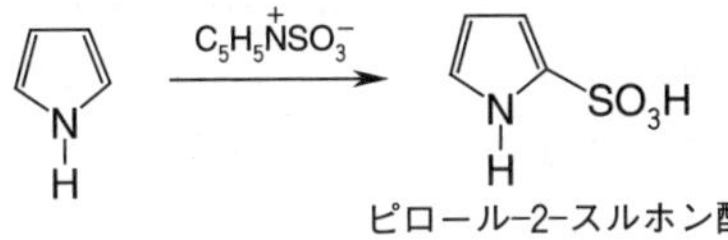

ピロール-2-スルホン酸

4) ニトロ化反応

これらの複素環に対してニトロ化を行う場合には，硝酸と硫酸の混液ではなく，硝酸アセチル（硝酸と無水酢酸から得る）を用いて行う．ニトロ化は多くの場合，複素原子に隣接した炭素の一方に起こる．

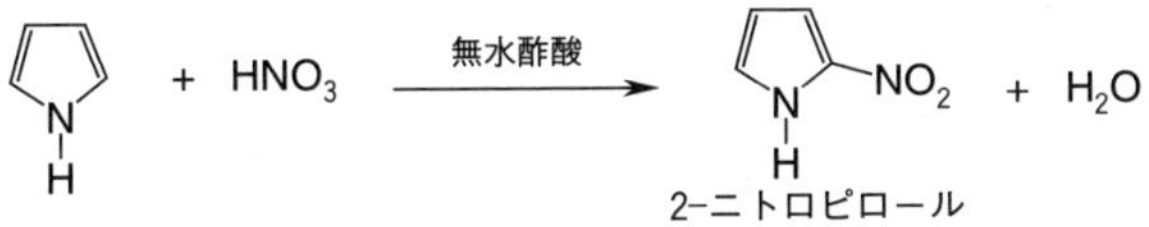

2-ニトロピロール

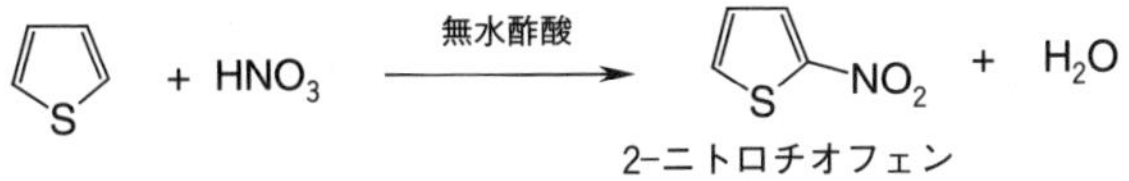

2-ニトロチオフェン

5) ブロモ化

五員環複素芳香族化合物はすべて，ベンゼンに比べて求電子試薬に対する反応性が高く，フェノールと類似の反応性を示す．これらの化合物は求電子的ブロモ化反応を受けるが，反応性には大きな差があり，相対的な速度比は，ピロール：フラン：

チオフェン $= 5.6 \times 10^8 : 1.2 \times 10^2 : 1$ である．無置換の五員環複素芳香族，たとえばチオフェンがいくつかのブロモ化生成物を与えるのに対して，置換基をもつ複素環では単一の生成物を与える．

$$\text{チオフェン} + Br_2 \xrightarrow[0°C]{CCl_4} \text{2-ブロモチオフェン} + \text{2,5-ジブロモチオフェン} + HBr$$

$$\text{ピロール-2-COOCH}_3 \xrightarrow{Br_2} \text{5-ブロモ-ピロール-2-COOCH}_3$$

6) フリーデル-クラフツアシル化およびアルキル化

ピロールやフランの誘導体は，フリーデル-クラフツ反応を行うために必要なルイス酸が存在すると不安定なので，ルイス酸があっても安定なチオフェンの場合のみ，この反応を行うことができる．チオフェンは塩化アルミニウム存在下で塩化ベンゾイルと反応してフェニル 2-チエニルケトンを与える．

$$\text{チオフェン} + PhCOCl \xrightarrow[CS_2, 25°C]{AlCl_3} \text{フェニル 2-チエニルケトン} + HCl$$

アルキルチオフェンはルイス酸存在下でブロモエタンと反応して，環の3位がエチル基で置換された生成物を与える．

$$\text{2,5-R,R'-チオフェン} + EtBr \xrightarrow{AlCl_3} \text{3-エチル-2,5-R,R'-チオフェン}$$

7) 置換フランの開環反応

フランは脱水反応を受けた環状ヘミアセタールと見なすことができるので，希釈された鉱酸中で加熱すると，水和反応を受けてジカルボニル化合物に戻る．

$$\text{2,5-ジメチルフラン} + H_2O \xrightarrow[\Delta]{H_2SO_4, CH_3CO_2H} \text{2,5-ヘキサンジオン(86\%)}$$

8) フランの付加反応

フランは求電子置換反応ではなく，1,4-付加の形式で臭素と反応する．この反応をメタノール中で行うと，中間体の二臭化物が加溶媒分解を受けて生じる物質が単離される．

$$\text{フラン} + Br_2 \xrightarrow[-5°C]{Na_2CO_3, CH_3OH \atop \text{ベンゼン}} [\text{Br-ジヒドロフラン-Br}] \xrightarrow{CH_3OH} \text{2,5-ジメトキシ-2,5-ジヒドロフラン}$$

9) フランの接触水素化反応

パラジウム触媒を用いてフランの接触水素化反応を行うとテトラヒドロフランが生成する．これはジエチルエーテルと似た臭いをもつ，透明で低粘性の液体である．

$$\text{フラン} \xrightarrow[Pd-C]{H_2} \text{テトラヒドロフラン}$$

4・7・5 ピリジン

ピリジン（C_5H_5N）は含窒素（不飽和）六員環複素芳香族化合物である．ベンゼンに似た構造であり，芳香族としてヒュッケル則を満足している．ピリジンは第三級アミンであり，窒素上に水素はなく，一組の孤立電子対をもつ．6個のπ電子は基本的にはベンゼンと同様である．多くの医薬品分子が，それらの構造中にピリジンもしくはピリジン誘導体を含んでいる．例として，高血圧症の医薬品であるアムロジピンや，抗菌薬であるピリドトリアジンなどがある．

アムロジピン
抗高血圧薬

ピリドトリアジン
抗菌薬

a. ピリジンの物性　ピリジンは不快な臭いをもつ液体（沸点115℃）である．非プロトン性極性溶媒であり水，有機溶媒両方と混和できる．ピリジンの双極子モーメントは1.57 Dである．金属錯体を形成する際には優れたドナー配位子となる．

芳香族性をもち，ピロールより強いがアルキルアミンよりは弱い中程度の塩基性を示す．ピリジンの窒素原子上の孤立電子対は，芳香族性を壊すことなく結合に用いることができる．ピリジンのプロトン化によりピリジニウムイオン（$pK_a = 5.16$）が生成し，これは通常のアンモニウムイオンと比べて強い酸である（ピペリジニウムイオンの場合 $pK_a = 11.12$）．その理由は，ピリジニウムイオンの酸性水素は sp^2 混成窒素に結合しており，sp^3 混成窒素に比べてより電気陰性度が高いからである．

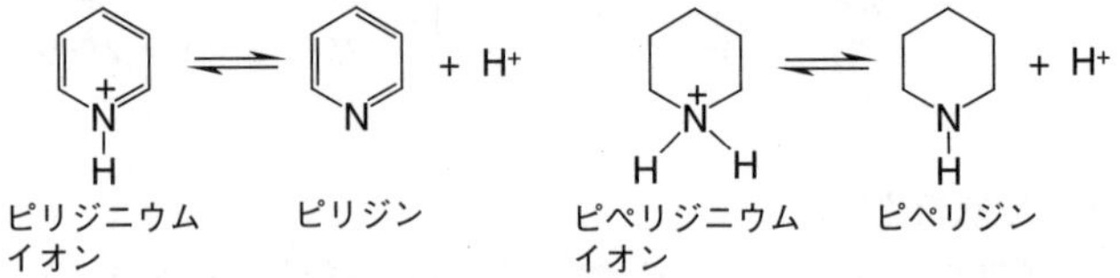

ピリジニウム　　ピリジン　　　　　ピペリジニウム　　ピペリジン
イオン　　　　　　　　　　　　　　イオン

b. ピリジンの合成法　ピリジン環を合成するのに用いられる方法のうち，ハンチュ合成がおそらく最も重要であり幅広く用いられている合成経路であろう．しかし，ピリジン環は，ペンタン-2,4-ジオンと酢酸アンモニウムの反応によって合成することができる．1,5-ジケトンの環化反応も，対応するピリジン誘導体を獲得するのに便利な方法である．工業的には，ピリジンは石炭タールからの蒸留によって得られる．

1）ハンチュ合成

1,3-ジカルボニル化合物，アルデヒドおよびアンモニアを反応させると1,4-ジヒドロピリジンが生成し，これを硝酸あるいは一酸化窒素で酸化すると芳香化する．アンモニアの代わりに第一級アミンを用いると，1位置換1,4-ジヒドロピリジンが得られる．

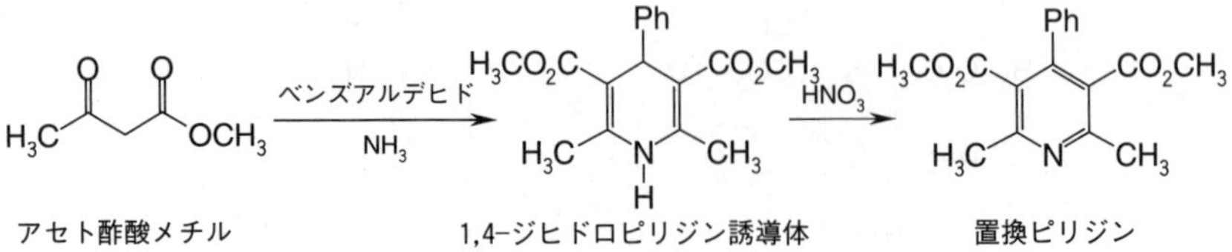

アセト酢酸メチル　　　　　　1,4-ジヒドロピリジン誘導体　　　　置換ピリジン

2）1,5-ジケトンの環化反応

1,5-ジケトンとアンモニアを反応させるとジヒドロピリジン環が得られ，酸化で容易にピリジンへと変換できる．

[1,5-ジケトン] + NH₃ —(−H₂O)→ [ジヒドロピリジン系] —[O]/−2H→ [ピリジン系]

c. ピリジンの反応

1) 求電子置換反応

ピリジン環内の電子求引性の窒素の影響により，ピリジン環中の炭素はベンゼンと比べて電子密度が減少している．そのため，ピリジンはベンゼンよりも求電子置換反応に対して反応性が低い．高温にするなどの，強い反応条件の元でいくつかの求電子置換反応を受けるが，反応収率は通常きわめて低い．おもな置換位置は3位である．

ピリジン —(Br₂, FeBr₃, 300°C)→ 3-ブロモピリジン (30%)

ピリジン —(H₂SO₄, 230°C)→ ピリジン-3-スルホン酸 (71%)

ピリジン —(HNO₃, H₂SO₄, 300°C)→ 3-ニトロピリジン (22%)

2) 芳香族求核置換反応

ピリジンは，環内に電子求引性の窒素が存在するため，芳香族求核置換反応に対してはベンゼンよりも反応性が高い．ピリジンの芳香族求核置換反応はC-2位（またはC-6位）とC-4位に起こる．

ピリジン + NaNH₂ —(トルエン, Δ)→ 2-アミノピリジン + H₂↑

この求核置換反応は，ハロゲンなどのよい脱離基があるとさらに容易に進行する．反応は求核試薬のC=N結合への付加と，中間体アニオンからのハロゲン化物イオ

ンの脱離によって進行する.

[2-クロロピリジン から NH₃ で 2-アミノピリジン, NaOCH₃ で 2-メトキシピリジン を与える反応式]

[4-ブロモ-2-メトキシピリジン が NaNH₂ で 4-アミノ-2-メトキシピリジン になる反応式]

3) アミンとしての反応

　ピリジンは第三級アミンであり,第三級アミンとしての特徴的な反応も進行する.たとえば,ピリジンはハロゲン化アルキルと求核置換反応 S_N2 を起こし,過酸化水素と反応すると N-オキシドを生成する.

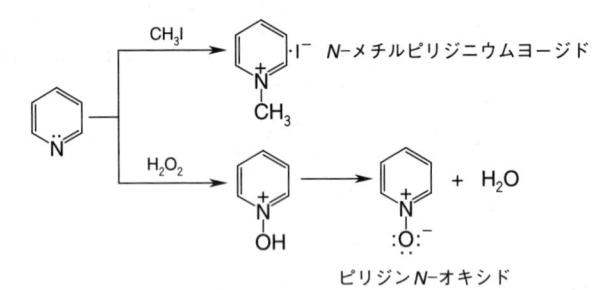

[ピリジンが CH₃I で N-メチルピリジニウムヨージド,H₂O₂ でピリジン N-オキシドを生成する反応式]

4・7・6　オキサゾール,イミダゾールとチアゾール

　オキサゾール,イミダゾールおよびチアゾールは,五員環に二つの複素原子をもち,そのうち少なくとも1個が窒素原子のものである.二つの複素原子は1個の炭素で隔てられて存在する.2個目の複素原子は,オキサゾールが酸素,イミダゾールが窒素,チアゾールでは硫黄である.

[オキサゾール (位置番号 1-O, 2, 3-N, 4, 5),イミダゾール,チアゾールの構造式]

　　オキサゾール　　イミダゾール　　チアゾール

4・7 複素環化合物およびその誘導体

これらの化合物はイソオキサゾール，ピラゾールおよびイソチアゾールのような1,2-アゾール類の異性体である．オキサゾール，イミダゾール，チアゾールの芳香族性は，複素原子の孤立電子対の非局在化によってもたらされる．

炎症，胃液分泌およびアレルギー発現における重要な情報伝達物質であるヒスタミンはイミダゾール環をもっている．ビタミンの1種であるチアミンは四級化されたチアゾール環をもっている．

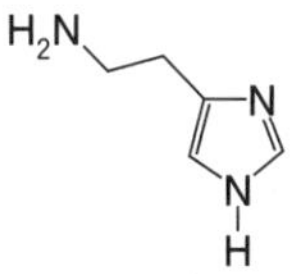

ヒスタミン 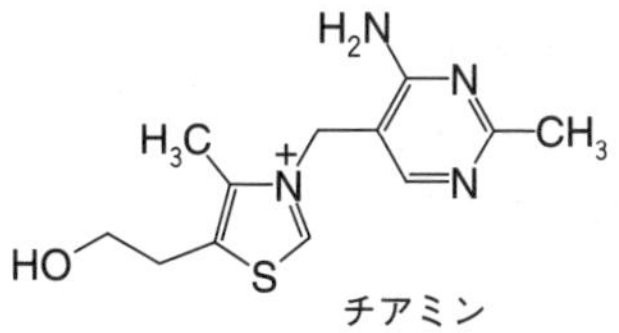　　　　　チアミン

植物や真菌の二次代謝産物を除くと，天然におけるオキサゾール環の存在例は限られている．しかし，下記の抗炎症薬にはオキサゾール環が含まれている．

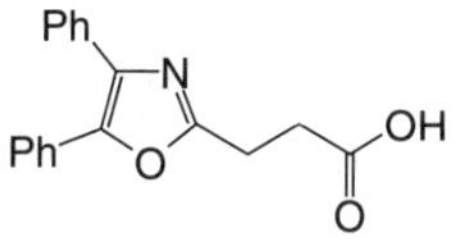

オキサプロジン（抗炎症薬）

a. オキサゾール，イミダゾール，チアゾールの物性　これらの1,3-アゾール類のうち，イミダゾールの塩基性が最も強い．イミダゾールの場合，プロトンと反応したイミダゾリウム塩の対称性がよく，安定であるため（共役酸が安定），塩基性が強くなっている．

1,3-アゾール	共役酸のpK_a	沸点〔℃〕	水への溶解	物　性
オキサゾール	0.8	69〜70	わずかに可溶	薄黄色の透明な液体
イミダゾール	7.0	255〜256	可　溶	薄黄色の透明な結晶片
チアゾール	2.5	116〜118	わずかに可溶	薄黄色の透明な液体

b. オキサゾール，イミダゾール，チアゾールの合成法

1) オキサゾールの合成法

脱水反応を伴うアミドの環化縮合反応によって対応するオキサゾールが合成できる．この合成法は**ロビンソン-ガブリエル合成**（Robinson-Gabriel synthesis）として知られている．多くの酸や酸無水物，たとえばリン酸，オキシ塩化リン，ホスゲ

ン，塩化チオニル，などがこの脱水反応を起こすことができる．

$$R'\text{-}CH(NH_2)\text{-}CO\text{-}R + R''\text{-}CO\text{-}X \xrightarrow{\text{塩基}} \text{アミド} \xrightarrow{-H_2O} \text{置換オキサゾール}$$

環化縮合

2) イミダゾールの合成法

1,2-ジカルボニル化合物と酢酸アンモニウム，アルデヒドとの縮合によってイミダゾール骨格が形成される．

(1,2-ジカルボニル化合物) + OHC-C₆H₄-F, NH₄⁺OAc⁻ → イミダゾール誘導体

3) チアゾールの合成法

ハンチュ合成はチオアミドからのチアゾール骨格の合成に利用できる．反応は硫黄による求核攻撃とそれに続く環化縮合で進行する．

(クロロアセトン) + (チオアミド) → (-HCl, 熱) → 2,4-ジメチルチアゾール

この方法の変法として，チオアミドの代わりにチオ尿素を使用する方法がある．

(クロロアセトン) + (チオ尿素) → 熱 → (2-アミノ-4-メチルチアゾール·HCl) → NaOH → 2-アミノ-4-メチルチアゾール

c. オキサゾール，イミダゾール，チアゾールの反応 ピリジンの窒素に類似した性質の窒素があるため，1,3-アゾール類は求電子攻撃に対して反応性が低く，求核試薬との反応性が上昇している．

1) 芳香族求電子置換反応

オキサゾール，イミダゾール，チアゾールは芳香族求電子置換反応に対する反応性は低いが，環に電子供与性基が存在すると反応が進行するようになる．たとえば，2-メトキシチアゾールはチアゾール自身よりも反応性が高い．オキサゾール，イミダゾール，チアゾールに関する求電子置換反応の具体例を以下に示した．

2) 芳香族求核置換反応

1,3-アゾール類は，ピロール，フラン，チオフェンに比べて求核攻撃に対する反応性が高い．2-ハロ-1,3-アゾールでは活性化する必要はなく，求核置換反応がきわめて容易に進行する．

4・7・7 イソオキサゾール，ピラゾールおよびイソチアゾール

イソオキサゾール，ピラゾール，イソチアゾールは1,2-アゾール構造をもつ複素環であり1個の窒素以外にもう一つの複素原子を含んでいる．二番目の複素原子は，イソオキサゾール，ピラゾール，イソチアゾールそれぞれに対して，酸素，窒素，硫黄である．これらの化合物は，複素原子上の孤立電子対の非局在化によって芳香

族性をもつ.

イソオキサゾール　　ピラゾール　　イソチアゾール

複素環の 1,2-アゾール類は医薬品において重要である．たとえば，以下の気管支喘息に用いられる医薬品はイソオキサゾール環を含んでいる．

a. イソオキサゾール，ピラゾール，イソチアゾールの物性　　1,2-アゾール類は，プロトンとの反応に利用できる窒素原子上の孤立電子対の存在により塩基性を示す．しかし，これらの化合物は，隣接する複素原子の電子求引性効果のため，その異性体である 1,3-アゾール類と比べると塩基性は弱い．いくつかの物性データについて以下に示した．

1,2-アゾール	共役酸の pK_a	沸点〔℃〕	融点〔℃〕	物　性
イソオキサゾール	−2.97	95	—	液　体
ピラゾール	2.52	186〜188	60〜70	固　体
イソチアゾール	—	114	—	液　体

b. イソオキサゾール，ピラゾール，イソチアゾールの合成法
1) イソオキサゾールおよびピラゾール合成
　1,3-ジケトンをヒドロキシルアミンと反応させるとイソオキサゾールが，またヒドラジンと反応させると対応するピラゾールが得られる．

2) イソチアゾール合成
　イソチアゾールはチオアミド誘導体から以下のようにして合成される．

c. イソオキサゾール，ピラゾール，イソチアゾールの反応 1,3-アゾール類の場合と同様に，ピリジン中の窒素と類似した窒素原子が存在することにより，1,2-アゾール類もフラン，ピロール，チオフェンなどと比べて求電子置換反応に対する反応性は低い．しかし，適当な条件を選択すると，求電子置換反応が進行するようになり，反応する位置は，以下のブロモ化の例でみられるように，C-4 位である．ニトロ化とスルホン化も起こすことができるが，厳しい反応条件が必要である．

4・7・8 ピリミジン

ピリミジンは，1 個の炭素で隔てられた 2 個の窒素を環内にもつ六員環複素芳香族である．核酸である DNA や RNA は置換されたプリンやピリミジンを含む．シトシン，ウラシル，チミンおよびアロキサンは，生物学的に重要なピリミジン誘導体の例であり，このうち前者三つは核酸の構成成分である．

多くの医薬品分子が置換されたピリミジン骨格を含んでいる．最もよく知られているのは抗がん剤である 5-フルオロウラシルであり，この化合物は構造的にチミンや抗ウイルス薬であり現在 AIDS の治療に用いられている AZT，さらによく知られた鎮静薬であるフェノバルビタールなどと類似している．

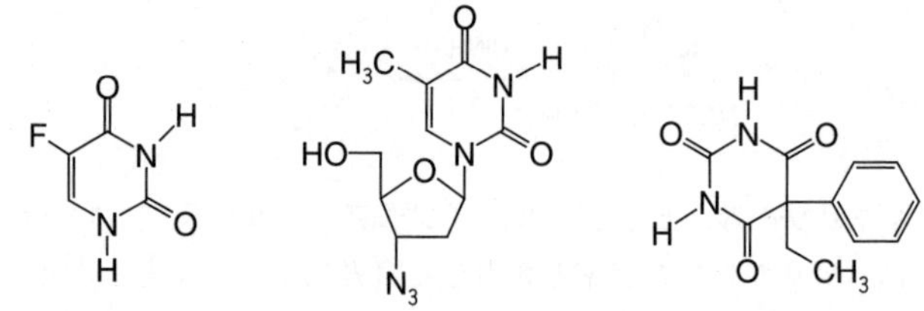

5-フルオロウラシル
抗がん剤

アジドチミジン (AZT)
抗ウイルス薬

フェノバルビタール
鎮静薬

ピリミジンと同じ組成をもつ異性体はピリダジンおよびピラジンであり，これらはピリミジンとは環内の窒素の位置が異なっている．これらの三つの複素環はまとめて**ジアジン**（diazine）とよばれる．

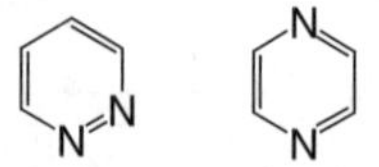

ピリダジン　　ピラジン

a. ピリミジンの物性　ピリミジンは，2個目の窒素が存在することによりピリジンよりも塩基性が弱くなる．ピリミジンの共役酸はかなり強い酸である（pK_a = 1.0）．ウラシル，チミン，およびシトシンのN-1位水素のpK_a値は，それぞれ9.5, 9.8 および 12.1 である．ピリミジンは吸湿性の固体（沸点 123～124 ℃，融点 20～22 ℃）であり，水によく溶ける．

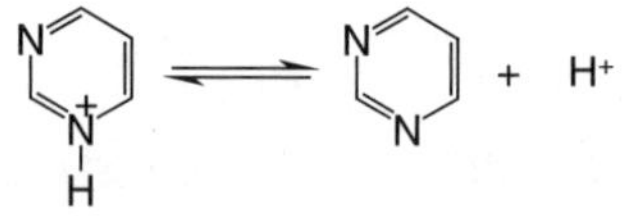

ピリミジンの共役酸　⇌　+ H$^+$

ピリミジンの共役酸

b. ピリミジンの合成法　二つの求電子部位をもつ化合物と，二つの求核部位をもつ化合物は一般的なピリミジン合成の基本物質である．アミジン（尿素，チオ尿素あるいはグアニジン）と 1,3-ジケト化合物の反応によってピリミジン環が形成できる．これらの反応は酸，または塩基で触媒される．

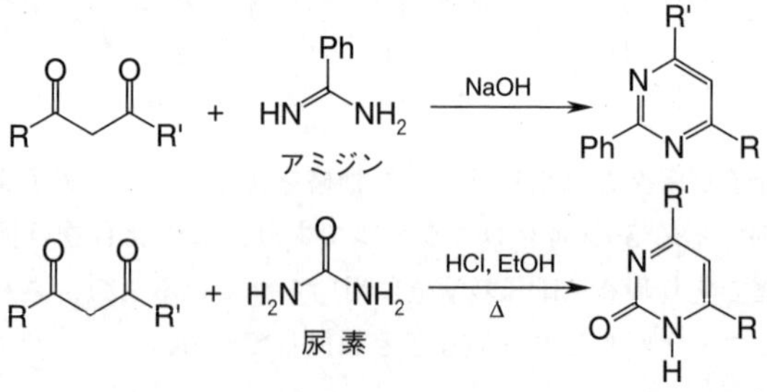

アミジン

尿素

c. ピリミジンの反応

1) 芳香族求電子置換反応

ピリミジンの反応性はピリジンと似ているが，2個目の窒素の存在により求電子置換反応に対する反応性はさらに低下している．たとえばニトロ化は，環内に二つの活性化基が存在する場合にのみ（たとえば2,4-ジヒドロキシピリミジン（ウラシル））進行する．求電子置換反応に対して最も活性なのはC-5位である．

ウラシルのケト-エノール互変異性体 → 2,4-ジヒドロキシ-5-ニトロピリミジン（5-ニトロウラシル）

2) 芳香族求核置換反応

ピリミジンは，環内にある2個目の電子求引性窒素原子の影響で，芳香族求核置換反応に対してはピリジンよりも活性が高い．ピリミジンのC-2, C-4, C-6位に脱離基が存在すると求核試薬との置換反応が起こる．

4-ブロモピリミジン + NH_3 → 4-アミノピリミジン + HBr

2-クロロピリミジン + $NaOCH_3$ → 2-メトキシピリミジン + NaCl

4・7・9 プリン

プリンはイミダゾール環がピリミジン環に縮合した構造をもっている．グアニンとアデニンは核酸 DNA, RNA 中に存在する 2 種のプリン塩基である．

プリン　　アデニン　　グアニン

自然界からは数種のプリン誘導体が見いだされている．たとえば，キサンチン，ヒ

ポキサンチン，尿酸などがそうである．医薬品として重要な，中枢神経刺激薬であるキサンチンアルカロイド，カフェイン，テオブロミン，テオフィリンなどが茶葉，コーヒー豆，カカオから発見されている．プリンの生合成経路では，先にイミダゾール環が合成され，つぎにピリミジン環が構築される過程を含んでいる．

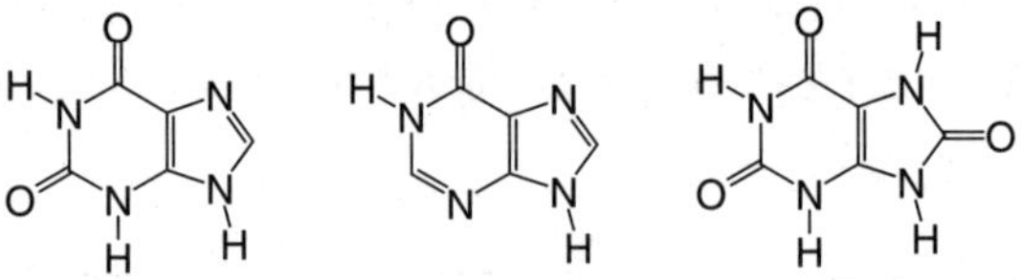

キサンチン　　ヒポキサンチン　　尿　酸

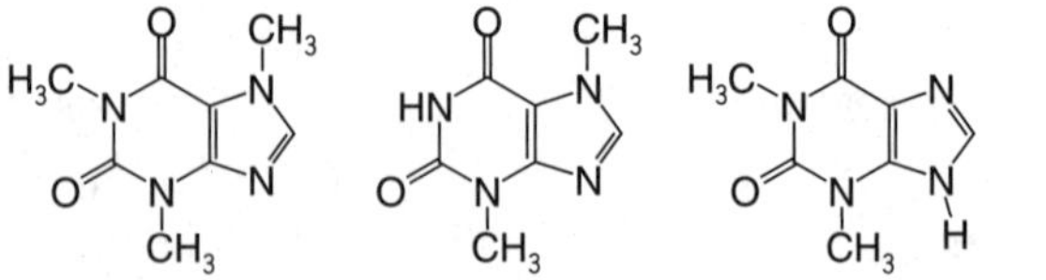

カフェイン　　テオブロミン　　テオフィリン

プリン塩基とピリミジン塩基は，タンパク質合成の制御にかかわることで，細胞の代謝過程において重要な役割を果たしている．そのため，これらの化合物の合成類似体ががん細胞の成長抑制に用いられている．そのうちの例の一つとして，よく知られたアデニン類似体の抗がん剤である 6-メルカプトプリンがある．

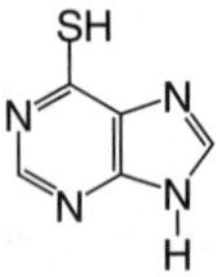

6-メルカプトプリン
（抗がん剤）

a. プリンの物性　プリンは塩基性の固体結晶である（融点 214℃）．イミダゾール環に縮環したピリミジン環が存在するため，両方の環の性質を併せもっている．電子供与性のイミダゾール環の存在により，無置換のプロトン化されたピリミジン（$pK_a = 1.0$）より酸性が弱くなる（$pK_a = 2.5$）．一方，電子求引性のピリミジン環の存在により，N-9 位の水素は，無置換イミダゾールの N-1 位の水素（$pK_a = 14.4$）に比べてより酸性が強くなっている（$pK_a = 8.9$）．

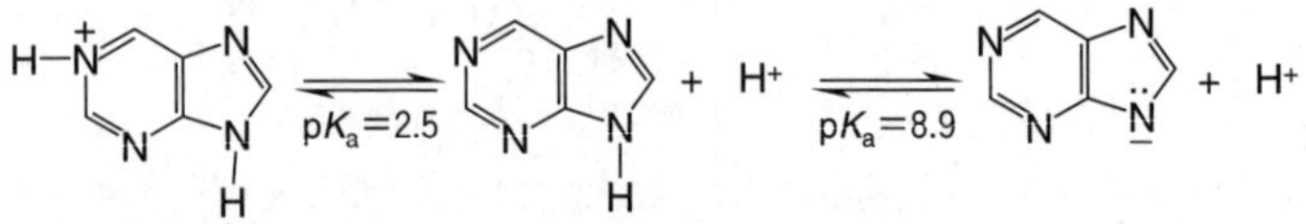

b. プリンの反応性

1) 求核置換反応

アミノプリンは亜硝酸と反応して対応するヒドロキシ化合物を与える.

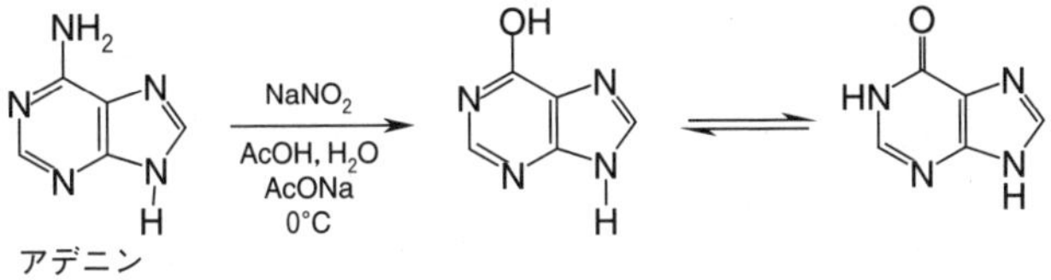

2) アミノプリンの脱アミノ化反応

アデニンおよびグアニンは脱アミノ化反応を受けて，それぞれヒポキサンチンとキサンチンに変換される.

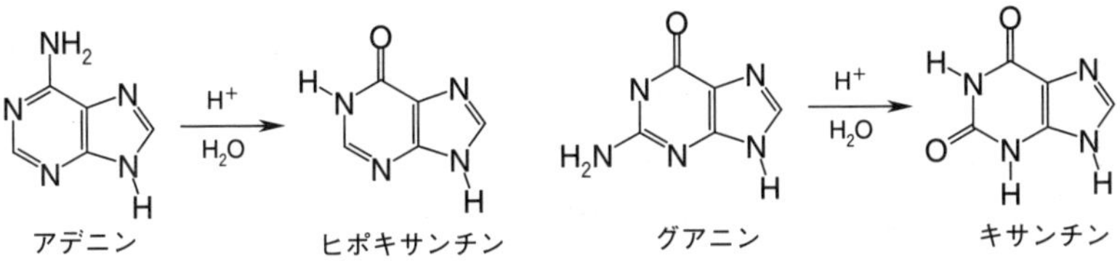

3) キサンチンおよびヒポキサンチンの酸化反応

キサンチンおよびヒポキサンチンはキサンチンオキシダーゼで酸化されて尿酸を生成する.

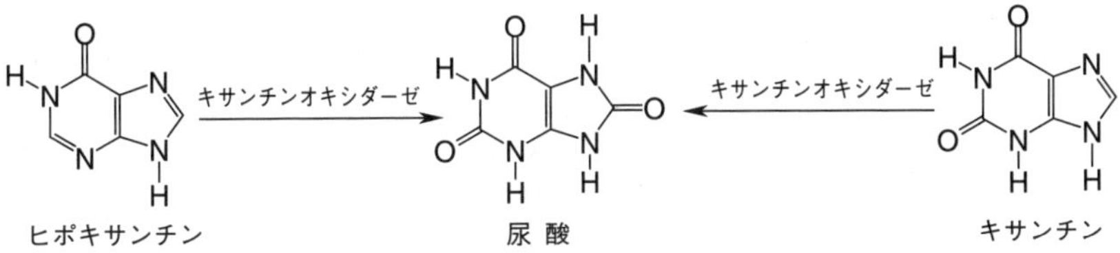

4・7・10 キノリンおよびイソキノリン類

ベンゾピリジン誘導体であるキノリンおよびイソキノリン類は，ベンゼンとピリジンが縮環した複素環化合物で，互いに異性体の関係にある．キノリンでは，ピリジンのC2-C3に相当する部位で，イソキノリンではピリジンのC3-C4部位でベンゼンと縮環している．ベンゼンやピリジンと同様に，これらのベンゾピリジン類も

芳香族である．

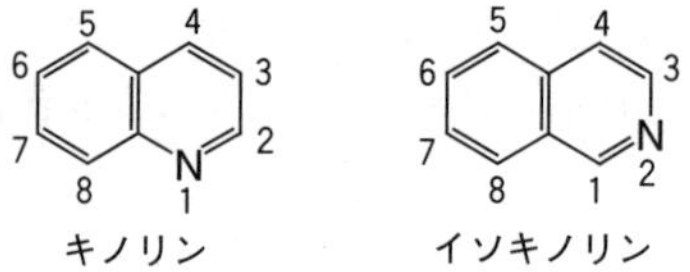

キノリン

イソキノリン

多くの天然から得られる生理活性アルカロイドはキノリンおよびイソキノリン骨格をもっている．たとえば *Papaver somniferum* から得られるパパベリンはイソキノリンアルカロイドであり，キナの樹皮に存在するキニーネは，抗マラリア作用をもつキノリンアルカロイドである．

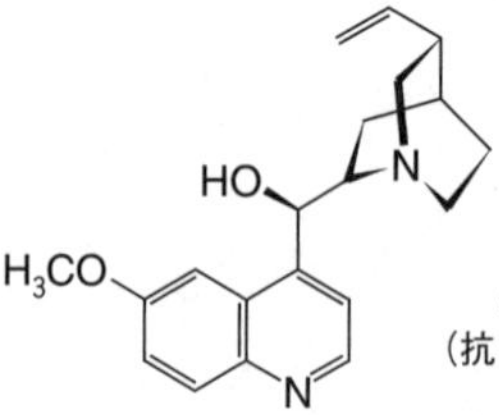

キニーネ
(抗マラリア薬)

a. キノリンおよびイソキノリンの物性　キノリンおよびイソキノリンは塩基性である．ピリジンと同様に，キノリン，イソキノリンの窒素は通常の酸性条件下でプロトン化反応を受ける．プロトン化した共役酸の pK_a の値はそれぞれ 4.85（キノリン），5.14（イソキノリン）であり，ピリジンの場合と似通っている．

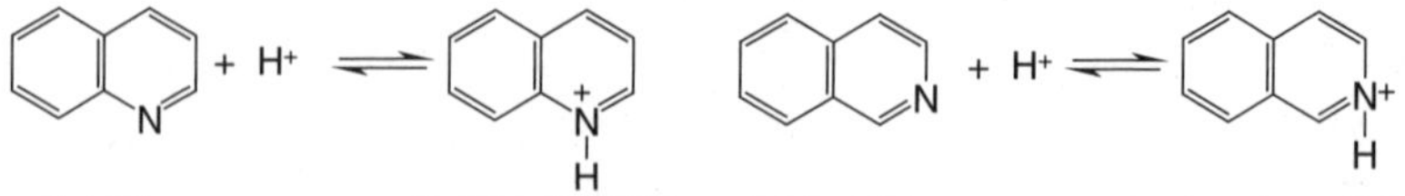

キノリン　　キノリンの共役酸　　イソキノリン　　イソキノリンの共役酸

キノリンは液体であり，光にさらすと黄色になり，さらにゆっくりと褐色に変化する．水には少ししか溶けないが，多くの有機溶媒とは容易に混ざり合う．イソキノリンは板状結晶であり，水に難溶であるがエタノール，アセトン，ジエチルエーテル，二硫化炭素その他の有機溶媒によく溶ける．薄い酸性水溶液にもプロトン化して溶ける．その他の物性に関して以下の表に示した．

	沸点〔℃〕	融点〔℃〕	物　性
キノリン	238	−15.0	無色液体．強い臭い
イソキノリン	242	26〜28	室温で無色液体．臭いはない

b. キノリンおよびイソキノリンの合成法

1) キノリンの合成法

スクラウプ合成（Skraup synthesis）は，酸触媒および脱水剤として硫酸を用い，アニリンとグリセロールを加熱して反応させることによってキノリン環を合成するのに用いられる．激しい発熱反応であるため，通常，硫酸鉄(II)を反応の減速剤として用いる．この合成法の最も確からしい反応機構は，グリセロールが脱水反応を受けてアクロレインとなり，アニリンがこれに対して共役付加をするというものである．生成した中間体が環化反応を起こし，酸化および脱水反応を経由してキノリン環を与える．

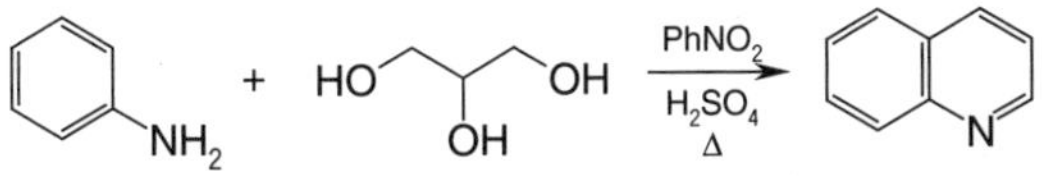

キノリン骨格の合成に，2-ニトロアリールカルボニル化合物を用いる**フリードレンダー合成**（Friedländer synthesis）の改良法が用いられることがある．フリードレンダー反応自体は，原料の2-アミノアリールカルボニル化合物を調製するのが困難であるため，実際に行うのには手間がかかる．

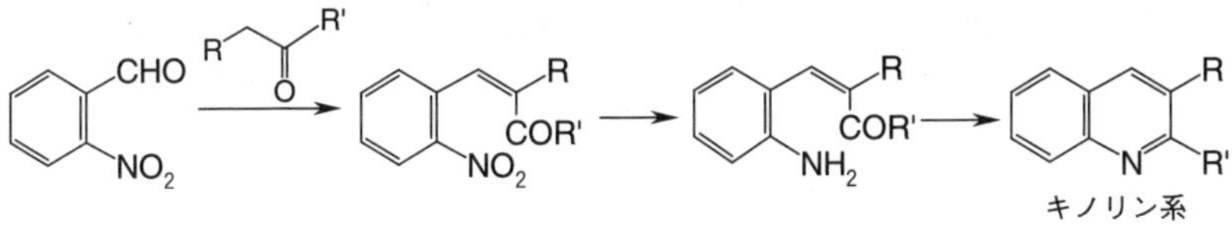

2) イソキノリン合成法

イソキノリン環の構築には**ビシュラー-ナピエラルスキー合成**（Bischler-

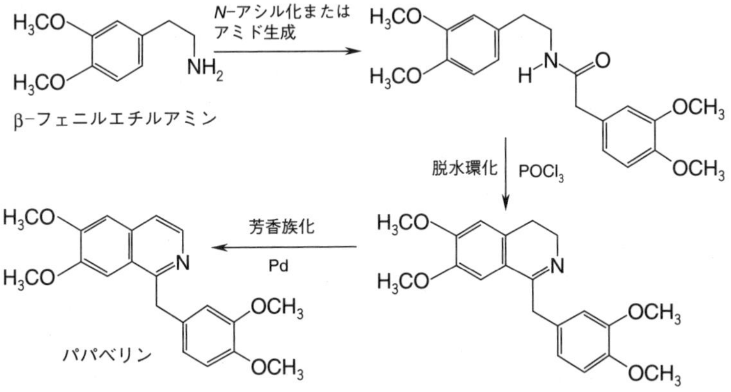

Napieralski synthesis）が用いられる．β-フェニルエチルアミンがアシル化され，オキシ塩化リン，または他のルイス酸を用いて脱水閉環させることによってジヒドロイソキノリンが得られ，これをパラジウムによる脱水素化によって芳香化させる．例として，薬理活性をもつイソキノリンアルカロイドの一種であるパパベリンの合成を示した．

　イソキノリン環を合成するもう一つの方法に，**ピクテースペングラー合成**（Pictet-Spengler synthesis）がある．β-フェニルエチルアミンをアルデヒドと反応させてイミンとし，これを酸触媒存在下環化させるとテトラヒドロイソキノリン環が得られる．これをパラジウムによる脱水素化によって芳香化させるとイソキノリンが生成する．

c. キノリンおよびイソキノリンの反応性

1）芳香族求電子置換反応

　キノリンおよびイソキノリンは，ベンゼン環の側で芳香族求電子置換反応を起こす．なぜならピリジン環に比べ，ベンゼン環の方が求電子反応に対する反応性が高いからである．置換位置は，以下のブロモ化の例でみるように，キノリンおよびイソキノリンのC-5位あるいはC-8位である．

2) 芳香族求核置換反応

キノリンとイソキノリンの芳香族求核置換反応は，ピリジン環の方がベンゼン環より反応性が高いため，ピリジンの側で進行する．キノリンではC-2位，およびC-4位で反応するが，イソキノリンはC-1位でのみ反応が起こる．

$$\text{2-bromoquinoline} \xrightarrow[\Delta]{\text{NaOCH}_3} \text{2-methoxyquinoline} + \text{NaBr}$$

$$\text{1-bromoisoquinoline} \xrightarrow[\Delta]{\text{NaNH}_2} \text{1-aminoisoquinoline} + \text{NaBr}$$

4・7・11 インドール

インドールはピロールがC-2/C-3位でベンゼンに縮環した構造をもっており，ベンゾピロールとよべる化合物である．インドールは，窒素原子の孤立電子対が非局在化して，結果として10π系となっている．ベンゾフランとベンゾチオフェンは複素原子が異なっているが，インドールとよく似た構造である．

ベンゾピロール　　　　ベンゾフラン　　　　ベンゾチオフェン
（インドール）

インドール骨格をもつ化合物は，天然から見いだされるアルカロイドの中でも最も数が多いものの一種である．薬理活性をもつ重要な医薬品や，医薬品候補となりうる多くの化合物がインドール骨格をもっている．たとえば，よく知られた神経伝達物質であるセロトニンは，置換基をもつインドール誘導体である．

セロトニン
（5-ヒドロキシトリプタミン）
神経伝達物質

a. インドールの物性　　インドールは弱塩基性化合物であり，これの共役酸は

強い酸（pK_a = −2.4）である．インドールは無色の固体（沸点253〜254℃，融点52〜54℃）であり，強い排泄物臭をもっている．しかし，濃度が薄い場合には花のような臭いとなる．水にわずかに溶け，エタノール，エーテル，ベンゼンのような有機溶媒にはよく溶ける．

b. インドールの合成法

1) フィッシャーのインドール合成

酸，またはルイス酸触媒とアリールヒドラゾンを加熱閉環させることによりインドール骨格が得られる．最もよく用いられる触媒は塩化亜鉛である．この反応の問題点は，非対称なケトンを用いると，R′の部分にα-メチレン構造がある場合には2種類のインドールが生成してしまうことである．

フェニルヒドラジン　　　　　　　　　　　　フェニルヒドラゾン　　　　　　　インドール誘導体

2) レイングルーバー合成（Leimgruber synthesis）

ニトロトルエンのアミノメチレン化とそれにひき続く水素添加反応によりインドール骨格が得られる．

c. インドールの反応性

1) 芳香族求電子置換反応

インドールの芳香族求電子置換反応は，ベンゼンに比べ，ピロール環の方が求電子反応に対して活性が高いため，五員環のピロールの側で起こる．インドールは電

子豊富な複素環であり，芳香族求電子置換反応は，おもに C-3 位で進行する．
　マンニッヒ反応は，アミノメチル化されたインドールが得られる芳香族求電子置換反応の一例である．

同様に，ビルスマイヤー反応を用いると，インドールの C-3 位にアルデヒド（ホルミル基）が導入される．

2) インドールの試験法
　インドールはアミノ酸であるトリプトファンの構成成分であり，トリプトファンは細菌の酵素トリプトファナーゼによって分解される．トリプトファンが分解すると，インドール骨格の存在を**コバックス試薬**（Kovacs' reagent）によって確認することができる．コバックス試薬は黄色で，インドールと反応すると試験管内の液体表面に赤色の層が生成する．コバックス試薬は 150 mL のイソアミルアルコール中に 10 g の p-アミノベンズアルデヒドを溶解させ，そこへ 50 mL の濃塩酸をゆっくりと加えて調製する．

4・8 核　　酸
　核酸であるデオキシリボ核酸（DNA）とリボ核酸（RNA）は，細胞の遺伝情報を伝達する化学物質である．核酸は，**ヌクレオチド**（nucleotide）が連続的に結合して長鎖となった生体高分子化合物である．これらの生体高分子はしばしばタンパク質と結合して存在している．この形で存在するものは**核タンパク質**（nucleoprotein）とよばれる．それぞれのヌクレオチドはリン酸基で結合した**ヌクレオシド**（nucleoside）からできていて，各ヌクレオシドはアルドペントースに属するリボース，または 2-デオキシリボースと，複素環であるプリンまたはピリミジンが

結合したものから成っている（§4・7参照）．

リボース　　　2-デオキシリボース

RNAの糖部は**リボース**（ribose），DNAの糖部は**2-デオキシリボース**（2-deoxyribose）である．デオキシリボヌクレオチド中には，複素環部分がプリン塩基であるアデニンとグアニン，ピリミジン塩基であるシトシンとチミンが含まれる．リボヌクレオチド中にもアデニン，グアニン，シトシンは存在するが，チミンはなく，その代わりにもう一つのピリミジン塩基であるウラシルが存在する．

ヌクレオチド中では，複素環塩基は糖のC-1位にN-グリコシド-β-結合を介して結合しており，リン酸はリン酸エステルとして糖のC-5位に結合している．糖

デオキシリボ核酸（DNA）

ヌクレオチドの名称	組　成
2′-デオキシアデノシン 5′-リン酸	アデニン＋デオキシリボース＋リン酸
	ヌクレオシドは2′-デオキシアデノシン（アデニンとデオキシリボースからなる）
2′-デオキシグアノシン 5′-リン酸	グアニン＋デオキシリボース＋リン酸
	ヌクレオシドは2′-デオキシグアノシン（グアニンとデオキシリボースからなる）
2′-デオキシシチジン 5′-リン酸	シトシン＋デオキシリボース＋リン酸
	ヌクレオシドは2′-デオキシシチジン（シトシンとデオキシリボースからなる）
2′-デオキシチミジン 5′-リン酸	チミン＋デオキシリボース＋リン酸
	ヌクレオシドは2′-デオキシチミジン（チミンとデオキシリボースからなる）

リボ核酸（RNA）

ヌクレオチドの名称	組　成
アデノシン 5′-リン酸	アデニン＋リボース＋リン酸
	ヌクレオシドはアデノシン（アデニンとリボースからなる）
グアノシン 5′-リン酸	グアニン＋リボース＋リン酸
	ヌクレオシドはアデノシン（グアニンとリボースからなる）
シチジン 5′-リン酸	シトシン＋リボース＋リン酸
	ヌクレオシドはシチジン（シトシンとリボースからなる）
ウリジン 5′-リン酸	ウラシル＋リボース＋リン酸
	ヌクレオシドはウリジン（ウラシルとリボースからなる）

がヌクレオシドの一部に属している場合，糖の位置番号は 1′ から始まる．つまり C-1 は C-1′ となる．具体例として 2′-デオキシアデノシン 5′-リン酸，ウリジン 5′-リン酸，などと命名する．

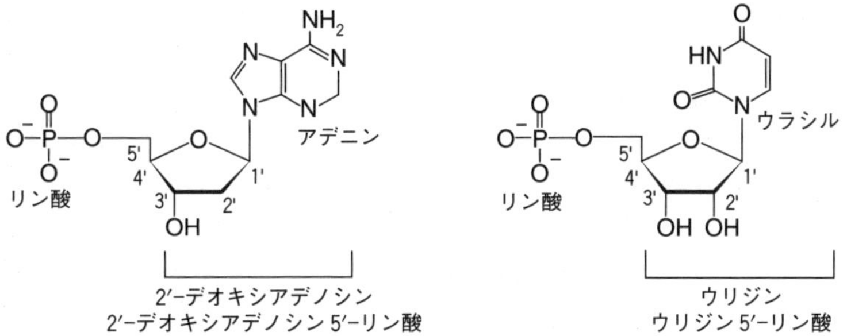

2′-デオキシアデノシン
2′-デオキシアデノシン 5′-リン酸

ウリジン
ウリジン 5′-リン酸

構造的には似通っているが，DNA と RNA は大きさや，細胞中での機能は異なる．細胞核中の DNA の分子量は 1500 億，長さも 12 cm にも達するのに対し，細胞核の外で見いだされる RNA の分子量は 35,000 程度である．

4・8・1 ヌクレオシドおよびヌクレオチドの合成

適切に保護基が結合したリボースまたは 2-デオキシリボースと，適当なプリン

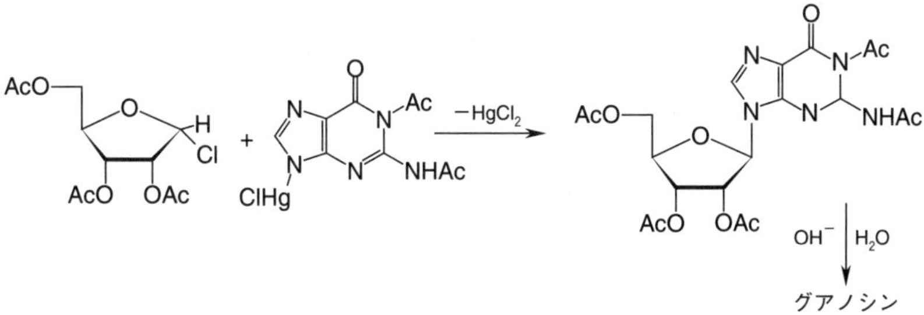

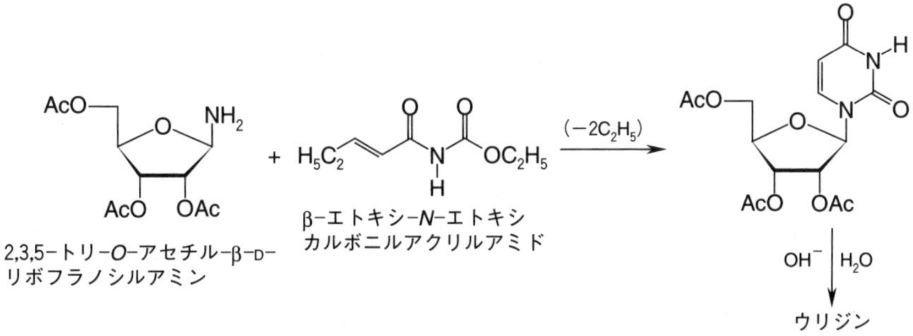

2,3,5-トリ-O-アセチル-β-D-リボフラノシルアミン

β-エトキシ-N-エトキシカルボニルアクリルアミド

グアノシン

ウリジン

またはピリミジン塩基を結合させるとヌクレオシドが生成する．たとえば，グアノシンは，保護基のついた塩化リボフラノシルとクロロ水銀化グアニンの反応で得られる．

ヌクレオシドは，保護基のついたリボシルアミン誘導体を利用した複素環塩基の生成反応によっても合成できる．

ヌクレオシドのリン酸化反応により対応するヌクレオチドが得られる．リン酸化試薬としては，ジベンジルホスホリルクロリドなどが用いられる．リン酸化を C-5′ 位で行うためには，C-2′ と C-3′ 位のヒドロキシ基を保護しなければならず，通常イソプロピリデン基が用いられる．最後の段階では，この保護基は弱い酸触媒条件で取り除くことができ，水素化分解によってベンジル基を除去することができる．

4・8・2 核酸の構造

a. 一次構造　DNA，RNA 分子中で，ヌクレオチドは，一方のヌクレオチドの 5′-リン酸基ともう一つのヌクレオチド中の糖部分の 3′-ヒドロキシ基との間でリン酸エステルを形成することによってつぎつぎに結合していく．核酸中でこれらのリン酸エステル結合は，糖とリン酸から成る枝分かれのない長い鎖状構造を形成し，その鎖から等しい間隔で複素環塩基がつき出ている．核酸の一方の端は C-3′ のヒドロキシ基が（3′ 末端），もう一方の端には C-5′ 位にリン酸が（5′ 末端），それぞれ存在している．

核酸の構造は個々のヌクレオチドの並び方に依存して決まる．多様な生物種から，

多くの核酸塩基配列のデータが手に入るようになってきている．個々のヌクレオチドの名前を書く代わりに，アデノシンはA，チミジンはT，グアノシンはG，シチジンはCの略号を用いて表記する．したがって，典型的なDNA鎖は，たとえばTAGGCTのように表される．

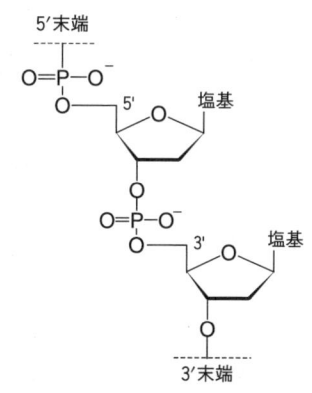

DNAの一般的な構造

b. 二次構造: 塩基対形成　DNA鎖中の塩基配列には遺伝情報が含まれる．同じ生物種の異なる組織から単離されたDNA中の核酸塩基の比は等しい，しかし，異なる生物種からとったDNAサンプルでは核酸塩基の比は異なっている．たとえば，ヒト胸腺のDNAは30.9％のアデニン，29.4％のチミン，19.9％のグアニン，19.8％のシトシンを含んでいるが，細菌の一種である *Staphylococcus aureus* では，30.8％のアデニン，29.2％のチミン，21％のグアニン，19％のシトシンを含んでいる．これらの例から，DNA中の塩基が対になって存在していることが明らかである．アデニンとチミン，グアニンとシトシンはそれぞれ同量ずつ含まれている．1940年代後半に，E. Chargaff（シャルガフ）がこの規則性を見いだし，以下のようにまとめた．

(a) プリン塩基の合計比率はピリミジン塩基の合計比率に等しい．つまり

$$(\% G + \% A)/(\% C + \% T) = 1$$

(b) アデニンのモル存在比はチミンとほぼ等しい，つまり

$$\% A/\% T \cong 1$$

同様にグアニンとシトシンに関しても，$\% G/\% C \cong 1$ である．

これらの初期の発見を説明するために，DNAの二次構造が1953年に，James Watson（ワトソン）と Francis Crick（クリック）によって初めて提案された．彼らは，Chargaffの実験結果，および Rosalind Franklin のX線結晶解析のデータを満足させる構造として，二重らせんを考案した．ワトソン-クリックのモデルによると，DNAは2本のポリヌク

レオチド鎖が，らせん階段の手すりのように，互いに巻き付いて二重らせんを形成している．アデニンとチミンは互いに強い水素結合を形成するが，これらの塩基はシトシンやグアニンとは水素結合しない．同様に，シトシンとグアニンは強い水素結合をつくるが，これらはアデニンやチミンとは水素結合しない．

グアニン　　シトシン　　　　　アデニン　　チミン

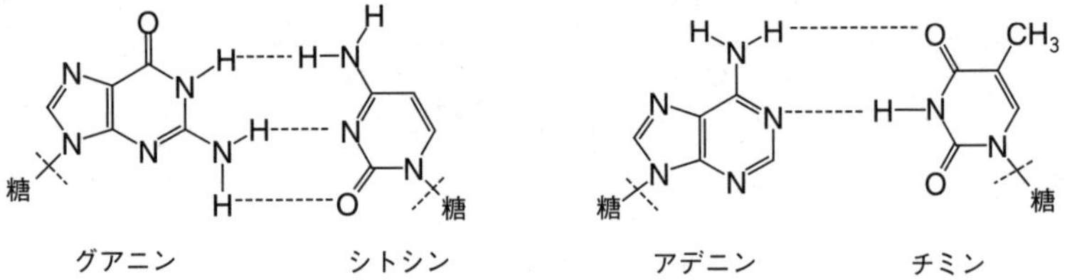

DNA二本鎖の塩基対の間の水素結合

塩基対はらせん構造の内側に存在し，糖−リン酸骨格はらせんの外側に位置する．らせんは10個の連続するヌクレオチドで1回転し，そのピッチ（1回転で進む距離）は3.4 nmである．らせんの外側の幅は約2.0 nm，内側の，二つの鎖の1′位のリボー

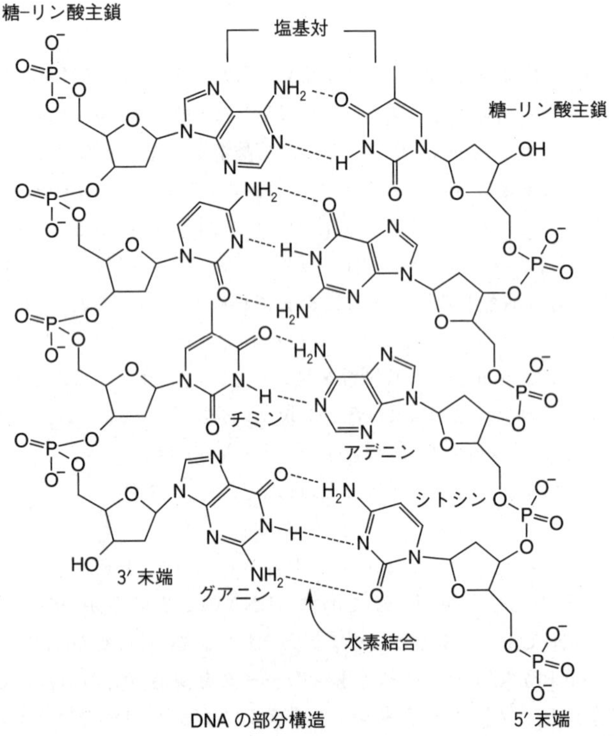

DNAの部分構造

ス同士の距離は約 1.1 nm である．

　DNA 二重らせんの 2 本の鎖は等しくないが，互いに相補的な関係になっている．すなわち，一方にシトシンがあれば他方にはグアニンがあり，アデニンとチミンについても同様の関係にある．この相補的な塩基対が，なぜ A と T，C と G が常に等量あるのかということを説明している．また，この関係により，細胞分裂の際に DNA がどのようにして自己複製し，2 個の娘細胞に遺伝情報を伝えていくのかが説明できる．

　二本鎖は，2 種類の溝ができるような様式でらせん構造をつくり，大きな溝の幅は 1.2 nm，小さな溝は 0.6 nm である．平面状の多環性分子は二本鎖の溝の間の，水素結合している塩基対の間に横から入り込む（インターカレーション）．多くの発がん性分子および抗がん剤はそれらの作用を，DNA にインターカレートすることによって発現する．

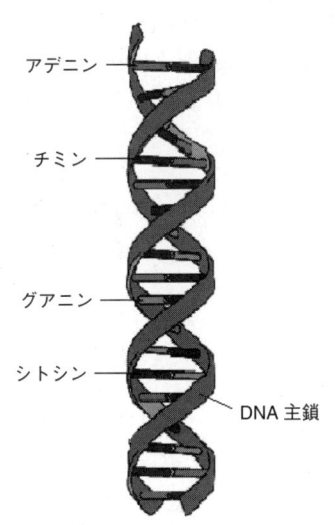

（図：DNA 二重らせん構造．アデニン，チミン，グアニン，シトシン，DNA 主鎖）

　DNA の糖-リン酸主鎖はきわめて規則的であり，主鎖に対する複素環塩基対の順序はさまざまである．塩基対が正確に並ぶことで遺伝情報が伝えられる．

4・8・3　核 酸 と 遺 伝

　生命の遺伝情報は DNA 鎖中のデオキシリボ核酸の配列中に蓄えられている．三つの基本的なプロセスが，蓄積された遺伝情報の伝達過程に含まれている．

・**複製**（replication）　この過程で DNA の同一のコピーがつくられ，情報が保存されて子孫へと伝えられる．

- **転写**(transcription) 　この過程で,蓄えられた遺伝情報が読み取られ,核からタンパク質合成が行われるリボソームへと伝えられる.
- **翻訳**(translation) 　この過程では,遺伝情報が解読されてタンパク質が合成される.

a. DNAの複製
DNAの複製は,二重らせんの一部が巻き戻されることで開始される,酵素が関与する過程である.細胞分裂の直前に,二重らせんの巻き戻しが開始される.二本鎖が離れて塩基が露出するようになると,それぞれの鎖のAに対してT,Cに対してGというように,新しいヌクレオチドが相補的に並び始める.二つの新しい鎖が成長を始めるが,これらは元の古い鎖に対して相補的である.二つの全く等しいDNA二重らせんがこのようにして合成され,これらの新しい分子は継続して,それぞれの娘細胞に受け継がれる.それぞれの新しいDNAは1本の古いDNA鎖と,新しい1本のDNA鎖をもち,そのためこの過程は**半保存的複製**(semiconservative replication)とよばれる.

新しいヌクレオチド単位は,成長している鎖の5′位から3′の方向へ付加し,

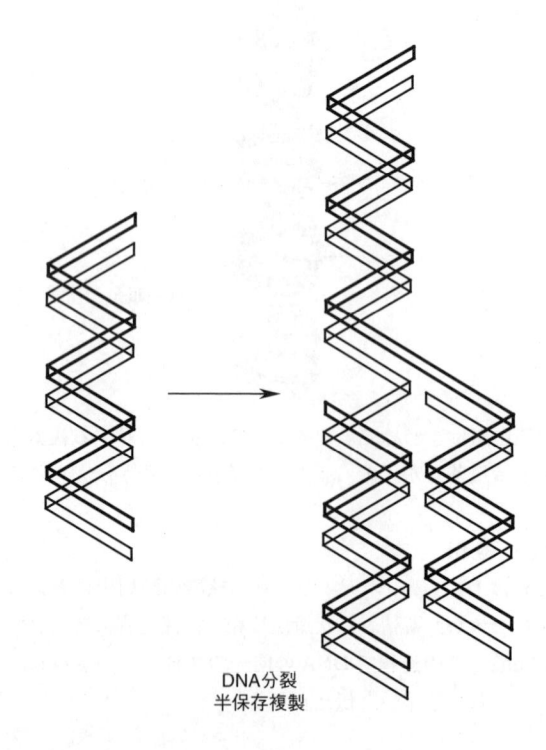

DNA分裂
半保存複製

DNAポリメラーゼとよばれる酵素によって触媒される．最も重要な過程は 5′-モノヌクレオシド三リン酸が，成長している鎖の 3′-位のヒドロキシ基に付加する過程であり，3′-位のヒドロキシ基が三リン酸部分を攻撃し，二リン酸が脱離基として遊離する．

b. 転写: RNA の合成　　転写は遺伝情報が mRNA とよばれる RNA の形に書き換えられて始まる．リボ核酸 (RNA) は DNA と構造的に類似しているが，2′-デオキシリボースの代わりにリボースが，またチミンの代わりにウラシルが用いられている．それぞれの機能に応じて 3 種類の主要な RNA が存在する．しかし，どの RNA も DNA に比べるとはるかに小さく，二本鎖ではなく単鎖で存在する．

(a) メッセンジャー RNA (mRNA) は，DNA からの遺伝情報をタンパク質合成が行われるリボソームへ運ぶ．

(b) リボソーム RNA (rRNA) はタンパク質と複合体 (核タンパク質) を形成して，リボソームの構造を形づくる．

(c) トランスファー RNA (tRNA) はリボソーム上にアミノ酸を運んでタンパク質合成を行わせる．

タンパク質合成は細胞核中での mRNA の合成によって開始される．DNA の二重らせんの一部は適切に巻き戻されて，少なくとも一つの**遺伝子** (gene) に対応する長さの一本鎖になる．細胞核中に存在するリボヌクレオチドは，一本鎖になった DNA 鎖に，DNA 塩基が対をなすときに観測されるのと同じような様式で，対をなして結合する．RNA の場合，チミンに変わってウラシルが用いられる．mRNA のリボヌクレオチド単位は **RNA ポリメラーゼ** (RNA polymerase) という酵素によって鎖状に結合する．合成された mRNA は細胞質に移動し，そこでタンパク質合成の鋳型として機能する．両方の鎖が複製される DNA 複製の場合とは異なり，二つの DNA のうち一方のみが mRNA に転写される．遺伝子を含むらせん構造は**コード鎖** (coding strand) あるいは**センス鎖** (sense strand) とよばれる．転写を受ける鎖は，**テンプレート鎖** (template strand) あるいは**アンチセンス鎖** (antisense strand) とよばれる．テンプレート鎖とコード鎖が相補的で，テンプレート鎖と RNA 分子も相補的なので，転写によって生成する RNA 分子はコード鎖 DNA の T が U に変わったコピーとなっている．

リボソームは細胞質中を浮遊している粒状の小器官であり，タンパク質合成が開始される場所である．rRNA 自身は直接的にはタンパク質合成を制御しない．多くのリボソームが mRNA の鎖に結合して**ポリソーム** (polysome) を形成し，それに沿って mRNA が鋳型として働き，タンパク質合成が進行する．rRNA の主要な役割の

一つに，リボソームを mRNA に結合させる，というものがある．

 tRNA は三つの RNA の中で最も小さく，結果として mRNA や rRNA に比べてずっと溶解しやすい．このため，tRNA は**可溶性 RNA**（soluble RNA）とよばれることがある．tRNA はタンパク質合成の構成単位であるアミノ酸を，ポリソーム中の mRNA の特別な位置に輸送する機能をもつ．tRNA は少数（70～90）のヌクレオチド単位から成り，鎖に沿って塩基対が生じることによりいくつかのループ（もしくはアーム）に折りたたまれている．

 c. 翻訳：RNA とタンパク質生合成 翻訳（translation）とは，mRNA がタンパク質合成を行うプロセスである．この過程において，mRNA によってもたらされる情報は tRNA によって読み取られる．それぞれの mRNA はコドン，すなわちリボヌクレオチドトリプレットに分割され，これらはタンパク質合成に必要なアミノ酸を運んでくる tRNA 分子に認識される．

 RNA は多くの生命にとって必須のペプチドやタンパク質の合成を行う．タンパク質生合成はタンパク質でできた酵素によってではなく，むしろ mRNA によって触媒作用を受け，リボソーム上で進行しているように見える．リボソーム上では，mRNA が鋳型として働き，DNA から転写された遺伝情報を伝達する．mRNA 中の特殊なリボヌクレオチド配列が，種々のアミノ酸がどのように配列されるかを決定する"指示"または**コドン**（codon）を形づくっている．たとえば，mRNA 上のコドン U–U–C は，合成されるタンパク質中にアミノ酸の一種であるフェニルアラニンを取込むよう指示を出す．

4・8・4　DNA 指紋法

 DNA タイピングとしても知られる DNA 指紋法は，DNA の断片を比較して DNA が同一かどうかを決定する方法である．この技術は，遺伝病の存在を検出する方法として 1985 年に初めて開発された．一卵性双生児の場合を除いて，DNA 配列は個人に固有のものである．

 1984 年に，ヒトの遺伝子には，コードされていない，短い繰返しの DNA が存在することが見いだされた．これは**反復領域**（short tandem repeats, STR）とよばれる．STR 遺伝座は一卵性双生児の場合を除いて，各個人で少しずつ異なっている．この遺伝座を解読することによってある特定の人間に特有のパターンを得ることができる．この基本的な発見に基づいて，DNA 指紋法の手法が開発された．

 DNA 指紋法は，現在種々の犯罪を解決するために，すべての科学捜査研究所で日常的に用いられている．犯罪現場から血液，毛髪，皮膚，精液などの DNA サン

プルが得られると，制限エンドヌクレアーゼでそれを処理してSTR遺伝座をもつ遺伝子断片を切り出す．その断片をポリメラーゼ連鎖反応（PCR）によって増幅し，断片の塩基配列を決定する．もし，既知の個人のDNAと，犯罪現場で得られたDNAが一致した場合それが異なる人間のものである確率はきわめて低い．

父親とその子のDNAは関連があるが，全く同じではない．父子鑑定例ではDNA指紋法を簡便に用いることができ，10万分の1の確率で，親子である可能性を指摘することができる．

4・9 アミノ酸とペプチド類

アミノ酸 (amino acid) とは，その名前が示すとおり，アミノ基とカルボキシ基の両方を含んでおり，ペプチドを構成する単位である．20種類のアミノ酸がペプチドやタンパク質を合成するのに用いられる．それらはアラニン (Ala, A)，アルギニン (Arg, R)，アスパラギン (Asn, N)，アスパラギン酸 (Asp, D)，システイン (Cys, C)，グルタミン (Gln, Q)，グルタミン酸 (Glu, E)，グリシン (Gly, G)，ヒスチジン (His, H)，イソロイシン (Ile, I)，ロイシン (Leu, L)，リシン (Lys, K)，メチオニン (Met, M)，フェニルアラニン (Phe, F)，プロリン (Pro, P)，セリン (Ser, S)，トレオニン (Thr, T)，トリプトファン (Trp, W)，チロシン (Tyr, Y)，バリン (Val, V) である．それぞれのタンパク質の形や性質は，その中に含まれるアミノ酸の配列によって決まっている．グリシンを除いてアミノ酸は光学活性であり，タンパクを構成する天然のアミノ酸はそのほとんどがL体である．アミノ酸の絶対配置を記述する際にはRS表示が用いられるが，アミノ酸の場合には慣用的なDおよびL表示の方がよく用いられる．

脂肪族アミノ酸

アラニン R=CH$_3$
グリシン R=H
ロイシン R=CH$_2$CH(CH$_3$)$_2$
バリン R=CH(CH$_3$)$_2$
イソロイシン R=CH(CH$_3$)CH$_2$CH$_3$

プロリン
環状アミノ酸

芳香族アミノ酸

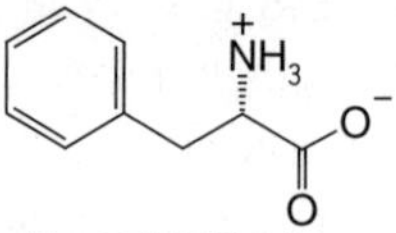

フェニルアラニン 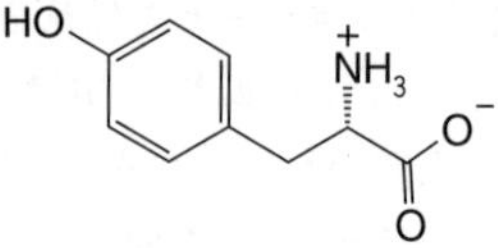　チロシン 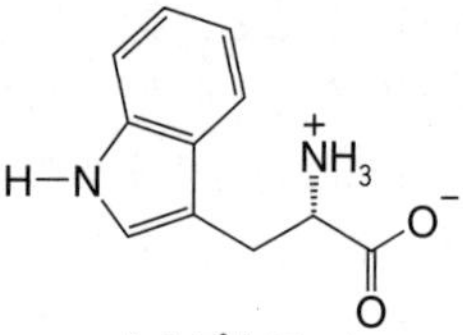　トリプトファン

酸性アミノ酸

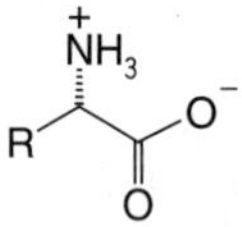

アスパラギン酸　R=CH$_2$COOH
グルタミン酸　　R=CH$_2$CH$_2$COOH

塩基性アミノ酸

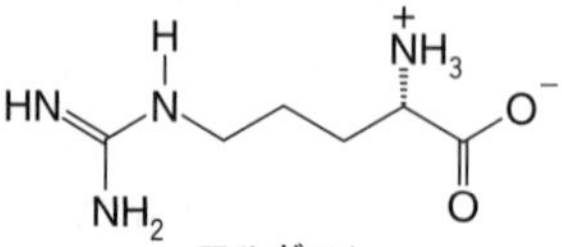

アルギニン 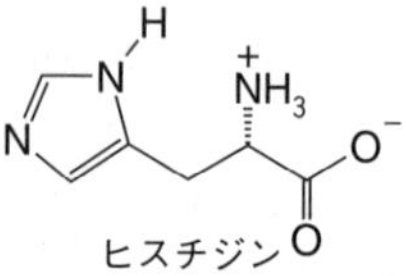　ヒスチジン 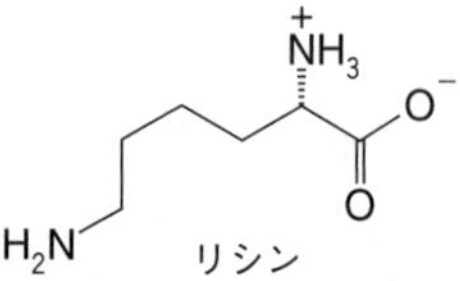　リシン

ヒドロキシ基含有アミノ酸

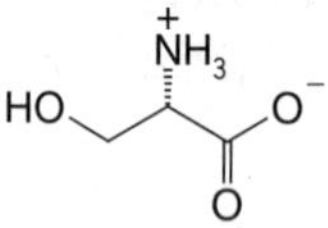

セリン 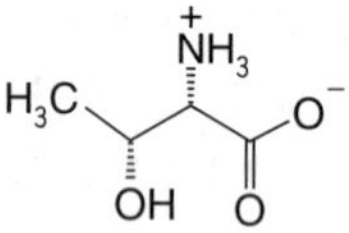　トレオニン

硫黄含有アミノ酸

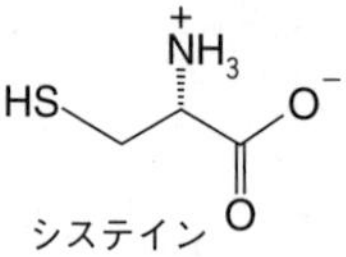

システイン 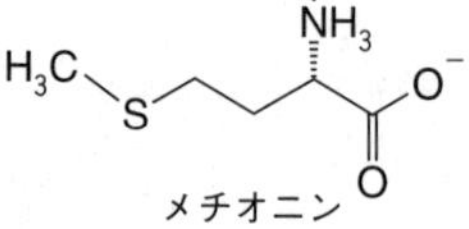　メチオニン

アミド含有アミノ酸

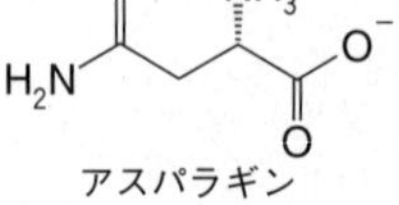

アスパラギン 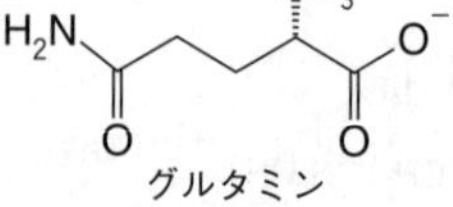　グルタミン

4·9 アミノ酸とペプチド類

ペプチド (peptide) は，α-アミノ酸がアミド結合（アミノ酸の場合ペプチド結合ともいう）によって鎖状に結合した，生物学的に重要な高分子化合物である．ペプチド結合は一つのアミノ酸のアミノ基と，もう一つのアミノ酸のカルボキシ基からできる．**ペプチド結合** (peptide bond) という言葉は，通常 $-CONH-$ で表されるペプチド基が存在していることを示している．ペプチド結合によって結合した二つのアミノ酸は，**ジペプチド** (dipeptide) を形成する．ペプチド結合によって鎖状に結合した分子は**ポリペプチド** (polypeptide) とよばれる．タンパク質は，巨大なペプチドを意味する．一つのタンパク質は，1本，あるいはそれ以上のポリペプチド鎖からできていて，それぞれの鎖は多数のアミノ酸から成る．複雑な構造式を書く代わりに，アミノ酸の配列は通常，3文字（Ala-Val-Lys のように），または一文字表記（AVK のように）で表す．ペプチドの末端は，アミノ末端，およびカルボキシ末端とよばれる．

アラニルバリルリシン
(Ala-Val-Lys または AVK)

生物学的に重要な巨大ペプチドは慣用名でよばれる．たとえばインスリンは 51 のアミノ酸残基からなる重要なペプチドである．

4·9·1 アミノ酸の基本構造の特徴

アミノ酸は，水素，アミノ基，カルボキシ基および20種の異なる R 基を置換基としてもつ炭素を有している．R 基の構造によってアミノ酸の種類と特徴が決まる．側鎖 R 基の種類に応じて，脂肪族，芳香族，酸性，塩基性，ヒドロキシ基含有，硫黄含有，アミド含有，などに分けられる．しかし，プロリンは，他のアミノ酸とは異なる環状構造をもっており，側鎖に相当する部分が，その末端で主鎖の窒素と

結合している.

アミノ酸は全体としての荷電はゼロであるが，一つの分子中に正と負の荷電を含む可能性がある．正負の荷電を含む分子は**双性イオン**（zwitterion）とよばれる．アミノ酸の場合，塩基性のアミノ基がプロトンを受け取り，酸性のカルボキシ基がプロトンを与えて**双性イオン構造**（zwitterionic structure）をとることができる．

4・9・2　必須アミノ酸

すべての生物はアミノ酸を合成できる．しかし，多くの高等動物では，自らにとって必要なすべてのアミノ酸を合成する能力に欠けている場合が多い．そのため，これらの高等動物はある種のアミノ酸を食物の形で取込む必要がある．ヒトも，体の中で合成できない9種のアミノ酸を適当量食事からとり入れる必要がある．これらは**必須アミノ酸**（essential amino acid）として知られている．9種のアミノ酸は，バリン，ロイシン，イソロイシン，フェニルアラニン，トリプトファン，トレオニン，メチオニン，ヒスチジン，リシンである．場合によっては，アルギニンも必須アミノ酸の分類に含まれることがある．

4・9・3　糖原性およびケト原性アミノ酸

アミノ酸の炭素鎖を代謝によるエネルギー産生に用いることができる．いくつかのアミノ酸は，その分解産物にちなんで**糖原性アミノ酸**（glucogenic amino acid）および**ケト原性アミノ酸**（ketogenic amino acid）に分類される．

グルコースまたはグリコーゲンに変換されるアミノ酸は糖原性アミノ酸とよばれる．アラニン，アルギニン，アスパラギン，システイン，グルタミン，グリシン，ヒスチジン，ヒドロキシプロリン，メチオニン，プロリン，セリン，バリンが糖原性アミノ酸である．糖原性アミノ酸はピルビン酸，またはTCA回路の合成物質であるα-ケトグルタル酸，オキサロ酢酸などを生成し，これらは**糖新生**（gluconeogenesis）の過程を通してグルコースの前駆体となる．

ケトン体（アセチルCoAまたはアセトアセチルCoA；これらはグルコース合成をひき起こさない）を与えるアミノ酸は，ケト原性アミノ酸とよばれる．ロイシンとリシンがこの分類に属する．トレオニン，イソロイシン，フェニルアラニン，チロシン，トリプトファンは，ケト原性にも糖原性にもなりうる．

4・9・4　人体におけるアミノ酸

ヒトのすべての組織は，必須アミノ酸以外のアミノ酸を合成したり，アミノ酸でない炭素骨格を，アミノ酸や窒素を含む誘導体に変換したりする能力をもっている．

体内では，肝臓が窒素を含む化合物の代謝が行われる主要な場所である．食物中のタンパク質は**必須アミノ酸**（または窒素含有物質）の主要な供給源である．食物タンパク質の消化によりアミノ酸が生成し，これは上皮細胞を通して吸収され血流中に入る．さまざまな細胞がこれらのアミノ酸を取込み，それらは細胞内に貯蔵される．

体内では，アミノ酸はタンパク質や，その他の含窒素化合物の合成に用いられているか，または酸化されてエネルギー源となることもある．細胞内タンパク質，ホルモン類（チロキシン，アドレナリン，インスリン），神経伝達物質，クレアチンリン酸，ヘモグロビンのヘム，シトクロム，メラニン（皮膚の色素）や核酸塩基（プリンとピリミジン）などが，人体に見いだされるアミノ酸由来の生物学的に重要な含窒素化合物である．

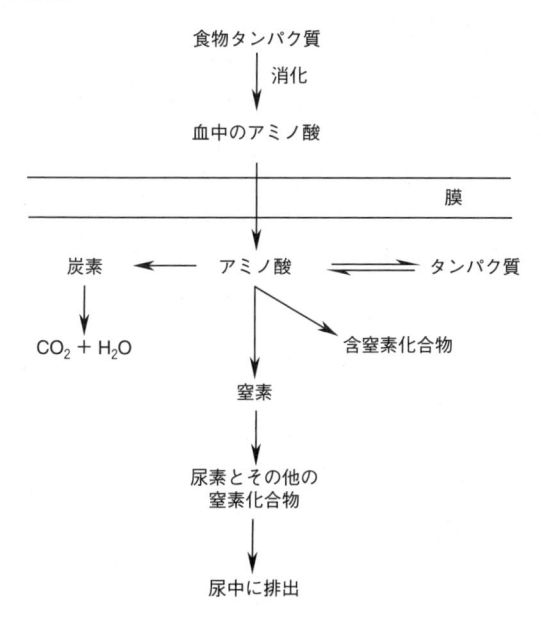

```
            食物タンパク質
                 ↓ 消化
            血中のアミノ酸
                 ↓
  ─────────────────────────────── 膜
                 ↓
  炭素 ← アミノ酸 ⇌ タンパク質
   ↓         ↓
 $CO_2 + H_2O$   含窒素化合物
              ↓
             窒素
              ↓
         尿素とその他の
          窒素化合物
              ↓
          尿中に排出
```

4・9・5　アミノ酸の酸・塩基としての性質

中性条件でアミノ酸は双性イオンである．これが，イオン化していないアミンやカルボン酸が，エーテルのような非極性非プロトン性溶媒に溶解するのに対して，アミノ酸がエーテルに溶けない理由である．同じ理由によって，アミノ酸は通常高い融点をもつ．たとえば，グリシンの融点は262℃であり，大きな双極子モーメントをもつ．アミノ酸が高い融点をもち，エーテルよりも水に溶解しやすいことは，

荷電していない有機化合物ではなく，むしろ塩のような性質をもっていることを示している．この塩のような性質はすべての双性イオン化合物で見られる．水は塩のイオンを溶媒和するのと同様な様式でイオン性の置換基も溶媒和するため，ほとんどのアミノ酸に対して最も適した溶媒である．双性イオン化合物は，分離した電荷をもつことに起因する大きな双極子モーメントをもつのが特徴である．アミノ酸のpKa値に関しても，中性分子が双性イオン化合物に変化したことによる典型的な値を示す．ペプチドもやはり双性イオン化合物としての性質をもち，pH 7付近ではアミノ基はプロトン化され，カルボキシ基はアニオンとなっている．

4・9・6 アミノ酸およびペプチドの等電点

等電点（pI, isoelectric point）は，ある分子が正味の電荷をもたないときのpHのことを指す．アミノ酸の酸性，塩基性を見積もるために重要である．はっきりした等電点を示すためには，アミノ酸のように，酸性，塩基性両方の官能基をもつ双性物質であることが必須である．1個のアミノ基と1個のカルボキシ基を含むアミノ酸では，pIの値はこの分子のpK_aの値から計算できる．

$$pI = \frac{pK_{a1} + pK_{a2}}{2}$$

リシンのような，3個以上のイオン化できる官能基を含むアミノ酸でも同じ計算式を用いるが，計算に用いる二つのpK_aは，アミノ酸の非解離形から電荷を失う際の値と，電荷を得る際の値である．

その等電点に応じてタンパク質を分離する過程は，**等電点電気泳動法**（isoelectric focusing）とよばれる．pI以下のpHでは，タンパク質は全体として正の電荷をもち，一方pIより高いpHでは，全体として負の電荷をもつ．この原理を適用して，**ゲル電気泳動法**（gel electrophoretic method）がタンパク質を分離するために開発された．電気泳動ゲルのpHは，そのゲルに用いられる緩衝液で決定される．もし緩衝液のpHが，分析対象のタンパク質のpIよりも上であれば，そのタンパク質は陽極に向けて移動する（負の電荷は陽極に引きつけられる）．同様に，緩衝液のpHが，タンパク質のpIよりも低い場合には，そのタンパク質はゲルの陰極方向に移動する（正の電荷は陰極に引きつけられる）．対象とするタンパク質のpIと等しいpHの緩衝液を用いて電気泳動を行うと，そのタンパク質は全く移動しない．この原理は個々のアミノ酸に対しても適用される．

4・10 医薬品の作用と毒性を決定する官能基の重要性

第2章において，ほとんどの医薬品は，特定の受容体分子に結合してその薬理作

用や，毒性（実際的には副作用）を示すということを学んだ．ある医薬品の薬理活性は，本質的にその化学構造に基づいて発現する．医薬品分子中に存在するさまざまな官能基が，医薬品-受容体結合，もしくは医薬品-受容体相互作用に関係している．たとえば，ヒドロキシ基あるいはアミノ基を含む医薬品は，受容体と水素結合を形成しやすい．

医薬品分子中の官能基を変化させると，薬理作用や毒性に大きな変化が生じ，これは医薬品分子の**構造活性相関**（structure-activity-relationship, SAR）の基本となっている．SAR 研究は，化学構造と活性の相互関係を理解するための学問である．ここでいう活性は，薬理学的応答，結合，毒性その他の定量化できる現象を指す．SAR 研究において，最小の毒性で最大の薬理作用を示すために必要な，医薬品分子中の基本的な官能基や構造的特性が同定および最適化される．薬理活性発現に必要なこれらの基本的な官能基群は**ファーマコフォア**（pharmacophore）とよばれる．

受容体への結合様式の改善を期待して，また人体への吸収を容易にするため，さらには活性の幅を広げたり毒性を軽減したりするために，医薬品の官能基を換えたさまざまな誘導体が合成される．多くの医薬品候補化合物がその毒性によって，医薬品としての開発や承認を断念される．多くの承認医薬品も，毒性のために市場から撤退を余儀なくされることがある．たとえば，2004 年に，メルク社の抗関節炎薬である Vioxx（ロフェコキシブ）は，強い心血管系への副作用により市場から撤退した．また Parke-Davis 社と Warner-Lambert 社の抗糖尿病薬である troglitazone（商品名 Rezulin．日本ではノスカール）は，強い肝毒性を示すことにより 2000 年に市場から撤退した．製薬会社は毒性に関係する官能基を同定して他の官能基に変換することによる，毒性を最小限に抑えるための工夫にかなりの時間と手間をかける．毒性に結びつく官能基を変換する過程は，アセトアミノフェンの毒性軽減の例でみられる．

抗菌薬に属するサルファ剤とペニシリンは，医薬品の作用と効果における官能基の重要性を示す典型的な例である．第 6 章において，ステロイド分子の官能基をほんの少しだけ変えることによって，薬理学的に，またホルモンとしての機能にも大きな変化が生じる例を見ることになる．

4・10・1 サルファ剤の構造活性相関

今日までに 10,000 を超えるスルファニルアミドの構造類似体が合成され，構造活性相関研究に用いられた．しかし，そのうちわずか 40 種のみしか処方薬となっていない．サルファ剤は**静菌性**（bactereostatic）であり，菌の成長を抑制するが，積極的な殺菌作用は示さない．これらの医薬品はテトラヒドロ葉酸の生合成系に作

用し，p-アミノ安息香酸の構造に類似していることによってジヒドロ葉酸合成酵素を阻害する．

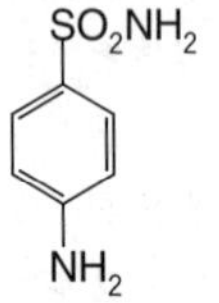

スルファニルアミド
最初のサルファ剤

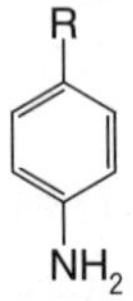

スルホンアミドの一般構造式
R=SO_2NHR' または SO_3H

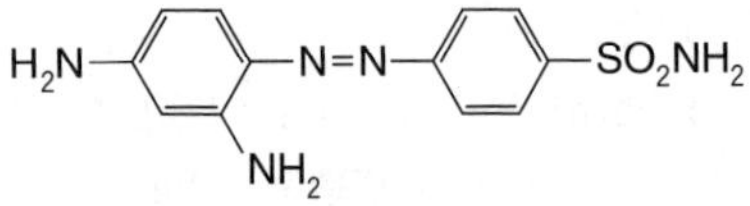

プロントジル

多くの研究から，アミノ基が活性に必須であることがわかっている．さらに，最大の抗菌活性を示すためには以下のような構造的特性の存在がサルファ剤にとって必要である．

(a) アミノ基とスルホニル基は互いにパラの位置に存在する必要がある．つまり，パラ置換ベンゼン構造が必須である．
(b) 芳香族アミノ基に置換基が存在していても活性は失われないが，最も活性があるのは無置換体である．
(c) 中心のベンゼン環を他の環に置き換えたり，ベンゼン環に他の置換基を導入したりすると活性が減弱する．
(d) スルホンアミド SO_2NH_2 の N に 1 個置換基を導入すると，特に複素環芳香族を結合させると活性が上昇する．
(e) スルホンアミド SO_2NH_2 に 2 個置換基を導入すると活性が失われる．

アゾ色素であるプロントジルの構造は，$-NH_2$ 基に置換基が導入されたスルファニルアミド構造ときわめて似ている．結果として，これは *in vitro* では抗菌作用を示さないが，*in vivo* では，N=N 結合の還元によって活性代謝物であるスルファニルアミドに変換される．

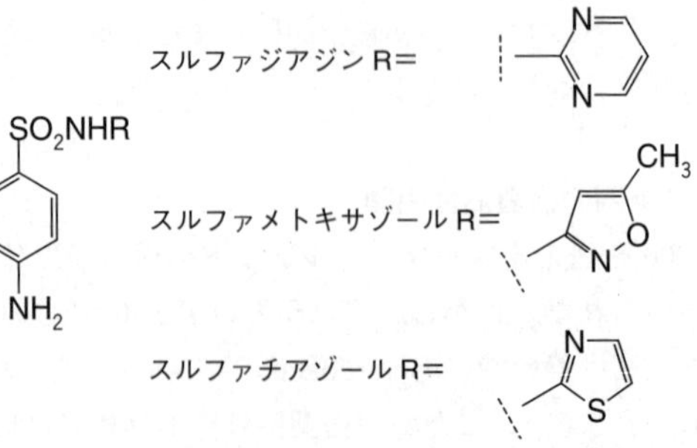

スルファジアジン R=

スルファメトキサゾール R=

スルファチアゾール R=

4・10 医薬品の作用と毒性を決定する官能基の重要性   193

スルファニルアミドの N-複素環誘導体であるスルファジアジン,スルファチアゾール,スルファメトキサゾールなどは,広い抗菌スペクトルをもっている.これらは水溶性が高く,より吸収性が良く,体内にも長くとどまっている,すなわち排泄がより遅い.

4・10・2 ペニシリン類の構造活性相関

抗生物質中におけるペニシリン類はβ-ラクタム抗生物質としても知られ,多様な感染性疾患の原因となるいくつかの病原性細菌に対する効果によって,近代医学の歴史に革命をもたらした.これらの抗生物質の最初の化合物であるペニシリンGは,菌類である *Penicillium notatum* から最初に単離された.この抗生物質の発見以来,活性を増強したり,酸に対する抵抗性を増したり,生物学的利用率を上げたり,毒性を軽減したりするために,元の構造に対していくつかの改良が加えられた.ペニシリンGはかなり複雑な分子で,フェニル基,アルキル基,アミド基,カルボキシ基,β-ラクタムなどの種々の官能基を含む.

すべてのペニシリン類は,酸性水溶液中ではβ-ラクタムのカルボニル基酸素がプロトン化されることによって加水分解を受けやすく,β-ラクタム環が完全に開裂して抗菌活性が消失する.塩基性条件下でもペニシリン類は,求核剤であるヒドロキシドイオンの攻撃を受けて同様の環開裂を起こす.つまり,抗菌活性を示すためには,ペニシリン中のβ-ラクタムの安定性が最も重要である.

ペニシリンG
ペニシリン抗生物質グループの最初のペニシリン

β-ラクタム環の不安定性の程度は,環開裂に関与する電子に依存して決まる.そのため,ペニシリン類のアミドカルボニル基の近くに電子求引性基を導入すると,酸の攻撃を受けるカルボニル基の電子対を奪うことによって,酸に対する安定性は

アモキシシリン R=OH
アンピシリン R=H
酸性条件で安定

メチシリン

向上する．たとえば，アモキシシリンやアンピシリンのアミノ基は，これらの分子の酸に対する安定性を増している．

半合成ペニシリン類を用いる多くの研究によって，より極性の高い置換基を含むペニシリン誘導体はグラム陰性細菌の細胞壁を容易に通過し，より幅広い抗菌活性を示すことが明らかとなった．たとえば，アモキシシリンのアミノ基は分子に極性を与え，その結果グラム陽性，陰性両方の細菌に対して効果を示す．ペニシリン類の構造活性相関は以下のようにまとめられる．

(a) 硫黄原子をスルホンやスルホキシドに酸化すると活性は低下するが，酸に対する安定性は向上する．
(b) β-ラクタムのカルボニル基と窒素は，活性発現の必須条件である．
(c) アミドのカルボニル基は活性に必須である．
(d) アミドカルボニルに結合する置換基は活性，酸に対する安定性，耐性に対する感受性を変化させるための基本要素である．
(e) これら以外の構造変化は一般的に活性を低下させる．
(f) アミドカルボニル基に隣接した立体的にかさ高い置換基はβ-ラクタマーゼ抵抗性の性質を与える．

アミドカルボニル基に隣接して存在するかさ高い置換基は，ペニシリンを分解する酵素であるβ-ラクタマーゼの活性中心に基質を入りにくくし，なおかつペニシリンが結合するタンパク質の活性中心には入り込めるような状況をつくることができる．たとえば，メチシリンはアミドカルボニルに隣接する置換基をもち，β-ラクタマーゼ抵抗性である．

アミドのカルボニルの近傍にあるR置換基に極性基を付加すると，グラム陰性菌の細胞壁を容易に通過するようになり，抗菌活性が上昇する．例としてアモキシシリンがある．

4・10・3　アセトアミノフェンの毒性

生体内活性化(bioactivation)は，医薬品分子の官能基や化学構造が酵素反応によって変化することによって生じる毒性発現メカニズムのことである．たとえば，鎮痛薬のアセトアミノフェンは，酵素によって酸化されてN-アセチル-p-ベンゾキノン

アセトアミノフェン　　　　N-アセチル-p-ベンゾキノンイミン

イミン構造となり，これは肝毒性を示す．アセトアミノフェンは，特にアルコール摂取時には，肝障害や，場合によっては肝不全をひき起こしたりする．

4・11　医薬品の安定性を決定するための官能基の重要性

§4・10において，新しい官能基をペニシリン分子に導入することによって，ペニシリンの酸に対する安定性が著しく向上し，同様にペニシリンに大きい置換基を導入すると β-ラクタマーゼ酵素に対する安定性が増すことをみてきた．つまり，官能基は医薬品の安定性に対して重要な役割を果たしている．

　医薬品分子中のある特定の官能基は化学的分解を受けやすい．エステル基を含む医薬品は容易に加水分解を受ける．たとえばアスピリンは加水分解を受けてサリチル酸になる．同様に，多くの医薬品分子は，アルコールのような酸化を受けやすい官能基があると，酸化による代謝を受けやすくなる．

アスピリン　→(加水分解)→　サリチル酸

インスリンはタンパク質であり，アミド結合（ペプチド結合）をもつため，酸性条件下では不安定で経口投与に適さない，消化管中の他のタンパク質と同様に，インスリンはそのアミノ酸構成成分にまで分解され，活性は完全に失われる．二重結合をもつ多くの医薬品は光があたると *trans-cis* 異性化を起こす．同様に，ある官能基もしくはある化学構造の存在によって，熱に対して不安定になることがある．多くのモノテルペン，セスキテルペン構造をもつ医薬品は，高温において不安定である．

参　考　書

Clayden, J., Greeves, N., Warren, S. and Wothers, P. *Organic Chemistry*, Oxford University Press, Oxford, 2001.

5. 有機反応

=== 学習目標 ===
・さまざまな有機反応の識別.
・付加反応, 置換反応, ラジカル反応, 酸化還元反応, 脱離反応, ペリ環状反応の反応機構や反応例.

5・1 有機反応の種類

反応の種類	定 義	反応が進行する基質
ラジカル反応	個々の反応種から生成したラジカルによって結合ができる	アルカン, アルケン
付加反応	二つの反応種が結合して一つになる	アルケン, アルキン, アルデヒド, ケトン
脱離反応	ある分子から水, ハロゲン化水素, ハロゲン分子などが失われる	アルコール, ハロゲン化アルキル, ジハロゲン化アルキル
置換反応	一つの置換基が他の置換基に置き換わる	ハロゲン化アルキル, アルコール, エポキシド, カルボン酸, カルボン酸誘導体, ベンゼンおよびその誘導体
酸化還元反応		
酸化反応	電子を失う	アルケン, アルキン, 第一級および第二級アルコール, アルデヒド
還元反応	電子を得る	アルケン, アルキン, アルデヒド, ケトン, ハロゲン化アルキル, ニトリル, カルボン酸およびその誘導体, ベンゼンおよびその誘導体
ペリ環状反応	電子が環状に配置されることによって起こる協奏的反応	共役ジエンと α,β-不飽和カルボニル化合物

5・2 ラジカル反応: フリーラジカル連鎖反応

　ラジカル (radical) はしばしばフリーラジカル (free radical) ともよばれ, 不対電子をもつ反応性に富んだ短寿命の化学種である. フリーラジカルは電子欠損性であるが通常は荷電していない. したがってその反応性は, 偶数の電子をもち, かつ電子欠損性であるカルボカチオンやカルベンとは大きく異なる. ラジカルは求電子試薬としての反応性を示す, なぜならオクテット則を満たすために残り1個の電子

を獲得しなければならないからである．

ラジカル反応は，しばしば**連鎖反応**（chain reaction）ともよばれる．すべての連鎖反応には三つの段階が含まれる．連鎖開始，連鎖伸長，および連鎖停止段階である．たとえば，アルカンのハロゲン化はラジカル連鎖反応である．

5・2・1　ハロゲン化アルキルの合成

塩素や臭素は，光照射下，もしくは高温条件下でアルカンと反応してハロゲン化アルキルを生成する．通常，この方法では一置換から四置換に至るまでの，ハロゲン化された生成物の混合物が得られる．しかしこの反応は，不活性なアルカンを反応性の高いハロゲン化アルキルに変換する唯一の方法であるため重要である．最も単純な反応例は，メタンと塩素の反応により，クロロ化されたメタン誘導体の混合物が得られるものである．

$$CH_4 + Cl_2 \xrightarrow{h\nu} CH_3Cl + CH_2Cl_2 + CHCl_3 + CCl_4$$

　　メタン　　　　　　塩化　　ジクロロ　　クロロ　　四塩化
　　　　　　　　　　メチル　　メタン　　ホルム　　炭素

モノハロゲン化された生成物をできるだけ多く獲得するためには，過剰量のアルカン存在下で反応を行う必要がある．たとえば，大過剰のメタンを使用すれば，生成物はほぼ完全に塩化メチル（クロロメタン）となる．

$$CH_4 + Cl_2 \xrightarrow{h\nu} CH_3Cl + HCl$$

　メタン　　　　　　　　塩化メチル
　（大過剰）

これと同様に，過剰量のシクロペンタンを塩素と250℃で加熱すると，主生成物としてクロロシクロペンタン（95％）が得られ，少量のジクロロシクロペンタンが副生する．

クロロ　　　　　1,2-ジクロロ　　1,3-ジクロロ
シクロペンタン　シクロペンタン　シクロペンタン

このラジカル連鎖反応は**ラジカル置換反応**（radical substitution reaction）ともよばれる．なぜならラジカルが中間体として生成し，結果としてアルカンの水素原子

がハロゲン原子と置換するからである．

$$\text{C}_6\text{H}_{11}\text{-H} + \text{Cl}_2 \xrightarrow{h\nu} \text{C}_6\text{H}_{11}\text{-Cl} + \text{HCl}$$

クロロシクロヘキサン
(50%)

$$\text{H}_3\text{C-C(CH}_3)_2\text{-H} + \text{Br}_2 \xrightarrow{h\nu} \text{H}_3\text{C-C(CH}_3)_2\text{-Br} + \text{HBr}$$

t-ブタン　　　　　　　　　　　　　臭化 t-ブチル
(90%)

　高温もしくは光によって塩素-塩素結合が均一開裂するためのエネルギーが供給される．この**均一結合開裂**（homolytic bond cleavage）では，共有結合に用いられる2個の電子が，1個ずつそれぞれの原子に保持される．片刃矢印は，1電子が移動していることを示す．塩素分子 Cl_2 は，最初の段階で2個の塩素ラジカルに開裂する．この段階を，**開始過程**（initiation step）とよび，引き続き塩素ラジカル（塩素原子）とメタンの水素原子が置換反応を起こす．

【開始過程】
　開始過程では，活性な中間体が生成する．塩素原子は最外殻に不対電子をもつため，きわめて反応性が高い．塩素原子は求電子種であり，オクテット則を完成させるための1電子を求めて反応する．メタン分子から水素原子を引き抜くことによってその目的を果たす．

$$\text{Cl-Cl} \xrightarrow{h\nu} 2\,\text{Cl}\cdot \quad \text{←不対電子}$$

塩素　　　　　塩素ラジカル

【伸長過程】
　この段階では，反応性中間体が安定な分子と反応して．新たな反応性中間体と生成物をつくり出す．伸長段階では新しい求電子種であるメチルラジカルが生成し，

$$\text{H}_3\text{C-H} + \cdot\text{Cl} \longrightarrow \cdot\text{CH}_3 + \text{HCl}$$

メタン　　塩素　　　　　メチル　　塩化水素
　　　　ラジカル　　　　ラジカル

$$\cdot\text{CH}_3 + \text{Cl-Cl} \xrightarrow{h\nu} \text{CH}_3\text{Cl} + \cdot\text{Cl}$$

メチル　　塩素　　　　塩化メチル　塩素
ラジカル　　　　　　　　　　　　ラジカル

これもまた不対電子をもっている．二段階目の伸長過程では，メチルラジカルが塩素分子から塩素を引き抜き，新たに塩素ラジカルが生成する．

【終止過程】
　二つのラジカルの可能な組合わせ同士の反応によってエタン，塩素分子，塩化メチルなどが生成する．これらの過程では活性反応種は消費されるのみで，新たに生成はしない．

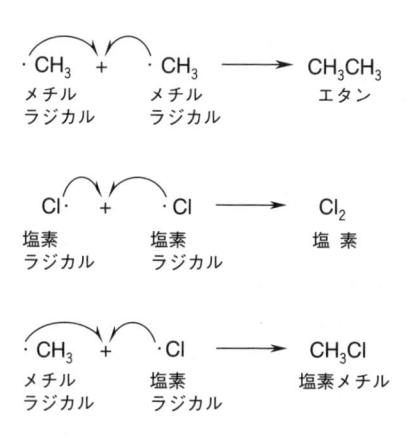

$$\cdot CH_3 + \cdot CH_3 \longrightarrow CH_3CH_3$$
メチルラジカル　　メチルラジカル　　エタン

$$Cl\cdot + \cdot Cl \longrightarrow Cl_2$$
塩素ラジカル　　塩素ラジカル　　塩素

$$\cdot CH_3 + \cdot Cl \longrightarrow CH_3Cl$$
メチルラジカル　　塩素ラジカル　　塩化メチル

　アルカンの臭素化も，塩素化と同じ反応機構で進行する．しかし，ラジカルの反応性には大きな差がある．つまり塩素ラジカルの方が臭素ラジカルよりもかなり反応性が高い．そのため，塩素ラジカルは臭素ラジカルよりも選択性が低く，塩素化は分子中に1種類の水素しかないときだけ有効な反応となる．もしラジカル置換反応によってキラル中心が生成する場合，主生成物はラセミ体混合物となる．たとえば，ブタンのラジカル塩素化では71%の収率で2-クロロブタンのラセミ体混合物が得られる．臭素化では98%の収率で2-ブロモブタンのラセミ体混合物ができる．

$$CH_3CH_2CH_2CH_3 \xrightarrow[Cl_2]{h\nu} CH_3CH_2\underset{|}{\overset{Cl}{C}}HCH_3 + HCl$$
n-ブタン　　　　　　　　　2-クロロブタン（ラセミ体混合物）71%

$$\xrightarrow[Br_2]{h\nu} CH_3CH_2\underset{|}{\overset{Br}{C}}HCH_3 + HBr$$
2-ブロモブタン（ラセミ体混合物）98%

5・2・2 ラジカルの相対的安定性

同じ出発物質から異なるラジカル種が生成する場合，その比率によりラジカルの相対的安定性を見積もることができるが，この比率は，対応するカルボカチオンの安定性と直接の対応関係がある．カルボカチオンは，正に荷電した炭素に対するアルキル置換基の数によって分類される．第一級カルボカチオンは1個のアルキル基をもち，第二級，第三級はそれぞれ2個，3個のアルキル基をもつ．

アルキル基は，誘起効果で電子を供与することによってカルボカチオンの正電荷を部分的に中和することができるため，カルボカチオンを安定化する．正に荷電した炭素に結合するアルキル基の数が多いほど，カルボカチオンは安定である．そのため第三級カルボカチオンは第二級カルボカチオンに比べて安定であり，また第二級カルボカチオンは第一級よりも，また第一級カルボカチオンはメチルカチオンより安定である．

分子軌道の概念を用いると，アルキル基は**超共役**（hyperconjugation）によってカルボカチオンを安定化することができる．これは，カルボカチオンに近接したC-HまたはC-C結合のσ結合電子が，カルボカチオンの空のp軌道と重なり合うことによって起こる．結果として，正の電荷は1原子上だけに止まらず非局在化し，系としての安定性が増加する．アルキル基がより多く結合していればいるほど，超共役に関与できるσ結合の数が増えるので，カルボカチオンもより安定化する．

```
    R           H           H           H
    |           |           |           |
R－C+    >   R－C+    >   R－C+    >   H－C+
    |           |           |           |
    R           R           H           H
3°カルボカチオン  2°カルボカチオン  1°カルボカチオン  メチルカチオン
```

ラジカルの相対的な安定性はカルボカチオンと同じ傾向を示す．ラジカルはカルボカチオンと同様に電子欠損性であり，超共役によって安定化する．したがって，最も多く置換基をもつラジカルが最も安定である．たとえば，第三級アルキルラジカルは第二級ラジカルよりも安定であり，第二級は第一級よりも安定である．アリルラジカルおよびベンジルラジカルは，不対電子が非局在化できるためアルキルラジカルよりも安定である．電子の非局在化は分子の安定性を増加させる．ラジカルがより安定であればより速く生成する．そのため，アリル位やベンジル位に結合している水素原子は，ハロゲン化反応において高い選択性で置換される．臭素ラジカ

```
                                     R         H         H         H
                                     |         |         |         |
H₂C=CHĊH₂ = ⟨◯⟩－ĊH₂  >  R－Ċ  >  R－Ċ  >  R－Ċ  >  H－Ċ
                                     |         |         |         |
                                     R         R         H         H
アリルラジカル   ベンジルラジカル   3°ラジカル  2°ラジカル  1°ラジカル  メチルラジカル
```

ルの方が選択性が高いため，塩素化に比べて臭素化の方が，アリル位やベンジル位での置換反応生成物の収率は高くなる．

5・2・3 アリル位の臭素化：ハロゲン化アルケンの合成

気相中，高温もしくは紫外線照射下で，シクロヘキセンはハロゲンによるラジカル置換反応を起こす．アリル位ラジカル臭素化に用いられる一般的な試薬は N-ブロモコハク酸イミド (NBS) である．NBS は HBr と反応することにより，継続的に少量の臭素 Br_2 を発生し続ける．シクロヘキセンの臭素化によって，アリル位の水素原子が臭素原子に置換された 3-ブロモシクロヘキセンが得られる．アリル位というのは，炭素-炭素二重結合に隣接した sp^3 炭素を指す．

シクロヘキセン + NBS $\xrightarrow{h\nu}$ 3-ブロモシクロヘキセン (80%) + スクシンイミド

a. 反応機構 NBS の N-Br 結合が均一開裂を行う．

臭素ラジカルがシクロヘキセン中のアリル位の水素を引き抜いて，共鳴安定化したアリル位ラジカルと，臭化水素が生成する．

臭化水素は NBS と反応して Br_2 分子を与え，これがアリル位ラジカルと反応して 3-ブロモシクロヘキセンを生成し，臭素ラジカルはラジカル連鎖反応をひき続

いて起こす.

[反応式: N-ブロモスクシンイミド + H-Br → スクシンイミド + Br-Br]

[反応式: シクロヘキセンのアリル位水素引き抜きとBr-Brによる臭素化 → 3-ブロモシクロヘキセン + Br·]

5・2・4 ラジカル阻害剤

ラジカル阻害剤(radical inhibitor)は抗酸化剤や保存剤として用いられる.これらは,食品などが好ましくないラジカル反応を受けないように保護する役割を果たしている.t-ブチル化されたヒドロキシアニソール(BHA)や,t-ブチル化された

[構造式: BHA, BHT]

t-ブチル化されたヒドロキシアニソール(BHA)　　　t-ブチル化されたヒドロキシトルエン(BHT)

ヒドロキシトルエン(BHT)などは,多くの加工食品に添加されている.
　アスコルビン酸としても知られるビタミンC,およびα-トコフェロールとしても知られるビタミンEは,生体内に存在する最も一般的なラジカル阻害剤の例である.

[構造式: ビタミンC, ビタミンE]

ビタミンC　　　　　　　　ビタミンE
(アスコルビン酸)　　　　(α-トコフェロール)

5・3 付加反応

　付加反応(addition reaction)は,炭素-炭素二重結合(アルケン),三重結合(ア

ルキン), または炭素-酸素二重結合 (アルデヒドおよびケトン) をもつ化合物で起こる. 付加反応には2種類ある, すなわちアルケンやアルキンに対する**求電子付加反応** (electrophilic addition) と, アルデヒドやケトンに対する**求核付加反応** (nucleophilic addition) である. 付加反応では, 生成物は二つの反応種のすべての元素を保有している.

5・3・1 求電子付加反応

アルケンとアルキンは容易に求電子付加反応を受ける. これらの化合物は電子豊富なため求核性をもち, 求電子試薬と反応する. アルケンおよびアルキンの π 結合が反応に関与し, 試薬は二重結合または三重結合に付加する. アルキンの場合には, 完全に付加反応が終結するためには2当量の試薬が必要である.

アルキンはアルケンより反応性が低い. ビニルカチオンは, 超共役による安定化がアルキルカチオンに比べて効果的ではなく, 正の電荷を保持する能力が低い. ビニルカチオンはより置換基の多い炭素上に正の荷電をもつ方が安定である. 求電子付加反応によって, アルケンやアルキンは他のさまざまな官能基に変換される.

a. 一般的な反応機構

$$\underset{\text{アルケン}}{\diagdown\!\!\!\!C=C\!\!\!\!\diagup} + \underset{\text{試薬}}{\overset{\delta^+\ \delta^-}{\text{E}-\text{Nu}}} \xrightarrow{\text{付加}} \underset{\text{生成物}}{-\overset{|}{\underset{\text{Nu}}{C}}-\overset{|}{\underset{\text{E}}{C}}-}$$

π 電子が, 試薬中の正に荷電した部分である求電子試薬 (通常は H^+) を攻撃し, カルボカチオン中間体を生成する.

$$\diagdown\!\!\!\!C=C\!\!\!\!\diagup + \overset{\delta^+\ \delta^-}{\text{E}-\text{Nu}} \xrightarrow{\text{遅い}} -\overset{|}{\underset{+}{C}}-\overset{|}{\underset{\text{E}}{C}}- + \text{Nu}:^-$$

試薬中で負に荷電した求核試薬, 通常は OH^-, X^- などがカルボカチオンを攻撃して生成物が得られる.

$$-\overset{|}{\underset{+}{C}}-\overset{|}{\underset{\text{E}}{C}}- \xrightarrow{\text{速い}} \underset{\text{生成物}}{-\overset{|}{\underset{\text{Nu}}{C}}-\overset{|}{\underset{\text{E}}{C}}-}$$
$$\text{Nu}:^-$$

b. アルケンやアルキンへの水素原子の付加：接触水素化反応によるアルカンの合成 金属触媒の存在下で水素分子を二重結合または三重結合に付加させる反応は，**水素化**（hydrogenation）または**接触水素化**（catalytic hydrogenation）として知られている．アルケンおよびアルキンは，白金-炭素，パラジウム-炭素，ラネーニッケルなどの，細かく砕いた金属触媒の存在下で水素 H_2 と反応させると対応するアルカンへと還元される．白金触媒はしばしば酸化白金の形で用いられ，これは**アダムス触媒**（Adams' catalyst）として知られている．接触水素化は還元反応の一種である．

接触水素化では，金属表面に吸着した水素原子から，二つの C–H σ 結合が同時に生成する．そのため，接触水素化は立体特異的に進行し，シン付加体のみを与える．分子の同じ側から二つの原子が付加するような反応をシン付加とよぶ．反対側から付加する場合には，その反応はアンチ付加とよばれる．たとえば，2-ブテンは金属触媒存在下水素 H_2 と反応してブタンを与える．

$$CH_3CH=CHCH_3 + H_2 \xrightarrow{Pt/C} CH_3CH_2CH_2CH_3$$
2-ブテン　　　　　　　　　　　　n-ブタン

同様に，2-メチル-1-ブテン，3-メチルシクロヘキセンは，金属触媒存在下で水素分子と反応して，それぞれ2-メチルブタンおよびメチルシクロヘキサンを与える．

$$CH_3CH_2\underset{\underset{CH_3}{|}}{C}=CH_2 + H_2 \xrightarrow{\text{Pt-C または Pd-C}} CH_3CH_2\underset{\underset{CH_3}{|}}{C}HCH_3$$
2-メチル-1-ブテン　　　　　　　　　2-メチルブタン

3-メチルシクロヘキセン + H_2 →(ラネー Ni) メチルシクロヘキサン

アルキンの場合，水素分子は金属触媒存在下で 2 当量付加してアルカンが生成する．たとえば，アセチレンは触媒存在下水素と反応してエタンになる．

$$HC{\equiv}CH + 2H_2 \xrightarrow[25\,°C]{\text{Pt-C または Pd-C}} CH_3CH_3$$
アセチレン　　　　　　　　　　　　エタン

アルキンの還元は 2 段階で進行する．1 当量の水素分子が付加してまずアルケンが生成し，二番目の水素分子がこのアルケンに付加してアルカンが得られる．中間体のアルケンはシス体であるが，特殊な触媒を用いない限り，通常この段階で反応

を止めることはできない．

c. アルキンの選択的水素化
1) cis-アルケンの合成

リンドラー触媒（Lindlar's catalyst）は**被毒触媒**（poisoned catalyst）ともよばれ，パラジウム，硫酸バリウムおよびキノリンから調製される．この触媒はアルキンを部分的に水素化して cis-アルケンを合成するために用いられる．水素はアルキンの同じ側から同時に付加してシン付加体（cis-アルケン）が得られる．すなわち，アルキンからアルカンへの還元と同じ反応機構で進行している．

$$R-C \equiv C-R \xrightarrow[\text{キノリン, CH}_3\text{OH}]{H_2, Pd/BaSO_4}$$

cis-アルケン
シン付加

2) trans-アルケンの合成

アルキンへのアンチ付加は，液体アンモニア中 $-78\,°C$ で，アルカリ金属であるナトリウムまたはリチウムと反応させることによって達成でき，trans-アルケンが生成する．

$$R-C \equiv C-R \xrightarrow[\text{液体 NH}_3]{Na}$$

trans-アルケン
アンチ付加

d. 対称および非対称π結合に対する求電子付加反応

二重結合および三重結合の両方の炭素に同じ置換基がついているとき，この構造は対称アルケンおよび対称アルキンとよばれる．両端に異なる置換基が結合している場合は，非対称という．非対称の試薬を非対称アルケンまたはアルキンに求電子付加させる場合，反応は**マルコウニコフ則**（Markovnikov's rule）に従って進行する．マルコウニコフ則によれば，HX, H_2O, ROH のような非対称な試薬を非対称なアルケンに付加させる場合，水素は，もともと水素をたくさんもっていた炭素の方に付加する．中間体として平面性のカルボカチオンを経由するため，反応は立体選択的ではない．しかし，反応が環状のカルボカチオン中間体を経由する場合，位置および立体選択的生成物が得られる（下記を参照）．**位置選択的反応**（regioselective reaction）とは，二つ以上の構造異性体が生成する可能性のある反応のうち，生成物が一つの異性体しか

得られないものをいう．一つの立体異性体が優先して得られる反応を**立体選択的反応**（stereoselective reaction）とよぶ．

$$\underset{\text{非対称アルケン}}{\overset{R}{\underset{R}{C}}=\overset{R}{\underset{H}{C}}} + HX \longrightarrow \underset{\text{マルコウニコフ付加}}{R-\overset{R}{\underset{X}{C}}-\overset{R}{\underset{H}{C}}-H}$$

マルコウニコフ則を現代の用語で述べると，非対称な試薬が二重結合にイオン的に付加する際には，正に帯電した部分は，中間体として安定なカルボカチオンが生成するように二重結合の炭素に付加する．そのため，非対称な π 結合への付加反応は位置選択的生成物を与える．

e． アルケンへのハロゲン化水素の付加：ハロゲン化アルキルの合成　　アルケンは，ハロゲン化水素 HX（HCl, HBr, または HI）の付加によりハロゲン化アルキルに変換される．非対称アルケンへの HX の付加はマルコウニコフ則に従う．反応は位置選択的であり，最も安定なカルボカチオン中間体を経由して進行する．たとえば，プロペンへの臭化水素 HBr の付加では 2-ブロモプロパンが主生成物として得られる．

$$\underset{\text{プロペン}}{H_2C=\overset{CH_3}{\underset{}{C}}H} + HBr \longrightarrow \underset{\substack{\text{2-ブロモプロパン}\\(\text{主生成物})}}{CH_3\overset{Br}{\underset{}{C}}HCH_3} + \underset{\substack{\text{1-ブロモプロパン}\\(\text{副生成物})}}{CH_3CH_2CH_2Br}$$

【反応機構】
　二重結合の π 電子が求電子試薬を攻撃する．二重結合に対するプロトンの付加により，カルボカチオン中間体が生成する．臭素求核種がカルボカチオンを攻撃して 2-ブロモプロパンが生成する．

$$\underset{}{\overset{H}{\underset{H}{C}}=\overset{CH_3}{\underset{H}{C}}} + H-Br \longrightarrow H_3C-\overset{+}{\underset{}{C}}-CH_3 \longrightarrow \underset{\text{2-ブロモプロパン}}{CH_3\overset{Br}{\underset{}{C}}HCH_3}$$

2-メチルプロペンへの HBr の付加反応では臭化 t-ブチルが主生成物である，なぜ

5・3 付 加 反 応

ならより安定なカルボカチオン中間体を与える生成物が常に優先するからである.

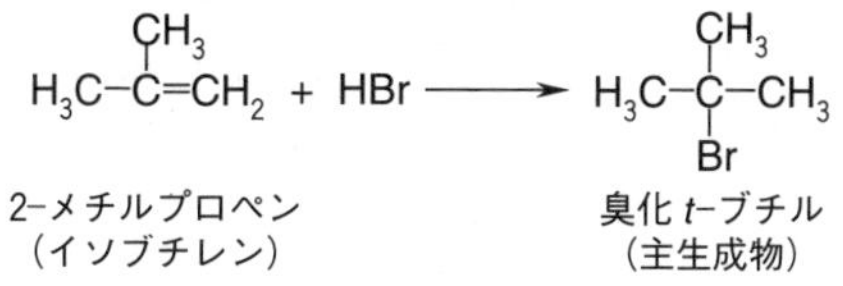

$$CH_3-C(CH_3)=CH_2 + HBr \longrightarrow H_3C-C(CH_3)(Br)-CH_3$$

2-メチルプロペン
（イソブチレン）

臭化 t-ブチル
（主生成物）

【反応機構】

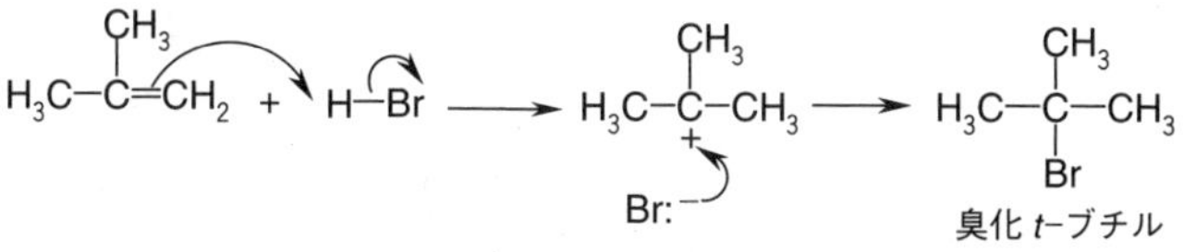

（反応機構の図：2-メチルプロペンにH-Brが付加し，第3級カルボカチオン中間体を経て臭化 t-ブチルを生成する）

1-ブテンへの HBr の付加では，キラルな化合物が生成する．反応は位置選択的に進行し，ラセミ体混合物が得られる．

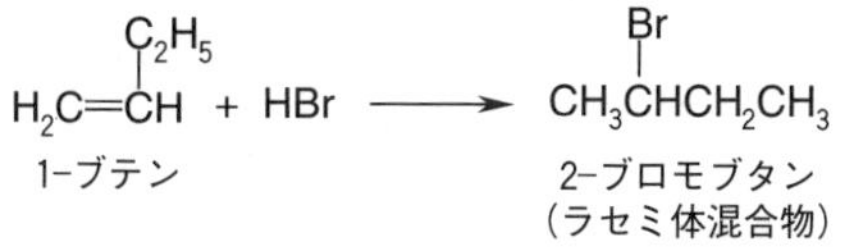

$$H_2C=CH(C_2H_5) + HBr \longrightarrow CH_3CHBrCH_2CH_3$$

1-ブテン

2-ブロモブタン
（ラセミ体混合物）

【反応機構】

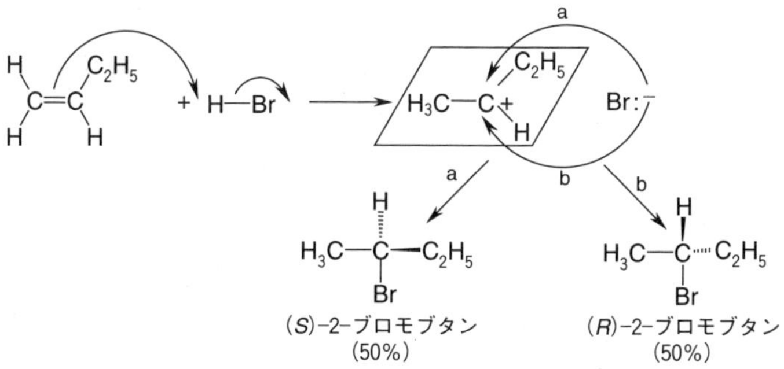

（反応機構の図：1-ブテンにH-Brが付加し，平面状のカルボカチオン中間体にBr⁻が a, b 両面から攻撃して(S)-2-ブロモブタン(50%)と(R)-2-ブロモブタン(50%)を生成する）

f. アルキンに対するハロゲン化水素の付加： ジハロゲン化アルキルおよび四ハロゲン化物の合成　　末端（非対称）アルキンへの求電子付加は，マルコウニコフ則に従って位置選択的に進行する．ハロゲン化水素はアルケンの場合と同様に，アルキンに対しても付加反応を起こし，第一段階としてハロゲン化ビニルを生成し，ひき続き *geminal* なジハロゲン化アルキルが得られる．HX のアルキンへの付加反

応は，1 mol の付加が終わったところで，いったん止まる．二番目の付加は過剰の HX が存在したときに進行する．たとえば，1-プロピンは 1 当量の塩化水素と反応して 2-クロロプロペンを生成する．つづいて 2 個目の塩化水素が付加して *geminal* なジハロゲン化物である 2,2-ジクロロプロパンが得られる．

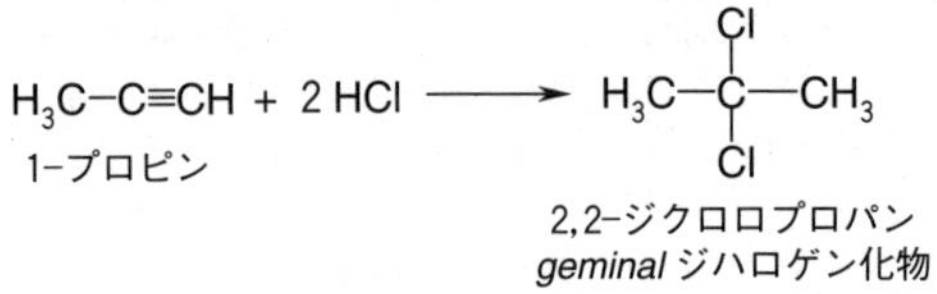

$$H_3C-C\equiv CH + 2\,HCl \longrightarrow H_3C-\underset{Cl}{\overset{Cl}{\underset{|}{\overset{|}{C}}}}-CH_3$$

1-プロピン

2,2-ジクロロプロパン
geminal ジハロゲン化物

【反応機構】

ビニルカチオンは，より置換基の多い炭素に正電荷が存在する形の方が安定である．つまり，第二級ビニルカチオンの方が第一級ビニルカチオンよりも安定である．

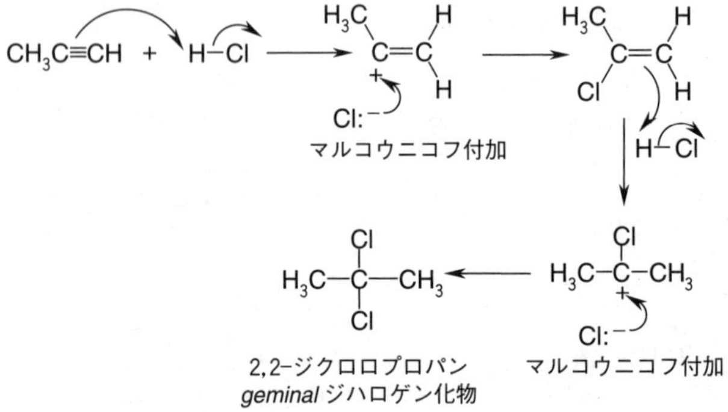

マルコウニコフ付加

2,2-ジクロロプロパン
geminal ジハロゲン化物

マルコウニコフ付加

内部アルキンに対するハロゲン化水素の付加は，位置選択的には進行しない．二つの sp 炭素に結合している置換基が同じであれば，単一の *geminal* ジハロゲン化物が得られる．

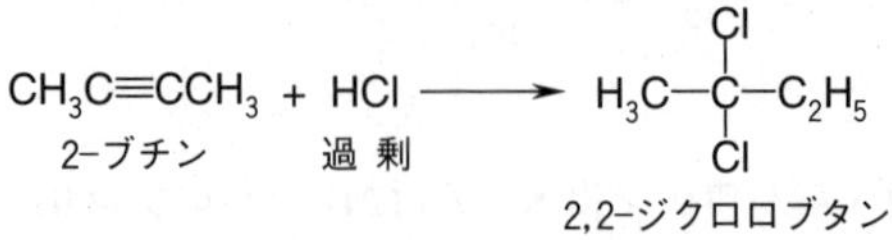

$$CH_3C\equiv CCH_3 + HCl \longrightarrow H_3C-\underset{Cl}{\overset{Cl}{\underset{|}{\overset{|}{C}}}}-C_2H_5$$

2-ブチン　　過剰

2,2-ジクロロブタン

しかし，置換基の種類が異なっている場合には，中間体のカチオンは両者とも第二級カチオンで安定性に差がないため，2 種類の *geminal* なジハロゲン化合物が生成する．たとえば，2-ペンチンは過剰量の HBr と反応して 2,2-ジブロモペンタン

と 3,3-ジブロモペンタンを与える.

$$C_2H_5C\equiv CCH_3 \xrightarrow{HBr} \underset{H}{\overset{C_2H_5}{C}}=\underset{CH_3}{\overset{Br}{C}} + \underset{Br}{\overset{C_2H_5}{C}}=\underset{CH_3}{\overset{H}{C}}$$

2-ペンチン

$$\downarrow HBr$$

$$C_2H_5-CH_2-\underset{Br}{\overset{Br}{C}}-CH_3 + C_2H_5-\underset{Br}{\overset{Br}{C}}-C_2H_5$$

2,2-ジブロモペンタン   3,3-ジブロモペンタン

g. HBr のアルケンへのラジカル付加：過酸化物効果, ハロゲン化アルキルの合成

HBr を，過酸化水素（HOOH），過酸化ジアルキル（ROOR）などのラジカル開始剤の存在下でアルケンと付加反応させることで，非マルコウニコフ型付加生成物を得ることが可能である．ラジカル開始剤によって，求電子付加からラジカル付加へと反応機構が変化している．反応機構が変わったことによって非マルコウニコフ型の位置選択性が生じる．たとえば，2-メチルプロペンを過酸化物（ROOR）の存在下で HBr と反応させると，非マルコウニコフ型生成物である 1-ブロモ-2-メチルプロパンが生成する．ラジカル付加は，塩化水素 HCl やヨウ化水素 HI では進行しない．

$$H_3C-\underset{CH_3}{\overset{CH_3}{C}}=CH_2 + HBr \xrightarrow{ROOR} CH_3\underset{CH_3}{\overset{CH_3}{C}}H-CH_2Br$$

2-メチルプロペン   1-ブロモ-2-メチルプロパン
　　　　　　　　　　　　　非マルコウニコフ型付加

1) 開始段階

酸素-酸素結合は結合力が弱く，容易に均一結合開裂を起こして 2 個のアルコキシラジカルが生じる．これらは HBr から水素を引き抜いて臭素ラジカルを生成する．

$$RO-OR \xrightarrow{h\nu} RO\cdot + RO\cdot \quad H-Br \longrightarrow RO-H + Br\cdot$$

　　　　　　　　　アルコキシラジカル　　　　　　　　　　　アルコール　臭素ラジカル

2) 伸長段階

臭素ラジカルは電子欠損性であり，求電子試薬である．このラジカルは二重結合に付加して炭素ラジカルを生成する．このラジカルが HBr から水素を引き抜くと，

新たな臭素ラジカルが得られる．この反応の配向性は非マルコウニコフ型である．過酸化物を用いることによる位置選択性の変化は，**過酸化物効果**（peroxide effect）とよばれる．

$$H_3C\text{-}C(CH_3)=CH_2 + Br\cdot \longrightarrow H_3C\text{-}\underset{CH_3}{\overset{\cdot}{C}}\text{-}CH_2Br$$
3°アルキルラジカル

$$H_3C\text{-}\underset{CH_3}{\overset{\cdot}{C}}\text{-}CH_2Br + H\text{-}Br \longrightarrow CH_3CH(CH_3)\text{-}CH_2Br + Br\cdot$$
3°アルキルラジカル　　　　　　1-ブロモ-2-メチルプロパン
　　　　　　　　　　　　　　　　非マルコウニコフ型付加

3) 終止段階

　反応混合物中に存在する二つのラジカル種が結合すると終止段階となり，ラジカル連鎖反応は進行しなくなる．このラジカル反応では種々の生成物が得られる．

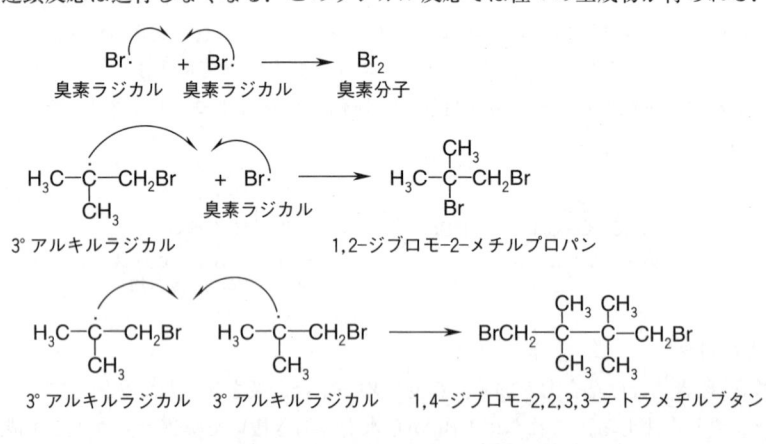

$$Br\cdot + Br\cdot \longrightarrow Br_2$$
臭素ラジカル　臭素ラジカル　　臭素分子

$$H_3C\text{-}\underset{CH_3}{\overset{\cdot}{C}}\text{-}CH_2Br + Br\cdot \longrightarrow H_3C\text{-}\underset{Br}{\overset{CH_3}{C}}\text{-}CH_2Br$$
3°アルキルラジカル　臭素ラジカル　　1,2-ジブロモ-2-メチルプロパン

$$H_3C\text{-}\underset{CH_3}{\overset{\cdot}{C}}\text{-}CH_2Br + H_3C\text{-}\underset{CH_3}{\overset{\cdot}{C}}\text{-}CH_2Br \longrightarrow BrCH_2\text{-}\underset{CH_3}{\overset{CH_3}{C}}\text{-}\underset{CH_3}{\overset{CH_3}{C}}\text{-}CH_2Br$$
3°アルキルラジカル　3°アルキルラジカル　　1,4-ジブロモ-2,2,3,3-テトラメチルブタン

h．アルキンに対する HBr のラジカル付加：過酸化物効果　ブロモアルケンの合成　過酸化物効果はアルキンに対する HBr の付加においても見られる．過酸化物 ROOR により非マルコウニコフ型生成物が得られる．1-ブチンと HBr を過酸

$$C_2H_5C\equiv CH + HBr \xrightarrow{ROOR} \underset{H}{\overset{C_2H_5}{>}}C=C\underset{H}{\overset{Br}{<}}$$
1-ブチン　　　　　　　　　　　1-ブロモブテン
　　　　　　　　　　　　　　　非マルコウニコフ型付加

化物存在下で反応させると 1-ブロモブテンが生成する.

i. アルケンに対する水の付加: アルコールの合成　水の付加反応は**水和反応** (hydration reaction) としても知られている. 水和反応によりアルケンが酸性水溶液中, 通常硫酸水溶液中で水と反応してアルコールを生じる. この反応は, アルケンに対する**酸触媒水和反応** (acid-catalyzed hydration) とよばれる. この反応は, アルコールの**酸触媒による脱水反応** (acid-catalyzed dehydration) の逆反応である.

非対称アルケンに水を付加させる場合には, マルコウニコフ則が成り立つ. 反応の位置選択性はきわめて高い. マルコウニコフ則によれば, アルケンに対する水の付加反応では, 水素原子は, 二重結合の炭素のより置換基の少ない側に付加する. たとえば, 2-メチルプロペンは希硫酸の存在下, 水と反応してt-ブチルアルコールを生じる. 反応は, プロトン化による, より安定な第三級カルボカチオン中間体を経由して進行する. この反応機構はアルコールの脱水反応の逆反応である.

$$H_3C-\underset{CH_3}{\overset{CH_3}{C}}=CH_2 + H_2O \underset{}{\overset{H_2SO_4}{\rightleftharpoons}} H_3C-\underset{OH}{\overset{CH_3}{\underset{|}{\overset{|}{C}}}}-CH_3$$

2-メチルプロペン　　　　　　　　　　　t-ブチルアルコール
（イソブチレン）　　　　　　　　　　　　（主生成物）

【反応機構】

アルケンの水和反応はオキシ水銀化-還元反応（水のマルコウニコフ型付加）, あるいはヒドロホウ素化-酸化反応（非マルコウニコフ型付加）によっても行うことができる. オキシ水銀化-還元反応およびヒドロホウ素化-酸化反応による水の付加は, 酸触媒による水の付加に比べて二つの利点をもつ. これらの過程では酸性条件を必要とせず, カルボカチオン中間体の転位反応は進行しない. そのため, これらの反応では高収率でアルコールが得られる.

1) アルケンのオキシ水銀化-還元反応：アルコールの合成

オキシ水銀化-還元反応によるアルケンに対する水の付加反応はマルコウニコフ則に従って進行する．この付加反応は酸触媒による水の付加反応に類似している．オキシ水銀化は位置選択的であり，アンチ-立体特異的である．付加の過程で，酢酸水銀イオン $Hg(OAc)^+$ がより置換基の少ない二重結合炭素に結合し，OH が，より置換基の多い炭素に結合する．たとえば，含水 THF 中，プロペンは酢酸水銀と反応して，ヒドロキシ水銀化化合物を与え，これがテトラヒドロホウ酸ナトリウムによる還元を受けて 2-プロパノールを生じる．

$$CH_3CH=CH_2 \xrightarrow[\text{ii. NaBH}_4, \text{NaOH}]{\text{i. Hg(OAc)}_2, H_2O, THF} CH_3CH\text{-}CH_3$$

プロペン　　　　　　　　　　　　　　　　　2-プロパノール
　　　　　　　　　　　　　　　　　　　　　マルコウニコフ型付加

$AcO = CH_3C\text{-}O$ (C=O)
アセテート

【反応機構】

この反応は，アルケンに対する臭素 Br_2 の付加反応に類似の機構で進行する．酢酸水銀の求電子的な水銀イオンが二重結合に付加し，平面性のカルボカチオンではなく，環状のマーキュリニウムイオン中間体を生成する．次の段階で水がマーキュリニウムイオン中の最も置換基の多い炭素を攻撃して付加生成物が得られる．ヒドロキシ水銀化された化合物は，テトラヒドロホウ酸ナトリウムによって反応系中で還元され，アルコールに変換される．第二段階で $Hg(OAc)^+$ が除去される過程を**脱水銀化**（demercuration）とよぶ．そのため，この反応は，**オキシ水銀化-脱水銀化反応**（oxymercuration-demercuration）としても知られている．

$$CH_3CH=CH_2 + Hg(OAc)_2 \longrightarrow H_3C\text{-}CH\text{-}CH_2(^+Hg\text{-}OAc) + AcO^-$$

$$\xrightarrow{H_2\ddot{O}:} H_3C\text{-}CH(\text{-}O\text{-}H^+)\text{-}CH_2\text{-}Hg\text{-}OAc + AcO^-$$

$$\longrightarrow AcOH + H_3C\text{-}CH(OH)\text{-}CH_2\text{-}Hg\text{-}OAc \xrightarrow{\text{NaBH}_4, \text{NaOH}} CH_3CH(OH)CH_3$$

2-プロパノール
マルコウニコフ型付加

2) アルケンのヒドロホウ素化-酸化反応：アルコールの合成

ヒドロホウ素化-酸化反応によるアルケンへの水の付加は非マルコウニコフ型で進行し，アルコールが得られる．この付加反応は酸触媒による水の付加反応と逆の配向性を示す．ヒドロホウ素化は位置選択的かつシン立体特異的に起こる．付加の過程で，ホウ素は二重結合中のより置換基の少ない炭素に結合し，水素は置換基の多い側に付加する．たとえば，プロペンはボラン-THF錯体と反応し，続いて塩基性の過酸化水素と処理することによってプロパノールを生じる．

$$CH_3CH=CH_2 \xrightarrow[\text{ii. } H_2O_2, KOH]{\text{i. } BH_3. THF} CH_3CH_2CH_2OH$$

プロペン　　　　　　　　　　　　プロパノール
　　　　　　　　　　　　　　非マルコウニコフ型付加

【反応機構】

$$CH_3CH=CH_2 + \overset{\delta-}{H}-\overset{\delta+}{B}-H \xrightarrow{THF} CH_3CH_2-CH_2 \xrightarrow[H_2O_2]{:OH} CH_3CH_2CH_2OH$$

　　　　　　　　　　　　　　　　　　　　　　　　　　　プロパノール
　　　　　　　　　　　　　　　　　　　　　　　　　　非マルコウニコフ型付加

j. アルキンに対する水の付加：アルデヒドおよびケトンの合成　　内部アルキンはアルケンと同様に，酸触媒による水の付加反応を受けるが，生成物がエノールである点のみが異なる．エノールは不安定であるため，容易により安定な互変異性体であるケト形になる．すなわち，エノールは常にケト形との平衡状態にある．これは，**ケト-エノール互変異性**（keto-enol tautomerism）の一例である．

内部アルキンに対する水の付加反応では位置選択性は発現されない．内部アルキンでも sp 炭素に結合する置換基が同じ種類のものである場合には1種類のケトンしか生成しない．たとえば，2-ブチンは，酸の存在下で水と反応して 2-ブタノンを生成する．

$$CH_3C≡CCH_3 \xrightarrow[H_2O]{H_2SO_4} \underset{\text{エノール}}{\overset{H_3C}{\underset{HO}{>}}C=C\overset{CH_3}{\underset{H}{<}}} \rightleftharpoons \underset{\text{2-ブタノン}}{\overset{H_3C}{>}C(=O)\overset{C_2H_5}{<}}$$

2-ブチン

内部アルキンの sp 炭素が，それぞれ異なる置換基をもつ場合には，両方の中間体カチオンが同じように置換基をもつため，2種類のケトンが生成する．たとえば2-

ペンチンは酸触媒の存在下で水と反応して3-ペンタノンと2-ペンタノンを与える.

$$C_2H_5C\equiv CCH_3 \xrightarrow[H_2O]{H_2SO_4}$$ (エノール) ⇌ 3-ペンタノン + 2-ペンタノン

末端アルキンは，内部アルキンに比べて，酸触媒による水の付加反応に対する反応性が低い．すなわち，末端アルキンに対して水を付加させるためには水銀塩 ($HgSO_4$) 触媒を用いる必要がある．アセチレンに対する水の付加反応ではアセトアルデヒドが得られ，それ以外のすべての末端アルキンの場合にはケトン（メチルケトン）が生成する．反応は位置選択的に進行し，マルコウニコフ則に従う．たとえば，1-ブチンでは，H_2SO_4 と $HgSO_4$ の存在下で水と反応して 2-ブタノンが得られる．

$$C_2H_5C\equiv CH \xrightarrow[HgSO_4]{H_2O, H_2SO_4} \text{エノール（マルコウニコフ型付加）} \rightleftharpoons \text{2-ブタノン}$$

【反応機構】

$HgSO_4$ の付加により環状のマーキュリニウムイオンが生成し，これは水の求核攻撃をより置換基の多い炭素上で受ける．酸素からプロトンが脱離して水銀化エノールが生成し，これは反応の後処理の過程でエノール（ビニルアルコール）を生じる．エノールは速やかに 2-ブタノンへと変換される.

1) アルキンに対するヒドロホウ素化-酸化反応：アルデヒドおよびケトンの合成

末端アルキンに対するヒドロホウ素化-酸化反応では，三重結合に対する水の付加は非マルコウニコフ型で進行する．すなわちこの反応は位置選択的であり，非マルコウニコフ型付加反応に従う．末端アルキンはアルデヒドに変換され，他のすべてのアルキンはケトン類を与える．ボラン分子2個が付加するのを防ぐためには，立体的にかさ高いジアルキルボランを用いる必要がある．非マルコウニコフ型付加反応を経由してビニルボランが生成し，これはアルカリ性過酸化水素によって酸化され，エノールを生じる．このエノールが互変異性により，より安定なケト形に容易に変化する．

【反応機構】

k. **アルケンに対する硫酸の付加反応：アルコールの合成** 濃硫酸をアルケンに付加させると，酸に溶解しやすい硫酸水素アルキル類が生成する．付加はマルコウニコフ則に従って進行する．硫酸エステルは加水分解されてアルコールに変換される．全体としての結果は，酸触媒によるアルケンへの水のマルコウニコフ型付加反応となる．硫酸付加の反応機構は酸触媒による水和反応と類似のものである．

l. アルケンに対するアルコールの付加: 酸触媒によるエーテルの合成　アルコールは水と同様にアルケンに付加する．酸触媒，一般的には水を含む硫酸を用いたアルケンに対するアルコールの付加によりエーテルが得られる．アルコールが非対称アルケンに付加する際にはマルコウニコフ則に従う．反応は，より安定なカルボカチオン中間体を経由して進行する．反応機構は，エーテルからの脱アルコール反応の逆反応である．

たとえば，2-メチルプロペンは含水硫酸中でメタノールと反応して t-ブチルメチルエーテルを生成する．

$$\underset{\text{2-メチルプロペン}}{\begin{array}{c}H_3C\\H_3C\end{array}\!\!\!\!\!\!\!\!\!\!\!\!>\!\!=\!\!<\!\!\!\!\!\!\!\!\!\!\!\!\begin{array}{c}H\\H\end{array}} + CH_3OH \xrightleftharpoons{H_2SO_4} \underset{t\text{-ブチルメチルエーテル}}{H_3C-\underset{\underset{OCH_3}{|}}{\overset{\overset{CH_3}{|}}{C}}-CH_3}$$

m. アルコキシ水銀化——アルケンの還元　アルコキシ水銀化-還元反応によるアルケンに対するアルコールの付加反応は，マルコウニコフ則に従い，エーテルを与える．この付加反応は酸触媒によるアルコールの付加反応に類似している．たとえば，プロペンは含水 THF 中で酢酸水銀と反応させ，引き続き $NaBH_4$ で還元することによってメチルプロピルエーテルを生じる．反応の第二段階は**脱水銀化** (demercuration) とよばれ，酢酸水銀イオン $Hg(OAc)^+$ が $NaBH_4$ によって除去される．そのため，この反応は**アルコキシ水銀化-脱水銀化** (alkoxymercuration-demercuration) ともよばれる．反応機構は，アルケンに対するオキシ水銀化-還元反応と全く同じである．

$$\underset{\text{プロペン}}{CH_3CH=CH_2} \xrightarrow[\text{ii. }NaBH_4,\ NaOH]{\text{i. }Hg(OAc)_2,\ CH_3OH,\ THF} \underset{\substack{\text{メチルプロピルエーテル}\\\text{マルコウニコフ型付加}}}{CH_3\overset{\overset{OCH_3}{|}}{C}HCH_3}$$

n. アルケンに対するハロゲンの付加: アルキルジハロゲン化物の合成　ハロゲン (Br_2 または Cl_2) をアルケンに付加させると隣接ジハロゲン化物が生成する．この反応は不飽和結合 (π 結合) のテストに用いられる，なぜなら臭素試薬の赤茶色が，アルケンもしくはアルキンが存在すると消えるからである．たとえば，エチレンが四塩化炭素中で Br_2 と反応すると，Br_2 の赤い色が速やかに消えて，無色の

化合物である 1,2-ジブロモエタンが生成する．

$$H_2C=CH_2 \text{ (無色)} + Br_2 \text{ (赤色)} \xrightarrow[\text{暗所, 室温}]{CCl_4} \underset{\text{1,2-ジブロモエタン (無色)}}{H_2C-CH_2 \;|\; Br \;\; Br}$$

【反応機構】
　Br_2 は二重結合に接近すると分極する．Br_2 の正に分極した側が電子豊富な π 結合の攻撃を受け，環状のブロモニウムイオンを形成する．Br_2 の負に分極した側は求核種であり，置換基の少ない方の炭素を攻撃して環状ブロモニウムイオンが開環し，1,2-ジブロモエタン（隣接ジハロゲン化物）が生成する．

$$H_2C=CH_2 \xrightarrow[\text{暗所, 室温}]{CCl_4} H_2C\overset{+}{\underset{Br}{-}}CH_2 + {}^-\!:\!Br \longrightarrow \underset{\text{1,2-ジブロモエタン (無色)}}{H_2C-CH_2 \;|\; Br \;\; Br}$$

　二重結合に対するハロゲン化は**立体特異的**（stereospecific）に進行する．出発物質のある特定の立体異性体が，ある特定の立体異性体生成物を与えるとき，反応は立体特異的である，という．たとえば，*cis*-および *trans*-2-ブテンのハロゲン化反応では，それぞれ，2,3-ジブロモブタンのラセミ体混合物，および *meso*-2,3-ジブロモブタンが得られる．

cis-2-ブテン + Br_2 $\xrightarrow{CCl_4}$ (2*R*,3*R*)-2,3-ジブロモブタン ＋ (2*S*,3*S*)-2,3-ジブロモブタン
　　　　　　　　　　　　　　　　　　　　ラセミ体混合物

trans-2-ブテン + Br_2 $\xrightarrow{CCl_4}$ (2*R*,3*S*)-2,3-ジブロモブタン
　　　　　　　　　　　　　　　　（メソ化合物）

　シクロペンテンが Br_2 と反応すると，生成物は *trans*-1,2-ジブロモシクロペンタンのラセミ体混合物となる．Br_2 のシクロアルケンへの付加反応では，平面性のカル

ボカチオンではなく，環状のブロモニウムイオン中間体が生成する．反応は立体特異的に進行し，二つのハロゲンがアンチ付加をしたもののみが得られる．

$$\text{シクロペンテン} + Br_2 \xrightarrow[\text{暗所, 室温}]{CCl_4} \text{trans-1,2-ジブロモシクロペンタン}$$

【反応機構】

ブロモニウムイオン

trans-1,2-ジブロモシクロペンタン

o. **アルキンに対するハロゲンの付加：アルキルジハロゲン化物，およびアルキルテトラハロゲン化物の合成**　ハロゲン（Cl_2 および Br_2）はアルケンに反応するのと同様の形式でアルキンに対して反応する．等量のハロゲンを用いた場合には，ジハロアルケンが生成し，シンとアンチの混合物として得られる．

$$R-C\equiv C-R' + X_2 \longrightarrow \text{cis-アルケン} + \text{trans-アルケン}$$

等量のハロゲンを付加させるよう反応を制御することは一般に難しく，2当量が付加してテトラハロゲン化物を生成するのが普通の反応形式である．

$$R-C\equiv C-R' + 2X_2 \longrightarrow R-\underset{\underset{X}{|}}{\overset{\overset{X}{|}}{C}}-\underset{\underset{X}{|}}{\overset{\overset{X}{|}}{C}}-R'$$

アセチレンは暗所において，臭素分子と求電子的な付加反応を起こす．臭素はアルキンの二つのπ結合に対して連続的に付加する．反応の第一段階では，アセチレンはアルケンすなわち1,2-ジブロモエテンに変換される．次の段階で，さらに臭

素分子がπ結合に対して付加反応を起こし，1,1,2,2-テトラブロモエタンが得られる．

$$HC \equiv CH + Br_2 \xrightarrow[25\,°C]{CCl_4,\,暗所} H-C=C-H + Br_2 \xrightarrow[25\,°C]{CCl_4,\,暗所} H-C-C-H$$
アセチレン　臭素　　　　　　　　　　　　　Br Br　　　　　　　　　　　　　Br Br
（アルキン）（赤色）　　　　　　　　1,2-ジブロモエテン　　　　　　　1,1,2,2-テトラブロモエタン
　　　　　　　　　　　　　　　　　　　　　　　　　　　　　　　　　　　　　　（無色）

p.　アルケンに対するハロゲンと水の付加: ハロヒドリンの合成　　アルケンに対するハロゲンの付加反応を水溶液中で行うと，**隣接**（vicinal）ハロヒドリンが生成する．反応は位置選択的に進行し，マルコウニコフ則に従う．ハロゲンがより置換基の少ない炭素原子に環状のハロニウムイオンを経由して付加し，ヒドロキシ基はより置換基の多い側に付加する．反応機構はアルケンのハロゲン化と同様であり，求核種としてのハロゲン化物イオンの代わりに水が求核試薬として攻撃する点が異なっている．

$$\underset{R\quad H}{\overset{R\quad R}{\diagup\!\!\!\diagdown}} + X_2 \xrightarrow[X=Cl_2\,または\,Br_2]{H_2O} R-\underset{OH}{\overset{R}{C}}-\underset{X}{\overset{R}{C}}-H + HX$$
ハロヒドリン
マルコウニコフ型付加

【反応機構】

q.　アルケンに対するカルベンの付加: シクロプロパンの合成　　カルベンは2価の炭素化合物であり，メチレンともよばれる．中性の炭素に一組の非共有電子対が存在した構造であり，反応性がきわめて高い．メチレンは，ジアゾメタン（爆発

性で毒性の高い気体）の熱または光による開裂反応によって調製できる．

$$:\bar{C}H_2-\overset{+}{N}\equiv N: \xrightarrow[\text{または熱}]{h\nu} :CH_2 + :N\equiv N:$$

ジアゾメタン　　　　　　　メチレン　　窒素
　　　　　　　　　　　　（カルベン）

$$H_2C=CH_2 + :CH_2 \longrightarrow \underset{CH_2}{H_2C-CH_2}$$

エチレン　　メチレン　　　　　　シクロプロパン
　　　　　（カルベン）

メチレン（CH_2）をアルケンに対して付加させるとシクロプロパン環が生成する．たとえば，メチレンをエチレンと反応させるとシクロプロパンが得られる．

5・3・2 カルボニル基に対する求核付加

アルデヒドやケトンに対する最も一般的な反応は**求核付加反応**（nucleophilic addition reaction）である．ケトンよりもアルデヒドの方が，より容易に求核付加反応を受ける．求核付加反応において，カルボニル化合物は試薬の性質に応じてルイス酸およびルイス塩基のいずれとしても機能しうる．カルボニル基は酸素が負の部分電荷，炭素が正の部分電荷をもち，大きく分極している．そのため炭素は求電子反応種となり，求核試薬の攻撃を容易に受ける．攻撃してくる求核試薬は負に荷電しているか，もしくは中性で非共有電子対をもつ分子種である．アルデヒドおよびケトンは求核試薬と反応し，さらにプロトン化されることによって付加生成物を生じる．

求核試薬が負の荷電をもっている場合（反応性の高い求核種である HO^-，RO^-，H^- など）には，カルボニル炭素に対して容易に攻撃が起こり，正四面体形アルコキシド中間体が生成する．これは通常次の過程で溶媒，もしくは後から加える酸性水溶液によるプロトン化を受ける．

$$\underset{Nu:^-}{R-\overset{\overset{\delta-}{:\ddot{O}:}}{\underset{\delta+}{C}}-Y} \longrightarrow \underset{\substack{\text{アルコキシド}\\\text{正四面体形中間体}}}{R-\underset{Nu:}{\overset{:\ddot{O}:^-}{C}}-Y} \xrightleftharpoons{H_3O^+} \underset{\substack{\text{アルコール}\\Y=H\text{ または }R}}{R-\underset{Nu:}{\overset{:\ddot{O}H}{C}}-Y}$$

求核試薬が非共有電子対をもつ中性の分子（アルコール，水のような弱い求核試薬）の場合には，酸触媒が必要となる．カルボニル基の酸素が酸によってプロトン化さ

れ，カルボニル炭素の求核試薬に対する反応性を増加させる．

攻撃する求核試薬が，付加生成物を形成した後にも使用できる非共有電子対をもっている場合には付加生成物から非水条件下での酸の作用により水が脱離する．この反応は **求核付加‒脱離反応**（nucleophilic addition‒elimination reaction）として知られている．

a. カルボニル化合物に対する有機金属試薬の付加反応 アルデヒドとケトンは有機金属試薬と反応して，それぞれ異なった級数のアルコールを生じる．カルボニル基に対するグリニャール試薬（RMgX）や有機リチウム試薬（RLi）の求核付加反応は，容易に行える有用な合成反応である．これらの試薬はカルボニル基に付加し，次のステップで溶媒，または後で加える酸によってプロトン化を受ける．
【反応機構】

b. ホルムアルデヒドに対する有機金属試薬の付加：第一級アルコールの合成法
ホルムアルデヒドはグリニャール試薬または有機リチウム試薬と反応して，元の有機金属試薬より炭素数の1個多い第一級アルコールを与える．たとえば，ホルムアルデヒドは臭化メチルマグネシウムと反応してエタノールを生じる．

c. アルデヒドに対する有機金属試薬の付加：第二級アルコールの合成法 アルデヒドとグリニャール試薬または有機金属試薬を反応させると第二級アルコールが得られる．たとえば，アセトアルデヒドと臭化メチルマグネシウムを反応させると 2-プロパノールが生じる．

$$\underset{\text{アセトアルデヒド}}{H_3C-\overset{\overset{\ddot{:}O:}{\|}}{C}-H} \xrightarrow[\text{無水エーテル}]{CH_3MgBr} H_3C-\overset{\overset{\ddot{:}\overset{-}{O}MgBr^+}{|}}{\underset{\underset{CH_3}{|}}{C}}-H \xrightarrow{H_3O^+} \underset{\substack{\text{2-プロパノール}\\(\text{2°アルコール})}}{\overset{CH_3}{\underset{}{|}}CH_3CHOH}$$

d. ケトンに対する有機金属試薬の付加：第三級アルコールの合成法 ケトンに対してグリニャール試薬または有機リチウム試薬を反応させると第三級アルコールが生成する．たとえば，アセトンを臭化メチルマグネシウムと反応させると t-ブチルアルコールが得られる．

$$\underset{\text{アセトン}}{H_3C-\overset{\overset{\ddot{:}O:}{\|}}{C}-CH_3} \xrightarrow[\text{無水エーテル}]{CH_3MgBr} H_3C-\overset{\overset{\ddot{:}\overset{-}{O}MgBr^+}{|}}{\underset{\underset{CH_3}{|}}{C}}-CH_3 \xrightarrow{H_3O^+} \underset{\substack{t\text{-ブチルアルコール}\\(\text{3°アルコール})}}{H_3C-\overset{\overset{CH_3}{|}}{\underset{\underset{CH_3}{|}}{C}}-OH}$$

e. グリニャール試薬のカルボニル化：カルボン酸類の合成法 グリニャール試薬は二酸化炭素 CO_2 と反応してカルボン酸を与える．カルボン酸のマグネシウム塩は酸性水溶液と処理することによってカルボン酸に変換される．

$$RCH_2-MgX \xrightarrow{CO_2} RCH_2-\overset{\overset{O}{\|}}{C}-\overset{-}{O}Mg\overset{+}{X} \xrightarrow{H_3O^+} \underset{\text{カルボン酸}}{RCH_2-\overset{\overset{O}{\|}}{C}-OH}$$

f. ニトリルに対する有機金属試薬の付加：ケトンの合成法 グリニャール試薬，または有機リチウム試薬はニトリルと反応して，イミンの金属塩を与える．この塩を酸で加水分解するとケトンが生成する．後処理をするまでケトンは生成しないので，有機金属試薬がケトンと反応することはない．

$$\underset{\text{ニトリル}}{RC\equiv N} + R'MgBr \longrightarrow \left[\underset{R}{\overset{R'}{|}}C=N-MgBr\right] \xrightarrow{H_3O^+} \underset{\text{ケトン}}{\overset{R'}{\underset{R}{|}}C=O} + NH_4^+$$

5・3 付 加 反 応

g. カルボニル化合物に対するアセチリドやアルキニドの付加反応　アセチリド（H−C≡CNa）やアルキニド（R−C≡CNa, R−C≡CMgX, R−C≡CLi）は優れた求核試薬である．それらはカルボニル化合物と反応してアルコキシドを生成し，加水分解によってアルコール類が得られる．付加生成物は，原料の有機金属化合物に類似した構造のアルコールになる．

$$\underset{\text{:O:}}{\overset{\|}{R-C-H}} \xrightarrow{R'C\equiv\overset{-}{C}\overset{+}{Na}} R-\underset{H}{\overset{\text{:O:}^-}{\underset{|}{C}}}-C\equiv C-R' \xrightarrow{H_3O^+} R-\underset{H}{\overset{\text{:ÖH}}{\underset{|}{C}}}-C\equiv C-R'$$

$$\underset{\text{:O:}}{\overset{\|}{R-C-R}} \xrightarrow[\text{または } R'C\equiv\overset{-}{C}\overset{+}{Li}]{R'C\equiv CMgX} R-\underset{R}{\overset{\text{:O:}^-}{\underset{|}{C}}}-C\equiv C-R' \xrightarrow{H_3O^+} R-\underset{R}{\overset{\text{:ÖH}}{\underset{|}{C}}}-C\equiv C-R'$$

h. カルボニル化合物へのリンイリドの付加: ウィッティッヒ反応　Georg Wittig は，リンイリド（安定化されたアニオン）がアルデヒドやケトンに付加して，アルコールではなくアルケンを与えることを 1954 年に見いだした．この反応はウィッティッヒ反応として知られている．

$$\underset{Y}{\overset{R}{\underset{|}{C}}}{=}O \;+\; \underset{R'}{\overset{R'}{\underset{|}{C}}}{-}\overset{+}{P}(Ph)_3 \longrightarrow \underset{Y}{\overset{R}{\underset{|}{C}}}{=}\underset{R'}{\overset{R'}{\underset{|}{C}}} \;+\; Ph_3P{=}O$$

　　Y=H または R　　　リンイリド　　　　　　　アルケン　　トリフェニルホスフィンオキシド

1) リンイリドの合成法

　リンイリドはトリフェニルホスフィンとハロゲン化アルキルの反応によって得られる．リンイリドは全体としては中性であるが，正に荷電したリンに結合したカルボアニオンの形で存在する．イリドは二重結合の形で書くこともある，なぜならリンは 8 個以上の原子価電子をもっているからである．

$$RCH_2-X \xrightarrow[\text{ii. BuLi, THF}]{\text{i. } (Ph)_3P:} (Ph)_3\overset{+}{P}-\overset{-}{CHR} \longleftrightarrow (Ph)_3P{=}CHR$$

　　ハロゲン化アルキル　　　　　　　　　　　　　リンイリド

【反応機構】

　反応の最初の段階では，リンが第一級のハロゲン化アルキルに対して求核攻撃し，

アルキルトリフェニルホスホニウム塩が生じる．この塩に対してブチルリチウムのような強塩基を反応させるとプロトンが脱離してイリドが生成する．イリドはカルボアニオンとしての性質をもっているため，求核試薬としての反応性は高い．

$$RCH_2-X + (Ph)_3P: \longrightarrow (Ph)_3\overset{+}{P}-\underset{R}{\overset{H}{\underset{|}{C}}}-H + X^- \xrightarrow[THF]{BuLi} (Ph)_3\overset{+}{P}-\overset{-}{C}HR \longleftrightarrow (Ph)_3P=CHR$$
リンイリド

2) アルケンの合成

ケトンがリンイリドと反応するとアルケンが得られる．二重結合の位置で合成目的物を分割すると，どちらの化合物をカルボニル基にして，どちらの化合物をイリドにすればよいかがわかりやすくなる．一般的には，トリフェニルホスフィンの立体障害が大きいので，イリドを，立体的に混み合っていないハロゲン化アルキルから合成するのがよい．

$$\underset{\text{リンイリド}}{\overset{R}{\underset{R}{>}}\overset{-}{C}-\overset{+}{P}(Ph)_3} + \underset{\text{ケトン}}{\overset{R'}{\underset{R'}{>}}C=O} \longrightarrow \underset{\text{アルケン}}{\overset{R}{\underset{R}{>}}C=\overset{R'}{\underset{R'}{<}}} + \underset{\text{トリフェニルホスフィンオキシド}}{Ph_3P=O}$$

【反応機構】

$$(Ph)_3\overset{+}{P}-\overset{-}{\underset{R}{C}}-R + \overset{R'}{\underset{R'}{>}}C=O \longrightarrow \underset{\text{ベタイン}}{\overset{Ph_3\overset{+}{P}}{\underset{R}{\underset{|}{R-C-C-R'}}}\overset{\overset{-}{O}}{\underset{R'}{|}}} \longrightarrow \underset{\text{オキサホスフェタン}}{\overset{Ph_3P}{\underset{R}{\underset{|}{R-C-C-R'}}}\overset{O}{\underset{R'}{|}}}$$

$$\longrightarrow Ph_3P=O + \underset{\text{アルケン}}{\overset{R}{\underset{R}{>}}C=\overset{R'}{\underset{R'}{<}}}$$

リンイリドはアルデヒドやケトンと容易に反応して**ベタイン**（betaine）とよばれる中間体を与える．ベタインは負に帯電した酸素と正に帯電したリンを分子内にもつ特殊な構造である．リンは酸素と強い結合を形成するので，この二つの基は互いに結びついて四員環のオキサホスフェタンを生成する．この四員環はすぐに分解してアルケンと安定なトリフェニルホスフィンオキシドになる．全体としての結果は，カルボニル酸素が，元々リンに結合していた $R_2C=$ と置き換わる反応である．これは，アルデヒドやケトンからアルケンをつくる優れた合成法である．

5・3 付加反応

i. カルボニル基への HCN の付加：シアノヒドリンの合成法 シアン化水素 (HCN) をアルデヒドまたはケトンに付加させるとシアノヒドリンが得られる．この反応は通常，シアン化カリウムまたはシアン化ナトリウムと HCl を用いて行う．シアン化水素は毒性が高い揮発性の液体であり，弱酸性を示す．したがって，この反応を行う最も良い方法は，アルデヒドまたはケトンと，大過剰の NaCN または KCN を混合したところに HCl を加えて，反応系内で HCN を発生させることである．シアノヒドリンは，シアノ基が容易にアミン，アミド，カルボン酸などに変換できるため，有機合成において有用な物質である．

$$R\text{-}\underset{\substack{\|\\ :\!O\!:}}{C}\text{-}R \;\underset{H_2O}{\overset{KCN, HCl}{\rightleftarrows}}\; R\text{-}\underset{\substack{|\\ CN}}{\overset{:\ddot{O}:^-}{C}}\text{-}R \;\overset{HCN}{\longrightarrow}\; R\text{-}\underset{\substack{|\\ CN}}{\overset{:\ddot{O}H}{C}}\text{-}R$$
シアノヒドリン

j. カルボニル基へのアンモニアおよびその誘導体の付加反応：オキシムおよびイミン誘導体（シッフ塩基）の合成 アンモニアとその誘導体，たとえば第一級アミン (RNH_2)，ヒドロキシルアミン (NH_2OH)，ヒドラジン (NH_2NH_2)，およびセミカルバジド ($NH_2NHCONH_2$) は，酸触媒の存在下でアルデヒドやケトンと反応してイミン，あるいは置換イミン誘導体を与える．イミンは C=O 二重結合の代わりに C=N 二重結合をもっており，アルデヒドやケトンの含窒素類縁体と考えられる．イミン類は求核的であり，かつ塩基性である．アンモニアから得られたイミン類は窒素に結合した水素以外には置換基をもっておらず，単離するには不安定であるため，反応混合物中で還元して対応する第一級アミン類に変換する．

$$R\text{-}\underset{\substack{\|\\ :O:}}{C}\text{-}Y + NH_3 \;\underset{H_3O^+}{\overset{\text{非水 } H^+}{\rightleftarrows}}\; \left[R\text{-}\underset{\substack{\|\\ NH}}{C}\text{-}Y\right] + H_2O$$
Y=H または R　　　　　　　　　　　不安定なイミン

$$R\text{-}\underset{\substack{\|\\ O}}{C}\text{-}Y \;\begin{cases} \overset{NH_2\text{-}OH}{\underset{\text{非水 } H^+}{\longrightarrow}} & R\text{-}\underset{\substack{\|\\ N\text{-}OH}}{C}\text{-}Y \quad \text{オキシム} \\[6pt] \overset{R'NH_2}{\underset{\text{非水 } H^+}{\longrightarrow}} & R\text{-}\underset{\substack{\|\\ N\text{-}R'}}{C}\text{-}Y \quad \text{イミン（シッフ塩基）} \\[6pt] \overset{R'_2NH}{\underset{\text{非水 } H^+}{\longrightarrow}} & R\text{-}\underset{\substack{\|\\ R'_2\overset{+}{N}}}{C}\text{-}Y \quad \text{イミニウム塩} \end{cases}$$
Y=H または R

ヒドロキシルアミンとの反応で得られたイミン類は**オキシム**（oxime）として知られ，また，第一級アミンとの反応で得られるイミンは**シッフ塩基**（Schiff's base）とよばれる．イミンは非水条件下，酸触媒によって形成される．

　反応は可逆的であり，すべてのイミン（シッフ塩基，オキシム，ヒドラゾン，セミカルバゾン）の生成は同じ反応機構で進行する．酸性水溶液中では，イミンは元のカルボニル化合物とアミン類へと加水分解される．

【反応機構】
　中性のアミン求核種がカルボニル基の炭素を攻撃して双極性の正四面体形中間体を形成する．分子内で窒素から酸素にプロトンが移動して中性のヘミアミナール正四面体形中間体となる．この後ヒドロキシ基がプロトン化を受け，プロトン化されたヘミアミナールからの脱水反応が進行するとイミニウムイオンと水が生成する．水中にプロトンが放出されるとイミンが生成し，酸触媒が再生する．

1）ヒドラゾンおよびセミカルバゾンの合成
　ヒドラジンから得られるイミン類は**ヒドラゾン**（hydrazone）として知られており，また，セミカルバジドとの反応で得られるイミン類は**セミカルバゾン**（semicarbazone）とよばれる．

【反応機構】
　求核試薬であるヒドラジンがカルボニル炭素を攻撃し，双極性の正四面体形中間体を生成し，分子内でのプロトン移動により中性の正四面体形中間体となる．ヒドロキシ基がプロトン化されて脱水反応が進行すると，イオン化したヒドラゾンと水

が得られる．プロトンが解離することによりヒドラゾンが得られ，同時に酸触媒が再生する．

$$R-\overset{\overset{\ddot{O}:}{\|}}{\underset{\underset{NH_2NH_2}{}}{C}}-Y \underset{H_3O^+}{\rightleftharpoons} R-\overset{\overset{:\ddot{O}:^-}{|}}{\underset{\underset{+NH_2\ddot{N}H_2}{|}}{C}}-Y \underset{}{\overset{\pm H^+}{\rightleftharpoons}} R-\overset{\overset{:\ddot{O}H}{|}}{\underset{\underset{:NHNH_2}{|}}{C}}-Y \underset{}{\overset{非水H^+}{\rightleftharpoons}} R-\overset{\overset{:\overset{+}{O}H_2}{|}}{\underset{\underset{:NHNH_2}{|}}{C}}-Y$$

中性の正四面体形中間体

$$H_3O^+ + R-\overset{\overset{\ddot{O}:}{\|}}{\underset{\underset{:\ddot{N}NH_2}{}}{C}}-Y \rightleftharpoons R-\overset{\overset{\ddot{O}:}{\|}}{\underset{\underset{H-\overset{+}{N}NH_2}{}}{C}}-Y$$

ヒドラゾン　+ $H_2\ddot{O}:$

k.　第二級アミンのカルボニル基への付加反応：エナミン類の生成　　第二級アミンはアルデヒドやケトンと反応してエナミンを与える．**エナミン**（enamine）とは，α,β-不飽和第三級アミン類のことである．エナミンの生成は可逆反応であり，反応機構は，反応の最終段階を除くとイミンの生成過程と全く同様である．

$$RCH_2-\overset{\overset{:O:}{\|}}{C}-Y + R'_2NH \underset{H_3O^+}{\overset{非水H^+}{\rightleftharpoons}} RCH=\overset{\overset{NR'_2}{|}}{C}-Y + H_2O$$

Y=H または R　　　　　　　　　　エナミン

【反応機構】

$$RCH_2-\overset{\overset{:O:}{\|}}{\underset{\underset{R'_2NH}{}}{C}}-Y \rightleftharpoons RCH_2-\overset{\overset{:\ddot{O}:^-}{|}}{\underset{\underset{+NHR'_2}{|}}{C}}-Y \overset{\pm H^+}{\rightleftharpoons} RCH_2-\overset{\overset{:\ddot{O}H}{|}}{\underset{\underset{:NR'_2}{|}}{C}}-Y$$

中性の正四面体形中間体

非水H$^+$

$$RCH=\overset{\overset{}{}}{\underset{\underset{:NR'_2}{|}}{C}}-Y \rightleftharpoons RCH_2-\overset{\overset{}{}}{\underset{\underset{H\ \ :\overset{+}{N}R'_2}{}}{C}}-Y \rightleftharpoons RCH_2-\overset{\overset{:\overset{+}{O}H_2}{|}}{\underset{\underset{:NR'_2}{|}}{C}}-Y$$

エナミン　　　　　+ $H_2\ddot{O}:$

l.　カルボニル化合物への水の付加反応：酸触媒水和反応．ジオール類の合成
　アルデヒドやケトンは酸または塩基触媒存在下水中で水和物を形成する．**水和物**

(hydrate) とは，同一の炭素上に二つのヒドロキシ基が結合した化合物のことであり，*gem*-ジオールともよばれる．水和反応は水中での二度の求核付加反応によって進行する．酸性の場合には水，塩基性の場合はヒドロキシドイオンが求核試薬となる．アルデヒドやケトンの水和物は一般的に不安定で単離できない．

$$R-\underset{Y=H \text{ または } R}{\overset{:\ddot{O}:}{\underset{\|}{C}}}-Y + H_2O \underset{}{\overset{H_3O^+ \text{ または } NaOH}{\rightleftharpoons}} R-\underset{OH}{\overset{OH}{\underset{|}{C}}}-Y$$

水和物 (*gem*-ジオール)

【酸 性】

【塩基性】

m. カルボニル化合物へのアルコールの付加反応：アセタールおよびケタールの合成法 水中での水和物の形成と類似した形式で，アルデヒドとケトンはアルコールと反応してそれぞれアセタールとケタールを生成する．アセタール生成の場合，アルデヒドに対して2分子のアルコールが反応し，1分子の水が脱離する．アルコールは水と同様に，求核試薬としての反応性は低い．そのため，アセタール生成は非水系での酸触媒存在下でのみ起こる．アセタールおよびケタール生成は可逆反応であり，同じ反応機構で進行する．過剰量のアルコールを用いた場合には平衡はアセタール生成の側に寄っている．加熱した酸性水溶液中では，アセタールやケタールは加水分解されてカルボニル化合物とアルコールに戻る．

$$\underset{\text{アルデヒド}}{R-\overset{:O:}{\underset{\|}{C}}-H} \underset{H_3O^+}{\overset{ROH/H^+}{\rightleftharpoons}} \underset{\text{ヘミアセタール}}{R-\underset{OR'}{\overset{OH}{\underset{|}{C}}}-H} \underset{H_3O^+}{\overset{ROH/H^+}{\rightleftharpoons}} \underset{\text{アセタール}}{R-\underset{OR'}{\overset{OR'}{\underset{|}{C}}}-H} + H_2O$$

【反応機構】

最初のステップは典型的な酸触媒下でのカルボニル基に対する付加反応である．アルコールがカルボニル炭素を求核攻撃してヘミアセタール正四面体形中間体が得られる．この後ヒドロキシ基がプロトン化され，水として脱離することによってオキソニウム中間体が得られ，これがさらに反応してより安定なアセタールを与える．

[反応機構の図：R-CHO + H⁺ ⇌ プロトン化カルボニル ⇌ ヘミアセタール中間体 ⇌ ±H⁺ を経てオキソニウム中間体，さらに R'OH の付加を経てアセタールへ至る一連の平衡反応]

2分子のアルコールの代わりにジオールが用いられることが多い．この反応では環状アセタールが得られる．1,2-エタンジオール（エチレングリコール）がよく用いられるジオールであり，得られた環状アセタールはエチレンアセタールとよばれる．

[シクロヘキサンカルボアルデヒド + HOCH₂CH₂OH → (非水 H⁺) → 環状エチレンアセタール + H₂O]

n. 保護基としてのアセタール

保護基は，反応性の高い官能基を，反応が行われる条件下では反応しない異なる種類の置換基に変換する．その後保護基は除かれる．アセタールは酸性条件下では容易に加水分解されるが，強塩基性または求核試薬存在下では安定である．この性質によって，アセタールはアルデヒドやケトンにとって理想的な保護基となる．アセタールはアルデヒドやケトンから容易に生成し，また容易に元に戻すことができる．そのため，グリニャール試薬や金属ヒドリ

[Br-CH₂CH₂-CHO + HOCH₂CH₂OH →(非水 H⁺) → 臭化アルキル環状アセタール → i. Mg, エーテル／ii. シクロヘキサノン／iii. H₃O⁺ → 1-(3-オキソプロピル)シクロヘキサノール]

ドなどの求核試薬，強塩基による反応を行う際に，アルデヒドやケトンを保護するために用いることができる．

アルデヒドはケトンよりも反応性が高い．したがって，アルデヒドは，ケトンが存在してもエチレングリコールと優先的に反応する．つまり，アルデヒドが選択的に保護される．この過程は，アルデヒドとケトン両方が存在する分子中でケトンにのみ反応を行う際に有用な方法である．

o. アルドール縮合 アルドール縮合反応では，一方のカルボニル化合物のエノラートアニオンが求核試薬として反応し，求電子的なもう一方のカルボニル基を攻撃してより大きな分子を形成する．すなわち，アルドール縮合は求核付加反応である．

カルボニル炭素の隣に位置する炭素（α炭素とよばれる）に結合した水素（α水素とよばれる）はNaOHのような強塩基が存在すると，H^+として取り除かれ，エノラートアニオンが生成する．エノラートアニオンは二つ目のアルデヒドまたはケトン分子に対して求核付加反応を起こす．

アルドール縮合反応は酸，および塩基によって触媒的に進行するが，塩基触媒を用いるのが一般的である．この反応の生成物は，アルデヒド aldehyde の ald と，アルコールの -ol をつなげて，**アルドール**（aldol）とよばれる．生成物は，出発原料に応じて，β-ヒドロキシアルデヒドあるいはβ-ヒドロキシケトンとなる．たとえば，2分子のアセトアルデヒド（エタナール）がNaOH水溶液中で縮合すると3-ヒドロキシブタナール（β-ヒドロキシアルデヒドの一種）が得られる．

【反応機構】
　NaOH によってアセトアルデヒドの α 水素が除かれると，共鳴によって安定化されたエノラートアニオンが得られる．エノラートがもう1分子のアセトアルデヒドのカルボニル炭素に求核付加すると，アルコキシドをもつ正四面体形中間体が生成する．このアルコキシドが溶媒によってプロトン化して3-ヒドロキシブタナールが生成し，水酸化物イオンが再生する．

5・4　脱離反応: 1,2-脱離または β-脱離

　脱離 (elimination) という用語は，強塩基存在下高温で，電気陰性度の大きい原子または脱離基が，隣接する炭素に結合している水素原子と一緒に取り除かれる反応として定義される．脱離反応によって，アルコールまたはハロゲン化アルキルからアルケンを合成することができる．アルケンを合成する方法として重要なのは，アルコールの**脱水反応** (dehydration) と，ハロゲン化アルキルの**脱ハロゲン化水素反応** (dehydrohalogenation) の二つである．これらの反応は，アルケンに対する水およびハロゲン化水素の求電子付加反応の逆反応である．

　ハロゲン化アルキルの脱ハロゲン化水素反応のような 1,2-脱離反応では，原子(団)は隣り合った炭素から除かれる．この反応は，プロトンが β 炭素から除かれるので **β-脱離** (β-elimination) ともよばれる．官能基が結合している炭素は α 炭素とよばれる．α 炭素に直接結合した炭素は β 炭素とよばれる．

結合開裂および結合生成の相対的タイミングの違いによって異なる反応機構が存在しうる．E1反応もしくは単分子脱離，およびE2反応もしくは二分子脱離反応である．

$$\underset{\text{ハロゲン化アルキル}}{\overset{\text{H X}}{\underset{|\ |}{-\text{C}-\text{C}-}}} + \underset{\text{塩基}}{\text{B}:^-} \xrightarrow{\text{熱}} \underset{\text{アルケン}}{\text{C}=\text{C}} + \text{B-H} + \text{X}:^-$$

5・4・1 E1反応あるいは単分子脱離反応

E1反応あるいは**単分子脱離反応**（first order elimination）は，脱離基が開裂することによりカルボカチオン中間体が生成し，その後プロトンが除かれてC＝C二重結合が生成する反応である．この反応は，脱離能の高い置換基があり，生成するカルボカチオンが安定で，弱塩基（強酸）を用いた場合に最も起こりやすい．たとえば，3-ブロモ-3-メチルペンタンはメタノール中で反応して3-メチル-2-ペンテンを生じる．この反応は単分子反応である，つまり律速段階は，基質1分子のみが関与する，カルボカチオンを生成するゆっくりしたイオン化の段階である．第二段階目は塩基（溶媒）による速い脱プロトン化反応であり，これによりC＝C結合が生成する．実際，反応系に存在する塩基の種類によらず，脱プロトン化の過程が進行する．E1反応は合成法の観点からはさほど有用ではなく，第三級ハロゲン化アルキルの場合にはS_N1反応と競合して進行する．第一級および第二級ハロゲン化アルキルでは，通常この機構では反応しない．

3-ブロモ-3-メチルペンタン → 3-メチル-2-ペンテン ＋ HBr ＋ CH₃OH （CH₃OH，熱）

【反応機構】

遅い：3-ブロモ-3-メチルペンタン ⇌ カルボカチオン ＋ Br:⁻

速い：H₃C-OH によって脱プロトン化 → 3-メチル-2-ペンテン ＋ CH₃OH₂⁺ ＋ Br:⁻

5・4・2 E2反応あるいは二分子脱離反応

E2脱離あるいは**二分子脱離反応**(second order elimination)では，プロトンの脱離と脱離基の開裂が同時に進行して二重結合が生成する．この反応は強塩基が高濃度で存在し，脱離基の脱離能が低く，カルボカチオン中間体が安定に生成しない場合に進行しやすい．たとえば3-クロロ-3-メチルペンタンをナトリウムメトキシドと反応させると3-メチル-2-ペンテンが生成する．塩化物イオンとプロトンは同時に脱離してアルケンを生成する．E2反応は，第一級ハロゲン化アルキルからアルケンを合成する最も効果的な方法である．

$$\underset{\text{3-クロロ-3-メチルペンタン}}{\text{H}-\overset{\overset{\text{CH}_3}{|}}{\underset{\underset{\text{H}}{|}}{\text{C}}}-\overset{\overset{\text{CH}_3}{|}}{\underset{\underset{\text{Cl}}{|}}{\text{C}}}-\text{C}_2\text{H}_5} \xrightarrow[\text{CH}_3\text{OH, 熱}]{\text{CH}_3\text{ONa}} \underset{\text{3-メチル-2-ペンテン}}{\overset{\text{H}_3\text{C}}{\underset{\text{H}}{\diagdown}}\text{C}=\text{C}\overset{\text{CH}_3}{\underset{\text{C}_2\text{H}_5}{\diagdown}}} + \text{CH}_3\text{OH} + \text{NaCl}$$

【反応機構】

$$\text{(同上の構造、CH}_3\text{ONaがHを攻撃し、Clが脱離)} \xrightarrow{\text{速い}} \underset{\text{3-メチル-2-ペンテン}}{\text{3-メチル-2-ペンテン}} + \text{CH}_3\text{OH} + \text{NaCl}$$

5・4・3 アルコールの脱水反応：アルケンの合成

アルコールの脱水反応はアルケンを合成する反応として有用である．アルコールは硫酸やリン酸のような強酸存在下で加熱すると脱離反応を起こし，アルケンと水を生成する．ヒドロキシ基自体は脱離能は高くないが，酸性条件下ではプロトン化することができる．イオン化することにより水分子とカチオンを生成し，カチオンは脱プロトン化を起こしてアルケンへと変換される．たとえば，2-ブタノールの脱水反応によって優先的に(E)-2-ブテンが生成する．反応は可逆的であり，以下に示すような平衡が存在する．

$$\underset{\text{2-ブタノール}}{\text{CH}_3\text{CH}_2\overset{\overset{\text{OH}}{|}}{\text{CHCH}_3}} \underset{\text{H}_2\text{O}}{\overset{\text{H}_2\text{SO}_4,\text{熱}}{\rightleftharpoons}} \underset{\underset{\text{(主生成物)}}{(E)\text{-2-ブテン}}}{\text{CH}_3\text{CH}=\text{CHCH}_3} + \underset{\underset{\text{(副生成物)}}{(Z)\text{-1-ブテン}}}{\text{CH}_2\text{CH}_2\text{CH}=\text{CH}_2}$$

【反応機構】

$$CH_3CH_2CHCH_3 \text{ (OH)} + H\text{-}O\text{-}SO_3H \underset{}{\overset{熱}{\rightleftharpoons}} CH_3CH_2CHCH_3 \text{ (OH}_2^+\text{)} + HSO_4^-$$

$$H_2SO_4 + CH_3CH_2CH=CH_2 \rightleftharpoons CH_3CH_2\overset{+}{C}H\text{-}CH_2 + H_2O$$
$$+ HSO_4^-$$

同様に，2,3-ジメチル-2-ブタノールの脱水反応では E1 反応により優先的に 2,3-ジメチル-2-ブテンが生成する．

$$\underset{\text{2,3-ジメチル-2-ブタノール}}{\text{(CH}_3)_2\text{C(OH)C(CH}_3)_2\text{H}} \xrightarrow[熱]{H_2SO_4} \underset{\text{2,3-ジメチル-2-ブテン}}{(CH_3)_2C=C(CH_3)_2} + H_2O + H_2SO_4$$

【反応機構】

$$(CH_3)_2C(OH)C(CH_3)_2H + H\text{-}OSO_3H \rightarrow (CH_3)_2C(\overset{+}{O}H_2)C(CH_3)_2H + HSO_4^-$$

$$H_2SO_4 + (CH_3)_2C=C(CH_3)_2 \leftarrow (CH_3)_2\overset{+}{C}\text{-}C(CH_3)_2H + H_2O$$
$$\text{2,3-ジメチル-2-ブテン} \quad HSO_4^-$$

第二級および第三級アルコールの脱水反応は E1 反応であるが，第一級アルコールの脱水反応は E2 反応で進行する．第二級および第三級アルコールの脱水反応ではカルボカチオン中間体が生成するが，第一級のカルボカチオンは不安定なため生成させるのは難しい．たとえば，プロパノールの脱水反応では，E2 過程を経由して

プロペンが得られる.

$$CH_3CH_2CH_2OH \underset{H_2O}{\overset{H_2SO_4, 熱}{\rightleftarrows}} CH_3CH=CH_2$$
プロパノール　　　　　　　プロペン

【反応機構】

CH$_3$CH$_2$CH$_2$ÖH + H–OSO$_3$H ⇌ CH$_3$CH–CH$_2$ ⇌ CH$_3$CH=CH$_2$ + H$_2$O + H$_2$SO$_4$
　　　　　　　　　　　　　　　　　　　　+ HSO$_4^-$

E2 反応は一段階で進行する. すなわち, 最初にアルコールの酸素原子がプロトン化される. 隣接炭素からプロトンが塩基 (たとえば HSO$_4^-$) によって除かれ, それと同時に水分子が脱離してアルケンが生成する.

　強酸を用いて高温にするとアルケンの生成が促進されるが, 酸性水溶液を用いるとアルコールの生成が優先するようになる. この反応を抑えるために, 生成したアルケンを蒸留により除く. アルケンはアルコールより沸点が低いのでこの操作は容易である. 2 種類の脱離生成物が得られる場合, 主生成物は一般的により置換基の多い化合物である.

5・4・4　ジオールの脱水反応: ピナコール転位. ピナコロンの合成反応

　ピナコール転位 (pinacol rearrangement) とは, 1,2-ジオールの脱水反応によってケトンを生成する反応のことである. 2,3-ジメチル-2,3-ブタンジオールは一般名でピナコール (対称なジオール) とよばれる. これを硫酸のような強酸と反応させると, 3,3-ジメチル-2-ブタノン (t-ブチルメチルケトン), 一般名として**ピナコロン** (pinacolone) とよばれる化合物が生成する. この生成物は, 水の脱離と転位反応によって得られる. ピナコール転位では, どちらのヒドロキシ基がプロトン化され脱離しようとも, 等価なカルボカチオンが生成する.

$$\underset{ピナコール}{\underset{OH\ OH}{\overset{CH_3\ CH_3}{H_3C-\underset{|}{\overset{|}{C}}-\underset{|}{\overset{|}{C}}-CH_3}}} \xrightarrow{\underset{熱}{H_2SO_4}} \underset{ピナコロン}{\underset{CH_3\ O}{\overset{CH_3}{H_3C-\underset{|}{\overset{|}{C}}-\underset{\|}{\overset{}{C}}-CH_3}}} + H_2O$$

【反応機構】

　ヒドロキシ基に対するプロトン化と, それに続く水の脱離によって第三級カルボカチオンが生成する. これは 1,2-メチル基転位により転位反応を起こしてプロト

ン化されたピナコロンを与える．これから塩基によってプロトンがはずれるとピナコロンが生成する．

[反応機構の図：ピナコールから1,2-メチル基転位を経てピナコロンが生成する過程]

5・4・5 ハロゲン化アルキルの脱ハロゲン化水素

ハロゲン化アルキルを，水酸化物またはアルコキシドのような強塩基存在下で加熱するとアルケンが生成する．プロトンとハロゲン化物イオンが取り除かれる反応を**脱ハロゲン化水素**（dehydrohalogenation）とよぶ．反応系中の塩基（H_2O，HSO_4^- など）が，脱離過程でプロトンを取り除いている．

a. HX の E1 脱離反応：アルケンの合成反応　E1 反応では，平面性のカルボカチオン中間体が生成する．したがって，シンおよびアンチのいずれの脱離も起こりうる．もし脱離反応が C-C 結合の同じ側から二つの置換基を取り除くと，反応はシン脱離であるといわれる．もし置換基が C-C 結合の反対側から取り除かれる場合には，アンチ脱離とよばれる．すなわち，基質の構造に応じて，E1 反応では$cis(Z)$-アルケンと $trans(E)$-アルケンの混合物が生成する．たとえば，臭化 t-ブチル（第三級ハロゲン化アルキル）を水中で反応させると，E1 機構によって 2-メチルプロペンが生成する．反応が進行するためにはイオンを安定化する溶媒と弱い塩基性条件が必要である．カルボカチオンが生成すると，S_N1 過程と E1 過程が競合して起こり，脱離生成物と置換生成物の混合物が得られることが多い．臭化 t-ブチルのエタノール中の反応では，主生成物は E1 反応で得られ，副生成物が S_N1 過程で得られる．

[反応式：臭化 t-ブチル → 2-メチルプロペン（E1 主生成物）＋ t-ブチルエチルエーテル（S_N1 生成物）]

5・4 脱離反応: 1,2-脱離または β-脱離

【反応機構】

$$H_3C-\underset{CH_3}{\overset{CH_3}{\underset{|}{\overset{|}{C}}}}-Br \quad \xrightleftharpoons{遅い} \quad H_3C-\underset{CH_3}{\overset{CH_3}{\underset{|}{\overset{|}{C}}}}+ \quad + \quad Br:^-$$

$$H_3C-\underset{\underset{H}{\overset{|}{CH_2}}}{\overset{CH_3}{\underset{|}{\overset{|}{C}}}}+ \quad \xrightarrow{速い} \quad H_3C-\underset{}{\overset{CH_3}{\underset{}{\overset{|}{C}}}}=CH_2 \quad + \quad CH_3\overset{\pm}{O}H_2$$
$$\qquad\qquad CH_3\ddot{O}H$$

b. HX の E2 脱離: アルケンの合成反応　第二級および第三級ハロゲン化アルキルの脱ハロゲン化水素反応は E1 および E2 両方の機構で進行する。しかし、第一級ハロゲン化アルキルは、第一級カルボカチオンの生成が困難であるため、E2 反応でのみ脱離が進む。E2 脱離は立体特異的であり、脱離する二つの置換基が**アンチペリプラナー** (antiperiplanar, 互いに逆方向) の位置をとる必要がある。アンチ脱離のみが進行するので、E2 反応では主生成物は一つである。脱離反応が、構造異性体のアルケンのうち一つを優先して生成する場合があり、これを**位置選択性** (regioselectivity) とよぶ。これと同様に、脱離反応によりより安定な *trans-*アルケンが *cis-*アルケンに優先して得られることが多く、これを**立体選択性** (stereoselectivity) という。単純な E2 反応の例として、ブロモプロパンはナトリウムメトキシドと反応してプロペンのみを与える。

$$CH_3CH_2CH_2-Br \xrightarrow[\text{EtOH, 熱}]{C_2H_5ONa} CH_3CH=CH_2 + CH_3CH_2OH + NaBr$$

【反応機構】

$$\underset{C_2H_5\ddot{O}Na}{H-\underset{CH_2}{\overset{CH_3}{\underset{|}{\overset{|}{CH}}}}-CH_2-Br} \xrightarrow[E2]{EtOH} CH_3CH=CH_2 + C_2H_5OH + NaBr$$

$$H_3C-\underset{CH_3}{\overset{CH_3}{\underset{|}{\overset{|}{C}}}}-Br \xrightarrow[\text{熱}]{KOH} H_3C-\overset{CH_3}{\underset{}{\overset{|}{C}}}=CH_2 + H_2O + KBr$$

臭化 *t-*ブチル　　　　2-メチルプロペン
　　　　　　　　　　　　(>90%)

E2脱離は，第三級ハロゲン化アルキルとアルコール性KOHのような強塩基を用いた場合のアルケンの合成法としてきわめて優れた方法である．この反応条件はS_N2反応には適していない．

かさ高い塩基（強い塩基だが求核反応性が低い）は副反応である求核反応をさらに起こりにくくする．最もよく使用されるかさ高い塩基は，カリウムt-ブトキシド，ジイソプロピルアミン，および2,6-ジメチルピリジンなどである．

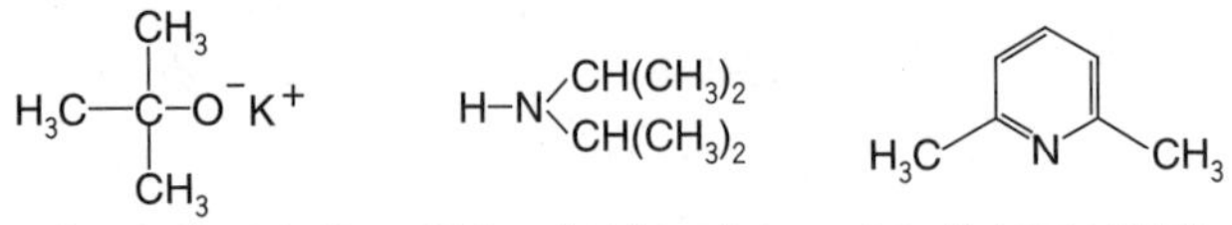

カリウムt-ブトキシド　　ジイソプロピルアミン　　2,6-ジメチルピリジン

シクロヘキセンは，ブロモシクロヘキサンをジイソプロピルアミンと反応させることにより高収率で合成できる．

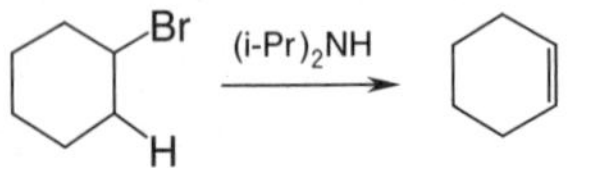

ブロモシクロヘキサン　　シクロヘキセン
(93%)

一般的にE2反応は，基質がイオン化する前にプロトンを脱離させる強塩基存在下で起こる．一般的には，S_N2反応はE2反応とは競合しない，なぜならC–X結合のまわりの立体障害によってS_N2反応は進行しにくくなっているからである．

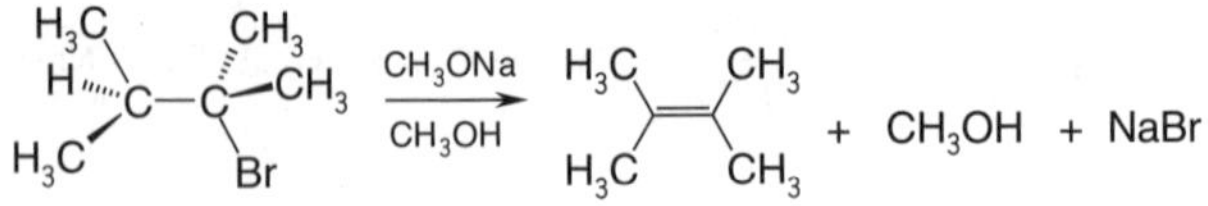

【反応機構】

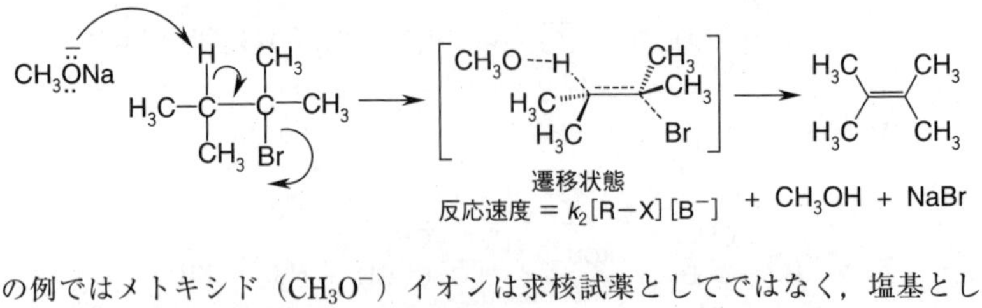

遷移状態
反応速度 = $k_2[\text{R–X}][\text{B}^-]$

上の例ではメトキシド（CH_3O^-）イオンは求核試薬としてではなく，塩基として働いている．反応は一段階の協奏的過程で進行し，C–H結合とC–Br結合が切れると同時にCH_3O–H結合とC=C二重結合が生成する．反応速度は基質と塩基の両

方の濃度に比例し，二次反応速度式を与える．脱離が起こるためには，脱離基がある炭素の隣の炭素に水素原子が必要である．もし隣接する水素が2種類以上存在する場合には，下の例に示すように混合生成物を与える場合がある．

$$C_2H_5\ddot{O}:^- \quad\quad :\ddot{O}C_2H_5 \longrightarrow \text{1-ペンテン（副生成物）} + \text{2-ペンテン（主生成物）}$$

脱離反応の主生成物は最も多く置換基をもつアルケンであり，以下の順に従う．

$$R_2C=CR_2 > R_2C=CHR > RHC=CHR \text{ と } R_2C=CH_2 > RCH=CH_2$$

1) E2反応の立体化学的考察

E2反応は協奏反応であり，プロトンの脱離と二重結合の生成が同時に起こる．遷移状態において部分的に生成するπ結合はp軌道に対して共平面上に存在する必要がある．水素原子と脱離基が重なり型（0°）の関係にあるとき，これはシン共平面配座として知られている．脱離基と水素が互いにアンチ（180°）に位置するとき，これをアンチ共平面配座という．アンチ共平面配座は低エネルギー状態であり，最も生じやすい．この配座では，塩基と脱離基は十分に離れており，電荷の反発は生じにくい．シン共平面配座の場合には，塩基は脱離基のより近くから反応する必要があり，エネルギー的に不利である．

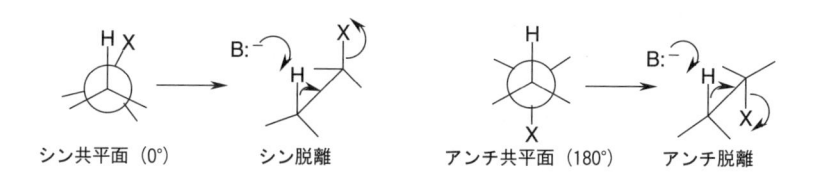

シン共平面（0°） シン脱離　　アンチ共平面（180°） アンチ脱離

E2反応は立体特異的反応である．すなわち，ある特定の立体異性体からは，ある特定の立体異性体生成物が得られる．このような反応を立体特異的反応といい，脱離するのにアンチ共平面遷移状態を経由することによって起こる．(R,R)-ジアステレオマーからは cis-アルケンを，(S,R)-ジアステレオマーからは $trans$-アル

ケンが生成する.

(R, R) → シス配置 + B-H + Br:⁻

(S, R) → トランス配置 + B-H + Br:⁻

c. シクロヘキサン環上の HX の E2 脱離反応　ほとんどすべてのシクロヘキサン誘導体ではいす形配座が安定である．いす形配座では，隣接するアキシアル位がアンチ共平面配置になり，E2 脱離に最適の位置関係になっている．隣接するアキシアル位は *trans*-ジアキシアル配置といわれる．E2 反応は *trans*-ジアキシアル構造をもついす形配座からしか進行しない．そしていす形配座間では相互変換が可能なため，水素と脱離基が *trans*-ジアキシアル構造をとることができる．ブロモシクロヘキサンからの HBr の脱離によりシクロヘキセンが得られる．臭素は，解離するときにはアキシアル位に位置する.

ブロモシクロヘキサン　$\xrightarrow[\text{熱}]{\text{NaOH}}$　シクロヘキセン

【反応機構】

d. X_2 の E2 脱離反応

1) アルケンの合成

　ヨウ化ナトリウムによる隣接ジハロゲン化物からの脱ハロゲン化反応では，E2

反応を経由してアルケンが得られる．

$$\underset{\text{X=Cl または Br}}{-\underset{|}{\overset{|}{\underset{X}{C}}}-\underset{|}{\overset{X}{\underset{|}{C}}}-} \xrightarrow[\text{アセトン}]{\text{NaI}} \underset{\text{アルケン}}{\diagup\!\!\!=\!\!\!\diagdown}$$

2) アルキンの合成

アルキン類は *geminal*（同じ炭素にハロゲンが2個結合）または *vicinal*（隣り合う炭素にハロゲンが2個）ジハロゲン化物から2当量のハロゲン化水素 HX を脱離させることによって得られる．連続的な E2 脱ハロゲン化水素反応を行うために強塩基（KOH あるいは $NaNH_2$）が用いられる．緩和な条件下では，脱ハロゲン化水素反応はハロゲン化ビニル生成の段階で停止する．たとえば，2-ブチンは *gem*-および *vic*-ジブロモブタンから得られる．

$$H_3C-\underset{H}{\overset{H}{C}}-\underset{Br}{\overset{Br}{C}}-CH_3 \text{ or } H_3C-\underset{H}{\overset{Br}{C}}-\underset{Br}{\overset{H}{C}}-CH_3 \xrightarrow{NaNH_2} H_3C-\underset{H}{\overset{Br}{C}}=C-CH_3 \text{ or } H_3C-\overset{H}{C}=\underset{Br}{\overset{}{C}}-CH_3$$

gem- または *vic*-ジブロモブタン 　　　　　　　　　　　　　　　　　　　臭化ビニル

$$\downarrow NaNH_2$$

$$CH_3C\equiv CCH_3$$
2-ブチン
（ジメチルアセチレン）

e. E1 対 E2 機構

	E1	E2
基　質	第三級 > 第二級 > 第一級	第一級 > 第二級 > 第三級
反応速度	基質のみに依存する	基質と塩基に依存する
カルボチオン	より安定なカルボチオン	カルボチオンは不安定
転　位	転位が起こりやすい	転位しない
立体化学	特別な配座を必要としない	アンチ共平面構造が必要
脱離基	良い脱離基	低脱離能の置換基
塩基性の高さ	弱い塩基	高濃度の強塩基

5・5 置 換 反 応

置換反応（substitution reaction）という用語は，一つの原子または原子団が他のものと置き換わることを意味している．二つの形式の置換反応が存在する．**求核置換反応**（nucleophilic substitution reaction）と**求電子置換反応**（electrophilic substitution reaction）である．

求核試薬（nucleophilic reagent）は電子を豊富にもち，求電子試薬と反応する化学種である．**求電子試薬**（electrophilic reagent）という用語は，"電子を好む"という意味であり，電子不足であるため電子対を受入れることができる化学種を指す．多くの求核置換反応がハロゲン化アルキル，アルコール，エポキシドなどを基質として行われる．しかし，カルボン酸誘導体に対しても求核置換反応は進行し，この場合には**求核的アシル置換反応**（nucleophilic acyl substitution reaction）とよばれる．

　求電子置換反応とは，求電子試薬が他の置換基，おもに水素と置き換わる反応である．求電子置換反応は芳香族化合物において進行する．

5・5・1　求核置換反応

　ハロゲン化アルキル（RX）は置換反応に適した基質である．求核試薬（$Nu:^-$ と略記する）が，所有する電子対または非共有電子対を使って炭素上の脱離基（$X:^-$）と置き換わり，新しいσ結合をその炭素原子と形成する．求核置換反応には二つの異なる反応機構が存在し，それらを S_N1 および S_N2 とよぶ．実際，S_N1 および S_N2 機構のどちらが優先するかは，ハロゲン化アルキルの構造，求核試薬の構造と反応性，求核試薬の濃度，反応溶媒などに依存して決まる．

$$\begin{array}{c} H \ \ X \\ | \ \ \ | \\ -C-C- \\ | \ \ \ | \end{array} + Nu:^- \longrightarrow \begin{array}{c} H \ \ Nu \\ | \ \ \ | \\ -C-C- \\ | \ \ \ | \end{array} + X:^-$$

a. 単分子求核置換反応：S_N1 反応　　S_N1 反応とは，単分子求核置換反応という意味である．S_N1 反応は二段階で進行し，最初の過程ではゆっくりとイオン化が進行してカルボカチオンが生成する．すなわち，S_N1 反応の速度はハロゲン化アルキルの濃度にのみ依存する．最初に，C–X 結合が求核試薬の助けを受けることなく開裂し，その後生成したカルボカチオンに対して求核試薬が素速く反応する．水またはアルコールが求核試薬の場合には，溶媒によるプロトンの脱離が速やかに起こり，生成物を与える．たとえば，臭化 t-ブチルとメタノールの反応で t-ブチルメチルエーテルが生成する．

$$\underset{\text{臭化}\,t\text{-ブチル}}{H_3C-\underset{\underset{CH_3}{|}}{\overset{\overset{CH_3}{|}}{C}}-Br} + CH_3OH \longrightarrow \underset{t\text{-ブチルメチルエーテル}}{H_3C-\underset{\underset{CH_3}{|}}{\overset{\overset{CH_3}{|}}{C}}-O-CH_3} + HBr$$

【反応機構】

　反応速度は臭化 t-ブチルの濃度にのみ依存する．つまり，反応は一次，あるい

は単分子的である．

$$反応速度 = k_1[(CH_3)_3C\text{-}Br]$$

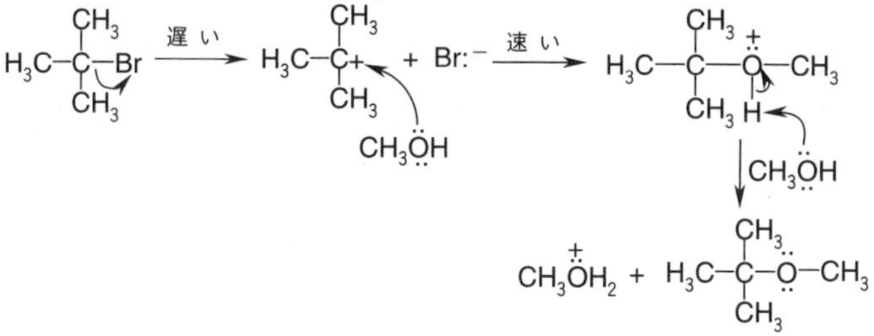

1) 置換基効果

S_N1 反応ではカルボカチオンが生成する．カルボカチオンは安定性が高いものほど速く生成する．そのため，反応速度はカルボカチオンの安定性に依存することになる．アルキル基は誘起効果および超共役によってカルボカチオンを安定化することが知られている（§5・2・1）．第一級カルボカチオンとメチルカチオンは不安定であるため，通常第一級ハロゲン化アルキルとハロゲン化メチルは S_N1 反応経由では反応しない．S_N1 反応の反応性は第三級カルボカチオン＞第二級カルボカチオン＞第一級カルボカチオン＞メチルカチオンの順に低下する．これは，S_N2 反応の場合とは逆の傾向である．

2) 求核試薬の強さ

S_N1 反応の速度は求核試薬の性質に依存せず決まる．なぜなら求核試薬は律速段階の後で反応に関与するからである．そのため，求核試薬の反応性は，反応速度に全く影響しない．水やアルコールのような反応溶媒が求核試薬となる S_N1 反応も存在する．このような場合の反応は，**加溶媒分解**（solvolysis）とよばれる．

3) 脱離基の効果

S_N1 反応には優れた脱離基の存在が必須である．S_N1 反応では，分極しやすい脱離基が，結合の開裂に伴って発生してくる負電荷の安定化を手助けする．脱離基は結合電子対をもって離れた後も安定でなければならず，また塩基性が弱い必要がある．脱離基は，カチオンが生成し始めると部分的な負電荷をもち始める．最も一般的な脱離基は以下のものである．

・アニオン類　Cl^-，Br^-，I^-，RSO_3^-（スルホン酸アニオン），RSO_4^-（硫酸アニオン），RPO_4^-（リン酸アニオン）

・中性分子種　H_2O, ROH, R_3N, R_3P

4) 溶媒効果

プロトン性溶媒は，水素結合によって負に荷電した脱離基を安定化できるため特に有用である．イオン化の過程では，正負両方の荷電を安定化する必要がある．誘電率の大きい，すなわち極性の高い溶媒では S_N1 反応の進行は速い．

5) S_N1 反応の立体化学

S_N1 反応は立体特異的には進行しない．生成するカルボカチオンは平面形の sp^2 混成軌道をもっている．例として，(S)-2-ブロモブタンとエタノールの反応では (S)-2-エトキシブタンと (R)-2-エトキシブタンのラセミ体混合物が得られる．

求核試薬は平面形カルボカチオンの上下どちらからでも攻撃できる．求核試薬が脱離基の離れていった上側から攻撃すると，生成物は立体を保持する．もし求核試薬が脱離基の反対側である下側から攻撃すると，生成物は立体反転する．反転と保持の組合わせで反応すると**ラセミ化**（racemization）が起こる．脱離基が部分的にカルボカチオンの片側をブロックしているため完全なラセミ化が起こることは少なく，主生成物として立体反転したものが得られることが多い．

6) 1,2-ヒドリド移動を経由する S_N1 反応中のカルボカチオン転位

カルボカチオンはしばしば転位反応を起こして，より安定なカルボカチオンを生成する．この転位反応により，第二級カルボカチオンより安定な第三級カルボカチオンができる．転位は，**1,2-ヒドリド移動**（1,2-hydride shift）によってより安定なカルボカチオンができるときに起こる．たとえば 2-ブロモ-3-メチルブタンのエタノール中での S_N1 反応では，予想される生成物および転位した生成物が，構造異

性体の混合物として得られる.

$$\underset{\text{2-ブロモ-3-メチルブタン}}{CH_3\underset{\underset{Br}{|}}{CH}\underset{\underset{CH_3}{|}}{CH}CH_3} \xrightarrow{S_N1} \underset{\text{2°カルボカチオン}}{CH_3\underset{\underset{+}{|}}{CH}\underset{\underset{CH_3}{|}}{CH}CH_3} \xrightarrow{C_2H_5OH} \underset{\substack{\text{2-エトキシ-3-メチルブタン}\\(\text{転位なし})}}{CH_3\underset{\underset{OC_2H_5}{|}}{CH}\underset{\underset{CH_3}{|}}{CH}CH_3}$$

$\downarrow$ 1,2-ヒドリド移動

$$\underset{\text{3°カルボカチオン}}{CH_3\underset{\underset{+}{|}}{\overset{\overset{CH_3}{|}}{C}}CH_2CH_3} \xrightarrow{C_2H_5OH} \underset{\substack{\text{2-エトキシ-2-メチルブタン}\\(\text{転位生成物})}}{CH_3\underset{\underset{OC_2H_5}{|}}{\overset{\overset{CH_3}{|}}{C}}CH_2CH_3}$$

7) **1,2-メチル基移動を経由する S_N1 反応中のカルボカチオン転位**

カルボカチオンの転位反応は,アルキル基またはメチル基の移動により,より安定なカルボカチオンが生成する場合にも起こる.たとえば,1-ブロモ-2,2-ジメチルプロパンは,1,2-メチル基移動を経由して転位した生成物のみを与える.この転位反応により,不安定な第一級カルボカチオンではなく,より安定な第三級カルボカチオンが生成する.S_N2 反応の場合には,カルボカチオンを経由しないので転位は起きない.

$$\underset{\substack{\text{2-エトキシ-2-}\\\text{メチルブタン}}}{H_3C-\underset{\underset{CH_3}{|}}{\overset{\overset{OC_2H_5}{|}}{C}}-CH_2CH_3} \xleftarrow[\text{速い}]{C_2H_5OH} \underset{\text{3°カルボカチオン}}{H_3C-\underset{\underset{CH_3}{|}}{\overset{\overset{+}{|}}{C}}-CH_2CH_3} \xleftarrow{\substack{\text{1,2-メチル}\\\text{基移動}}} \underset{\substack{\text{1-ブロモ-2,2-}\\\text{ジメチルプロパン}}}{H_3C-\underset{\underset{CH_3}{|}}{\overset{\overset{CH_3}{|}}{C}}-CH_2-Br} \xrightarrow{\times} \underset{\text{1°カルボカチオン}}{H_3C-\underset{\underset{CH_3}{|}}{\overset{\overset{CH_3}{|}}{C}}-\overset{+}{C}H_2}$$

b. 二分子求核置換反応:S_N2 反応　S_N2 反応とは,2分子が関与する求核置換反応のことである.たとえば,ヨウ化メチルと水酸化物イオンの反応ではメタノールが得られる.水酸化物イオンは,酸素原子が負電荷と非共有電子対をもつため反応性の高い求核試薬である.炭素原子は,電気陰性なハロゲンに結合しているため求電子的である.ハロゲンが電子密度を炭素から引きつけ,炭素が正,ハロゲンが負の部分電荷をもつように結合を分極させる.求核試薬が求電子的炭素を攻撃して二つの電子を供給する.

通常 S_N2 反応では背面(脱離基の反対側)からの攻撃が起こり,C-X 結合は求核試薬の接近により弱められる.これらの過程が一段階で進行する.このような反応は,新しい結合の生成と古い結合の開裂が一段階で起こるので**協奏反応**(concerted reaction)とよばれる.S_N2 反応は**立体特異的**(stereospecific)であり,常に立体反転の立体化学で反応が進行する.立体配座の反転は,傘が風のせいでひっくり返

る様子に似ている．たとえば，ヨウ化エチルと水酸化物イオンの反応では，S_N2反応を経由してエタノールが生成する．

$$C_2H_5-I + HO^- \longrightarrow C_2H_5-OH + I:^-$$
ヨウ化エチル　　　　　　　エタノール

【反応機構】

遷移状態
反応速度 = k_2[R-X][HO$^-$]
エタノール

ヨウ化エチルの濃度［C_2H_5I］が2倍になれば反応速度も2倍になり，また水酸化物イオンの濃度［OH^-］が2倍になっても速度は2倍になる．反応速度はそれぞれの反応物に対して一次であり，全体としては二次反応になる．

$$反応速度 = k_2[C_2H_5I][HO^-]$$

1) 求核試薬の反応性

　S_N2反応の反応速度は求核試薬の性質に強く依存する．すなわち，負に荷電した反応性の高い求核試薬は，中性で反応性の低い求核試薬よりも速く反応する．一般的に，負に荷電した反応種は，類似構造をもつ中性の分子よりも良い求核種となる．たとえば，メタノール（CH_3OH）とナトリウムメトキシド（CH_3ONa）はヨウ化メチル CH_3I と反応して，いずれもジメチルエーテルを生じる．しかし，ナトリウムメトキシドの方がメタノールに比べて，S_N2反応の反応速度が百万倍速いことが知られている．

2) 塩基性と求核反応性

　塩基性は，ある物質からプロトンを引き抜く際の平衡定数として定義される．求核反応性は，求電子的な炭素原子に対する反応速度によって定義される．塩基はプロトンと結合するが，求核試薬はプロトン以外の原子と結合する．負電荷をもつ化学種は，電荷をもたない類似の分子よりも強い求核試薬である．強い塩基もまた，対応する共役酸よりは強い求核種である．

$$HO^- > H_2O \quad HS^- > H_2S \quad {}^-NH_2 > NH_3 \quad CH_3O^- > CH_3OH$$

求核反応性は，周期表の左から右に行くほど低下する．より電気陰性度の高い元素は，より強く非結合性の電子を自分自身に引きつけており，反応性が低い．

$$HO^- > F^- \quad NH_3 > H_2O \quad (CH_3CH_2)_3P > (CH_3CH_2)_2S$$

周期表で下に下がるほど分極率と元素のサイズが大きくなるので，求核反応性は高くなる．

$$I^- > Br^- > Cl^- > F^- \quad HSe^- > HS^- > HO^- \quad (C_2H_5)_3P > (C_2H_5)_3N$$

元素のサイズが大きくなると，最外殻電子が核の静電引力から遠ざかる．これらの電子は核との結びつきが緩やかなので，外部の影響により分極を受けやすい．フッ化物イオンは，電子が核に強く引きつけられた，分極しにくい（硬い）求核試薬であり，反応する場合にも，軌道の相互作用を起こすためには炭素核にかなり接近する必要がある．ヨウ化物イオンのような，外殻電子が緩く結合した（軟らかい）求核試薬では，分極が容易に起こり，遠い距離からでも炭素核と軌道の相互作用が起こりうる．

3）溶媒効果

さまざまな溶媒が求核反応性に異なった影響を示す．酸性プロトンをもつ溶媒はプロトン性溶媒とよばれ，通常 O-H または N-H 結合をもっている．極性非プロトン性溶媒であるジメチルスルホキシド（DMSO），ジメチルホルムアミド（DMF），アセトニトリル（CH_3CN），およびアセトン（CH_3COCH_3）は S_N2 反応によく用いられる．なぜなら極性の反応物（求核試薬とハロゲン化アルキル）がそれらにはよく溶けるからである．

小さいアニオンは大きいアニオンよりも，より強く溶媒和される，そしてそのことによって阻害効果が生じる場合がある．フッ化物イオンのようなある種のアニオンは極性プロトン性溶媒中で効果的に溶媒和され，求核反応性は低下する．効果的な S_N2 反応を小さいアニオンで進行させるためには，これと水素結合する O-H および N-H 結合をもたない極性非プロトン性溶媒を用いる．

4) 立体効果

　塩基の強さと立体効果との関係は弱い，なぜなら塩基は比較的立体的に混んでいないプロトンを引き抜くからである．そのため塩基性の強さは，その塩基がプロトンとどのくらい安定に電子対を共有できるかに依存して決まる．一方，求核反応性は立体効果によって影響を受ける．かさ高い求核試薬は sp^3 炭素の背面に接近することが難しい．そのため，大きな置換基は S_N2 の過程を阻害する．

$$H_3C-\underset{\underset{CH_3}{|}}{\overset{\overset{CH_3}{|}}{C}}-O^-$$
t-ブトキシド
弱い求核試薬．強塩基

$$C_2H_5-O^-$$
エトキシド
強い求核試薬．弱塩基

5) 脱離基の効果

　良い脱離基は弱い塩基で，かつ結合に用いていた電子をもって離れていっても安定でなければならない．したがって，塩基として弱ければ弱いほど脱離基としては優れている．良い脱離基は S_N1，S_N2 のいずれの過程でも基本的に重要である．

6) 基質側の立体効果

　求電子試薬中の大きな置換基は求核試薬が接近するのを妨げる．一般的にいって，アルキル基が1個あると反応が遅くなり，2個あると困難になり，3個あると不可能になるとされている．

　　S_N2 の相対反応速度　　　ハロゲン化メチル > 1° > 2° > 3° ハロゲン化アルキル

7) S_N2 反応の立体化学

　求核試薬が脱離基の背面から C–X 結合に対して電子対を供与する．なぜなら，脱離基自体がそれ以外の方向からの求核攻撃を遮蔽するからである．S_N2 反応の生成物では立体反転が起こっている．ある立体異性体から特定の立体異性体が生成するので，反応は立体特異的である．

$$\text{HÖ:}^- \quad H_3C\underset{H_5C_2}{\overset{H}{\underset{|}{C}}}-Br \longrightarrow \left[HO\underset{H_3C}{\overset{H}{\underset{|}{\cdots C\cdots}}}-Br \right]^- \longrightarrow HO-\underset{C_2H_5}{\overset{H}{\underset{|}{C}}}\cdots CH_3 + Br:^-$$

(S)-2-ブロモブタン　　　　　遷移状態　　　　　　(R)-2-ブタノール

反応速度 = k_2[R–X][OH$^-$]

5・5・2 ハロゲン化アルキルの求核置換反応

既に，ハロゲン化アルキルがアルコールおよび水酸化物の金属塩と反応して，エーテルとアルコールをそれぞれ与えることを学んだ．ハロゲン化アルキルと反応条件に依存して，S_N1 反応，S_N2 反応のいずれもが起こりうる．ハロゲン化アルキルは S_N2 反応機構により，多くの求核試薬（アルコキシド，シアン化物イオン，アセチリド，アミド，カルボキシラートイオン）と反応して他の官能基に変換でき，多様な化合物合成に用いられる．

a. ハロゲン化アルキルの変換反応

1) ウィリアムソンエーテル合成：エーテルの合成法

ナトリウムアルコキシドまたはカリウムアルコキシドは強塩基性の求核試薬である．アルコキシド（RO^-）を第一級ハロゲン化アルキルと反応させると対称および非対称エーテルが生成する．この反応は**ウィリアムソンエーテル合成法**(Williamson ether synthesis)として知られている．この反応は第一級ハロゲン化アルキルに限って適用される．たとえば，ナトリウムエトキシドはヨウ化エチルと反応してジエチルエーテルを与える．反応はアルコキシドによる背面からの S_N2 過程で進行し，ジエチルエーテルが生成する．より高級なハロゲン化アルキルを用いると脱離反応が起こりやすくなる．

$$C_2H_5-I + C_2H_5-ONa \xrightarrow{EtOH} C_2H_5-OC_2H_5 + NaI$$
ヨウ化エチル　　ナトリウム　　　　　ジエチルエーテル
　　　　　　　エトキシド

【反応機構】

$$C_2H_5\ddot{O}:^- Na^+ + H\cdots\overset{CH_3}{\underset{H}{C}}\overset{\delta+ \; \delta-}{-I} \longrightarrow C_2H_5-OC_2H_5 + NaI$$

2) ニトリルの合成

シアン化物イオン（CN^-）は優れた求核試薬であり，第一級および第二級ハロゲン化アルキルに対して置換反応を進行させる．ハロゲン化アルキルと NaCN または KCN をジメチルスルホキシド中で反応させることによりニトリル類が合成できる．この反応は室温でも速やかに進行する．

$$\text{RCH}_2\text{—X} + \text{NaCN} \xrightarrow{\text{DMSO}} \text{RCH}_2\text{—CN} + \text{NaX}$$

ハロゲン化アルキル　　　　　　　　　ニトリル

【反応機構】

$$\text{Na}^+ \; \overset{-}{\text{C}}\equiv\text{N} \; \curvearrowright \; \overset{R}{\underset{H}{\overset{H}{\text{C}}}}{\overset{\delta+}{—}}\text{X}^{\delta-} \longrightarrow \text{RCH}_2\text{C}\equiv\text{N} + \text{NaX}$$

3) アルキルアジド類の合成

アジ化物イオン（N_3^-）は優れた求核試薬であり，第一級および第二級ハロゲン化アルキルとの反応で置換反応を進行させる．アルキルアジドは，アジ化ナトリウムまたはアジ化カリウムとハロゲン化アルキルの反応によって容易に合成できる．この反応の機構は，ニトリル生成の場合に類似している．

$$\text{RCH}_2\text{—X} \xrightarrow[S_N2]{\text{NaN}_3} \text{RCH}_2\text{—N}_3$$

ハロゲン化アルキル　　　　　　アルキルアジド

4) 第一級アミン類の合成

ハロゲン化アルキルはS_N2機構によりナトリウムアミド（$NaNH_2$）と反応して第一級アミン類を与える．この反応もニトリル生成の場合と類似の機構で進む．

$$\text{RCH}_2\text{—X} \xrightarrow[S_N2]{\text{NaNH}_2} \text{RCH}_2\text{—NH}_2$$

ハロゲン化アルキル　　　　　　1°アミン

5) アルキン類の合成

第一級ハロゲン化アルキルと金属アセチリドあるいはアルキニド（$R'C\equiv CNa$または$R'C\equiv CMgX$）の反応によりアルキンが得られる．反応は第一級ハロゲン化アルキルに限定され，より高次のハロゲン化アルキルでは脱離反応が進行する．

$$\text{RCH}_2\text{—X} \xrightarrow{\substack{R'C\equiv CNa \text{ または} \\ R'C\equiv CMgX}} \text{RCH}_2\text{—C}\equiv\text{CR}'$$

ハロゲン化アルキル　　　　　　アルキン

【反応機構】

$$R'C\equiv C:^- \quad H\cdots\overset{R}{\underset{H}{C}}\overset{\delta+}{}X^{\delta-} \longrightarrow RCH_2C\equiv CR' + X:^-$$

6) エステル類の合成

　ハロゲン化アルキルは S_N2 機構によりカルボン酸ナトリウム（$R'CO_2Na$）と反応してエステルを与える．反応機構はアルキンの反応の場合と類似している．

$$RCH_2-X \xrightarrow[DMSO]{R'CO_2Na} R-CH_2-O-\underset{\underset{O}{\|}}{C}-R'$$

　　ハロゲン化　　　　　　　　　　エステル
　　アルキル

b. カップリング反応：コーリー–ハウス反応．アルカン類の合成　カップリング反応は，二つのアルキル基を結合させる方法として有用である．ギルマン試薬，リチウム有機銅試薬（R'_2CuLi）はハロゲン化アルキル（RX）と反応して，元のハロゲン化アルキルよりも炭素数の多いアルカン（$R-R'$）を生成する．この反応は第一級ハロゲン化アルキルでしか起こらないが，ギルマン試薬の方のアルキル基は第一級，第二級，第三級のいずれでもよい．この便利な方法は，コーリー–ハウス反応としても知られている．

$$R-X + R'_2-CuLi \xrightarrow[-78\,°C]{エーテル} R-R' + R'-Cu + Li-X$$

$$\text{(シクロプロパン-Br}_2\text{)} + (CH_3)_2CuLi \xrightarrow[-78\,°C]{エーテル} \text{(シクロプロパン-(CH}_3)_2\text{)}$$

5・5・3 アルコールの求核置換反応

　アルコールは，求核置換反応を起こしにくい，なぜならヒドロキシ基の塩基性が強すぎて求核試薬と置換できないからである．アルコールの求核置換反応は酸が存在する場合にのみ起こる．脱離能の低いヒドロキシ基の置換反応を起こすためには，ヒドロキシ基を酸の存在下で，脱離能の高い H_2O に変換する必要がある．ヒドロキシ基にプロトンを結合させて H_2O にする方法は酸性条件下であるため，望ましくない副反応が起こる可能性もある．そのためすべての基質，求核試薬に適用できるわけではない．これに代わる方法は，アルコールを，ハロゲン化アルキルやトシル酸アルキルに変換するものであり（以下を参照），これらはアルコールよりも良い脱離基をもっているため，酸が存在しなくても求核試薬と反応する．

a. 酸触媒下でのアルコールの縮合: エーテルの合成法　立体障害の少ない第一級アルコールの2分子脱水反応では対称エーテル類が生成する。工業的には，ジエチルエーテルは硫酸存在下でエタノールを140℃に加熱することによって合成される。この反応では，酸の存在下，エタノールがプロトン化し，そこにもう1分子のエタノールが求核攻撃することによりジエチルエーテルが得られる。これは，酸触媒による S_N2 反応である。温度が高すぎると，脱離反応によってアルケンが得られる。

$$C_2H_5-OH + C_2H_5-OH \xrightarrow[140℃]{H_2SO_4} C_2H_5-O-C_2H_5 + H_2O$$
　　　　　　　　　　　　　　　　　　ジエチルエーテル

【反応機構】

$$CH_3CH_2-\ddot{O}H + H-OSO_3H \longrightarrow CH_3CH_2-\overset{+}{\underset{H}{O}}-H + HSO_4^-$$

$$C_2H_5-\ddot{O}H$$

$$H_2SO_4 + C_2H_5-O-C_2H_5 \longleftarrow C_2H_5-\overset{+}{\underset{H}{O}}-C_2H_5 + H_2O$$
　　　　　　　　　　　　　　HSO_4^-

b. ハロゲン化水素によるアルコールの変換反応: ハロゲン化アルキルの合成
　アルコールをハロゲン化水素（HX）と反応させるとハロゲン化アルキルが生成する。第一級アルコールはHXと S_N2 反応を起こす。β位に枝分かれをもつ第一級アルコールの場合には転位生成物が得られる。E2脱離生成物が生じるのを避けるために，反応温度を低く保つ必要がある。

$$RCH_2-OH \xrightarrow[\text{熱}]{HX, エーテル} RCH_2-X$$
　1°アルコール　　X = Br, Cl　1°ハロゲン化アルキル

【反応機構】

$$RCH_2-\ddot{O}H \underset{}{\overset{H^+}{\rightleftharpoons}} RCH_2-\overset{H}{\underset{+}{O}}-H \longrightarrow RCH_2-X + H_2O$$
　　　　　　　　　$X:^-$

5・5 置換反応

第二級および第三級アルコールはハロゲン化水素と S_N1 反応を起こす．第三級アルコールとハロゲン化水素の反応は室温でも容易に進行するが，第二級アルコールとの反応では加熱が必要である．反応はカルボカチオン中間体を経由して進行する．したがって，置換生成物と脱離生成物の両方が得られる可能性がある．β炭素上で枝分かれしている第二級アルコールでは転位生成物が得られる．E1 脱離生成物を避けるために，反応温度を低く保つ必要がある．

$$R-\underset{R}{\underset{|}{\overset{R}{\overset{|}{C}}}}-OH \xrightarrow[\text{熱}]{HX, エーテル} R-\underset{R}{\underset{|}{\overset{R}{\overset{|}{C}}}}-X \qquad X = Br, Cl$$

3° アルコール　　　　3° ハロゲン化アルキル

【反応機構】

第一級アルコールは HCl と塩化亜鉛 $ZnCl_2$（ルイス酸）の存在下で反応して第一級の塩化アルキルを生成する．塩化亜鉛を使用しないと，塩化物イオンの求核性が臭化物イオンより低いため，S_N2 反応の進行は遅い．塩化亜鉛を触媒として用いると反応速度は上昇する．塩化亜鉛はヒドロキシ基の酸素に配位し，ヒドロキシ基の脱離能を上昇させる．HCl と $ZnCl_2$ の混合物を**ルーカス試薬**（Lucas reagent）とよぶ．

$$RCH_2-OH \xrightarrow[ZnCl_2]{HCl} RCH_2-Cl$$

1° アルコール　　　　1° 塩化アルキル

【反応機構】

第二級および第三級アルコールは S_N1 機構を経由してルーカス試薬と反応する．つまり，カルボカチオン中間体が生成する．そのため S_N1 生成物と E1 生成物の両方が得られる可能性がある．ここでも，脱離生成物が生じるのを抑えるために，反応

温度を低く保たなければならない．

$$\underset{2°アルコール}{R-\underset{\underset{R}{|}}{CH}-OH} \xrightarrow[ZnCl_2]{HCl} \underset{2°塩化アルキル}{R-\underset{\underset{R}{|}}{CH}-Cl}$$

【反応機構】

$$R-\underset{\underset{R}{|}}{CH}-\ddot{O}H \rightleftharpoons R-\underset{\underset{R}{|}}{CH}-\overset{+}{\underset{ZnCl_2}{O}}\underset{}{H} \longrightarrow R-\underset{\underset{R}{|}}{\overset{+}{CH}} \xrightarrow{Cl:^-} R-\underset{\underset{R}{|}}{CH}-Cl$$

c. 塩化チオニルによるアルコールの変換反応：塩化アルキルの合成法　　塩化チオニル（$SOCl_2$）は，第一級および第二級アルコールを対応する塩化アルキルに変換するために最もよく用いられる試薬である．この反応はしばしばピリジンやトリエチルアミンのような塩基存在下で行われる．塩基は反応の触媒として機能するとともに生成する HCl の中和反応も行い，塩化ピリジニウム（$C_5H_5NH^+Cl^-$）あるいは塩化トリエチルアンモニウム（$Et_3NH^+Cl^-$）を生じる．

$$\underset{1°アルコール}{RCH_2-OH} + \underset{塩化チオニル}{Cl-\overset{\overset{O}{\|}}{S}-Cl} \xrightarrow[または Et_3N]{ピリジン} \underset{1°塩化アルキル}{RCH_2-Cl}$$

【反応機構】
　塩化チオニルはアルコールのヒドロキシ基をクロロ亜硫酸脱離基に変換し，これは塩素と容易に置換できる．第二級および第三級アルコールは S_N1 機構に従い，第一級アルコールは S_N2 機構で反応が進行する．

$$RCH_2-\ddot{O}H \; \underset{}{\overset{Cl}{\underset{Cl}{S=O}}} \xrightarrow{ピリジン} RCH_2-\overset{+}{O}-\overset{\overset{O}{\|}}{S}-Cl + Cl:^-$$

$$Cl:^- + SO_2 + \underset{塩化アルキル}{RCH_2Cl} \longleftarrow RCH_2-O-\overset{\overset{O}{\|}}{S}-Cl \; + \; \underset{塩化ピリジニウム}{\overset{+}{N}HCl^-}$$

d. ハロゲン化リンによるアルコールの変換反応　　ハロゲン化リンは，低温

5・5 置換反応

(0℃)でアルコールと反応してハロゲン化アルキルを生じる．第一級および第二級アルコールは PX_3 と S_N2 機構で反応する．このタイプの反応では転位生成物が生じず，また第三級アルコールではあまり進行しない．PI_3 は反応系内でヨウ素とリンを反応させることによって調製する必要がある．

$$RCH_2-OH \xrightarrow[0\,°C]{PX_3,\,エーテル} RCH_2-X + HO-P\begin{smallmatrix}X\\X\end{smallmatrix}$$

1°アルコール　X = Br, Cl, I　　1°ハロゲン化アルキル

【反応機構】

ヒドロキシ基の酸素がリンと結合して，脱離能の高い置換基に変換した後ハロゲンと置換する．ハロゲン化物イオンがアルキル基の背面側から攻撃して，正に帯電した脱離しやすい酸素と置換反応を起こす．

$$RCH_2-\ddot{O}H \quad \underset{X}{\overset{X}{P}}-X \longrightarrow RCH_2-\underset{H}{\overset{+}{O}}-P\begin{smallmatrix}X\\X\end{smallmatrix} \longrightarrow RCH_2-X + HO-P\begin{smallmatrix}X\\X\end{smallmatrix}$$

e. 塩化スルホニルによるアルコールの変換反応：トシル酸アルキルおよびトシル酸エステルの合成　　アルコールを塩化スルホニルと反応させると，S_N2 機構を経由してスルホン酸エステルが生成する．トシル酸エステル（トシル酸アルキル）はアルコールと塩化 *p*-トルエンスルホニルの反応によって合成される．この反応は通常，ピリジンやトリエチルアミンのような塩基の存在下で行われる．

$$R-OH + H_3C-\text{C}_6H_4-\underset{O}{\overset{O}{S}}-Cl \xrightarrow[\text{または }Et_3N]{\text{ピリジン}} R-O-\underset{O}{\overset{O}{S}}-\text{C}_6H_4-CH_3$$

トシル酸エステル

【反応機構】

$$R-\ddot{O}-H \quad \underset{\substack{\\\text{ピリジン}}}{\bigcirc\!\!\!N:} \rightleftharpoons R-\ddot{O}:^- + \underset{H}{\overset{+}{\bigcirc\!\!\!N}}$$

$$H_3C-\text{C}_6H_4-\underset{O}{\overset{O}{S}}-Cl \longrightarrow H_3C-\text{C}_6H_4-\underset{O}{\overset{O}{S}}-OR + Cl:^-$$
Ts-Cl　　　　　　　　　　　　　トシル酸エステル
$R-\ddot{O}:^-$

f. トシル酸アルキルの変換反応　トシル酸アニオンは優れた脱離基であり，多くの S_N2 反応に関与することができる．反応は立体特異的に進行し，立体反転が起こる．たとえば，(S)-2-ブタノールをピリジン存在下 TsCl と反応させるとトシル酸(S)-2-ブチルが得られ，これは S_N2 機構を経由して NaI と容易に反応して(R)-2-ヨードブタンを与える．

【反応機構】

同様にして，トシル酸アルキルは，H^-，X^-，HO^-，$R'O^-$，R'^-，NH_2^-，NH_3，CN^-，N_3^-，$R'CO_2^-$ などの，多くの求核試薬と S_N2 機構で反応し，多くの官能基合成に用いられる．

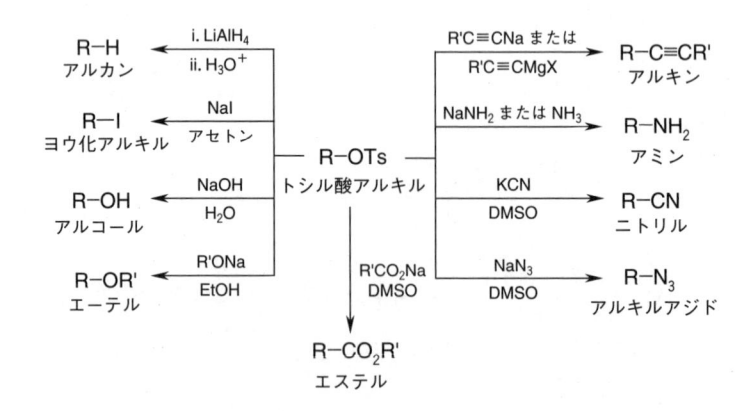

5・5・4 エーテルおよびエポキシドの求核置換反応

アルコキシドイオンは脱離能が高くないので，エーテル自身は求核置換反応や脱離反応を受けない．エーテルの求核置換反応を起こすためには酸が必要である．エーテルは HX（通常 HBr または HI）と高温で反応してハロゲン化アルキルを与える．エポキシドとエーテルは同じ脱離基をもっているが，エポキシドは三員環形成による環のひずみにより，一般的なエーテルよりも反応性が高く，酸，あるいは塩基と反応させると容易に開環反応を起こす．そのため，エポキシドは合成反応において有用な試薬であり，多くの求核試薬とも反応する．エポキシドは酸触媒存在下，S_N1 機構で，水やアルコールによって環開裂反応を受ける，また S_N2 機構で，強塩基（RMgX, RLi, NaC≡N, NaN$_3$, RC≡CM, RC≡CMgX, RC≡CLi, LiAlH$_4$, NaBH$_4$, NaOH, KOH, NaOR, KOR）による開環反応を受ける．

a. ハロ酸によるエーテルおよびエポキシドの開裂反応

1）ハロゲン化アルキルの合成法

エーテル類を，高温下でハロ酸である HBr や HI と反応させるとエーテル結合が開裂する．反応が S_N1 または S_N2 のどちらで起こるのかは，エーテルのアルキル基の構造に依存して決まる．たとえば，メチルプロピルエーテルでは，HBr と反応させると，S_N2 機構によって臭化プロピルが得られる．エーテルの酸素原子にプロトン化が起こると，この部分が脱離により中性のアルコールを与えることとなり，よい脱離基となっている．開裂は，プロトン化したエーテルに対して臭化物イオンが求核攻撃し，弱い塩基である CH$_3$OH が脱離基となる置換反応により進行して臭化プロピルが得られる．

$$CH_3CH_2CH_2-O-CH_3 \xrightarrow{\text{HBr} \atop \text{熱}} CH_3CH_2CH_2-Br + CH_3OH$$

メチルプロピルエーテル　　　　臭化プロピル

【反応機構】

$$CH_3CH_2CH_2-\ddot{O}-CH_3 + H-Br \xrightarrow{\text{熱}} CH_3CH_2CH_2-\overset{+}{\underset{H}{O}}-CH_3$$

$$Br:^- \quad \downarrow S_N2$$

$$CH_3CH_2CH_2Br + CH_3OH$$

臭化プロピル

2) アルコールの合成

エチレンオキシドはHBrによって容易に開裂してブロモエタノールを生じる．酸によりプロトン化されたエチレンオキシドが生成し，これが臭化物イオンによって攻撃を受けてブロモエタノールとなる．

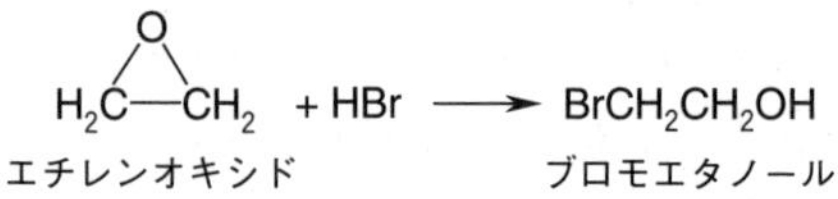

$$\text{エチレンオキシド} + \text{HBr} \longrightarrow \text{BrCH}_2\text{CH}_2\text{OH（ブロモエタノール）}$$

【反応機構】

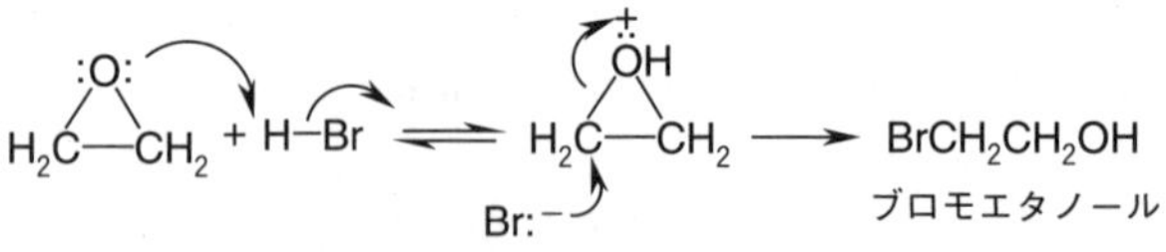

b. 酸触媒によるエポキシドの開裂

非対称エポキシドに対して酸を加えて活性化した場合，H_2O や ROH のような弱い求核試薬はより置換基の多い炭素を攻撃し，1-置換アルコールを与える．この反応は S_N1 機構に従う．

1) ジオールの合成法

酸触媒存在下でエポキシドは水による開裂反応を容易に起こす．水は求核試薬として反応し，この反応は**加水分解**（hydrolysis）とよばれる．たとえば酸触媒存在下エチレンオキシドは加水分解されて1,2-エタンジオール（エチレングリコール）を生じる．

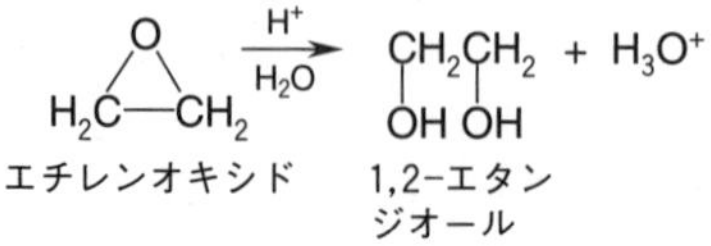

$$\text{エチレンオキシド} \xrightarrow[H_2O]{H^+} \text{CH}_2\text{CH}_2(\text{OH})(\text{OH}) + H_3O^+ \quad (\text{1,2-エタンジオール})$$

【反応機構】

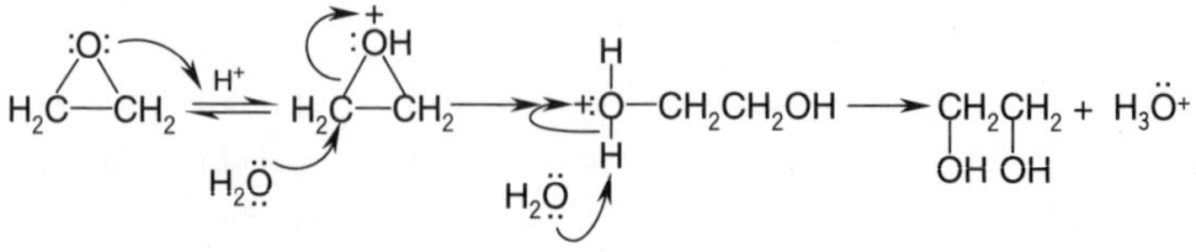

5·5 置換反応

2) アルコキシアルコールの合成法

非対称なプロピレンオキシドを酸触媒存在下で反応させると，置換基の多い炭素を求核試薬が攻撃して 1-置換アルコール類が生成する．たとえば，プロピレンオキシドを酸存在下でメタノールと反応させると 2-メトキシ-1-プロパノールが得られる．

$$\text{プロピレンオキシド} \xrightarrow[CH_3OH]{H^+} \text{2-メトキシ-1-プロパノール (アルコキシアルコール)} + CH_3\overset{+}{O}H_2$$

【反応機構】

(反応機構図：プロピレンオキシドへの H^+ の付加，CH_3OH の求核攻撃を経て，2-メトキシ-1-プロパノール CH_3CHCH_2OH（OCH_3 置換）と $CH_3\overset{+}{O}H_2$ が生成する過程)

c. 塩基触媒によるエポキシドの開裂反応

塩基触媒によるエポキシドの開裂反応は，求核試薬の攻撃がより置換基の少ない炭素側に起こる S_N2 機構に従う．したがって，塩基触媒下での非対称エポキシドの反応では 2-置換アルコールが得られる．

$$\text{エポキシド} \xrightarrow[\text{ii. } H_2O \text{ または } H_3O^+]{\text{i. Nu:}^-} \text{2-置換アルコール}$$

$Nu:^- = R:^-,\ RC\equiv C:^-,\ C\equiv N:^-,\ :N_3^-,\ H:^-,\ HO:^-,\ RO:^-$

【反応機構】

(反応機構図：$Nu:^-$ がエポキシドの置換基の少ない炭素を攻撃して開環し，H_3O^+ で処理して 2-置換アルコールを与える)

$Nu:^- = R:^-,\ RC\equiv C:^-,\ \bar{C}\equiv N:,\ :N_3^-,\ H:^-,\ HO:^-,\ RO:^-$

1) アルコールの合成

有機金属試薬 (RMgX, RLi) は強い求核試薬であり，エポキシドに対して立体障害の少ない側の炭素に反応してアルコールを生じる．たとえば，非対称エポキシドであるプロピレンオキシドでは，臭化メチルマグネシウムと反応し，酸で後処理することによって 2-ブタノールが生成する．

$$H_3C-\overset{O}{\underset{H}{C}}-CH_2 \xrightarrow[\text{ii. } H_3O^+]{\text{i. } CH_3MgBr, エーテル} CH_3\overset{OH}{C}HCH_2CH_3$$

プロピレンオキシド　　　　　　　　　　2-ブタノール
エポキシド

【反応機構】

$$H_3C-\overset{\overset{:\ddot{O}:^-}{|}}{\underset{\underset{H_3C-MgBr}{H\ \delta^- \ \delta^+}}{C}}-CH_2 \longrightarrow CH_3\overset{:\ddot{O}:^-\ ^+MgBr}{C}HCH_2CH_3 \xrightarrow{H_3O^+} CH_3\overset{OH}{C}HCH_2CH_3$$

2-ブタノール

2) アルコキシアルコールの合成

エチレンオキシドは対称エポキシドであり，ナトリウムメトキシドと反応させると，酸による後処理により 2-メトキシエタノールが得られる．

$$H_2C-\overset{O}{\underset{}{\ }}-CH_2 \xrightarrow[\text{ii. } H_2O]{\text{i. } CH_3ONa, CH_3OH} CH_3O\diagdown\diagup OH$$

エチレンオキシド　　　　　　　　　　2-メトキシエタノール

【反応機構】

$$CH_3\ddot{O}:^- \quad H_2C-\overset{\ddot{O}:}{\underset{}{\ }}-CH_2 \longrightarrow CH_3O\diagdown\diagup \ddot{O}:^- \xrightarrow{H_2O} CH_3O\diagdown\diagup OH$$

2-メトキシエタノール

5・5・5　求核的アシル基置換反応

カルボン酸およびその誘導体は，アシル基に結合した置換基が求核試薬と置き換わる**求核的アシル基置換反応**（nucleophilic acyl substitution reaction）を起こす．求核的アシル基置換反応によって，すべてのカルボン酸誘導体は相互変換が可能に

5・5 置換反応

なる.また,その反応機構は酸性,あるいは塩基性条件に依存してさまざまである.求核試薬は負に荷電したアニオン(Nu:⁻)または中性(Nu:)である.

求核試薬が負に荷電したアニオン(R^-, H^-, HO^-, RO^-, CN^- など)の場合,これらは容易にカルボニル炭素を攻撃してアルコキシドをもつ正四面体形中間体を形成し,これが脱離基を放出してカルボニルの二重結合が再生する.

<化学反応式: R-C(=O)-Y + Nu:⁻ ⇌ 正四面体形中間体 ⇌ R-C(=O)-Nu: + Y⁻ (Y = Cl, RCO_2, OR, NH_2)>

求核試薬が非共有電子対をもっている中性分子(H_2O,ROH など)の場合には,求核付加反応が進行するためには酸触媒が必要である.酸性条件下で,カルボニル基はプロトン化を受け,求核反応に対して活性化される.弱い求核試薬の付加によって正四面体形中間体が生成する.脱プロトン化と脱離基の放出が同時に起こってカルボニル二重結合が再生する.

<化学反応式: R-C(=O)-Y (Y = OR, NH_2) + H^+ ⇌ R-C(OH)⁺-Y + Nu: ⇌ 正四面体形中間体 + :B ⇌ R-C(=O)-Nu: + Y⁻ + ⁺B-H>

a. フィッシャーエステル合成

1) エステルの合成

エステルは,対応するカルボン酸とアルコールを酸触媒下加熱還流することによって得られる.平衡反応であるため,反応を完結させるためにアルコールを過剰量用いるか,生成する水を除く.これは**フィッシャーエステル合成**(Fischer esterification)として知られている.

$$R-C(=O)-OH + R'OH \xrightleftharpoons{H^+} R-C(=O)-OR' + H_3O^+$$

【反応機構】
　カルボン酸のカルボニル基はアルコールの攻撃を受けるほどには求電子的でない.酸触媒がカルボニル基をプロトン化し,これにより求核攻撃に対する反応性が上がる.アルコールはプロトン化したカルボニル基の炭素を攻撃して正四面体形中間体を生成する.分子内でのプロトンの移動によってヒドロキシ基がプロトンを受

取り，水として脱離しやすくなる．脱プロトン化と水の放出が同時に起こってエステルが生成する．

$$R-\underset{}{C}(=O)-OH \xrightleftharpoons[]{H^+} R-C(OH)_2^+ \xrightleftharpoons[R'-OH]{} R-C(OH)_2-O(H)R' \xrightleftharpoons[]{\pm H^+} R-C(OH)(OH_2^+)(OR') \xrightleftharpoons[]{H_2O} H_3O^+ + R-C(=O)-OR'$$

2) エステル交換反応

エステルを他のアルコールと反応させるとエステル交換反応が起こる．この反応は，酸または塩基によって触媒される．この反応では，エステルのアルコール部分が他の新しいアルコールと置き換わる．反応機構は，フィッシャーエステル合成と類似している．

$$R-\overset{O}{\underset{}{C}}-OR + R'-OH \xrightleftharpoons[]{H^+ \text{または} HO^-} R-\overset{O}{\underset{}{C}}-OR' + R-OH$$

b. カルボン酸の変換反応

1) 酸塩化物の合成法

酸塩化物を合成する最もよい方法は，カルボン酸と，塩化チオニル（$SOCl_2$）または塩化オキサリル（$(COCl)_2$）を塩基（ピリジン）存在下で反応させるものである．

$$R-\overset{O}{\underset{}{C}}-OH + Cl-\overset{O}{\underset{}{S}}-Cl \xrightarrow{\text{ピリジン}} R-\overset{O}{\underset{}{C}}-Cl$$

酸塩化物が生成するメカニズムはアルコールと塩化チオニルが反応する場合と同様である．

【反応機構】

$$R-\overset{\ddot{O}}{\underset{}{C}}-\ddot{O}H + Cl-\overset{\ddot{O}}{\underset{}{S}}-Cl \xrightarrow{\text{ピリジン}} R-\overset{O}{\underset{}{C}}-\overset{+}{O}-\overset{O}{\underset{}{S}}-Cl + Cl^-$$

$$Cl^- + SO_2 + R-\overset{O}{\underset{}{C}}-Cl \longleftarrow R-\overset{O}{\underset{}{C}}-O-\overset{O}{\underset{}{S}}-Cl + \underset{\text{塩化ピリジニウム}}{\text{Py}-\overset{+}{N}HCl^-}$$

2) 酸無水物の合成

酸無水物は，カルボン酸2分子から水が失われて生じる．たとえば，無水酢酸は，酢酸を 800 ℃ に加熱することで工業的に合成されている．他の酸無水物は，対応するカルボン酸から直接合成することは難しい．そのため，一般的には酸塩化物とカルボン酸ナトリウム塩から調製される（下を参照）．

$$\text{H}_3\text{C}-\overset{\overset{\text{O}}{\|}}{\text{C}}-\text{OH} + \text{HO}-\overset{\overset{\text{O}}{\|}}{\text{C}}-\text{CH}_3 \xrightarrow{800\,°\text{C}} \text{H}_3\text{C}-\overset{\overset{\text{O}}{\|}}{\text{C}}-\text{O}-\overset{\overset{\text{O}}{\|}}{\text{C}}-\text{CH}_3 + \text{H}_2\text{O}$$

酢酸　　　　　　　　　　　　　　　無水酢酸

【反応機構】

（反応機構の図）

3) アミドの合成

アンモニア，第一級および第二級アミンは，求核的アシル基置換反応を経由してカルボン酸と反応し，第一級，第二級，第三級アミドをそれぞれ生成する．アンモニアとカルボン酸の反応では最初にカルボン酸アニオンとアンモニウムイオンが生成する．普通の条件では反応はここで止まる，なぜならカルボン酸アニオンは求電子試薬としての反応性に乏しいからである．しかし，反応溶液を 100 ℃ 以上に加熱すると，水が水蒸気となって除かれるためにアミドが生成する．これは第一級アミドを工業的に合成するための重要な方法である．

$$\text{R}-\overset{\overset{\text{O}}{\|}}{\text{C}}-\text{OH} + \text{NH}_3 \longrightarrow \text{R}-\overset{\overset{\text{O}}{\|}}{\text{C}}-\text{O}^- + \overset{+}{\text{N}}\text{H}_4 \xrightarrow{熱} \text{R}-\overset{\overset{\text{O}}{\|}}{\text{C}}-\text{NH}_2 + \text{H}_2\text{O}$$

c. 酸塩化物の変換反応

1) エステルの合成

酸塩化物が求核的アシル基置換反応を経由してアルコールと反応すると，エステ

ルが得られる．酸塩化物はアルコールのような弱い求核試薬に対しても反応性が高いため，この置換反応には触媒は必要ない．反応は通常，ピリジン，トリエチルアミンのような塩基存在下で行われる．

$$R-\underset{\underset{O}{\|}}{C}-Cl + R'OH \xrightarrow[\text{または Et}_3\text{N}]{\text{ピリジン}} R-\underset{\underset{O}{\|}}{C}-OR'$$

【反応機構】
　求核試薬であるアルコールが酸塩化物のカルボニル炭素を攻撃し，塩化物イオンと置換する．プロトン化したエステルは，溶媒（ピリジンまたはトリエチルアミン）にプロトンを渡してエステルを生成する．

2) 酸無水物の合成

　酸塩化物は求核的アシル基置換反応を経由してカルボン酸ナトリウム塩と反応し，酸無水物となる．この方法で，対称，および非対称両方の酸無水物が合成される．

$$R-\underset{\underset{O}{\|}}{C}-Cl + R'-\underset{\underset{O}{\|}}{C}-ONa \xrightarrow{\text{エーテル}} R-\underset{\underset{O}{\|}}{C}-O-\underset{\underset{O}{\|}}{C}-R' + NaCl$$

酸塩化物　　カルボン酸　　　　　　　　酸無水物
　　　　　　ナトリウム塩

【反応機構】

3) アミドの合成

　アンモニア，第一級アミン，第二級アミンは過剰量のピリジンまたはトリエチル

アミン存在下，酸塩化物または酸無水物と反応して，第一級，第二級，第三級アミドをそれぞれ生成する．酸無水物の場合には，2当量のアンモニアまたはアミンが必要である．

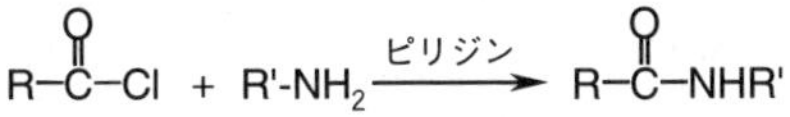

$$R-\underset{\underset{O}{\|}}{C}-Cl + R'-NH_2 \xrightarrow{\text{ピリジン}} R-\underset{\underset{O}{\|}}{C}-NHR'$$

【反応機構】

2° アミド　　塩化ピリジニウム

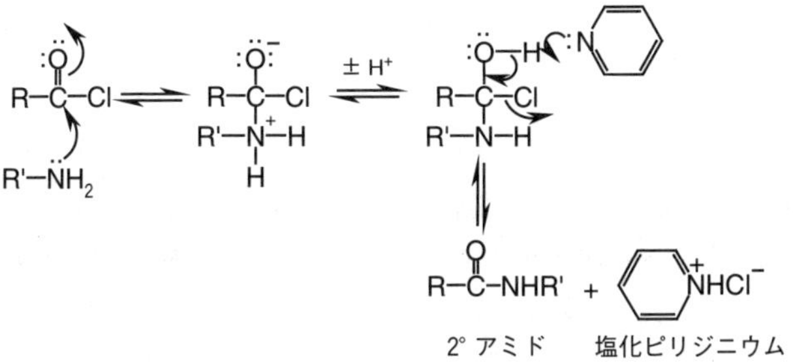

d. 有機金属試薬による酸塩化物およびエステルの変換反応

1) 第三級アルコールの合成

酸塩化物とエステルを，2当量のグリニャール試薬または有機リチウム試薬と反応させると第三級アルコールが得られる．グリニャール試薬の最初の1当量でケトンが生成し，これはすぐに2当量目の試薬と反応してアルコールとなる．最終生成物には，グリニャール試薬に由来する二つの同じアルキル基が存在する．これは，同じアルキル基を2個もつ第三級アルコールの優れた合成法である．

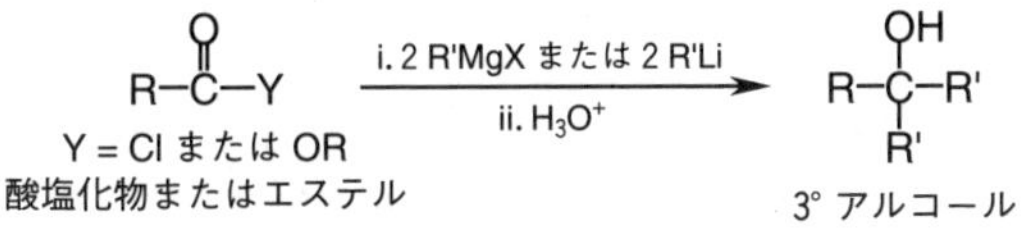

$$R-\underset{\underset{O}{\|}}{C}-Y \xrightarrow[\text{ii. } H_3O^+]{\text{i. 2 R'MgX または 2 R'Li}} R-\underset{\underset{R'}{|}}{\overset{\overset{OH}{|}}{C}}-R'$$

Y = Cl または OR
酸塩化物またはエステル　　　　3° アルコール

【反応機構】

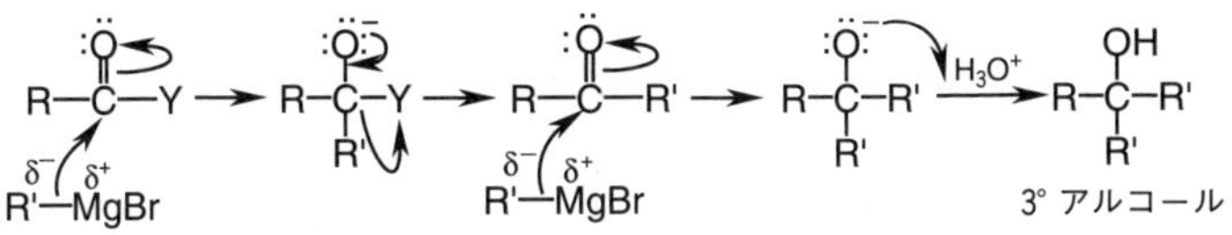

3° アルコール

2) ケトンの合成法

ギルマン試薬（R_2CuLi, 有機銅試薬）のような反応性の低い有機金属試薬を用いると，酸塩化物との反応はケトンの段階で止まる．ギルマン試薬はアルデヒド，ケトン，エステル，アミド，酸無水物などとは反応しない．つまり，他のカルボニル官能基の存在下，酸塩化物はギルマン試薬と容易に反応する．反応は，エーテル溶媒中 $-78\,°C$ で進行し，水を加えて後処理することによりケトンが得られる．

$$R-\underset{酸塩化物}{\overset{O}{\underset{\|}{C}}-Cl} \quad \xrightarrow[\text{ii. } H_2O]{\text{i. } R'_2CuLi,\ \text{エーテル}} \quad R-\underset{ケトン}{\overset{O}{\underset{\|}{C}}-R'}$$

e. クライゼン縮合

エステル 2 分子が縮合反応を起こすと，その反応は**クライゼン縮合**（Claisen condensation）とよばれる．クライゼン縮合はアルドール縮合と同様に強塩基を必要とする．しかし，クライゼン縮合の場合 NaOH 水溶液を用いることはできない，なぜならこの条件下でエステルが加水分解されるからである．そのため，最もよく使用されるのは，エタノール中のナトリウムエトキシド，メタノール中でのナトリウムメトキシドなど,非水条件下で用いられる塩基である．クライゼン縮合生成物は β-ケトエステルである．アルドール縮合の場合と同様に，一方のカルボニル化合物が，ナトリウムエトキシドのような強塩基で α 位のプロトンを引き抜かれることによりエノラートアニオンに変換される．

$$R-\underset{EtÖ:\curvearrowleft H}{CH}-\overset{\overset{\ddot{O}:}{\|}}{C}-OR' \rightleftharpoons R-\overset{\overset{\ddot{O}:}{\|}}{CH}-\overset{}{C}-OR' \leftrightarrow R-CH=\underset{共鳴安定化したエノラートアニオン}{\overset{\overset{:\ddot{O}:^-}{|}}{C}-OR'}$$

エノラートアニオンが 2 分子目のエステルのカルボニル炭素を攻撃して β-ケトエステルが得られる．すなわち，クライゼン縮合は求核的アシル基置換反応の一種である．たとえば，酢酸エチルが 2 分子縮合するとアセト酢酸エチルのエノラートが生成し，これは酸を加えることによってアセト酢酸エチル（β-ケトエステル）に変化する．

$$H_3C-\overset{O}{\underset{\|}{C}}-OC_2H_5 + H_3C-\overset{O}{\underset{\|}{C}}-OC_2H_5 \xrightarrow[\text{ii. } H_3O^+]{\text{i. NaOEt, EtOH}} \underset{\substack{\text{アセト酢酸エチル}\\(\beta\text{-ケトエステル})}}{H_3C-\overset{O}{\underset{\|}{C}}-CH_2-\overset{O}{\underset{\|}{C}}-OC_2H_5}$$

酢酸エチル

5・5 置換反応

【反応機構】
　NaOEt により酢酸エチルの α 水素が引き抜かれ，共鳴安定化したエノラートアニオンが生成する．

$$\text{H-CH-C-OC}_2\text{H}_5 \rightleftharpoons \text{CH}_2\text{-C-OC}_2\text{H}_5 \longleftrightarrow \text{H}_2\text{C=C-OC}_2\text{H}_5$$

共鳴安定化したエノラートアニオン

　もう1分子の酢酸エチルに対して，生成したエノラートアニオンが求核攻撃することによってアルコキシド型の正四面体形中間体が得られる．このエトキシドアニオンが α 水素を脱プロトン化して新しいエノラートアニオンを形成し，これは次の酸を加える後処理の段階でプロトン化を受けてアセト酢酸エチルを生じる．

$$\text{H}_2\text{O} + \text{H}_3\text{C-C-CH}_2\text{-C-OC}_2\text{H}_5 \xleftarrow{\text{H}_3\text{O}^+} \text{H}_3\text{C-C-CH-C-OC}_2\text{H}_5 + \text{EtOH}$$

アセト酢酸エチル

5・5・6 求電子置換反応

芳香族求電子置換反応（electrophilic aromatic substitution reaction）は，ベンゼンのような芳香環上の水素原子が求電子試薬と置き換わる反応のことである．いくつかの重要な求電子置換反応として，フリーデル-クラフツアルキル化およびアシル化，ニトロ化，ハロゲン化，スルホン化などがある．

a. ベンゼンの求電子置換反応　ベンゼンは（通常ルイス酸触媒存在下）求電子試薬（E^+）と反応して対応する置換生成物を与える．

$$\text{C}_6\text{H}_6 + E^+ \xrightarrow{\text{ルイス酸}} \text{C}_6\text{H}_5\text{-}E$$

【反応機構】
　求電子試薬は 6π 系の2個の電子を受取り，ベンゼン環中の一つの炭素原子と σ

結合を形成する．このアレニウムイオンは求電子試薬が結合した炭素からプロトンを失うことによって置換ベンゼンへと変換される．

アレニウムイオン(σ錯体)

b. フリーデル-クラフツアルキル化反応　1877年にCharles Friedel（フリーデル）と James Crafts（クラフツ）によって初めて報告されたフリーデル-クラフツ（FC）アルキル化反応は，求電子試薬としてカルボカチオン R^+ を用いる芳香族求電子置換反応である．このカルボカチオンは，塩化アルミニウムを触媒とするハロゲン化アルキルのイオン化反応によって生成する．たとえば，ベンゼンをルイス酸存在下で塩化イソプロピルと反応させるとイソプロピルベンゼンが生じる．

塩化イソプロピル　　イソプロピルベンゼン

【反応機構】

・第一段階　カルボカチオンの生成

塩化イソプロピル　　　　　　　カルボカチオン

5·5 置換反応

・第二段階　アレニウムイオン錯体の生成

$$\text{C}_6\text{H}_6 + {}^+\text{CH(CH}_3)_2 \rightleftharpoons \text{アレニウムイオン}$$

・第三段階　アレニウムイオンからのプロトンの脱離

$$\text{アレニウムイオン} + \text{AlCl}_4^- \rightleftharpoons \text{イソプロピルベンゼン} + \text{HCl} + \text{AlCl}_3$$

第一級ハロゲン化アルキルの場合，単純なカルボカチオンは生成しない．$AlCl_3$ は第一級ハロゲン化アルキルと錯体を形成し，これが求電子試薬として作用する．この錯体は単純なカルボカチオンではないが，同様な反応性を示し，正のアルキル基を芳香環上に導入する．

$$\text{RH}_2\text{C}^{\delta+}\text{------------}\text{Cl:AlCl}_3^{\delta-}$$

FC アルキル化反応は RX と $AlCl_3$ の反応だけにとどまらない．多くのカルボカチオン（またはカルボカチオン類似化学種）を生成する試薬の組合わせによって同様の反応が進行する．たとえば，アルケンと酸，アルコールと酸のような組合わせが用いられる．

$$\text{C}_6\text{H}_6 + \text{CH}_3\text{CH=CH}_2 + \text{HF} \longrightarrow \text{イソプロピルベンゼン}$$
プロペン　フッ化水素酸

$$\text{C}_6\text{H}_6 + \text{シクロヘキサノール} + \text{BF}_3 \longrightarrow \text{シクロヘキシルベンゼン}$$
シクロヘキサノール　三フッ化ホウ素

1) FC アルキル化反応の限界

　FC アルキル化反応はハロゲン化アルキルに限定される反応である．ハロゲン化アリル，ハロゲン化ビニルなどは反応しない．FC アルキル化は $-NO_2$, $-CN$, $-CHO$, COR, $-NH_2$, $-NHR$, または $-NR_2$ のような電子求引性置換基が存在する芳香環では進行しない（NH_2, $-NHR$, $-NR_2$ 基は本来電子供与性基であるが，ルイス酸と反応して塩を形成すると電子求引性基となる）．カルボカチオンの転位が進行する場合があり，そのような反応では複数の生成物が得られる．

$$CH_3CH_2CH_2CH_2Br \xrightarrow{AlCl_3} CH_3CH_2\overset{\delta+}{C}H_2 \cdots\cdots \overset{\delta-}{Br}AlCl_3 \longrightarrow CH_3CH_2\overset{+}{C}HCH_3$$

ブロモブタン

（下段左）$AlCl_3$, HBr ＋ ベンゼン → $CH_2CH_2CH_2CH_3$ 置換ベンゼン
ブチルベンゼン

（下段右）ベンゼン → s-ブチルベンゼン

c. フリーデル–クラフツアシル化反応　Friedel と Crafts によって最初に見いだされた FC アシル化反応は，ベンゼン環上にアシル基を導入する．ハロゲン化アシルと酸無水物のいずれも FC アシル化に用いることができる．必要な求電子試薬はアシリウムイオンであり，これは塩化アシル（塩化アセチル），または酸無水物（無水酢酸）とルイス酸（$AlCl_3$）の反応によって生成する．

ベンゼン ＋ $H_3C-\underset{\underset{Cl}{\|}}{C}=O$ $\xrightarrow[80\,°C]{AlCl_3,\ H_2O}$ $C_6H_5-CO-CH_3$ ＋ HCl

塩化アセチル　過剰のベンゼン　　アセトフェノン

ベンゼン ＋ $H_3C-CO-O-CO-CH_3$ $\xrightarrow[80\,°C]{AlCl_3,\ H_2O}$ $C_6H_5-CO-CH_3$ ＋ HCl

無水酢酸　過剰のベンゼン　　アセトフェノン

5・5 置換反応

【反応機構】
・第一段階 カルボカチオン（アシリウムイオン）の生成

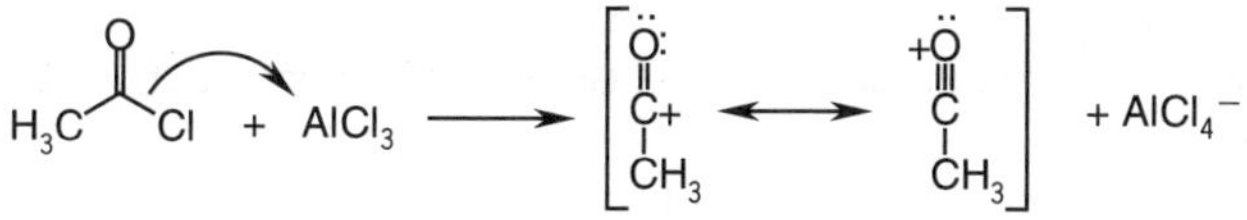

$$H_3C-C(=O)-Cl + AlCl_3 \longrightarrow [CH_3-C^+=O \leftrightarrow CH_3-C\equiv O^+] + AlCl_4^-$$

アシリウムイオン

・第二段階 アレニウムイオン錯体の生成

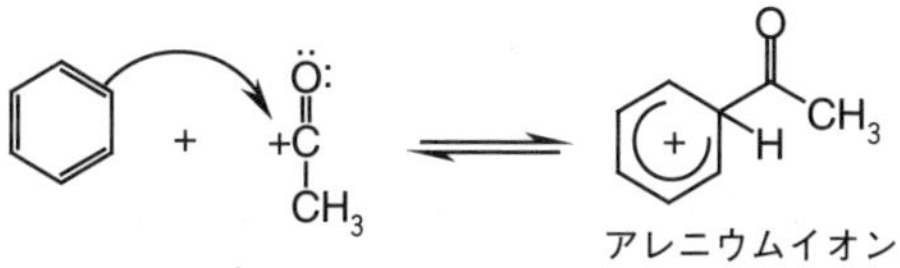

ベンゼン + $^+C(=O)CH_3$ ⇌ アレニウムイオン（+H, COCH_3 付加）

・第三段階 アレニウムイオン錯体からのプロトンの脱離

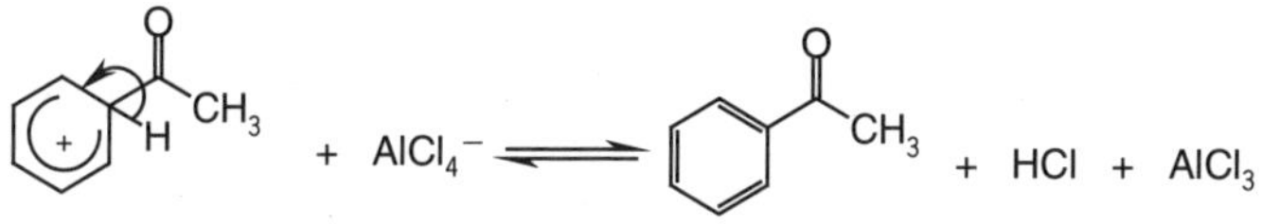

アレニウム中間体 + $AlCl_4^-$ ⇌ アセトフェノン + HCl + $AlCl_3$

d. ベンゼンのハロゲン化 無水ルイス酸（$FeCl_3$ や $FeBr_3$ など）存在下，ベンゼンはハロゲン（塩素または臭素）と容易に反応してハロベンゼン（クロロベンゼンまたはブロモベンゼン）を生じる．フッ素（F_2）はきわめて速やかにベンゼンと反応するので，フッ素化を実行するためには特別な反応条件が必要となる．一方，ヨウ素（I_2）は反応性が低いので，ヨウ素化を進行させるためには硝酸 HNO_3 のような酸化剤が必要である．

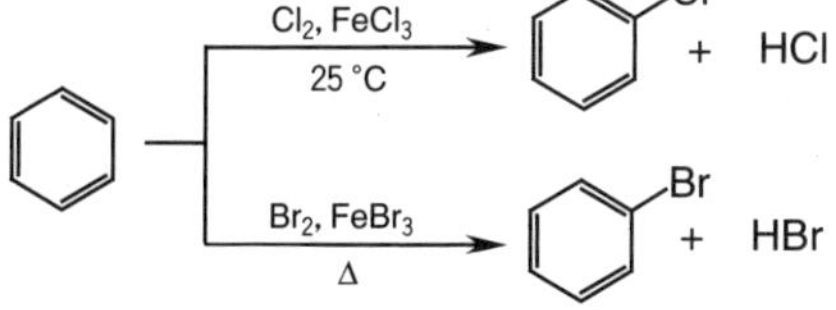

$$\text{ベンゼン} \xrightarrow[25\ ^\circ C]{Cl_2,\ FeCl_3} \text{クロロベンゼン} + HCl$$

$$\text{ベンゼン} \xrightarrow[\Delta]{Br_2,\ FeBr_3} \text{ブロモベンゼン} + HBr$$

ベンゼンの臭素化は，芳香族求電子置換反応の一般的な反応機構に従う．臭素分子が $FeBr_3$ と反応してこれに電子対を与え，その結果 Br–Br 結合がより分極する．

【反応機構】

・第一段階　カチオン（ハロニウムイオン）の生成

$$:\overset{\delta+}{\ddot{Br}}-\overset{\delta-}{\ddot{Br}}: + FeBr_3 \rightleftharpoons :\ddot{Br}-\overset{+}{\ddot{Br}}-\bar{F}eBr_3 \rightleftharpoons \bar{F}eBr_4 + :\ddot{Br}^+$$

・第二段階　アレニウムイオン錯体の生成

(ベンゼン環 + $^+\ddot{Br}:$ ⇌ アレニウムイオン錯体)

アレニウムイオン

・第三段階　アレニウムイオン錯体からのプロトンの脱離

(アレニウムイオン + $:\ddot{Br}-\bar{F}eBr_3 \longrightarrow$ ブロモベンゼン + HBr + FeBr₃)

ブロモベンゼン

e. ベンゼンのニトロ化　ベンゼンは熱濃硝酸（HNO_3）とゆっくり反応してニトロベンゼンを生成する．この反応は濃硝酸と，触媒として働く濃硫酸の混合物で行うとより速く進行する．硫酸は硝酸をプロトン化し，プロトン化した硝酸から水が脱離して，ニトロ化に必要な求電子試薬であるニトロニウムイオン（$^+NO_2$）が生成する．すなわち，濃硫酸は求電子試薬（$^+NO_2$）の濃度を上昇させることによってニトロ化の反応速度を上げる．

$$\text{ベンゼン} + HNO_3 + H_2SO_4 \xrightarrow{50\sim55\,°C} \text{ニトロベンゼン} + H_3O^+ + HSO_4^-$$

ニトロベンゼン

【反応機構】

・第一段階　求電子試薬であるニトロニウムイオン（$^+NO_2$）の発生

$$H\ddot{O}-NO_2 + H-OSO_3H \rightleftharpoons H-\overset{+}{\underset{H}{\ddot{O}}}-NO_2 \rightleftharpoons {}^+NO_2 + H_2O$$
$$+ HSO_4^-$$

ニトロニウムイオン

・第二段階　アレニウムイオン錯体の生成

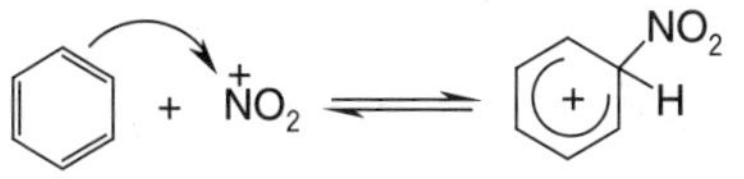

アレニウムイオン

・第三段階　アレニウムイオン錯体からのプロトンの脱離

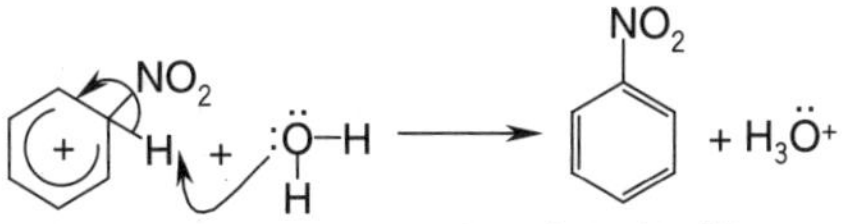

→ ニトロベンゼン ＋ $H_3\ddot{O}^+$

f. ベンゼンのスルホン化　ベンゼンを発煙硫酸と室温で反応させるとベンゼンスルホン酸が得られる．発煙硫酸は硫酸に三酸化硫黄（SO_3）を加えたものである．ベンゼンのスルホン化は濃硫酸中でも行うことができるが，反応速度は遅い．どちらの場合も SO_3 が求電子試薬として作用している．

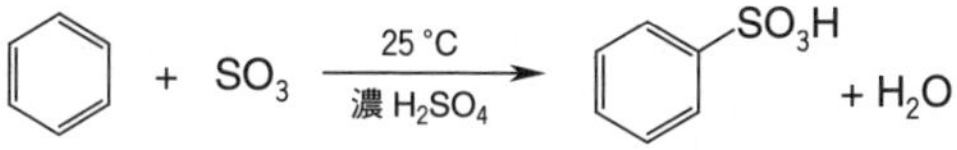

$$\text{ベンゼン} + SO_3 \xrightarrow[\text{濃 } H_2SO_4]{25\,^\circ C} \text{ベンゼンスルホン酸} + H_2O$$

【反応機構】

・第一段階　求電子試薬の発生

$$2\,H_2SO_4 \rightleftharpoons SO_3 + H_3O^+ + HSO_4^-$$

・第二段階　アレニウムイオン錯体の生成

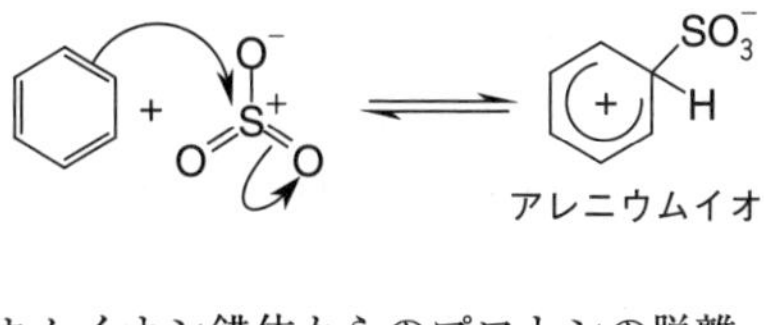

アレニウムイオン

・第三段階　アレニウムイオン錯体からのプロトンの脱離

ベンゼンスルホン酸イオン

・第四段階　ベンゼンスルホン酸アニオンのプロトン化

$$\text{C}_6\text{H}_5\text{SO}_3^- + \text{H}-\overset{+}{\text{O}}\text{H}-\text{H} \rightleftharpoons \underset{\text{ベンゼンスルホン酸}}{\text{C}_6\text{H}_5\text{SO}_3\text{H}} + \text{H}_2\text{O}$$

5・6　加　水　分　解

　加水分解（hydrolysis）という言葉は hydro（＝水）という単語と lysis（＝分解）という単語に由来する．加水分解反応では σ 結合の開裂が起こり，その分解物に水が付加する．加水分解反応は酸，塩基，加水分解酵素などによって触媒される．たとえば，鎮痛薬であるアスピリン（アセチルサリチル酸）は酸，湿気，熱などの存在下で容易に加水分解されてサリチル酸を生じる．

$$\underset{\substack{\text{アスピリン}\\(\text{アセチルサリチル酸})}}{\text{[構造式]}} \xrightarrow[\text{熱}]{\text{水, H}^+} \underset{\text{サリチル酸}}{\text{[構造式]}}$$

　グルコシダーゼは加水分解酵素であり，さまざまなグリコシドを加水分解するのに用いられる．たとえば，ヤナギの木皮から得られるサリシンは，この酵素によってサリチルアルコールに加水分解される．

$$\underset{\text{サリシン}}{\text{[構造式]}} \xrightarrow{\text{グルコシダーゼ}} \underset{\text{サリチルアルコール}}{\text{[構造式]}}$$

5・6・1　カルボン酸誘導体の加水分解

　すべてのカルボン酸誘導体は，酸または塩基触媒下での加水分解によって元のカルボン酸を生成する．加水分解反応に対する反応性は誘導体の種類によって大きく異なる．

a.　酸ハロゲン化物および酸無水物の加水分解

1）カルボン酸の合成

　酸ハロゲン化物と酸無水物は反応性が高く，中性条件でも水と反応する．このよ

うな反応が起こることは，これらの化合物が湿気に対して不安定であることを示しており，これらを保存するときに問題となる．加水分解を避けるためには，乾燥窒素ガスを用いたり，あるいは無水の溶媒，試薬などを用いたりする．

$$R-\underset{O}{C}-Cl \text{ または } R-\underset{O}{C}-O-\underset{O}{C}-R \xrightarrow{H_2O} R-\underset{O}{C}-OH$$

【反応機構】

$$R-\underset{Y}{\overset{:\ddot{O}:}{C}} + H_2\ddot{O} \rightleftharpoons R-\underset{\underset{H-O-H}{|}}{\overset{:\ddot{O}:^-}{C}}-Y \xrightleftharpoons{\pm H^+} R-\underset{\underset{OH}{|}}{\overset{:\ddot{O}-H}{C}}-Y \xleftarrow{H_2\ddot{O}}$$

Y = Cl, RCO$_2$

$$\downarrow\uparrow$$

$$H_3O^+ + Y^- + R-\underset{O}{C}-OH$$

b. エステルの加水分解: カルボン酸の合成　　酸触媒下でのエステルの加水分解はフィッシャーエステル合成の逆反応である．過剰量の水を加えることによって平衡を酸とアルコールの生成方向に片寄せる．塩基によるエステルの加水分解はけん化 (saponification) としても知られており，これはフィッシャーエステル化でみられるような平衡反応を含んでいない．

$$R'OH + R-\underset{O}{C}-OH \xleftarrow{\substack{\text{酸触媒加水分解} \\ H_3O^+, 熱}} R-\underset{O}{C}-OR' \xrightarrow{\substack{\text{塩基加水分解} \\ NaOH, H_2O, 熱}} R-\underset{O}{C}-ONa + R'OH$$

【反応機構】

・酸触媒加水分解

エステルのカルボニル基は水そのものによる攻撃を受けるほどの十分な求電子活性をもっていない．酸触媒はカルボニル酸素をプロトン化し，求核攻撃に対する活

$$R-\underset{OR'}{\overset{:\ddot{O}:}{C}} \xrightleftharpoons{H^+} R-\underset{OR'}{\overset{:\ddot{O}H}{C}} \rightleftharpoons R-\underset{\underset{H-O-H}{|}}{\overset{:\ddot{O}H}{C}}-OR' \xrightleftharpoons{\pm H^+} R'-\underset{:\ddot{O}H}{\overset{:\ddot{O}H}{C}}-\overset{+}{O}\underset{H}{\overset{R'}{|}} \xleftarrow{H_2\ddot{O}}$$

$$\downarrow\uparrow$$

$$H_3O^+ + R'OH + R-\underset{O}{C}-OH$$

性を上げる．水分子はプロトン化されたカルボニル炭素を攻撃し，正四面体形中間体を形成する．プロトンがヒドロニウムイオンから2分子目の水に移ることによってエステルの水和物が生成する．分子内プロトン移動がアルコールの脱離能を上昇させる．水の脱プロトン化とアルコールの脱離が同時に起こってアルコールとカルボン酸が生成する．

・塩基加水分解

　水酸化物イオンがカルボニル基を攻撃して正四面体形中間体が生成する．負に帯電した酸素によって，良い脱離基であるアルコキシドイオンが容易に追い出され，カルボン酸が得られる．アルコキシドイオンはすぐにカルボン酸からプロトンを奪い，その結果得られるカルボン酸アニオンは逆反応に関与することはできなくなる．つまり，塩基加水分解では平衡反応は存在せず，反応は完結するまで進行する．単離の過程で，酸性水溶液をカルボン酸アニオンに対して加えてプロトン化させると，カルボン酸が得られる．

$$R-\overset{O}{\underset{}{C}}-OR' + {}^{-}OH \rightleftharpoons R-\overset{O^-}{\underset{OH}{C}}-OR' \rightarrow R-\overset{O}{\underset{}{C}}-OH + R'O^-$$

$$R'OH + R-\overset{O}{\underset{}{C}}-O^- \xrightarrow{H_3O^+} R-\overset{O}{\underset{}{C}}-OH$$

c. アミドの加水分解：カルボン酸の合成　アミドはカルボン酸誘導体の中では最も加水分解に抵抗する化合物である．しかし，強い条件，たとえば6 M HClあるいは40% NaOH 水溶液中で長時間加熱することによって加水分解が進む．

$$R-\overset{O}{\underset{}{C}}-NH_2 \xrightarrow[40\% \text{ NaOH}]{6 \text{ M HCl または}} R-\overset{O}{\underset{}{C}}-OH$$

【反応機構】

・酸触媒加水分解

　酸性条件下では，アミドの加水分解はエステルの酸触媒加水分解に似た反応機構で進行する．つまり，カルボニル基に対するプロトン化により活性化されたカルボニル基が生じ，これが水による求核攻撃を受ける．分子内プロトン移動がアンモニアを良い脱離基に変化させる．水の脱プロトン化とアンモニアの脱離が同時に起

こってカルボン酸が生成する．

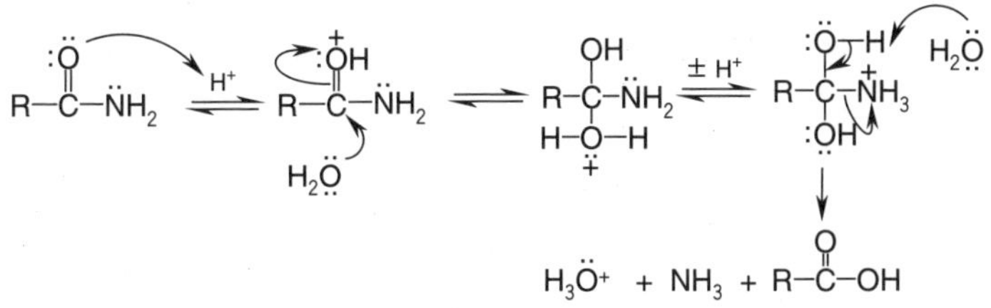

[反応機構図：アミドの酸による加水分解]

・塩基による加水分解

　水酸化物イオンがカルボニル基を攻撃し，正四面体形中間体が生成する．負に荷電した酸素が塩基性脱離基であるアミドイオンを追い出し，カルボン酸が得られる．アミドイオンがすぐにカルボン酸からプロトンを受けとるので，生成したカルボン酸アニオンは逆反応に用いられることはない．そのため，塩基による加水分解には平衡反応は存在せず，反応は完結する．単離操作の過程で酸性水溶液を加えることによってカルボン酸アニオンがプロトン化し，カルボン酸が得られる．

[反応機構図：アミドの塩基による加水分解]

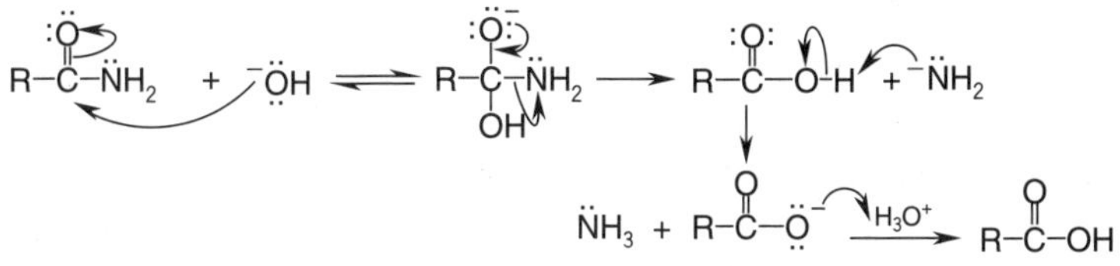

d. ニトリルの加水分解：第一級アミドおよびそれに続くカルボン酸の合成

　ニトリル類は第一級アミドに加水分解される，その後酸または塩基の触媒作用を受けてカルボン酸に変換される．酸による加水分解では，硫酸を触媒とし，1当量の水を用いることによってアミドの段階で反応を止めることができる．穏やかな塩基条件（NaOH，H_2O，50℃）では，アミドまでの加水分解しか進行せず，より激しい反応条件（NaOH，H_2O，200℃）を用いるとアミドからカルボン酸への変換が起こる．

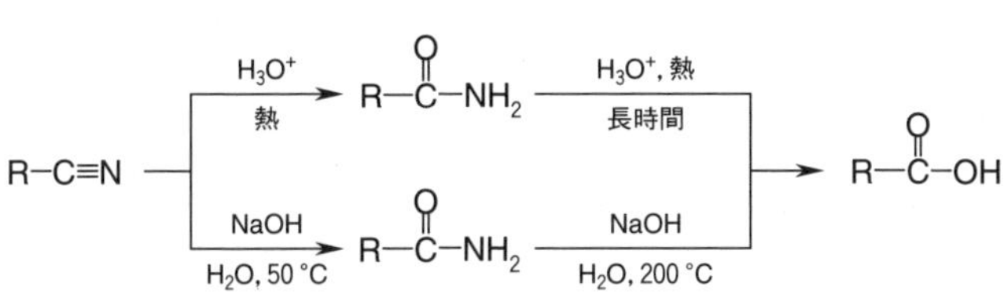

[反応スキーム：R–C≡N から R–C(=O)–NH$_2$ を経て R–C(=O)–OH への変換]

【反応機構】

・酸触媒加水分解

　ニトリルの酸触媒加水分解はアミドの酸触媒加水分解と類似した機構で進行し，シアノ基中の窒素にプロトン化が起こって，水の求核攻撃に対する活性が増大することによって反応する．分子内のプロトン移動反応によりイミド酸が生成する．酸素からの脱プロトン化と窒素へのプロトン付加を経由する互変異性によって，イミド酸がより安定なアミドに変化する．酸触媒下でのアミドからカルボン酸への変化は，アミド自体の加水分解のところで既に議論した．

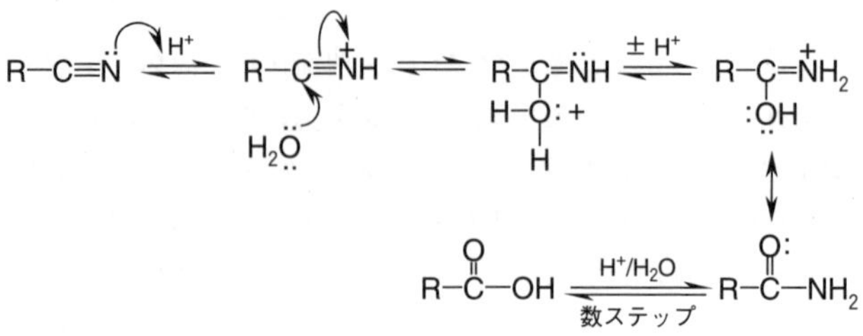

・塩基触媒加水分解

　ニトリルの炭素に対してヒドロキシドイオンが攻撃し，それに続いて不安定な窒素アニオンに対するプロトン化が起こってイミド酸が生成する．イミド酸はより安定なアミドに，酸素の脱プロトン化と窒素へのプロトン付加を経由して変化する．塩基存在下でのアミドからカルボン酸への変化も，アミドの加水分解のところで既に議論した．

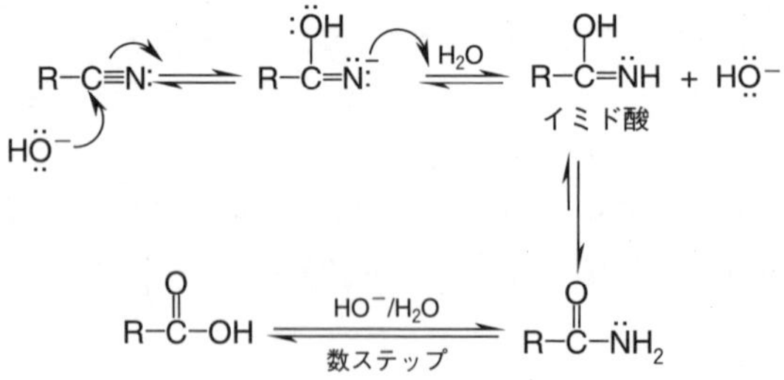

5・7　酸化還元反応

　酸化反応とは電子を失う反応であり，還元反応は電子を獲得する反応である．しかし，有機化学では，**酸化** (oxidation) とは水素を失ったり，酸素やハロゲンが付加したりすることも含まれる．つまり，酸化は，炭素よりも電気陰性度の大きい元

素の含量が増える反応、としても定義される。酸化の一般的な表記法は[O]である。
還元 (reduction) とは水素原子の付加、酸素やハロゲンが失われる反応などである。還元の一般的な表記法は[H]である。エタノールのアセトアルデヒドへの変換や、アセトアルデヒドから酢酸への変換は酸化反応であり、これらの逆反応は還元反応である。

$$H_3C-CH_2OH \xrightleftharpoons[{[H]}]{[O]} H_3C-CHO \xrightleftharpoons[{[H]}]{[O]} H_3C-COOH$$

エタノール　　　　　　アセトアルデヒド　　　　　　酢酸

5・7・1 酸化剤および還元剤

酸化剤とはクロム酸 (H_2CrO_4)、過マンガン酸カリウム ($KMnO_4$)、四酸化オスミウム (OsO_4) のような、電子を受け入れる傾向のある、電子欠損性の化学種である。したがって、酸化剤は求電子試薬に分類される。酸化を起こす過程では、酸化剤自体は還元される。酸化反応によって結果的にC–O結合の数が増えたり、C–H結合の数が減ったりする。

これとは逆に、還元剤とは水素化ホウ素ナトリウム ($NaBH_4$)、水素化アルミニウムリチウム ($LiAlH_4$) のような、電子を他に与えることができる電子豊富な化学種である。すなわち、還元剤は求核試薬に分類される。電子を他に与える過程では、還元剤自身は酸化される。還元によってC–H結合の数が増えたり、C–O結合の数が減ったりする。

5・7・2 アルケンの酸化

a. エポキシドの合成　アルケンはC=C二重結合がいろいろな様式で酸化されることで多種類の酸化反応を受ける。最も簡単なエポキシドであるエチレンオキシドは、エチレンをAg存在下高温 (250℃) で触媒的に酸化することで得られる。

$$H_2C=CH_2 \xrightarrow[250\,°C]{O_2,\,Ag} \underset{\text{エチレンオキシド}}{H_2C-CH_2 \atop \diagdown O \diagup}$$

アルケンはまた、過酸 (RCO_3H)、たとえば過安息香酸 ($C_6H_5CO_3H$) によってもエポキシドに酸化される。過酸はカルボン酸と比べて1原子余分に酸素原子をもっ

ており、この余分な酸素がアルケンの二重結合に付加してエポキシドを生じる。たとえば、シクロヘキセンを過安息香酸と反応させるとシクロヘキセンオキシドが得られる。

$$RCH=CHR \xrightarrow{RCO_3H} RCH\underset{O}{-}CHR$$
アルケン　　　　　　　　　エポキシド

シクロヘキセン $\xrightarrow{C_6H_5CO_3H}$ シクロヘキセンオキシド

アルケンへの酸素原子の付加は立体特異的に進行する。すなわち cis-アルケンからは cis-エポキシド、$trans$-アルケンからは $trans$-エポキシドが得られる。

cis-アルケン → cis-エポキシド　　$trans$-アルケン → $trans$-エポキシド

b. カルボン酸およびケトンの合成　アルケンと過マンガン酸カリウムを塩基性条件下、加熱して反応させると、二重結合が開裂して高度に酸化された炭素化合物が生成する。すなわち、エチレンのような無置換アルケンからは二酸化炭素 CO_2 が、アルケン炭素がモノ置換の場合にカルボン酸が、ジ置換の場合にはケトンが得られる。これはアルケンやアルキンの存在を化学的にチェックするテスト（バイヤーテスト）に用いられ、$KMnO_4$ の紫色が消え、二酸化マンガン MnO_2 の茶色沈殿が生成する。

$$H_2C=CH_2 \xrightarrow[ii. H_3O^+]{i. KMnO_4, NaOH, 熱} 2CO_2 + 2H_2O$$
エチレン

$$CH_3CH=CHCH_3 \xrightarrow[H_2O, 熱]{KMnO_4, NaOH} 2H_3C-\underset{O}{\overset{O}{C}}-O^- \xrightarrow{H_3O^+} 2H_3C-\underset{O}{\overset{O}{C}}-OH$$
(cis または $trans$)-2-ブテン　　　酢酸イオン　　　　酢酸

$$CH_3CH_2CH_2\underset{CH_3}{\overset{|}{C}}=CH_2 \xrightarrow[ii. H_3O^+]{i. KMnO_4, NaOH, 熱} CH_3CH_2CH_2\underset{CH_3}{\overset{|}{C}}=O + CO_2$$
2-メチルペンテン　　　　　　　　　　　メチルブタノン

5・7・3　アルケンのシンジヒドロキシ化：syn-ジオールの合成

アルケンのジヒドロキシ化は1,2-ジオール（グリコールともよばれる）を合成

するために最も重要な方法である．アルケンは冷却下，塩基性 $KMnO_4$，または四酸化オスミウムと過酸化水素によって cis-1,2-ジオールを与える．この生成物は，反応がシン付加で進行しているため常に syn-ジオールである．

[反応式: シクロペンテン → (i. 冷 $KMnO_4$, ii. NaOH, H_2O) → cis-1,2-シクロペンタンジオール（メソ化合物）]

[反応式: $H_2C=CH_2$ (エテン) → (i. OsO_4, ピリジン, ii. H_2O_2) → CH_2-CH_2 with OH, OH: syn-1,2-エタンジオール（エチレングリコール）]

5・7・4 アルケンのアンチジヒドロキシ化：anti-ジオールの合成

アルケンを過酸（RCO_3H）と反応させ，引き続いて加水分解を行うことにより trans-1,2-ジオールが得られる．過酸との反応によって生成するオキシランが加水分解を受ける際，水はオキシランの反対側からアンチ付加を起こすため，生成物は常に anti-ジオールである．

[反応式: シクロペンテン → (i. RCO_3H, ii. H_2O) → trans-1,2-シクロペンタンジオール（ラセミ体混合物）]

[反応式: $CH_3CH=CH_2$ (プロペン) → (i. RCO_3H, ii. H_2O) → CH_3CH-CH_2 with OH, OH: anti-1,2-プロパンジオール（プロピレングリコール）]

5・7・5 syn-ジオールの酸化的開裂：ケトンとアルデヒドまたはカルボン酸の合成

アルケンに対してシンジヒドロキシ化を行い，引き続いて過ヨウ素酸（HIO_4）開裂を行う方法は，還元的後処理を含むオゾン分解（ozonolysis）の代替法となる．syn-ジオールは過ヨウ素酸によってアルデヒドやケトンに酸化される．この酸化反応は出発物質のアルケンを二つの分子に分裂させるので，酸化的開裂とよばれる．

[反応式: アルケン → (OsO_4, H_2O_2) → syn-ジオール → (HIO_4) → ケトン + アルデヒド]

5・7・6 アルケンのオゾン分解

アルケンはオゾンとの反応と，それに引き続く酸化的あるいは還元的後処理によってカルボニル化合物を与える．オゾン分解から得られる生成物は，反応条件に依存して変化する．オゾン分解の後，還元的な処理（Zn/H_2O）を行うと，生成物

はアルデヒドもしくはケトンとなる．無置換のアルケンを用いるとホルムアルデヒドが，一置換炭素からはアルデヒドが，二置換炭素からはケトンが生成する．

オゾン分解の後に酸化的処理（H_2O_2/NaOH）を行うと，得られる生成物はカルボン酸またはケトンである．無置換のアルケン炭素からはギ酸が，一置換のアルケン炭素からはカルボン酸が，二置換のアルケン炭素からはケトンが生成する．

a. アルデヒドとケトンの合成法　アルケンは低温（$-78\,^{\circ}\mathrm{C}$），塩化メチレン中でオゾン O_3 と反応させ，還元的後処理を行うことによって直接アルデヒドやケトンに変換される．たとえば，2-メチル-2-ブテンはオゾンと反応し，還元的後処理を行うことによってアセトンとアセトアルデヒドを生成する．ここで用いる還元剤は，アルデヒドがカルボン酸に酸化される過程を抑制する．

2-メチル-2-ブテン　→（i. O_3, CH_2Cl_2　ii. Zn, H_2O）→　アセトン ＋ アセトアルデヒド

b. カルボン酸およびケトンの合成　アルケンは低温（$-78\,^{\circ}\mathrm{C}$），塩化メチレン中でオゾン O_3 と反応させ，酸化的後処理を行うことによってカルボン酸やケトンに変換される．たとえば，2-メチル-2-ブテンをオゾンと反応させ，その後酸化的後処理を行うことによってアセトンと酢酸を生じる．

2-メチル-2-ブテン　→（i. O_3, CH_2Cl_2　ii. H_2O_2, NaOH）→　アセトン ＋ 酢酸

5・7・7　アルキンの酸化反応：ジケトンおよびカルボン酸の合成

アルキンは，低温で希釈された塩基性過マンガン酸カリウムによって酸化され，ジケトンへと変換される．

$$R-C\equiv C-R' \xrightarrow[H_2O,\ NaOH]{\text{冷}\ KMnO_4} R-\underset{\underset{\text{ジケトン}}{}}{C}(=O)-C(=O)-R'$$

反応液が温まりすぎたり，塩基性になりすぎたりすると，酸化がさらに進んで 2 分子のカルボキシレートイオンが生成し，これは酸化的後処理により 2 分子のカルボ

ン酸となる．

$$R-C\equiv C-R' \xrightarrow[KOH, 熱]{KMnO_4} R-CO_2^- + {}^-O_2C-R' \xrightarrow{H_3O^+} R-CO_2H + R'-CO_2H$$

無置換のアルキン炭素は CO_2 に酸化され，一置換のアルキン炭素はカルボン酸へと酸化される．たとえば，1-ブチンのオゾン分解およびそれに続く加水分解によってプロパン酸と二酸化炭素が生成する．

$$C_2H_5C\equiv CH \xrightarrow[ii. H_3O^+]{i. KMnO_4, KOH, 熱} C_2H_5-\overset{O}{\underset{\|}{C}}-OH + CO_2$$
1-ブチン　　　　　　　　　　　　プロパン酸

5・7・8　アルキンのオゾン分解：カルボン酸の合成法

アルキンをオゾン分解し，引き続き加水分解を行うことで，過マンガン酸による酸化生成物と同様の化合物を得る．この反応では，酸化的または還元的後処理を必要としない．無置換の炭素は二酸化炭素にまで酸化され，一置換炭素はカルボン酸となる．たとえば，1-ブチンをオゾン分解し，さらに加水分解を行うことでプロパン酸と二酸化炭素が得られる．

$$C_2H_5C\equiv CH \xrightarrow[ii. H_2O]{i. O_3, -78°C} C_2H_5-\overset{O}{\underset{\|}{C}}-OH + CO_2$$
1-ブチン　　　　　　　　　　　　プロパン酸

5・7・9　第一級アルコールの酸化反応

第一級アルコールは酸化試薬と反応条件によって，アルデヒドあるいはカルボン酸に酸化される．

a．カルボン酸の合成法　第一級アルコールは，塩基性条件下での $KMnO_4$，水中でのクロム酸，およびジョーンズ試薬（アセトン硫酸水溶液中 CrO_3）など，数多くの水溶液中での酸化試薬によりカルボン酸にまで酸化される．過マンガン酸カリウムは第一級アルコールをカルボン酸に酸化するのによく使われる．反応は通常塩基性水溶液中で行われる．酸化反応が進行していることは MnO_2 の茶色沈殿

$$RCH_2CH_2-OH \xrightarrow[NaOH]{KMnO_4} RCH_2-\overset{O}{\underset{\|}{C}}-OH + MnO_2$$
1° アルコール　　　　　　　カルボン酸

$$CH_3CH_2CH_2OH \xrightarrow[NaOH]{KMnO_4} CH_3CH_2-\overset{O}{\underset{\|}{C}}-OH + MnO_2$$
プロパノール　　　　　　　プロパン酸

が生じることでわかる．

　クロム酸はクロム酸ナトリウム（$Na_2Cr_2O_7$）または三酸化クロム（CrO_3）と硫酸，水を混合することにより反応系内で生成させる．

$$Na_2Cr_2O_7 \text{ または } CrO_3 \xrightarrow[H_2O]{H_2SO_4} H_2CrO_4 \text{ (クロム酸)}$$

$$RCH_2CH_2-OH \xrightarrow{H_2CrO_4} RCH_2-\underset{\text{カルボン酸}}{C(=O)-OH}$$

シクロヘキシルメタノール　→　シクロヘキサンカルボン酸

b. アルデヒドの合成　第一級アルコールを選択的にアルデヒドに酸化する便利な試薬は，無水塩化クロム酸ピリジニウム，省略して PCC とよばれるものである．この試薬は三酸化クロムとピリジンから，酸性条件下乾燥塩化メチレン中で調製される．

$$CrO_3 + HCl + \text{ピリジン} \xrightarrow{CH_2Cl_2} \text{PCC}\ (C_5H_5N^+\text{-}HCrO_3Cl^-)$$

$$RCH_2CH_2-OH \xrightarrow[CH_2Cl_2]{PCC} RCH_2-CHO \text{ (アルデヒド)}$$

シクロヘキシルメタノール　→　シクロヘキサンカルバルデヒド

5・7・10　第二級アルコールの酸化：ケトンの合成

　クロム酸，ジョーンズ試薬，PCC などを含む多くの酸化剤は第二級アルコールを酸化してケトンを生じる．そのうちで，第二級アルコールを酸化する最も普通の酸化剤はクロム酸である．

$$RCH_2-\underset{CH_3}{CH}-OH \xrightarrow{H_2CrO_4} RCH_2-\underset{CH_3}{C}=O \text{ (ケトン)}$$

$$H_3C-\underset{CH_3}{CH}-OH \xrightarrow{H_2CrO_4} H_3C-\underset{CH_3}{C}=O$$

イソプロピルアルコール　→　プロパノン

5・7 酸化還元反応

【反応機構】
　クロム酸をイソプロピルアルコールと反応させるとクロム酸エステル中間体が生成する．その後アルコールの炭素から水素原子を除く形で脱離反応が進行し，Crを含む基が電子対をもって離れる．そのため，Crは+6価から+4価に還元され，それに伴ってアルコールは酸化される．

$$H_3C-CH(CH_3)-OH + HO-Cr(=O)_2-OH \longrightarrow H_3C-C(CH_3)(H)-O-Cr(=O)_2-OH + H_2O$$

クロム酸(Cr Ⅵ)

$$\longrightarrow O=Cr(OH)-O^- + H_3O^+ + H_3C-C(CH_3)=O$$

5・7・11　アルデヒドの酸化：カルボン酸の合成

　クロム酸（水中のCrO_3），ジョーンズ試薬，塩基性溶液中の$KMnO_4$などを含むほとんどの水溶性酸化剤はアルデヒドをカルボン酸に酸化することができる．

$$R-C(=O)-H \xrightarrow{[O]} R-C(=O)-OH$$

　アルデヒドは，他の官能基が存在しているときでも，水酸化アンモニウム水溶液中，銀(Ⅰ)オキシド（トレンス試薬）を用いて選択的に酸化できる．ケトンはカルボニル炭素に結合した水素をもたないので，このような酸化反応は起こらない．

（シクロヘキセニル-CHO） $\xrightarrow[NH_4OH, H_2O]{Ag_2O}$ （シクロヘキセニル-COOH） + Ag
金属銀

5・7・12　アルデヒドおよびケトンのバイヤー-ビリガー酸化

　アルデヒドを過酸と反応させるとカルボン酸が得られる．ほとんどの酸化剤はケトンとは反応しないが，過酸はケトンと反応してエステルが生成する．環状のケトンからはラクトン（環状エステル）が生じる．この反応を**バイヤー-ビリガー酸化**（Baeyer–Villiger oxdation）とよぶ．過酸はカルボン酸と比較して1個酸素原子を

余分にもっている．この酸素がカルボニル炭素と R（アルデヒドでは R=H，ケトンでは R=アルキル基）の間に挿入される．

$$\text{R-CHO} + \text{R'-C(O)-O-OH} \longrightarrow \text{R-COOH}$$
アルデヒド　　過酸　　　　　　　カルボン酸

$$\text{R-CO-R'} + \text{R''-C(O)-O-OH} \longrightarrow \text{R-CO-OR'}$$
ケトン　　　　過酸　　　　　　　エステル

5・7・13　トシル酸エステルを経由するアルコールの還元：アルカンの合成

　一般的にアルコールは，−OH 基の脱離能が低いため，直接的にはアルカンに還元できない．

$$\text{R-OH} \xrightarrow{\text{LiAlH}_4} \times \quad \text{R-H}$$
アルコール　　　　　アルカン

しかし，ヒドロキシ基に酸を添加することにより，H_2O の形になって良い脱離基となり反応が進むようになる．この変換反応に類似したものとして塩化トシルを用いる方法があり，ヒドロキシ基はトシラートに変換される．たとえば，シクロペンタノールは塩化トシルと反応してトシル酸シクロペンチルとなり，これはシクロペンタンへと還元される．

シクロペンタノール　→（Ts-Cl, Py）→　トシル酸シクロペンチル　→（LiAlH$_4$, THF）→　シクロペンタン

5・7・14　ハロゲン化アルキルの還元：アルカンの合成

　強い還元剤である水素化アルミニウムリチウム（LiAlH$_4$）は，ハロゲン化アルキルをアルカンに還元する．ヒドリドイオン（H$^-$）がハロゲン化物イオンと置換反応をするための求核試薬になっていると考えられる．金属と酸の組合わせ（一般的には亜鉛と酢酸）でもハロゲン化アルキルをアルカンに還元することができる．

$$\text{CH}_3\text{CH}_2\text{CH}_2\text{Br} \xrightarrow[\text{Zn, AcOH}]{\text{LiAlH}_4, \text{THF または}} \text{CH}_3\text{CH}_2\text{CH}_3$$
臭化プロピル　　　　　　　　　　　　　　プロパン

5・7・15 有機金属試薬の還元: アルカンの合成

有機金属は一般に強い求核試薬であり,塩基である.これらは,水,アルコール,カルボン酸,アミンなどの弱い酸と反応してプロトン化し,炭化水素を生じる.すなわち,少量の水や湿気があると有機金属化合物は分解してしまう.たとえば,臭化エチルマグネシウムやエチルリチウムは水と反応してエタンを発生する.これはグリニャール試薬または有機リチウム試薬を経由してハロゲン化アルキルをアルカンに還元する便利な方法である.

$$CH_3CH_2-Br \xrightarrow[\text{無水エーテル}]{Mg} CH_3CH_2-MgBr \xrightarrow{H_2O} CH_3CH_3 + Mg(OH)Br$$
臭化エチル　　　　　　　臭化エチル　　　　　　エタン
　　　　　　　　　　　　マグネシウム

$$CH_3CH_2-Br \xrightarrow[\text{エーテル}]{2\,Li} CH_3CH_2-Li + LiBr \xrightarrow{H_2O} CH_3CH_3 + LiOH$$
臭化エチル　　　　　　エチルリチウム　　　　　エタン

5・7・16 アルデヒドおよびケトンの還元

アルデヒドとケトンは,金属触媒(ラネー Ni,Pd–C,酸化白金 PtO_2)による水素化反応で,それぞれ第一級および第二級アルコールに還元される.これらはまた,穏やかな還元剤である $NaBH_4$ や,強い還元剤である $LiAlH_4$ によっても容易にアルコールに還元される.還元の鍵となる反応は,カルボニル炭素に対する水素化物の付加反応である.

a. アルコールの合成: 触媒的水素化 水素ガス H_2 と触媒を用いる触媒的水素化反応により,アルデヒドとケトンは,それぞれ第一級アルコールと第二級アルコールに還元される.この水素化反応に用いられる最も通常の触媒はラネーニッケルであるが,PtO_2 や Pd–C も用いることができる.C=C 二重結合の方がC=O 二重結合よりも速やかに還元される.したがって,C=C 二重結合が存在する基質でC=O 二重結合のみを選択的に還元することはできない.

$$H_2C=CHCH_2CH_2\overset{O}{\underset{}{C}}-H \xrightarrow[\text{ラネー Ni}]{H_2} CH_3CH_2CH_2CH_2CH_2OH$$
ペンタノール

$$H_2C=CHCH_2\overset{O}{\underset{}{C}}-CH_3 \xrightarrow[\text{ラネー Ni}]{H_2} CH_3CH_2CH_2\overset{CH_3}{\underset{}{C}}HOH$$
2-ペンタノール

b. アルコールの合成: ヒドリド還元 アルデヒドやケトンを効果的に還元す

る最も良い方法は金属水素化物試薬を用いるものである．ヒドリド錯体は水素化物イオン源として用いられ，最もよく使われるのが $NaBH_4$ と $LiAlH_4$ である．後者は水に対してもきわめて反応性が高く，乾燥エーテルのような無水溶媒中で用いる必要がある．

$$Na^+ \; H-\underset{H}{\overset{H}{B}}-H \qquad Li^+ \; H-\underset{H}{\overset{H}{Al}}-H$$

$$\underset{Y=H \text{ または } R}{R-\overset{O}{\underset{\|}{C}}-Y} \xrightarrow[\text{ii. } H_3O^+]{\text{i. } NaBH_4 \text{ または } LiAlH_4} \underset{1° \text{ または } 2° \text{ アルコール}}{R-\overset{OH}{\underset{H}{C}}-Y}$$

【反応機構】

　水素化物イオンがカルボニル基を攻撃してアルコキシドイオンが生成し，そこにプロトンが付加してアルコールが得られる．全体として $NaBH_4$ または $LiAlH_4$ からの H^- と，水の H^+ の付加が起こっており，これはカルボニル基の π 結合に H_2 が付加したことに相当する．

$$R-\overset{\overset{\ddot{\overset{..}{O}}}{\|}}{\underset{H^-}{C}}-Y \longrightarrow \underset{Y=H \text{ または } R}{R-\overset{\overset{:\ddot{O}^-}{|}}{\underset{H}{C}}-Y} \xrightarrow{H_3O^+} R-\overset{OH}{\underset{H}{C}}-Y$$

この二つの還元剤のうち，水素化ホウ素ナトリウムはより選択性が高く穏やかに作用する．$NaBH_4$ はエステルやカルボキシ基の還元は起こさないが，$LiAlH_4$ はエステルやカルボン酸を第一級アルコールへと還元する（§5・7・20 および §5・7・22 を参照）．これらの還元剤ではアルケン二重結合は還元されない．そのため，C=O，C=C 両方の二重結合をもっている化合物では，試薬を適切に選択することで一方の二重結合を選択的に還元することが可能である．

$$H_2C=CH-\overset{O}{\underset{\|}{C}}-CH_2-\overset{O}{\underset{\|}{C}}-OCH_3 \begin{array}{c} \xrightarrow[\text{EtOH}]{NaBH_4} H_2C=CH-\overset{OH}{\underset{|}{CH}}CH_2-\overset{O}{\underset{\|}{C}}-OCH_3 \\ \xrightarrow[\text{ii. } H_3O^+]{\text{i. } LiAlH_4} H_2C=CH-\overset{OH}{\underset{|}{CH}}CH_2-CH_2OH \end{array}$$

1) ヒドリド還元の立体化学

水素化物の付加によって平面性の sp^2 混成カルボニル炭素は正四面体形の sp^3 混成炭素に変わる．したがって，アキラルなケトンを $NaBH_4$ や $LiAlH_4$ で還元すると，新しいキラル中心ができる場合には，アルコールのラセミ体生成物となる．

5・7・17 クレメンゼン還元：アルカンの合成

この方法はアシルベンゼンをアルキルベンゼンに還元するために用いられるが，アルデヒドやケトンを対応するアルカンに還元することもできる．

クレメンゼン還元で用いられる酸性条件が適用できない化合物の場合には，塩基性条件下で実施できるウォルフ−キシュナー還元が用いられる．

5・7・18 ウォルフ−キシュナー還元：アルカンの合成

この反応により，アルデヒドやケトンだけでなくアシルベンゼンも還元されるが，アルケン，アルキン，カルボン酸などは反応しない．ヒドラジンはアルデヒドまたはケトンと反応してヒドラゾンを生じる（§5・3・2参照）．このヒドラゾンが強塩基（KOH）との反応によりアルカンへと変換される．

【反応機構】

塩基がヒドラゾンのプロトンを引き抜き，生成したアニオンが共鳴安定化される．このカルボアニオンが水からプロトンを受取り，さらにもう一度脱プロトン化を受けて N_2 分子の脱離に適した構造に変化する．N_2 脱離により生成したアニオンに水からのプロトン化が起こって，最終生成物のアルカンが得られる．

$$R-\underset{:NH_2}{\underset{|}{C}}-Y \xrightarrow{KOH} \left[R-\underset{:N=\ddot{N}H}{\underset{|}{\ddot{C}}}-Y \longleftrightarrow R-\underset{:N-\ddot{N}H}{\underset{|}{C}}-Y \right] \xrightarrow{H_2O} R-\underset{:N=\ddot{N}H}{\underset{|}{CH}}-Y$$

ヒドラゾン　　　　　　　　共鳴安定化

$$R-CH_2-Y \xleftarrow{H_2O} R-\ddot{C}H-Y + N_2 \longleftarrow R-\underset{N\equiv N}{\underset{|}{C}H}-Y \xleftarrow{KOH}$$

Y=H または R

5・7・19 オキシムおよびイミン誘導体の還元

アミンを合成する最も一般的な方法は，アルデヒドまたはケトンから誘導されるオキシムやイミンを還元するものである（§5・5・2および§4・3・11を参照）．触媒的水素化またはLiAlH$_4$による還元で，第一級アミンはオキシムまたは無置換のイミンから合成され，第二級アミンは置換イミンから誘導される．無置換のイミンはかなり不安定で，単離することなく反応系中で還元する．

$$\underset{\substack{オキシム \\ Y=H \text{ または } R}}{\underset{|}{R-C-Y}} \text{ または } \underset{\substack{イミン \\ Y=H \text{ または } R}}{\underset{NH}{\underset{||}{R-C-Y}}} \xrightarrow[LiAlH_4]{H_2/Pd-C \text{ または}} \underset{1°アミン}{\underset{NH_2}{\underset{|}{R-C-Y}}}$$

$$\underset{\substack{イミン \\ Y=H \text{ または } R}}{\underset{N-R'}{\underset{||}{R-C-Y}}} \xrightarrow[LiAlH_4]{H_2/Pd-C \text{ または}} \underset{2°アミン}{\underset{NHR'}{\underset{|}{R-C-Y}}}$$

第三級アミンは，触媒的水素化またはLiAlH$_4$によるイミニウム塩の還元反応によって得られる．イミニウム塩は通常不安定であるため，生成するとすぐに，反応系中に加えておいた還元剤によって還元する．穏やかな還元剤であるシアノ水素化ホウ

$$\underset{\substack{イミニウム塩 \\ Y=H \text{ または } R}}{\underset{R'_2\overset{+}{N}}{\underset{||}{R-C-Y}}} \xrightarrow[NaBH_3CN]{H_2/Pd-C \text{ または}} \underset{3°アミン}{\underset{R'_2N}{\underset{|}{R-C-Y}}}$$

素ナトリウム (NaBH$_3$CN) を用いることができる.

5・7・20 カルボン酸の還元: 第一級アルコールの合成

カルボン酸は酸塩化物, アルデヒド, ケトンなどと比べて還元に対する反応性は低い. カルボン酸は, 触媒的水素化や NaBH$_4$ 還元では反応しない. これを還元するためには, より活性の高い LiAlH$_4$ を用いる必要がある. 反応の進行途中でアルデヒドを経由し, なおかつアルデヒドの段階で還元を止められないため, LiAlH$_4$ から 2 当量の H$^-$ を必要とする. アルデヒドはカルボン酸よりも容易に還元されるので, カルボン酸は LiAlH$_4$ によってすべてが第一級アルコールへ還元される.

$$R-\underset{\underset{O}{\|}}{C}-OH \xrightarrow[\text{ii. H}_3\text{O}^+]{\text{i. LiAlH}_4} RCH_2OH$$

5・7・21 酸塩化物の還元

a. 第一級アルコールの合成　酸塩化物はカルボン酸や, その他のカルボン酸誘導体に比べて還元を受けやすい. 金属水素化物 (NaBH$_4$ または LiAlH$_4$) や触媒的水素化反応 (H$_2$/Pd–C) によって第一級アルコールへ容易に還元される.

$$RCH_2OH \xleftarrow{\text{H}_2/\text{Pd-C}} R-\underset{\underset{O}{\|}}{C}-Cl \xrightarrow[\text{ii. H}_3\text{O}^+]{\text{i. NaBH}_4 \text{ または LiAlH}_4} RCH_2OH$$

1° アルコール　　　　　酸塩化物　　　　　　　　　　　1° アルコール

b. アルデヒドの合成　水素化トリ-t-ブトキシアルミニウムのような立体的にかさ高い還元剤は, 低温 ($-78\,°C$) で反応させると, 酸塩化物を選択的にアルデヒドへと還元する. 水素化トリ-t-ブトキシアルミニウムリチウムは, アルミニウムに対して電気陰性度の大きい酸素が 3 個結合しているため, 試薬の求核反応性が LiAlH$_4$ よりも低下している.

$$\text{Li}^+ (CH_3)_3CO-\underset{\underset{OC(CH_3)_3}{|}}{\overset{\overset{H}{|}}{Al}}-OC(CH_3)_3 \qquad R-\underset{\underset{O}{\|}}{C}-Cl \xrightarrow[\text{ii. H}_3\text{O}^+]{\text{i. LiAlH(O-}t\text{-Bu})_3,\ -78\,°C} R-\underset{\underset{O}{\|}}{C}-H$$

水素化トリ-t-ブトキシアルミニウムリチウム　　　　　　　　　　　　　　　　　　　アルデヒド

5・7・22 エステルの還元

a. 第一級アルコールの合成　エステルは酸塩化物, アルデヒド, ケトンと比

べて還元されにくく,穏やかな還元剤である $NaBH_4$ や触媒的水素化反応では還元できない. $LiAlH_4$ のみがエステルを還元できる. エステルは $LiAlH_4$ との反応により最初にアルデヒドを生成し,これがより速やかに還元されて第一級アルコールを生じる.

$$R-\underset{O}{C}-OR \xrightarrow[\text{ii. }H_3O^+]{\text{i. }LiAlH_4} RCH_2OH$$
エステル　　　　　　　　　1° アルコール

b. アルデヒドの合成　水素化ジイソブチルアルミニウム (DIBAL-H) のようなかさ高い還元剤は,選択的にエステルをアルデヒドに還元できる. 反応はトルエン溶媒中低温 (−78 ℃) で行う. DIBAL-H は二つのかさ高いイソブチル基をもっており,そのため $LiAlH_4$ よりも反応性が低い.

$(CH_3)_2CHCH_2-\underset{H}{Al}-CH_2CH(CH_3)_2$
水素化ジイソブチルアルミニウム (DIBAL-H)

$$R-\underset{O}{C}-OR \xrightarrow[\text{ii. }H_2O]{\text{i. DIBAH, }-78\ ℃} R-\underset{O}{C}-H$$
エステル　　　　　　　　　アルデヒド

5・7・23 アミド,アジドおよびニトリルの還元

a. アミンの合成　アミド,アジドおよびニトリルは,触媒的水素化 (H_2/Pd-C または H_2/PtO_2) や $LiAlH_4$ によってアミンに還元される. 金属ヒドリドに対する反応性はやや低く,$NaBH_4$ によっては還元されない. 他のカルボン酸誘導体の $LiAlH_4$ 還元では第一級アルコールが得られるが,それらとは異なり,アミド,アジド,およびニトリルの還元ではアミンが生成する. 生成物のアミンが塩基性のため,単離の過程で酸を用いない. すなわち,加水分解による後処理でアミンが得られる. ニトリルを還元すると NH_2 以外に,分子にもう一つの炭素ユニット CH_2 が導入される.

$R-\underset{O}{C}-NH_2$　1° アミド
$RCH_2-N\overset{+}{=}N\overset{-}{=}N$　アルキルアジド
$R-C\equiv N$　ニトリル

$\xrightarrow[\text{i. }LiAlH_4\ \text{ii. }H_2O]{H_2\text{/Pd-C または}}$ RCH_2-NH_2　1° アミン

b. アルデヒドの合成　ニトリルを反応性の穏やかな DIBAL-H のような還元

剤で還元するとアルデヒドが得られる．反応はトルエン中，低温（−78℃）で行う．

$$R-C\equiv N \xrightarrow[\text{ii. H}_2\text{O}]{\text{i. DIBAL-H}} R-\underset{\text{アルデヒド}}{C}H=O$$
ニトリル

5・8 ペリ環状反応

ペリ環状反応（pericyclic reaction）は中間体を経由せず一段階で起こる協奏反応であり，結合電子が環状に再配列する過程を含む．この反応が協奏的に起こるために，生成物が得られる過程で高い立体選択性が得られる．この反応のうち，最もよく知られているのがディールス-アルダー反応（環状付加反応）とシグマトロピー転位反応である．

5・8・1 ディールス-アルダー反応

ディールス-アルダー反応において，共役ジエンは α,β-不飽和カルボニル化合物と反応する．ジエンと反応しやすいこれらの化合物を**親ジエン試薬**（dienophile）という．最も反応性の高い親ジエン試薬は，C=C 二重結合に共役する位置に通常カルボニル基をもっているが，他の電子求引性基，たとえばシアノ基，ニトロ基，ハロアルケン，スルホン基であってもよい．

親ジエン試薬は他のカルボニル基より直接に共役系に結合しやすい

ディールス-アルダー反応は [4+2] 環化付加反応であり，共役ジエンの C-1 位と C-4 位が親ジエン試薬の二重結合の炭素に結合して六員環化合物を生成する．たとえば，1,3-ブタジエンと無水マレイン酸を加熱条件下で反応させるとテトラヒドロフタル酸無水物が得られる．

1,3-ブタジエン　　無水マレイン酸　　　無水テトラヒドロフタル酸
共役ジエン　　　　親ジエン試薬　　　　　　　　　　95%

共役ジエンと親ジエン試薬の構造を変えることによってさまざまなタイプの環状化合物を合成することができる．C≡C 三重結合をもつ化合物も親ジエン試薬として

用いることができ，二つの結合が生成した化合物が得られる．

1,4-ジメチル-1,3-ブタジエン + アセチレンカルボン酸メチル →(熱) cis-3,6-ジメチル-1,4-シクロヘキサジエン-1-カルボン酸メチル

環状共役ジエンの場合には，ディールス-アルダー反応によって架橋された二環性化合物が得られる．架橋二環性化合物とは，隣り合っていない二つの炭素を共有する二つの環からなる化合物である．たとえば，シクロペンタジエンはエチレンと反応してノルボルネンを生成する．

シクロペンタジエン + エチレン →(200 °C, 800〜900 psi) ノルボルネン

環化付加反応は光学活性天然物や医薬品合成にきわめてよく用いられている，なぜならこの反応では一段階で最大4個のキラル中心の相対配置を決定することができるからである．

a. ジエンと親ジエン試薬の基本的な構造特性　　ディールス-アルダー反応において，共役ジエンは環状でも非環状でもよく，またさまざまな置換基が存在してもよい．共役ジエンは二つの異なる立体配座で存在できる，すなわちs-*cis*とs-*trans*である．ここでs-は，単結合あるいはσ結合のことを指す．s-*cis*とは二重結合同士が，中央の単結合に対して同じ側，つまり*cis*に位置していることを意味する．恒久的にs-*trans*配座をとる共役ジエンではこの反応を進行させることはできない．ディールス-アルダー反応を起こすためには，共役環状ジエンであって

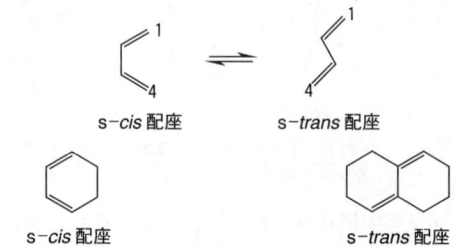

s-*cis*配座　⇌　s-*trans*配座

s-*cis*配座
ディールス-アルダー反応を受ける

s-*trans*配座
ディールス-アルダー反応を受けない

も s-*cis* 配座をとっていなければならない.

　シクロペンタジエンや 1,3-シクロヘキサジエンのように s-*cis* 配座をもつ環状共役ジエンは, ディールス-アルダー反応をきわめて受けやすい. 実際, シクロペンタジエンはジエンとしても親ジエン試薬としても反応性が高く, 室温でシクロペンタジエン二量体を形成する. 170℃に加熱すると逆ディールス-アルダー反応が進行してシクロペンタジエンが再生する.

ジエン　親ジエン試薬　　　　　　ジシクロペンタジエン

b. ディールス-アルダー反応の立体化学　ディールス-アルダー反応は立体特異的に進行する. 親ジエン試薬の立体化学は生成物中でも保たれる, すなわち *cis*- および *trans*-の親ジエン試薬から, それぞれ異なったジアステレオマー生成物が得られる. たとえば, 新たに蒸留した s-*cis* 配置をもつシクロペンタジエンは, 無水マレイン酸と反応して, *cis*-ノルボルネン-5,6-*endo*-ジカルボン酸無水物を与える.

シクロペンタジエン　無水マレイン酸　　　　*cis*-ノルボルネン-5,6-*endo*-ジカルボン酸無水物

環状ジエンと環状親ジエン試薬の反応から生じる架橋二環性化合物では, *endo* と *exo* の二つの立体配置をとる可能性がある. 架橋した位置の置換基は, 他の架橋の長い方に近く位置すれば *endo*, 短い架橋に近いと *exo* となる. これらの反応では, ほとんどが *endo* 生成物になる. しかし, この反応が平衡反応で熱力学的に制御されている場合には, *exo* 生成物が得られる.

exo 生成物
(安定)　　　　フラン　　　　　　　　*endo* 生成物
(不安定)

5・8・2 シグマトロピー転位

シグマトロピー転位（sigmatropic rearrangement）は単分子反応であり，π電子系の再配列と同時にσ結合の移動が起こる．この転位反応中で，出発物質中の一つのσ結合が開裂し，生成物中に新しいσ結合ができ，π結合は再配列する．しかし，π結合の数は変化しない，つまり出発物質と生成物でπ結合の数は同じである．シグマトロピー転位は通常触媒を必要としないが，ルイス酸触媒を用いることがある．この反応は，ヒトの体内でビタミン D が生合成される際に重要な役割を果たしている．

開裂する結合　　　　　　　新しく形成された結合

この反応は水素移動，アルキル移動（コープ転位），クライゼン転位などで起こる．

a. 水素移動　シグマトロピー転位は，ある場所のσ結合がπ結合の同時移動を伴いながら他の位置に移動する過程である．たとえば，(Z)-1,3-ペンタジエンにおいて，水素原子とσ結合が移動する．このような過程を**水素移動**（hydrogen shift）とよぶ．水素の移動は，スプラ形の場合 $4n+1$ の位置に，アンタラ形の場合 $4n+3$ の位置に起こる．アンタラ形とは，反応する水素が，π結合面の反対側に移動する，という意味であり，スプラ形では，水素はπ結合面に対して同じ側で移動する，という意味である．多くのシグマトロピー転位やディールス–アルダー反応がスプラ形，もしくはアンタラ形で反応し，これによって立体化学が決定される．エルゴステロールからビタミン D への変換の過程でアンタラ形の水素移動が観測されている．

(Z)-1,3-ペンタジエン　　　(Z)-1,2-ペンタジエン

b. アルキル移動: コープ転位　シグマトロピー転位での水素移動に加えて，**アルキル移動**（alkyl shift）も起こる．このような形式の多くの反応が，イオン性の中間体を経由せず，炭素およびσ結合の移動を伴って起こる．特徴的なのは，$4n+3$ 位へのメチル基移動が，スプラ形で立体化学の反転を伴って起こることである．

アルキル移動はコープ転位で認められる．**コープ転位**（Cope rearrangement）は 1,5-ジエンの [3,3] シグマトロピー転位である．この反応は，六員環遷移状態を経由して進行する．[3,3] シグマトロピーでは三組の電子対が反応に関与するので，熱を加える条件下ではスプラ形で進行する．

c. クライゼン転位　酸素原子の位置で σ 結合が開裂する過程を含むシグマトロピー転位は**クライゼン転位**（Claisen rearrangement）とよばれる．クライゼン転位はアリルビニルエーテルの [3,3] シグマトロピー転位であり，γ, δ-不飽和カルボニル化合物が得られる．コープ転位と同様に，この反応でも六員環遷移状態が形成される．この反応は発熱的であり，加温条件下ではスプラ形で進行する．

クライゼン転位はいくつかの天然物生合成に重要な役割を果たしている．たとえば，コリスミ酸イオンは，酵素コリスミ酸ムターゼに触媒されるクライゼン転位によりプレフェン酸イオンに変換される．プレフェン酸は，フェニルアラニン，チロシン，および他の多くの生物学的に重要な天然物合成にかかわるシキミ酸経路の鍵中間体である．

参　考　書

Clayden, J., Greeves, N., Warren, S. and Wothers, P. *Organic Chemistry*, Oxford University Press, Oxford, 2001.

6. 天然物化学

学習目標
- 天然物からの医薬品発見の過程
- 天然物の医学面での重要性
- アルカロイド,炭水化物,グリコシド,イリドイド,セコイリドイド,フェノール類,ステロイド,テルペノイドなどを含むさまざまな天然物の起源,化学,生合成経路,医薬品としての重要性

6・1 天然物からの医薬品発見入門
6・1・1 天然物

天然物(natural product)とは,さまざまな天然資源,植物,微生物,動物などから得られる物質のことである."天然物"は生命体全部(植物,動物,微生物など)のことを意味することもあれば,生命体の一部(植物の葉や花,単離された動物の組織など)であったり,組織またはその一部からの抽出物や浸出液であったり,さらには植物,動物,微生物などから取出された純物質(アルカロイド,クマリン,フラボノイド,リグナン,ステロイド,テルペノイドなど)の場合も含まれる.本章においては天然物という用語を,生体によって合成される分子量1500以下の低分子量化合物で,二次代謝(その生体の生存に必須ではない代謝)産物のことを指す言葉として用いる.

6・1・2 医学における天然物

天然物,特に植物から得られる天然物の治療への応用は,古くから医療行為として世界中で行われてきた.植物から得られる天然物の治療への応用は,紀元前3世紀のシュメール文明やアッカド文明にまで遡る.Hippocrates(ヒポクラテス)(紀元前460年〜377年ごろ)は,医療用に用いる約400種のさまざまな植物を列挙し,植物および動物由来の医薬品天然物について記述した古代の著者の一人である.天然物は,中国,インド,エジプトなどの古代の伝統医学にとってなくてはならないものであった.現代でも天然物による治療の伝統は,特に,多くの鉱物,動物資源,植物が日常的に用いられる東洋を中心として広く存在している.東洋の人々は,病気の初期治療として伝統医学に頼っていることも多い.〔訳注:WHO(世界保健機構)によれば発展途上国に限らず国際的に伝統医学や相補代替医療のニーズが高まっていることが

6・1 天然物からの医薬品発見入門

報告されている.〔WHO Traditional Medicine Strategy 2002-2005, WHO Policy Perspective on Medicines, No.2, May, 2002)〕

　何千年にもわたって自然は医薬の源であり続けている.かなりの数の現代医薬が天然由来のものである.前世紀以来,売上げの高い医薬品の多くは天然物から開発されている.抗悪性腫瘍薬であるビンクリスチンはニチニチソウ *Vinca rosea* から,麻薬性鎮痛薬であるモルヒネはケシ *Papaver somniferum* から,抗マラリア薬であるアーテミシニンはクソニンジン *Artemisia annua* から,抗悪性腫瘍薬であるタキソールはタイヘイヨウイチイ *Taxus brevifolia* から,抗生物質のペニシリンはアオカビ *Penicillium notatum* からそれぞれ得られているが,これらはその代表的な例である.

ビンクリスチン　　モルヒネ　　アーテミシニン（アルテミシニン）

タキソール　　ペニシリン
ペニシリン G　R = ベンジル
ペニシリン V　R = フェノキシメチル

　天然物由来の現代医薬品とは別に,天然物は,ヨーロッパや北米で急速に発展している天然医薬品産業や,メキシコ,中国,ナイジェリアおよび発展途上国における一次医療に取入れられて,直接的に利用されている.

6・1・3 医薬品の発見と天然物

　医薬品の発見という概念・言葉は，20世紀の近代科学によって発展した最近の概念や言葉のように思われているかもしれないが，実際にはこの概念は何世紀も前にさかのぼり，自然界にその源をたどることができる．人類は繰返し何度も，母なる自然に良薬を求め，珍しい薬物分子を発見してきた．すなわち，天然物という言葉は，医薬の発見という概念とほぼ同じ意味を有していた．近代的な医薬の発見と開発の過程でも，天然物は，リード化合物（種々の生物学的検定により活性が見いだされた天然物で，それ自体あるいはその誘導体が具体的な医薬品候補となりうるような物質）の発見という初期の段階で重要な役割を果たしている．

　天然物は医薬品およびそのリード化合物の源泉であり続けてきた．1981年から2002年までの間に全世界で医薬品として市場に出た877の低分子化合物のうちの61%が天然物から誘導されたか，あるいは天然物にその起源をたどることのできる化合物であると見積もられている．これらには天然物（6%），天然物からの誘導体（27%），天然物由来のファーマコフォアを用いた合成化合物（5%），および天然物から得られた知見を元にデザインされた合成物質，つまり生体分子模倣化合物（23%）が含まれる．ある治療の領域では天然物の貢献はより大きい．たとえば抗菌薬の78%，抗悪性腫瘍薬の74%が天然物または天然物の構造類似体である．2000年度では，多様ながんに対する臨床試験中のすべての薬物のうち60%が天然由来であった．2001年には，売上高上位30の医薬品のうち8種（シンバスタチン，プラバスタチン，アモキシシリン，クラブラン酸，クラリスロマイシン，アジスロマイシン，セフトリアキソン，シクロスポリン，パクリタキセル）が，天然物もしくは天然物誘導体であり，これらの医薬品の米国内での売上高は併せて160億ドルである．

　医薬品の発見における，天然物のこのような特筆すべき成果の数々にもかかわらず，新医薬品の源としての天然物の需要は，いくつかの現実的な理由によって1990年代以降低下し，多くの製薬企業もあまり取扱わないようになった．その理由の一つとしてハイスループットスクリーニング（HTS）が挙げられる．HTSでは，著しい自動化，機械化が進み，天然物化学におけるリード化合物の構造の複雑さや単離の難しさが，HTSにうまく適合していなかった．新しいタイプの構造を有する化合物の場合，天然物化学の手法が特に複雑化し，医薬品発見の過程ではここが律速段階となってしまうためであった．しかしながら，天然から医薬品リード化合物を見いだそうとする試みは止まることはなく，大学研究者，または半民間の研究組織によって行われ続け，そこではより伝統的な手法が医薬品の発見のために用いられてきた．

最近になって再び天然物からの医薬品の発見・探索が注目を集め始め，医薬品開発産業においても主流に戻りつつある．天然物への回帰が学術研究の領域のみならず，企業や商業ベースでもみられるようになってきた．このような傾向には，以下のような背景がある．新規な合成低分子の医薬品候補を用いた医薬品開発への道筋を約束するはずのコンビナトリアルケミストリーが十分な成果を挙げられなかったこと，天然物からの医薬品の発見のむずかしさが，分離方法の進歩および構造決定法の迅速化および感度向上によって克服されつつあること，そして天然物が与えてくれる特異で他には存在しない化学的多様性の再認識などである．さらに，今日まで，世界の生物多様性のうちほんの一部しか生物活性を調査されていないということがある．たとえば，地球上には25万種以上の高等植物が存在しているが，これまでこのうちの10%程度しか研究されていない．加えて，以前に調査された植物の再調査によって，医薬品としての可能性がある生理活性物質が再発見されている．抗菌薬であるセファロスポリンC，海綿から得られた抗ウイルス薬であるアバロールやアバロンなど，いくつかの生理活性化合物が海洋生物から見いだされているが，この領域の研究はまだ始まったばかりである．

セファロスポリンC

アバロール　　　　　アバロン

それでは，天然物に関連した一般的（古典的）および現代的医薬品開発のプロセスの概略を見ていくことにしよう．

a. 天然物からの医薬品開発: 一般的（古典的）手法　　オーソドックスかつ学術的な医薬品開発の方法では，天然物の粗抽出物を用いて検討を行い，活性が見いだされた場合はその抽出物をさらに繰返し分画し，活性のある化合物を分離同定する．

分離と単離のそれぞれの段階はバイオアッセイによって決定されるため，この過程は**バイオアッセイ誘導型単離**（bioassay-guided isolation）とよばれる．つぎに示す図に，バイオアッセイ誘導型の伝統天然物からの医薬品開発のプロセスを示した．

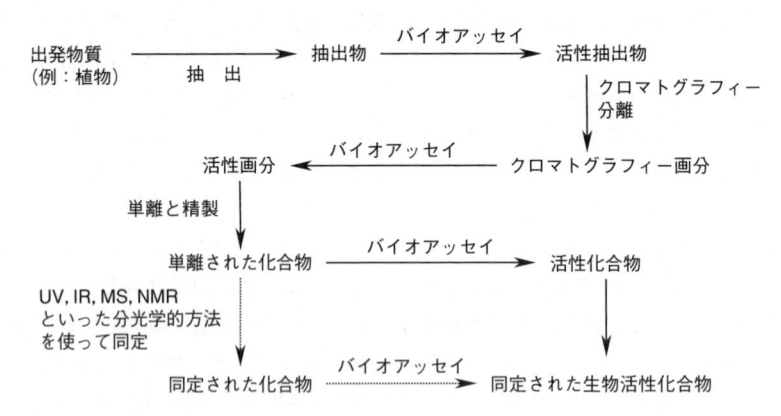

```
出発物質 ──抽出──→ 抽出物 ──バイオアッセイ──→ 活性抽出物
(例：植物)                                          │
                                                    │クロマトグラフィー
                                                    │分離
                                                    ↓
      活性画分 ←──バイオアッセイ── クロマトグラフィー画分
        │
        │単離と精製
        ↓
      単離された化合物 ──バイオアッセイ──→ 活性化合物
        │                                      │
UV, IR, MS, NMR                                 │
といった分光学的方法                             │
を使って同定                                     │
        ↓                                      ↓
      同定された化合物 ──バイオアッセイ──→ 同定された生物活性化合物
```

生物活性を考えることなく，天然化合物の構造決定を直接の目的とする研究により，あらゆる生物活性の検索に適した多くの天然物が単離される．しかし，一般にその過程は時間と手間のかかるものであり，しかもスクリーニングによって得られたリード化合物が化学的に取扱いやすいものか,特許をとれるものかも保証はない.

b. 天然物からの医薬品開発：現代的手法　　現代的な医薬品開発の方法論としてHTSが用いられる．そこでは完全に自動化された機械が用いられて，何百という少量の分子が短時間でいくつかの生理活性検討に使用される．現代的なHTSのプログラムの対象として天然物を取入れるためには，天然物ライブラリー（同じ化合物群を含まない天然物の集合体）をつくる必要がある．**非複製**（dereplication）とは，さまざまな抽出物から同じ，あるいは似たような化合物を再発見，再単離しないようにするプロセスである．多くの，ハイフンで結ばれた（複数の技術が関与する）技術が非複製のために用いられる．たとえばLC-PDA（液体クロマトグラフィー-光ダイオード検出器），LC-MS（液体クロマトグラフィー-質量分析）およびLC-NMR（液体クロマトグラフィー-核磁気共鳴スペクトル）などである．

ごく最近まで，単離された天然物からそのようなライブラリーを構築することはきわめて難しく，時間のかかる重労働であった．しかし，より新しく改善された天然物の分離，単離，および同定技術により，状況は大きく変わってきた．現在では，現代的HTSプログラムに適した，高品質で，化学的にも多様な天然物ライブラリーを作成することが可能になっている．天然物ライブラリーは粗抽出物であってもよ

く，またクロマトグラフィーの分画，途中まで純化した化合物であってもよい．しかし最もよい結果は，完全に純化した天然物のライブラリーから得られる．なぜなら，結果が出るとすぐに，そのリード化合物を用いたさらなる研究，たとえばその化合物の全合成や部分合成，生体内での活性試験や臨床試験，などが展開できるからである．

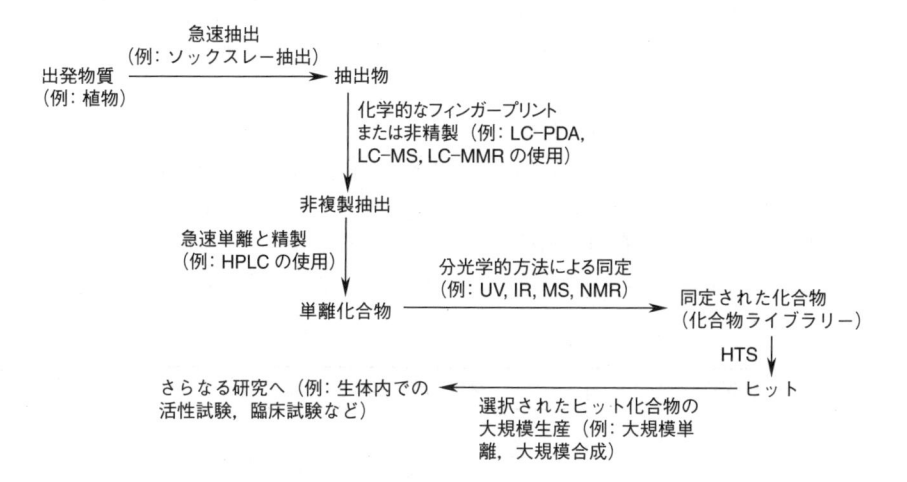

```
出発物質      急速抽出
(例: 植物) ──────────→ 抽出物
           (例: ソックスレー抽出)
                          │ 化学的なフィンガープリント
                          │ または非精製 (例: LC-PDA,
                          │ LC-MS, LC-MMR の使用)
                          ↓
                       非複製抽出
         急速単離と精製
         (例: HPLC の使用)
                          │          分光学的方法による同定
                          ↓          (例: UV, IR, MS, NMR)         同定された化合物
                       単離化合物 ──────────────────→ (化合物ライブラリー)
                                                                    │ HTS
         さらなる研究へ (例: 生体内での        選択されたヒット化合物の        ↓
         活性試験，臨床試験など) ←──── 大規模生産 (例: 大規模単 ─── ヒット
                                      離，大規模合成)
```

医薬品候補として天然資源の探索を継続するためには，天然医薬品の発見に対する新しいアプローチを見いださなければならない．これらのアプローチとして遺伝学的手法，自然からの新規な生命体の探索，新しいスクリーニングの方法およびスクリーニングに用いる試料の調製法の改良などがある．それに加えて，多様性を志向する天然物類似化合物を基本としたコンビナトリアルライブラリーが，合成化学ライブラリーとしての高生産性を示すようになるかもしれない．

6・2 アルカロイド

アルカロイドは植物，微生物，動物に由来する含窒素二次代謝産物であり，薬理活性を有する多くの化合物を含んでいる．ほとんどのアルカロイドにおいて，窒素は環構造の一部を形成している．アルカロイドは生合成的にはアミノ酸に由来している．"アルカロイド"という名称は，"アルカリ"すなわち水に溶けて塩基性を示す，という言葉に由来している．モルヒネ，レセルピン，タキソールなど，多くの天然アルカロイドおよびその誘導体が，種々の病気を治療するための医薬品として

6・2・1 性　質

アルカロイドは本来塩基性であり，鉱酸と混合すると水に可溶な塩を形成する．実際，アルカロイド分子に含まれる1個またはそれ以上の窒素原子は多くの場合，第一級から第三級までのアミン類であり，アルカロイド自体の塩基性に寄与している．塩基性の程度は，分子の構造と，他の官能基の存在およびその位置に依存して大きく変化する．ほとんどのアルカロイドは結晶性固体であり味は苦い．

6・2・2 アルカロイドの分類

アルカロイドは一般的に，基本的な骨格構造と窒素原子を供給するアミノ酸によって分類されるが，一般的な構造類似性に基づいて分類される場合もある．以下の表におもなアルカロイドの一般的な構造とその具体例について示した．

構造の型	一般的な構造	例
アポルフィン（チロシン誘導体）	アポルフィン，R = CH$_3$ ノルアポルフィン，R = H	ボルディン
ベタイン	ベタイン	コリン，ムスカリン，ニューリン
イミダゾール	イミダゾール	ピロカルピン
インドール（トリプトファン誘導体）	インドール	トリプタミン，エルゴリン，β-カルボリン

6・2 アルカロイド

(つづき)

構造の型	一般的な構造	例
トリプタミン	トリプタミン	モスカミン，モスカミンドール，シロシビン，セロトニン
エルゴリン	エルゴリン	エルジン，エルゴタミン，リセルグ酸
β-カルボリン	β-カルボリン	エメチン，ハルミン，レセルピン
インドリジジン	インドリジジン	スワインソニン，カスタノスペルミン
イソキノリン (チロシン誘導体)	イソキノリン	コデイン，ベルベリン，モルヒネ，パパベリン，サンギナリン，テバイン
マクロサイクリックスペルミン，スペルミジン	スペルミン	セラベンジン
ノルルピナン (キノリチジン) (リシン誘導体)	ノルルピナン	シスチン，ルパニン
フェニルエチルアミン (フェニルアラニン誘導体)	フェニルエチルアミン	エフェドリン，メスカリン

(つづき)

構造の型	一般的な構造	例
プリン	プリン	カフェイン, テオブロミン, テオフィリン
ピリジン（ニコチン酸誘導体）	ピリジン　ピペリジン	アラコリン, コニイン, ニコチン, ピペリン, スパルテイン, トリゴネリン
ピロールとピロリジン（オルニチン誘導体）	ピロール　ピロリジン	ヒグリン, クスコヒグリン, ニコチン
ピロリジジン	ピロリジジン	エチミジン, シンフィチン
キノリン（トリプトファン/アントラニル酸誘導体）	キノリン	シンコニン, ブルシン, キニーネ, キニジン
テルペノイド系/ステロイド系テルペノイド	アコニチン	アコニチン
ステロイド	ステロイドアルカロイド	バトラコトキシン, コナニン, イレジアミン A, ソラニン, サマンダリン, トマチリジン
トロパン（オルニチン誘導体）	トロパン, R = CH_3 ノルトロパン, R = H	アトロピン, コカイン, エクゴニン, ヒオスチン, スコポラミン

6・2 アルカロイド

a. ピリジンおよびピペリジンアルカロイド ピペリン，コニイン，トリゴネリン，ピロカルピン，ニコチン，スパルテインなどのアルカロイドは，ピリジンあるいはピリジン誘導体の複素環構造（たとえばピペリジン環）を有している．

1) ピペリン

ピペリンは分子式 $C_{17}H_{19}NO_3$ の化合物で，黒コショウ（*Piper nigrum*）の構成成分である．多くの伝統医薬や殺虫剤としても用いられてきた．ピペリンはヒトの薬物代謝酵素にさまざまな影響を与え，種々のサプリメント，特にターメリック（ウコン，*Curcuma longa*）の活性物質であるクルクミンの生体利用率を増加させるための添加剤として，市販されている．

2) コニイン

コニイン，または (*S*)-2-プロピルピペリジンは分子式 $C_8H_{17}N$ の化合物であり，ドクニンジンや，サラセニア（*Sarracenia flava*）から見いだされたアルカロイドである．コニインはドクニンジンの悪臭の原因物質である．呼吸麻痺をひき起こす神経毒であるため，ヒトを含むすべての生物に対して毒である．紀元前399年に，Socrates（ソクラテス）はこの毒によって死刑になった．

3) ニコチン

ニコチンは分子式 $C_{10}H_{14}N_2$ の化合物で，タバコ *Nicotiana tabacum* 中の主要な薬理活性物質である．トマト，ジャガイモ，ナス，ピーマンのようなナス科植物にも含まれている．ニコチンは吸湿性の粘性の高い液体であり，そのもの自体が，また塩をつくっても水によく溶ける．ニコチンは二つの含窒素複素環を有している．すなわち，一つはピリジン環，もう一つはピロリジン環である．したがって，このアルカロイドはピリジン類にもピロリジン類にも分類できる．

ニコチンは神経毒であり，多くの殺虫剤に用いられている．ニコチンは低濃度では刺激作用を示し，活動力を上げ，俊敏さや記憶力を上昇させる．これがタバコの

喫煙に依存性を形成する要因である．ニコチンは心拍数や血圧を上げ，食欲を減退させる．高容量ではニコチンは抑制的に働き，吐き気や嘔吐をひき起こす．ニコチン摂取をやめなければならない主要な症状は，興奮，頭痛，不安，認知障害および睡眠障害である．

b. ピロールおよびピロリジンアルカロイド　これらのアルカロイドはピロールおよびその誘導体であるピロリジンなどの環構造を含んでいる．最も単純な例はニコチンである．ピロリジン環はアミノ酸であるプロリンやヒドロキシプロリンの中心構造である．これらのアルカロイド類は多くの医薬品合成にも利用されている．たとえば，抗コリン作動薬であり，薬物で誘起されたパーキンソン症状や，静座不能，急性筋失調症などに用いられる塩酸プロサイクリジンなどがある．

ピロリジン　　ヒグリン　　クスコヒグリン

1) ヒグリン

分子式 $C_8H_{15}NO$ のヒグリンはコカの葉（*Erythroxylum coca*）中に見いだされる．これは粘性の高い油状物質であり，刺激臭を有する．

2) クスコヒグリン

分子式 $C_{13}H_{24}N_2O$ のクスコヒグリンはコカから見いだされたピロリジン二量体アルカロイドであり，ナス科の多くの植物中でも見いだされる．油状物質であるが水にもよく溶ける．

c. トロパンアルカロイド　8-メチル-8-アザビシクロ[3.2.1]オクタンまたは

アトロピン　　トロパン, R = CH_3　　コカイン
　　　　　　　ノルトロパン, R = H

トロパン骨格を有する一群のアルカロイドが存在する．アトロピン，コカイン，スコポラミンなどがこれに含まれる．トロパンアルカロイドはナス科やコカノキ科の植物から得られる．8-アザビシクロ[3.2.1]オクタンすなわち8位メチル基のないトロパンはノルトロパンとよばれる．

1) アトロピン

分子式 $C_{17}H_{23}NO_3$ のアトロピンは，ベラドンナから最初に単離された化合物であり，他の多くのナス科植物中にも見いだされる．アトロピンはD-ヒヨスチアミンとL-ヒヨスチアミンのラセミ体混合物である．しかし，アトロピンのほとんどの薬理学的性質は，ムスカリン性アセチルコリン受容体に対するL異性体の結合によるものである．アトロピンはムスカリン性アセチルコリン受容体の**競合的拮抗薬**(competitive antagonist) である．アトロピンの医薬品としての主要な使用法は，**散瞳薬**（opthalmic drug）である．通常アトロピンの塩，たとえばアトロピン硫酸塩などが医薬品として用いられる．アトロピンは毛様体筋麻痺薬として目の調節機能を一時的に麻痺させ，散瞳薬として瞳孔を散大させる．そのため緑内障の患者には禁忌である．アトロピン注射は徐脈（極端に脈拍が遅くなること），収縮不全，心停止時における興奮収縮解離などに用いられる．また，有機リン殺虫剤や神経ガスの解毒剤としても使用される．

アトロピンのおもな副作用は心室細動，頻脈，悪心，視力障害，平衡感覚障害，光恐怖症などである．また，老齢の患者では精神錯乱や幻覚を起こすことがある．アトロピンを過量摂取すると死に至ることがある．アトロピン中毒の解毒剤はフィゾスチグミンまたはピロカルピンである．

2) コカイン

分子式 $C_{17}H_{21}NO_4$ のコカインは，植物のコカから得られる無色結晶のトロパンアルカロイドである．中枢神経系（CNS）刺激薬であり食欲抑制剤である．コカインは多幸感をもたらすが，薬物乱用および薬物常用の頻度が最も高い薬物（麻薬）である．コカインはまた，目，喉，鼻の手術における局所麻酔薬としても用いられる．コカインを医療行為以外で，また政府の許可を受けずに所持，栽培，販売することは，ほぼ全世界で違法である．コカインの副作用は，使用頻度が上がるほど起こりやすくなる痙攣，被害妄想，性的不能などである．過剰摂取すると幻覚，被害妄想，頻脈，かゆみ，蟻走感などをひき起こす．コカインの過剰摂取は頻脈性不整脈と高血圧をひき起こし，致死的にもなりうる．

d. キノリンアルカロイド 複素環としてのキノリンの化学については既に第4章で議論した．キノリン，すなわち1-アザナフタレンまたはベンゾ[b]ピリジン骨格を有するアルカロイドは，すべてキノリンアルカロイドに分類される．キノリンそのものは無色で強い臭いをもつ吸湿性の液体であり，水には少量，有機溶媒にはよく溶ける．キノリンには毒性がある．キノリン蒸気を短時間吸入すると鼻，目，のどなどに刺激があり，めまいや吐き気を催す．肝機能に障害が生じる場合もある．

キノリン

キニーネ　　　　　　　　　　キニジン

1) キニーネ

分子式 $C_{20}H_{24}N_2O_2$ のキニーネは，キナ (*Cinchona succirubra*) の樹皮から得られる．抗マラリア薬としてもよく知られる無色結晶性のキノリンアルカロイドである．キニーネはきわめて苦く，また，解熱，鎮痛，抗炎症作用を有する．現在でも，熱帯性マラリアの薬として用いられるが，夜間の足のけいれんや関節炎などにも使用される．キニーネは塩基性が強いので，硫酸，塩酸，グルクロン酸などとの塩の形で用いられる．

マラリアの特効薬ではあるが，キニーネには吐き気，嘔吐，キニーネ中毒などの副作用があり，また肺水腫を起こすこともある．また，偶発的に神経に注入すると，麻痺を起こす可能性がある．キニーネを過剰投与すると命にかかわることがある．

医薬品以外にトニック水やビターレモン（レモンの香りをつけた炭酸水）の香料として用いられることがある．

2) キニジン

分子式 $C_{20}H_{24}N_2O_2$ のキニジンは，キナの樹皮から得られるキニーネの立体異性

体である．化学的にはキニジンは（6-メトキシキノリン-4-イル）（2-ビニル-4-アザビシクロ[2.2.2]オクタン-5-イル）メタノール，もしくは6′-メトキシシンコナン-9-オールとよばれる．キニジンはⅠ型の不整脈に対して使用される．また，静注することによって熱帯性マラリアの治療にも用いられる．キニジンには副作用として血小板減少症があり，この結果として血小板減少性紫斑病をひき起こすことがある．

e. イソキノリンアルカロイド　イソキノリンはキノリンの異性体であり，化学的にはベンゾ[c]ピリジンである．パパベリン，モルヒネなどイソキノリン骨格をもつすべてのアルカロイドはイソキノリンアルカロイドに分類される．イソキノリン骨格は芳香族アミノ酸であるチロシンから生合成される．

イソキノリン自体は，無色で吸湿性，室温では液体の化合物である．不快な臭いを有している．水に少量溶け，エタノール，アセトン，エーテルその他の有機溶媒にはよく溶ける．共役酸の pK_a 8.6 の弱塩基性化合物である．

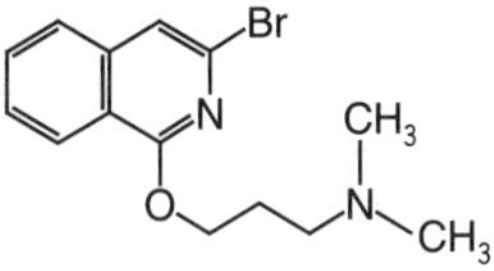

ジメチソキン

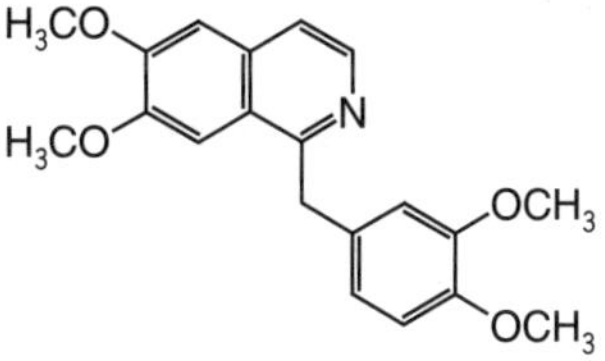

パパベリン

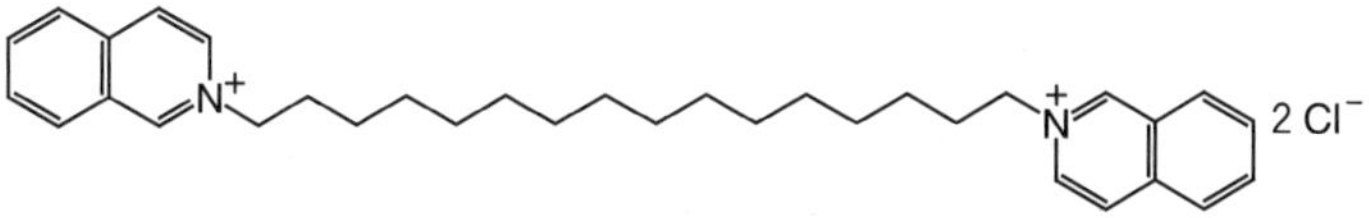

2,2′-ヘキサデカメチレンジイソキノリウムジクロリド

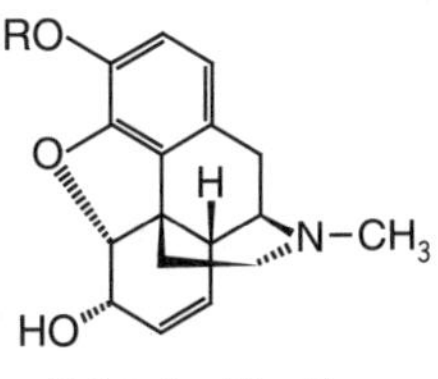

モルヒネ，R = H
コデイン，R = OCH_3

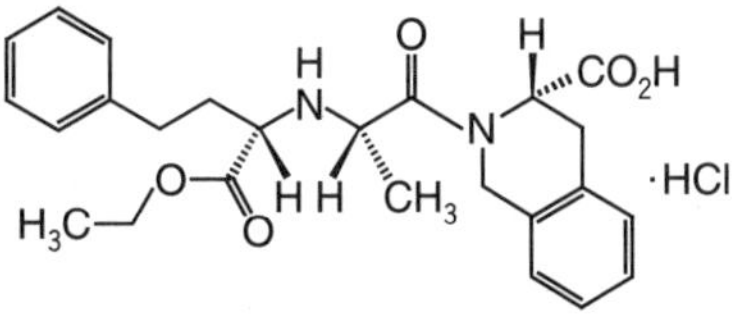

キナプリル塩酸塩

イソキノリンアルカロイドは医薬品において重要な位置を占める．多くのイソキノリンアルカロイドが医薬品として使用されている．医薬品としての価値を有するイソキノリン誘導体をつぎの表にまとめた．医薬品としての使用以外に，イソキノリン類は色素，塗料，殺虫剤として，また樹脂を抽出する際の溶媒としても使用される．

イソキノリンアルカロイド	医薬品としての用途
ジメチソキン	麻酔剤
キナプリル	抗高血圧薬
塩化 2,2′-ヘキサデカメチレンジイソキノリニウム	局所性抗真菌薬
パパベリン	血管拡張薬
モルヒネ	麻薬性鎮痛薬

1) パパベリン

分子式 $C_{20}H_{21}NO_4$ のパパベリンはケシ（Papaver somniferum）の種子から単離されたイソキノリンアルカロイドである．このアルカロイドはおもにけいれんや勃起不全に使用される．また脳や心臓の血管拡張薬としても用いられる．パパベリンは微細手術における平滑筋弛緩剤として使用されることもある．医薬品としては，パパベリンは，塩酸，ピリドキサールリン酸，アデニル酸，テプロシル酸などとの塩として用いられる．パパベリンによく見られる副作用として，多形性心室頻拍，便秘，トランスアミナーゼ値活性の上昇，高ビリルビン血症，めまい，などがある．

2) モルヒネ

モルヒネ（$C_{17}H_{19}NO_3$）は，習慣性を形成するため麻薬に分類される鎮痛薬であり，ケシの種子から得られる生理活性成分のうち主要なものである．モルヒネは，ヘロインなどの他のアヘン類縁物質と同様に，直接中枢神経系に作用して痛みを和らげる．手術後の疼痛緩和，慢性疼痛（がん性疼痛）の緩和，および麻酔薬の補助剤，咳止めなどに用いられる．モルヒネによる治療の副作用は精神活動障害，多幸感，眠気，食欲不振，便秘，倦怠感，視力障害などである．

f. フェニルエチルアミン類　　神経伝達物質もしくは神経修飾物質として機能するフェニルエチルアミン類は，モノアミンに属する．窒素原子は環状構造の一部には属していないが，フェニルエチルアミンとその誘導体はアルカロイドに分類される．フェニルエチルアミン自体は無色の液体であり，酵素による脱炭酸過程を経

てフェニルアラニンから合成される. フェニルエチルアミン骨格は, リゼルグ酸ジエチルアミド (LSD) 中のエルゴリン系や, モルヒネ中のモルヒナン系など, 多くの複雑な環状構造中に見いだすことができる. この分類に属する多くのアルカロイドが神経伝達物質, 覚せい剤 (エフェドリン, カチノン, アンフェタミンなど), 幻覚剤 (メスカリンなど), 気管支拡張薬 (エフェドリンやサルブタモール) および抗うつ薬 (ブプロピオン) などとして知られている.

エフェドリン
麻黄 (*Ephedra sinica*) の成分

カチノン
チャット (*Catha edulis*) の成分

アンフェタミン
覚せい剤

メスカリン
サボテン *Lophophora williamsii* から得られる幻覚剤

サルブタモール
気管支拡張薬

ブプロピオン
抗うつ薬

g. インドールアルカロイド インドールの化学についてはすでに第4章で議論した. これは天然に存在する生理活性アルカロイドのうち最も主要なものの一つであり, さらに三つの主要なグループに分類できる. すなわちトリプタミンおよびその誘導体, エルゴリンおよびその誘導体, そしてβ-カルボリンおよびその誘導体である.

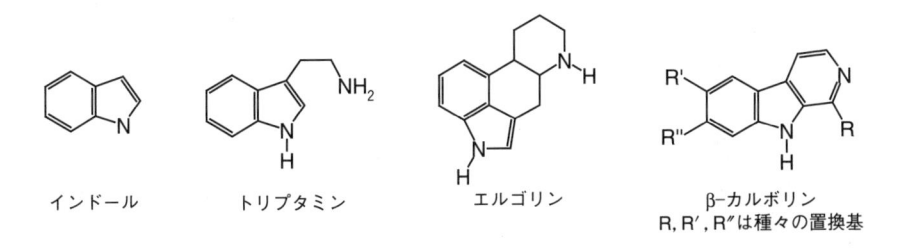

インドール

トリプタミン

エルゴリン

β-カルボリン
R, R', R″は種々の置換基

1) トリプタミン誘導体

3-(2-アミノエチル)インドールという化学名をもつトリプタミンは,植物,細菌,動物界に広く存在している.生合成経路としては,トリプタミンはアミノ酸のトリプトファンから誘導され,他の多くのインドールアルカロイド類の前駆体として機能する.トリプタミン骨格に置換基を導入すると,トリプタミン類として知られる一群の化合物が生じる.たとえば,重要な神経伝達物質であるセロトニンはトリプタミンの5-ヒドロキシ誘導体であり,すべての生命体中に存在しホルモンとして働くメラトニンは5-メトキシ-N-アセチルトリプタミンである.薬理活性のある天然由来のトリプタミンとしては,マジックマッシュルーム(*Psilocybe cubensis* および *Psilocybe semilanceata*)に含まれるシロシビン(4-ホスホリルオキシ-N,N-ジメチルトリプタミン),多くの植物中にある DMT(N,N-ジメチルトリプタミン)や,経口で中程度持続する幻覚をひき起こす DET(N,N-ジエチルトリプタミン)などがある.偏頭痛の治療薬であるスマトリプタン(5-メチルアミノスルフォニル-N,N-ジメチルトリプタミン)など,多くの合成トリプタミンが用いられている.

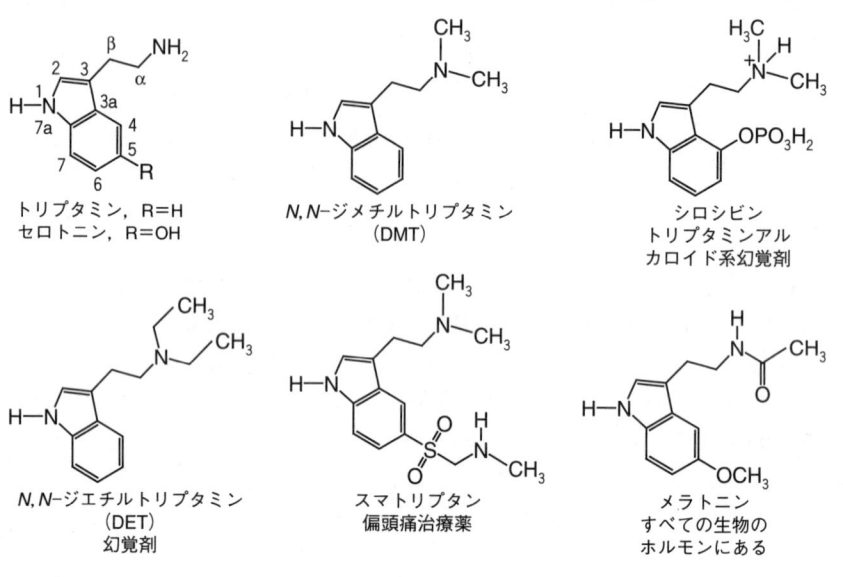

トリプタミン,R=H
セロトニン,R=OH

N,N-ジメチルトリプタミン
(DMT)

シロシビン
トリプタミンアルカロイド系幻覚剤

N,N-ジエチルトリプタミン
(DET)
幻覚剤

スマトリプタン
偏頭痛治療薬

メラトニン
すべての生物の
ホルモンにある

2) エルゴリン類

エルゴリン骨格を有するアルカロイドはエルゴリンアルカロイドと総称され,その中には幻覚剤である LSD などが含まれる.多くのエルゴリン誘導体(たとえば 5-HT1 刺激薬であるエルゴタミン)が血管収縮剤として,また偏頭痛,パーキン

ソン病の治療薬としても臨床で用いられており，さらにいくつかの物質は麦角中毒に関連していると考えられる．

分子式 $C_{16}H_{17}N_3O$ のエルジンは，D-リゼルグ酸アミドであり，通常 LSA または LA-111 として知られている．ヒルガオ科のさまざまな植物や，ある種の細菌にも含まれるエルゴリンアルカロイドである．ヒルガオ科の *Rivea corymbosa*, *Argyreia nervosa*, *Ipomoea violacea* が，これらのアルカロイドを得るための主要な起源である．

エルゴリン

D-リゼルグ酸（R=CO_2H）
　麦角菌にみられる
エルジン（R=$CONH_2$）
　ヒルガオ科のつる植物にみられる
LSD（R=$CON(C_2H_5)_2$）
　幻覚剤

分子式 $C_{20}H_{25}N_3O$ のリゼルグ酸ジエチルアミドは LSD または LSD-25 として知られ，麦角菌から得られる天然のリゼルグ酸から合成される半合成幻覚剤である．これは無色で臭いがなく，わずかに苦みのある化合物である．LSD は感覚，精神，記憶，時間の概念などに 8～14 時間影響を与える．さらに LSD は，地面が不規則に動く，動いている物体や明るい色に目がついて行かない，などの視覚異常もひき起こす．

3) β-カルボリン類

9H-ピリド[3,4-b]インドール骨格を有するアルカロイドは β-カルボリンアルカロイドとよばれ，いくつかの植物や動物中に存在する．β-カルボリンの構造はトリプタミンと類似しており，トリプタミンのエチルアミン鎖がもう1個の炭素を用いてインドール環に再結合し，三環性化合物を形成している．β-カルボリンアルカロイドの生合成経路はトリプタミンと同様の経路をたどる．ハルミン，ハルマリ

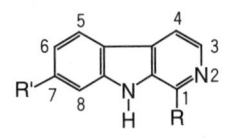

β-カルボリン, R=R'=H
ハルミン, R=CH_3, R'=OCH_3

ピノリン, R=R''=H, R'=OCH_3
テトラヒドロハルミン, R=CH_3, R''=OCH_3

ン，テトラヒドロハルミンのような β-カルボリン類は幻覚酒アヤファスカの薬理作用において重要な役割を果たす．トリプトリン，ピノリンなどの β-アルカロイドは人体中でも合成されている．

医薬として，あるいは薬理作用が重要な β-カルボリンアルカロイドの起源を以下にまとめた．

β-カルボリンアルカロイド	天然の源	医学的，薬学的性質
ハルミン，ハルマリン	*Peganum harmala*（ハマビシ科），*Banisteiopsis caapi*（キントラノオ科）の種子	CNS 興奮剤．セロトニンや他のモノアミン代謝の阻害作用

h. プリンアルカロイド カフェインやテオブロミンのようなプリン骨格（§4・7 参照）を有するアルカロイドは，一般的にプリンアルカロイドとして知られている．核酸中の二つの塩基，アデニンとグアニンがプリン誘導体であることはすでに学習した．

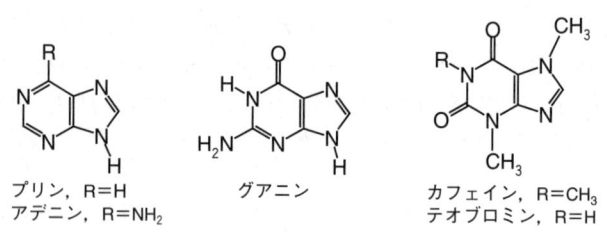

プリン，R=H
アデニン，R=NH$_2$

グアニン

カフェイン，R=CH$_3$
テオブロミン，R=H

1) カフェイン

分子式 $C_8H_{10}N_4O_2$ のカフェイン（1,3,7-トリメチル-1H-プリン-2,6(3H,7H)-ジオン）は，プリン（キサンチン）アルカロイドであり，おもに茶（*Camellia sinensis*）の葉や，コーヒー豆（*Coffea arabica*）中に見いだされる．カフェインは，ガラナ（*Paullinia cupana*）から得られた場合はグアラニン，マテ（*Ilex paraguariensis*）から得られた場合はマテイニンとよばれることがある．カフェインは他の多くの植物中にも見いだされ，天然の殺虫剤として機能している．カフェインは臭いのない無色針状晶もしくは粉末である．通常の茶やコーヒーに含まれる以外に，他の多くのソフトドリンクにも加えられている．

カフェインは中枢神経刺激薬かつ代謝促進薬であり，気晴らしのために，または医薬品として身体的疲労を減弱させるために用いられる．高用量で中枢神経系を刺

激し，注意力，覚醒感が増し，思考が速くかつ明瞭になり，集中力が上がり，体調も良くなるが，より多量に摂取すると脊髄を刺激する．カフェインは多くの鎮痛剤と組合わせて使用される．また，抗ヒスタミン薬によりひき起こされる眠気に対して，あるいはエルゴタミンとの併用により偏頭痛や群発性頭痛に使用される．

i. テルペノイド系アルカロイド
1) アコニットアルカロイド

分子式 $C_{34}H_{47}NO_{11}$ のアコニチンは，アコニットアルカロイドの代表例である．この化合物はクロロホルムやベンゼンのような有機溶媒によく溶け，アルコールやエーテルには少量溶け，水には溶解しない．アコニチンは *Aconitinum* 属キンポウゲ科（Ranunculaceae 科）に含まれるきわめて毒性の強い物質であり，一般的にはアコニットまたはトリカブトとして知られている．神経毒として心不整脈モデルを発生させるために使用される．

アコニチン

2) ステロイド系アルカロイド

これらのアルカロイドはソラニンのように分子の一部としてステロイド骨格を有している．ステロイド系アルカロイドには多くの異なる構造のものが存在している．以下の議論はいくつかのステロイド系アルカロイドに関するものである．

ソラニンは毒性をもつステロイド系アルカロイドであり，ナス科（Solanaceae）から見いだされ，糖質アルカロイドとしても知られている．ソラニンは少量であってもきわめて毒性が強い．抗菌薬や殺虫剤にもなり，植物が天然にもつ防御物質の

ソラニン（R=ソラトリオース）　　サマンダリン

一つである．

ソラニン塩酸塩は市販の殺虫剤として使用されてきた．鎮静作用や抗けいれん作用があり，まれに，咳や一般の風邪，ぜん息の治療に用いられることがある．しかし，ソラニンの毒により，消化管障害や神経障害が起こる．症状としては，吐き気，下痢，嘔吐，胃けいれん，喉の痛み，頭痛，めまいなどがある．より重篤な副作用として，幻覚，無感動，麻痺，発熱，黄疸，瞳孔散大，低体温などがある．ソラニンを多く摂取すると，死に至ることがある．

分子式 $C_{19}H_{31}NO_2$ のサマンダリンは，サンショウウオ（*Salamandra salamandra*）の皮膚腺で生じるステロイド系アルカロイドであり，きわめて毒性が強い．サラマンダリンの毒性としては，筋肉のけいれん，血圧上昇，過呼吸などがある．

j．ベタイン類　ムスカリンなど，ベタイン（*N,N,N*-トリメチルグリシンまたはTMG）を含むアルカロイドがこの分類に含まれる．ベタインそのものは高ホモシステイン濃度を治療するために用いられるが，ときおり気分を高める薬としても使用される．

ベタイン　　　　　　　ムスカリン

1）ムスカリン

分子式 $C_9H_{20}NO_2^+$ のムスカリンは，最初ベニテングダケ *Amanita muscaria* から発見され，ある種のキノコ類，特にアセタケ類 *Inocybe* およびカヤタケ類 *Clitocybe* から見いだされるアルカロイドである．これは副交感神経作用をもつ化学物質である．ムスカリンは末梢副交感神経系を活性化し，結果としてけいれんや死に至る物質である．ムスカリンは，ムスカリン性アセチルコリン受容体において神経伝達物質であるアセチルコリン様の作用を示す．

2）大環状アルカロイド

このアルカロイド類は多原子からなる環状構造を有しており，ほとんどの場合窒素原子が環状構造中に含まれている．大環状アルカロイドのスペルミン類はそのような例の一つである．これらのポリアミンアルカロイドはキツネノマゴ科，ゴマノハグサ科，マメ科，マオウ科，などの多くの植物科に含まれ，種々の生物活性を示す．たとえばブドムンチアミン L4 と L5 は，*Albizia adinocephala*（マメ科ネムノキ

属）から単離された抗マラリア活性をもつスペルミンアルカロイドである．

ブドムンチアミン L4 $n=11$
ブドムンチアミン L5 $n=13$

6・2・3 アルカロイドの試験法

カフェインとその他のプリン誘導体はムレキシド試験によって検出できる．この試験では，アルカロイドを少量の塩素酸カリウムおよび1滴の塩酸と混合し，減圧乾燥する．残った残渣をアンモニア蒸気に触れさせる．プリンアルカロイドはこの試験によってピンク色に着色する．そのほかの試薬と試験結果について表に示す．

試　薬	試薬の組成	結　果
メイヤー試薬	ヨウ化水銀-ヨウ化カリウム水溶液	クリーム状の沈殿
ワグナー試薬	ヨウ化カリウム中のヨウ素	赤茶色の沈殿
タンニン酸	タンニン酸	沈　殿
ハーガー試薬	ピクリン酸飽和溶液	黄色の沈殿
ドラゲンドルフ試薬	ヨウ化カリウムビスマス溶液	オレンジ色または赤茶色の沈殿（カフェインといくつかのアルカロイドを除く）

6・3 炭 水 化 物

炭水化物はわれわれの筋肉や脳を働かす最も基本的な燃料である．高炭水化物の食事をとることは筋肉と肝臓のグリコーゲン（炭水化物を貯蔵するための構造）を維持することに役立ち，行動を容易にし，疲れを遅らせる．炭水化物という名称は，"炭素の水和物"という意味である．つまり，炭水化物は一群のポリヒドロキシアルデヒド，ケトン，もしくはカルボン酸およびその誘導体であり，直鎖状もしくは環状のポリオール構造をもつ．これらの化合物のほとんどは $C_nH_{2n}O_n$ もしくは $C_n(H_2O)_n$ の組成式をもつ．たとえばグルコースは $C_6H_{12}O_6$ あるいは $C_6(H_2O)_6$ で表

β-D-グルコース

される．炭水化物は単純に糖またはその誘導体として命名されることもある．

炭水化物は自然界において植物および動物の両方に豊富に存在する．植物が光合成によって二酸化炭素と水から糖を合成する．

6・3・1 分　類

a. 一般的分類法　炭水化物は一般的に四つのカテゴリーに分類される．すなわち単糖類，二,三,四糖類，オリゴ糖類，多糖類である．

1) 単糖類

これらの炭水化物は通常"糖類"とよばれるものであり，3～9個の炭素原子を含む．自然界で最も代表的なものは5個（**ペントース**，五炭糖，pentose, $C_5H_{10}O_5$）または6個（**ヘキソース**，六炭糖，hexose, $C_6H_{12}O_6$）の炭素を有している．たとえばグルコースは6個の炭素をもつ最もよく見られる単糖類である．ヒトの体内で代謝されてエネルギーを産生している．フルクトースも多くの果物類で見いだされる六炭糖である．

2) 二,三,四糖類

これらの炭水化物は単糖類の，二量体，三量体および四量体であり，1個，2個あるいは3個の水分子を失いながら，単糖類が結合している．たとえば，スクロース（ショ糖）は単糖のグルコースとフルクトースからなる二糖類である．

3) オリゴ糖類

オリゴ糖という名称は2～10個までの単糖類を含む糖類に対して用いられる．たとえばラフィノースはマメ類から得られるオリゴ糖類で，ガラクトース，グルコース，フルクトースの三つの単糖類からなっている．

4) 多糖類

多糖類は多数の単糖からなる化合物であり，含まれる糖分子の数が近似値で示される．たとえば，セルロースとデンプンは，いずれも何百という数のグルコース単位からなる多糖類である．

b. 官能基と炭素数に関連づけた単糖類の分類　単糖類中に存在する最も一般的な官能基（単糖が鎖状構造の場合）はアルデヒドとケトンである．単糖がアルデヒドをもつ場合，その単糖は，たとえばグルコースのように**アルドース**（aldose）に分類され，ケトンをもつ場合は，たとえばフルクトースの場合のように**ケトース**

(ketose) とよばれる.

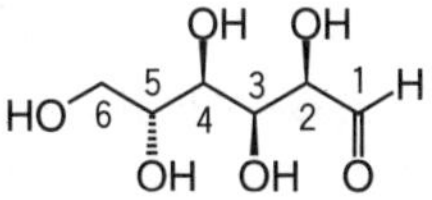

D-グルコース
アルドース
ホルミル基（アルデヒド）を含む

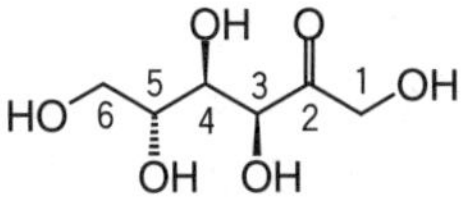

D-フルクトース
ケトース
カルボニル基（ケトン）を含む

存在する炭素原子の数が3個, 4個, 5個, 6個の場合に, 単糖類はそれぞれ三炭糖（トリオース, triose）, 四炭糖（テトロース, tetrose）, 五炭糖（ペントース, pentose）, 六炭糖（ヘキソース, hexose）に分類される. グルコースは6個の炭素原子を有しているので六炭糖である. さらに正確に分類するために, 炭素数と官能基を両方記載する場合がある. たとえば, グルコースは炭素6個とアルデヒド基を含むので, アルドヘキソース（aldohexose）に分類される.

もし単糖類が一般的な数のヒドロキシ基を含まない場合には, その化合物は**デオキシ糖**（deoxy sugar）とよばれる. たとえば, DNAヌクレオシドの構成成分である2-デオキシリボースは, 母核となる糖のリボースと比較すると, ヒドロキシ基が一つ少ない.

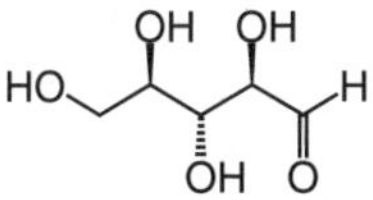

D-リボース
アルドペントースの一種
RNAヌクレオシドの成分

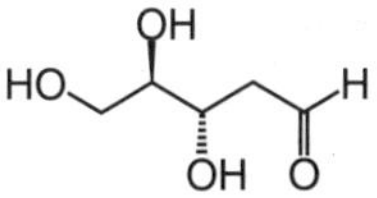

D-2-デオキシリボース
デオキシアルドペントースの一種
DNAヌクレオシドの成分

単糖類に含まれる官能基は, ヒドロキシ基, ホルミル基（アルデヒド）, カルボニル基（ケトン）に限られているわけではない. カルボキシ基やアミノ基を有する単糖類は, 生物学的に重要な炭水化物中の構成単位として一般的なものである. たとえば, 2-アミノ-2-デオキシ-D-グルコースは, グルコサミンという名称でも知られる**アミノ糖**（amino sugar）であり, また, グルクロン酸は**糖酸**（sugar acid）である.

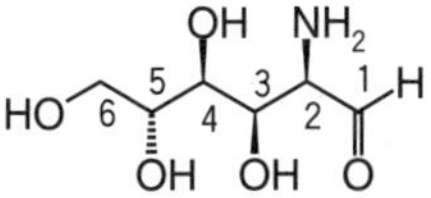

グルコサミン, アミノ糖

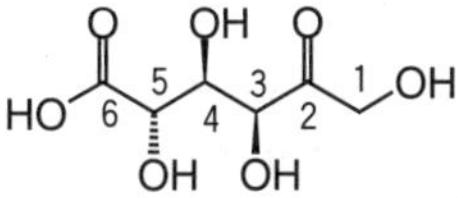

グルクロン酸, 糖酸

6・3・2 糖の立体化学

単糖の場合，最も大きい位置番号を有するキラル炭素の立体配置を D- または L- グリセルアルデヒドと比較する．D 糖は，D- グリセルアルデヒドと同じ立体配置をもつ化合物であり，L 糖は L- グリセルアルデヒドと同じ立体配置である．DL 表記は，その糖が偏光面を（＋），（－）のどちらに回転させるか，ということとは全く関係ないことに注意しておこう．

（＋）-D- グリセルアルデヒド
キラル炭素に結合する
ヒドロキシ基が右側にある

（＋）-L- グリセルアルデヒド
キラル炭素に結合する
ヒドロキシ基が左側にある

グルコース，フルクトース，およびその他多くの天然単糖類はカルボニル基から最も遠い位置のキラル炭素が，D- グリセルアルデヒドと同じ立体配置を有している．フィッシャー投影式では，ほとんどの天然糖では，位置番号の最も大きいキラル炭素のヒドロキシ基が右側に出ている．これらの糖はすべて D 糖に分類される．たとえば D- グルコースがその例である．

D- グルコース
位置番号の最も大きいキラル炭素（C-5）のヒドロキシ基が右側にある（D- グリセルアルデヒドと同じ）

L- グルコース
位置番号の最も大きいキラル炭素（C-5）のヒドロキシ基が左側にある（L- グリセルアルデヒドと同じ）

すべての L 糖は，カルボニル基から最も遠いキラル中心の立体配置が L- グリセルアルデヒドと同じである．フィッシャー投影式では，L 糖は最も位置番号の大きいキラル中心のヒドロキシ基を左側にもっている．つまり，L 糖は，対応する D 糖の**鏡像異性体**（enantiomer）である．

6・3・3 単糖類の環状構造

単糖類は，非環状の直鎖構造だけでなく，環状構造もとることができる．環状ヘミアセタールまたはヘミケタール構造を形成するための環化反応は，分子内での

6・3 炭水化物

-OH 基の C=O 基に対する求核付加反応によって起こる. 多くの単糖類は開環鎖状構造と環状構造の平衡状態にある.

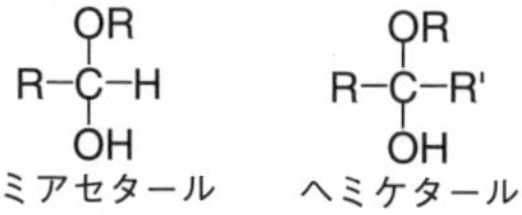

$$\begin{array}{cc} \text{OR} & \text{OR} \\ \text{R-C-H} & \text{R-C-R'} \\ \text{OH} & \text{OH} \\ \text{ヘミアセタール} & \text{ヘミケタール} \end{array}$$

上に示したように, ヘミアセタールとヘミケタールは, 同じ炭素に結合した-OH

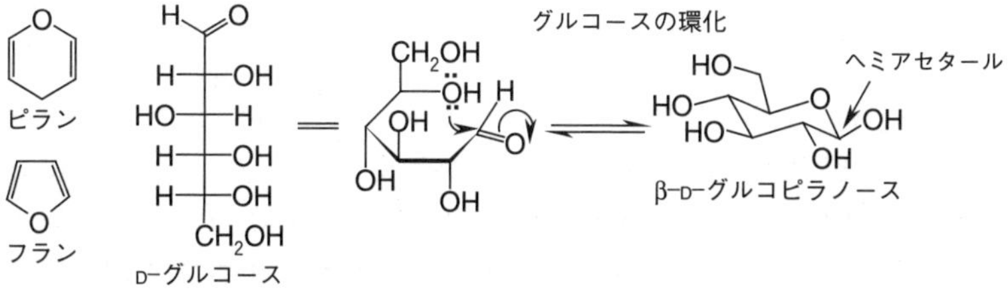

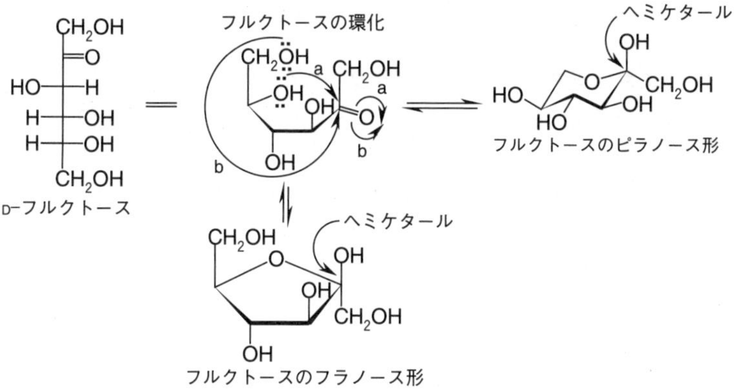

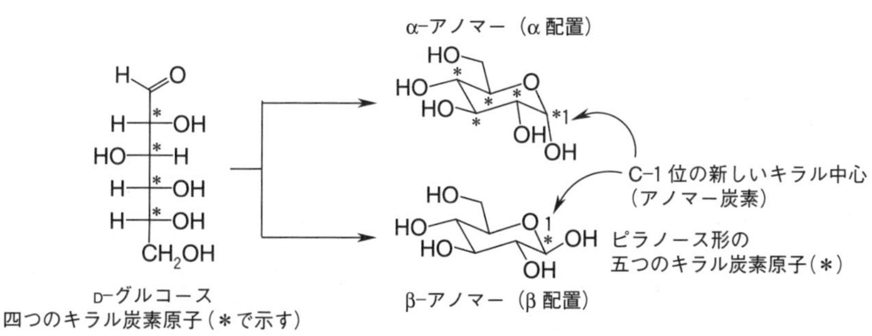

ピラン
フラン
D-グルコース

グルコースの環化
β-D-グルコピラノース
ヘミアセタール

D-フルクトース
フルクトースの環化
フルクトースのピラノース形
ヘミケタール

フルクトースのフラノース形
ヘミケタール

D-グルコース
四つのキラル炭素原子(*で示す)

α-アノマー (α 配置)
β-アノマー (β 配置)

C-1 位の新しいキラル中心
(アノマー炭素)

ピラノース形の
五つのキラル炭素原子(*)

と–OR によって特徴づけられる構造を有している．環化しているが，糖はピラノースまたはフラノース構造を保っている．

　環化反応によって，環状構造の C-1 位に新たなキラル中心が生じる．この炭素は**アノマー炭素**（anomeric carbon）とよばれる．アノマー炭素上では，–OH 基は上向き（β配置），下向き（α配置）の2種の構造をとることができる．

6・3・4　変旋光

　変旋光（mutarotation）という用語は，糖を溶解して放置したときに，時間経過とともに観察される旋光度の変化のことを指す．グルコース溶液でこの変化を見てみよう．グルコースの純粋な α-アノマーは融点 146℃で，比旋光度 $[\alpha]_D$ +112.2，これを放置したときの比旋光度は +52.6 である．一方純粋な β-アノマーは融点 148～155℃，比旋光度 $[\alpha]_D$ +18.7 である．純粋なそれぞれのアノマーを水に溶かすと，それぞれの比旋光度は徐々に変化していずれも最終的には +52.6 に達する．溶液中では，両方のアノマーは α 体（35%），β 体（64%）および開環体（約1%）の平衡状態に達する．

6・3・5　糖におけるアセタールおよびケタールの生成

　すでに，糖類の環状構造としてヘミアセタールやヘミケタールが存在していることを学んだ．たとえば，グルコースの C-1 位のアノマー炭素はヘミアセタール構造であり，フルクトースのアノマー炭素はヘミケタールである．ヘミアセタールやヘミケタールのヒドロキシ基がアルコキシ基（–OR）で置き換わるとアセタールとケタールがそれぞれ得られる．R は他の糖のアルキル基である．以下に示した例はグルコピラノースにおけるアセタール形成である．

グルコピラノース内のアセタール形成

　アセタールやケタールはまた**グリコシド**（glycoside）ともよばれる．アセタールとケタールは開環形との平衡状態ではない．開環形と平衡になっているのはヘミアセタールおよびヘミケタールの場合である．アセタールとケタールは変旋光を示さ

ず，またアルデヒドやケトンに特有の反応性も示さない．たとえば，アセタールやケタールではカルボン酸への酸化反応は簡単には進行しない．カルボニル基はアセタールの形で効果的に保護されていることになる．

グルコースを塩酸存在下メタノールと長時間加熱して反応させると，アセタールが得られる．この反応では，ヘミアセタール構造がモノメチルアセタール構造へと変換される．

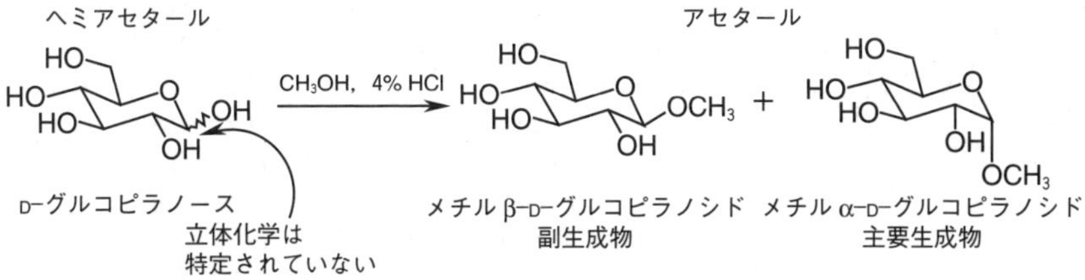

ヘミアセタール　　　　　　　　　　　　　　アセタール

D-グルコピラノース　　　CH₃OH，4% HCl　　　メチル β-D-グルコピラノシド　＋　メチル α-D-グルコピラノシド
立体化学は　　　　　　　　　　　　　　　　副生成物　　　　　　　　　主要生成物
特定されていない

6・3・6 単糖類の酸化および還元

単糖類のほとんどの反応はアルデヒドのホルミル基またはケトンのカルボニル基に関連したものであり，開環形がなければこれら官能基は存在しないので，開環形が生成していることが反応進行の必要条件である．糖の溶液は，二つの環状アノマーと鎖状の開環構造の平衡状態にある．開環形のアルデヒドやケトンが反応に用いられると，平衡状態を保つために開環形がさらに生じるようになる．

a. 還元

1) 水素化ホウ素ナトリウムによる還元

単糖類を水素化ホウ素ナトリウムで還元すると**アルジトール**（alditol）とよばれるポリアルコール類が生成する．

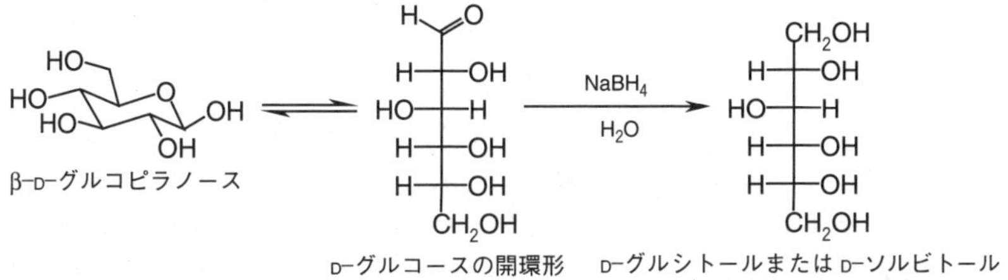

β-D-グルコピラノース　⇌　D-グルコースの開環形　　NaBH₄／H₂O　　D-グルシトールまたは D-ソルビトール
（アルジトールの一種）

還元は平衡状態にある開環形のアルデヒドまたはケトンに対して進行する．開環形は少量しか存在しないがこれが還元される．還元により消費されると平衡反応によって

開環形が補われ,これも還元を受ける.このようにして化合物全部が還元反応を受ける.

2) フェニルヒドラジンを用いた還元反応（オサゾン試験）

糖の開環形はフェニルヒドラジンと反応してフェニルオサゾンを生成する.3当量のフェニルヒドラジンが用いられるが,C-1とC-2に2当量のみが反応する.

C-1とC-2位の立体構造のみが異なる単糖類では,同じ構造のフェニルオサゾンが得られる.グルコースとマンノースの構造をみると,これらはC-2位ヒドロキシ基の立体構造のみが異なっている.したがって,グルコースとマンノースは同じフェニルオサゾンを与える.フェニルオサゾンは非常に結晶性のよい,特徴的な結晶形を有する固体である.結晶の形でフェニルオサゾンの種類が判別できる.

b. 酸化 アルドースは容易に酸化されてアルドン酸になる.アルドースはトレンス試薬（アンモニア水中のAg^+イオン）,フェーリング試薬（酒石酸ナトリウム水溶液中のCu^{2+}イオン）,ベネディクト試薬（クエン酸ナトリウム水溶液中のCu^{2+}イオン）などと反応して特徴的な色の変化を示す.これらすべての反応は**還元糖**（reducing sugar,酸化剤を還元することができる糖類）を検出する試験法である.

フェーリング試薬やベネディクト試薬との反応において,アルデヒドやケトン(糖

の場合はアルドースとケトース）はこれらの試薬を還元し，自らは酸化される．

Cu^{2+}（青）＋ アルドースまたはケトース → Cu_2O（赤または茶）＋ 酸化された糖

糖分子の大半が環状構造をとっているが，開環形の少量の分子がこの反応に関与する．

したがって，グルコース（開環形はアルドース）やフルクトース（開環形はケトース）はこれらの試験に陽性であり，還元糖である．

硝酸のような酸化剤を用いると，糖は鎖状構造の両方の末端で酸化を受け，糖酸とよばれるジカルボン酸を生成する．たとえば，ガラクトースは硝酸によって酸化されてガラクタル酸を与える．

D-ガラクトース　　ガラクタル酸，メソ化合物

6・3・7　単糖類のアルコールとしての反応

a. エステルの生成　単糖類は多くのアルコール性ヒドロキシ基を有しており，酸無水物と反応して対応するエステルになる．たとえば，グルコースを無水酢酸-ピリジンと反応させると，五酢酸エステルを生成する．五酢酸グルコピラノース中のエステル基は，一般的なエステルと同様の反応性を示す．

β-D-グルコピラノース　　五酢酸 β-D-グルコピラノース

単糖類はリン酸と反応してリン酸エステルも生成する．単糖のリン酸エステルは生体内において重要な分子である．たとえば，DNAおよびRNA分子には，2-デオキシリボースおよびリボースのリン酸エステルがそれぞれ存在する．アデノシン中のリボース C-5 位の三リン酸エステルであるアデノシン三リン酸（ATP）は，生物界において広範囲に存在している．

b. エーテルの形成　メチル α-D-グルコピラノシド（アセタールの一種）を

水酸化ナトリウム水溶液存在下でジメチル硫酸と反応させると，アルコール官能基がメチル化されたメチルエーテルを生成する．単糖類から得られるメチルエーテル類は塩基や希酸に対して安定である．

$$\text{メチル }\alpha\text{-D-グルコピラノシド} \xrightarrow[\text{NaOH, }H_2O]{(CH_3)_2SO_4} \text{メチル 2,3,4,6-テトラ-}O\text{-メチル-}\alpha\text{-D-グルコピラノシド}$$

6・3・8　単糖類の薬理学的使用

すべての一般的な単糖類のうちグルコースは，薬理学的におそらく最も重要なものである．純粋なグルコースの溶液は，大きな手術をした後の回復薬として，あるいは消耗の激しい疾病の栄養剤として皮下投与で使用される．グルコースはまた，子宮の運動性を向上させるために用いられたり，直腸から栄養を補給する経腸栄養剤に加えられている．遅発性のクロロホルム中毒に対して，経口または直腸からのグルコースの投与が推奨されている．

グルコースは医薬品の添加物としても使用される．デンプン部分加水分解物がおもに丸薬または錠剤に用いられる．着色させる丸薬の場合には，調剤する際にゲンチアナ抽出物とデンプン部分加水分解物を等量混ぜる方法が用いられる．炭酸鉄を含む丸薬を調製する際にもデンプン部分加水分解物が適している．これを用いることにより鉄(II)イオンの酸化が抑えられ，鉄(III)イオンとなっても再還元される．逆に，銅(II)イオンを含むような丸薬を調製する際には，このような還元を避ける必要があるので使用すべきではない．薬理学的，もしくは医学的な使用法以外に，グルコースはおもに粘性の高いシロップの形で，食品および製菓企業において大量に用いられている．

フルクトースは果物および蜜中で見いだされる一般的な単糖であるが，グルコース以上に水に溶けやすく，グルコース以上に甘い．これは糖尿病患者のための甘味料として，また非経口栄養投与における添加物として用いられる．

6・3・9　二　糖　類

二糖類では，一方の糖のアノマー炭素と，他の糖のヒドロキシ基の間にグリコシド結合が生成する．最初の糖のC-1位と二番目の糖のC-4位の-OHの間の結合が最も一般的である．このような結合は1,4′-結合とよばれ，たとえばマルトースでは二つのグルコースがC-1位とC-4位の間で，酸素原子を介して結合している．

アノマー炭素でのグリコシド結合には α, β の 2 種類が考えられる.
　最も一般的に存在する二糖類はスクロース（ショ糖）とラクトース（乳糖）である. スクロースが植物由来でサトウキビやテンサイから得られるのに対し, ラクトースは動物の乳から得られる. 他の一般的な二糖類として多糖類を分解して得られるマルトース（デンプンから得られる）やセロビオース（セルロースから得られる）などがある.

a. マルトースとセロビオース　マルトースは, 2 分子のグルコースが C-1 位と C-4 位で酸素原子を介して α 結合した化合物である. 化学的には, 4-*O*-α-D-グルコピラノシル-D-グルコピラノースとよばれる. セロビオースもやはり 2 分子のグルコースからなるが, 1,4′-結合が α ではなく β である. そのためこの化合物は 4-*O*-β-D-グルコピラノシル-D-グルコピラノースとよばれる. 結合様式は左側の糖につけて命名する. たとえば, マルトースでは結合様式は α であり, 一方の C-1 位と他の C-4 位で結合しているので, 結合様式は α-1,4′ とよばれる.
　マルトースとセロビオースの両者は α- および β-アノマーとして存在しており, 変旋光を起こす. これらは還元糖であり, ベネディクト試薬およびフェーリング試薬と反応する. また, フェニルヒドラジンと反応して特徴的なフェニルオサゾンを生成する. 以下に示したマルトースおよびセロビオースの構造をよく眺めてみると, 左側のグルコースはアセタール結合（グリコシド結合）をもっているのに対し, 右側のグルコースは C-1′ 位がヘミアセタールであることに気づくだろう. つまり右側のグルコースは α- および β-アノマーと開環形の平衡状態として存在する. これがマルトースやセロビオースがグルコースと同様の化学反応性をもつことの理由で

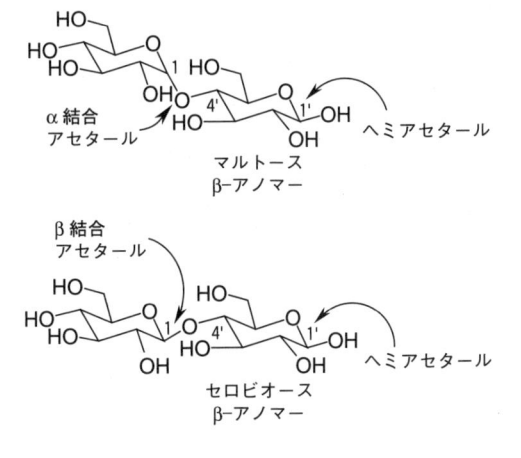

ある.

　マルトースは酵素マルターゼ（α-グリコシド結合に特異的）によって加水分解されて2分子のグルコースを与えるが，セロビオースを加水分解するためには酵素エムルシン（β-グリコシド結合に特異的）を使う必要がある．マルトースは多糖であるデンプンの構成単位であるが，セロビオースは他の多糖であるセルロースの構成単位である.

　麦芽は一部発芽させた後に乾燥させたオオムギ *Hordeum distichon* から得られる．マルトースは麦芽および麦芽エキス中の主要な炭水化物である．薬理学的には，麦芽の抽出物は肝油を投与する際の賦形剤として用いられ，液体抽出物はヘモグロビンや，カスカラの抽出物やさまざまな塩類と一緒に投与される.

b. ラクトース　　ラクトースは乳汁の主成分として見いだされ，グルコースとガラクトースがβ-1,4′-結合で結びつけられた二糖である．化学名では 4-*O*-β-D-ガラクトピラノシル-D-グルコピラノースとよばれる．マルトースやセロビオースと同様に，ラクトースは右側の糖（グルコース）にヘミアセタール構造があるため還元糖である．したがってマルトースやセロビオースと同様の化学反応を起こし，変旋光も観測される.

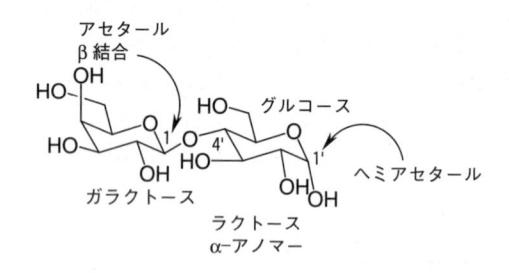

ラクトースには甘みがあり，製薬業で幅広く用いられている．これは世界で2番目によく用いられている化合物であり，錠剤，カプセルその他の経口摂取物に，賦形剤，充填剤または結合剤として使用される．α-ラクトースは，糖尿病患者用の低カロリー甘味料，あるいはダイエット食品として使用されるラクチトールの原料として使用される．ラクトースは砂糖と比べて30%の甘みしかないが，甘味のサプリメントとして食品や製菓に用いられる．また，幼児用ミルクにも用いられる.

c. スクロース　　スクロースはグルコース（アセタール型）とフルクトース（ケタール型）がグルコースの C–1 位とフルクトースの C–2 位で結合した，つまり

1,2′-結合した二糖である．スクロースでは，グルコースもフルクトースもアセタールおよびケタールを生成しているため開環形では存在できない．その結果，スクロースは還元糖ではなく，変旋光も示さない．スクロースの比旋光度は+66である．

グルコース — HO... α-グリコシド結合

フルクトース — ... β-グリコシド結合

スクロース分子

スクロースを加水分解すると，それぞれ比旋光度+52.5および-92のグルコースおよびフルクトースが得られ，生成する混合物は負（左旋性）の比旋光度を示す．スクロースでみられるこの現象はスクロースの転化といわれ，生成した糖の混合物は**転化糖**（invert sugar）とよばれる．これはハチミツの主成分であり，スクロース自体よりも甘い．

6・3・10 多 糖 類

多くの単糖類が結合して，デンプン，セルロース，イヌリンのような多糖類を生成する．デンプンとセルロースは生物的および経済的観点から重要な多糖類である．

a. デンプン われわれの飲食物の主成分であるデンプンは，グルコースからなる高分子化合物であり，マルトースと同様に，グルコース同士がおもに1,4′-結合によって結びつけられている．植物はデンプンのおもな供給源である．デンプンはイネ科の植物である小麦（*Triticum sativum*），米（*Oryza sativa*），トウモロコシ（*Zea mays*）などから得られる．クズウコン科（*Maranta arundinacea*）のマランタもよいデンプン源である．

デンプンはおもに二つの構成成分，**アミロース**（amylose，冷水に溶解しない）と**アミロペクチン**（amylopectin，冷水に可溶）からなる．アミロースはデンプンの20%の重量を占め，平均分子量は10^6以上である．これはグルコピラノースが1,4′-結合によって直鎖状に結合した高分子化合物である．アミロースを加水分解するとマルトースが生成する．アミロースとヨウ素は黒っぽい青色に着色した錯体をつくる．これはヨウ素によるデンプンの呈色反応であり，デンプンが存在してい

ることの確認試験である．

アミロースの部分構造

一方，アミロペクチンはデンプンの重量の80％を占め，1,4′-結合および1,6′-結合によって何百ものグルコースが結合した高分子化合物である．アミロペクチンは，直鎖状に結合したグルコース20〜25個に一つの割合で分岐を有している．アミロペクチンの加水分解によってもマルトースが生成する．

アミロペクチンの部分構造

医薬品および化粧品の面からみたデンプンの用途はデンプン粉，結合剤，分散剤，増粘剤，コーティング剤，賦形剤などへの使用である．デンプンは傷口からの排出物を吸収するので，傷口が細菌などに感染しやすくなるのを防ぐ効果がある．擦傷へのデンプン粉の適用は，それのみを用いる場合と，酸化亜鉛，ホウ酸などと同時に用いる場合がある．デンプンは水と一緒に煮沸すると皮膚軟化剤としても用いることができる．デンプンはヨウ素の解毒剤として最適なものである．

b. グリコーゲン　グルコースの単独重合体であるグリコーゲンは，動物が炭水化物を体内貯蔵するための代表的な構造である．エネルギーとしてすぐに使用する必要のない炭水化物は，体内で長期保存のための構造であるグリコーゲンに変えられる．細胞内のグルコース濃度が低下するとグリコーゲンからグルコースが遊離する．細胞内の過剰のグルコースは，グリコーゲンの形に吸収される．アミロペクチンと同様に，グリコーゲンは 1,4′- および 1,6′- 結合を含む複雑な枝分かれ構造をもっているが，分子量はアミロペクチンよりも大きく（10 万ものグルコース単位が結合している），枝分かれも多い．12 個のグルコースに 1 個の割合で末端グルコースが存在し，また 6 個に 1 箇所の割合で分岐がある．

c. セルロース　セルロースは自然界で最も多量に存在する有機高分子であり，何千もの D-グルコース分子がセロビオースとして 1,4′-β-グリコシド結合によってつなぎ合わされている．セルロースは直鎖状構造を有している．セルロース分子同士は，水素結合相互作用によって，大きな会合体構造を形成することができる．加水分解するとセルロースはセロビオースになり，最終的にはグルコースを生成する．

自然界では，セルロースはおもに植物の構造に強度や硬度を与えるための構造成分として機能する．ヒトの消化酵素は α-グルコシダーゼを含んでいるが，β-グルコシダーゼは含まれない．したがって，グルコース間の β-グリコシド結合を代謝することができない．ヒトの体内ではデンプンは酵素によって分解されグルコースになるが，セルロースは代謝されない．そのため，セルロースには食品としての有用性はない．食品としては役立たないが，セルロースは商品としての価値がある．セルロースは，アセテートレーヨンの商品名で知られる酢酸セルロースの原材料として，また，綿火薬として知られる硝酸セルロースの原材料として，商業的に知られている．商品として重要な繊維である綿や麻はおもにセルロースからできている．

セルロースの部分構造

水溶性で高い粘性を示すセルロースエーテルの組成をもつ成分は，血清中の脂質，特に血清中のコレステロールやトリグリセリド，低密度リポタンパク質などの濃度

を下げたり，または血液中のグルコース濃度の増加を抑えたりするのに役立つ．この組成の物質は前加水分解型の摂取可能な化合物としてゼラチンや，ビスケットのような食品中で使用される．

ヒドロキシエチルセルロースのようなセルロース誘導体は，徐放性錠剤や懸濁液に用いられる．ナトロゾール（ヒドロキシエチルセルロース）は，増粘剤，保護コロイド，結合剤，安定剤，懸濁剤などに使用され，特に非イオン性物質が必要なときに用いられる非イオン性の水溶性ポリマーである．ナトロゾールはまた，シャンプーやコンディショナー，液体石けん，ひげそり用クリームなどの増粘剤を調製するために用いられる．

6・3・11 その他の炭水化物

a. 糖リン酸 これらの糖はATPによる**リン酸化**（phosphorylation）によって生じ，グルコース6-リン酸が知られている．これらは炭水化物の代謝反応において大変重要な役割を果たしている．糖リン酸がヌクレオチドに含まれていることは既に学習した．

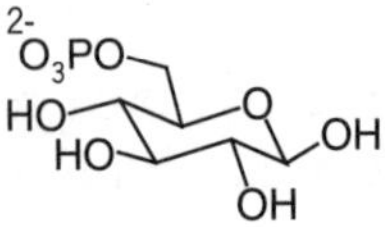

グルコース6-リン酸

b. 含窒素糖

1) グリコシルアミン類

これらの糖では，アノマー位の-OH基（通常の状態）がアミノ基で置き換わっている．たとえばアデノシンなどがある．

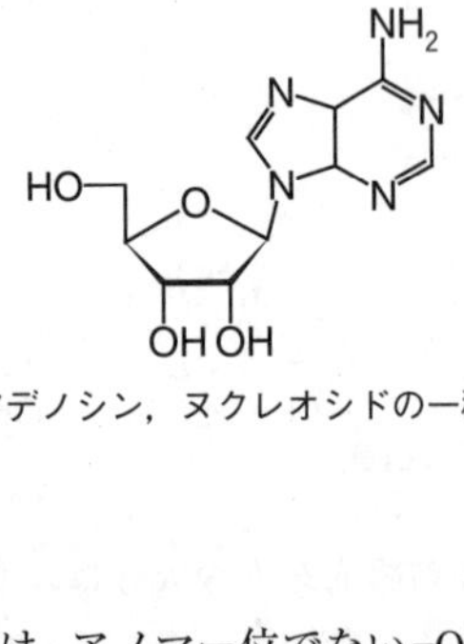

アデノシン，ヌクレオシドの一種 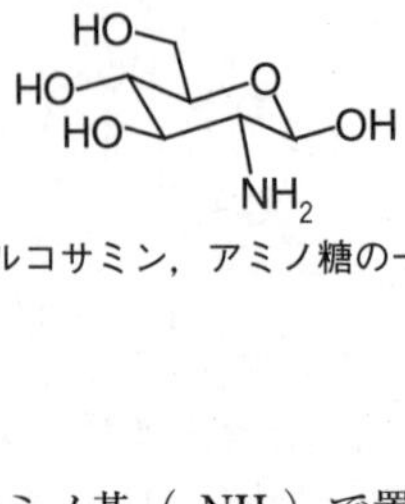　　　グルコサミン，アミノ糖の一種

2) アミノ糖

アミノ糖では，アノマー位でない-OH基がアミノ基（$-NH_2$）で置換されている．

例としてグルコサミンが知られており，これは昆虫や甲殻類の外骨格や，(動脈細胞壁に存在する肥満細胞中の抗血液凝固薬である)ヘパリン中で見出だされる物質である．他のアミノ糖は，ストレプトマイシンやゲンタマイシンのような抗生物質中にみられる．

3) アミノグリコシド系抗生物質

1個以上のアミノ糖を含む抗生物質は**アミノグリコシド系抗生物質**（aminoglycoside antibiotic）とよばれる．たとえば，ゲンタマイシンは三つの異なる単位からできている．すなわちプルプロスアミン，デオキシストレプタミンおよびガロサミンである．他の例としてストレプトマイシンやネオマイシンがある．

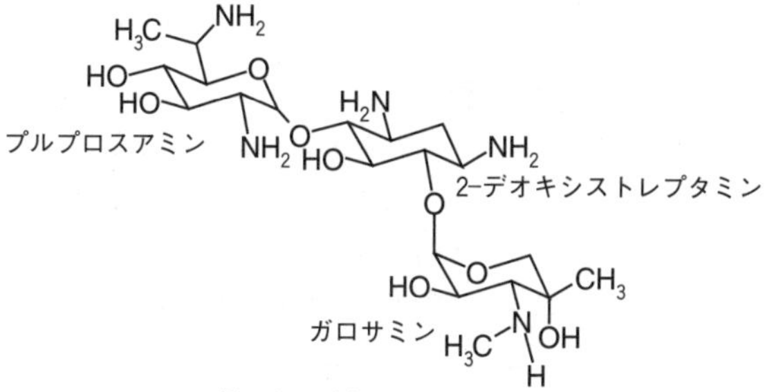

ゲンタマイシン
アミノグリコシド系抗生物質

c. 含硫黄炭水化物 これらの糖では，アノマー位のヒドロキシ基が硫黄を含む基に置き換えられており，例としてリンコマイシンがある．

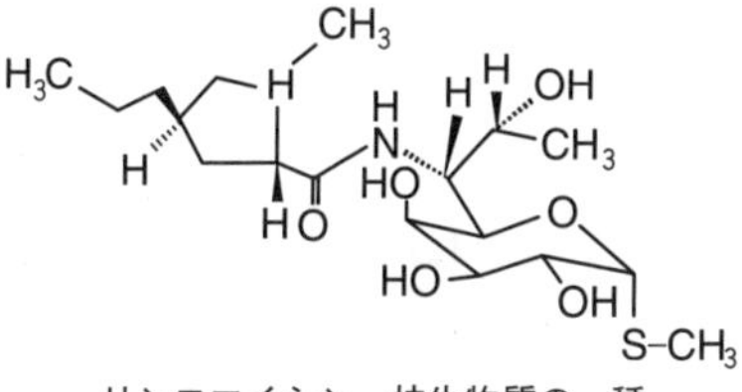

リンコマイシン，抗生物質の一種

d. アスコルビン酸（ビタミンC） ビタミンCとして知られるアスコルビン酸は糖酸であり，植物中で生合成され，ヒトを除くほとんどの脊椎動物中の肝臓に見いだされる．したがって，人間はこのビタミンを，新鮮な野菜や果物を食べることによって外部から摂取する必要がある．多くの医薬品関連物質をつくる際に，アスコルビン酸は抗酸化作用を有する保存剤としても用いられる．アスコルビン酸は

酸化反応を受けやすく，容易にデヒドロアスコルビン酸へと酸化される．

アスコルビン酸（ビタミンC）　[O]→　デヒドロアスコルビン酸

e. 糖タンパク質および糖脂質　糖タンパク質および糖脂質は，それぞれ糖がタンパク質および脂質と結合することによって生成する．これらは細胞膜にとって不可欠な要素であるため，生物学的に重要な化合物である．生体膜はタンパク質，脂質および糖からなる．膜に存在する糖は，タンパク質または脂質と共有結合によって結びつけられ，それぞれ糖タンパク質，糖脂質を形成する．

6・3・12　細胞表面の糖と血液型

タンパク質中のヒドロキシ基とグリコシド結合によって結びつけられた多糖鎖は，細胞表面上で生化学マーカーとして機能する．赤血球膜は糖タンパク質/糖脂質を含む．これらのタンパク質や脂質と結合している糖の種類は人によって異なる．これによって血液型の違いが生じる．ヒトの血液型の互換性は以下の表のようになる．

ドナーの血液型	アクセプターの血液型			
	A	B	AB	O
A	適合	不適合	適合	不適合
B	不適合	適合	適合	不適合
AB	不適合	不適合	適合	不適合
O	適合	適合	適合	適合

6・4　配　糖　体

加水分解によって一つあるいはそれ以上の糖を生成する化合物は，**配糖体**（glycoside）として知られている．配糖体は二つの部分，すなわち糖部分（**グリコン**

サリシン　　　　　　　グルコース　　　　　　サリチルアルコール
配糖体の一種　　　　　グリコン（糖）の一種　　アグリコンの一種

glycone）と糖以外の部分（**アグリコン** aglycone）からできている．たとえば，サリシンを加水分解するとグルコースとサリチルアルコールが生成する．

多くの異なったアグリコンを有する配糖体が，植物の世界で多数見いだされる．これらの配糖体の多くは，フェノール類，ポリフェノール類，ステロイドやテルペノイド骨格をもつアルコール類などと糖がグリコシド結合によって結びつけられて生成する．天然の配糖体に見いだされる糖としては D-グルコースが最も多く，それ以外に L-ラムノース，D-および L-フルクトース，L-アラビノースなどもしばしば見いだされる．五炭糖では L-アラビノースが D-キシロースよりも多く見いだされ，糖類は多くの場合オリゴ糖として存在している．

配糖体の糖部分はアグリコンに対してさまざまな方法で結合する．最もよく見られるのが酸素を介する O-グリコシド結合である．しかし，炭素（C-グリコシド），窒素（N-グリコシド），硫黄（S-グリコシド）などを介したさまざまな結合様式がある．配糖体には薬理学的，医学的に重要なものが存在する．たとえば，ジギトキシンは，ジギタリス（キツネノテブクロ，*Digitalis purpurea*）から得られる強心配糖体である．

6・4・1 生 合 成

配糖体の生合成経路は，アグリコンと糖単位の種類によって大きく異なる．アグリコンと糖は別々に生合成され，その後結合して配糖体となる．この結合はアグリコンの構造によらず，同じ方式で起こる．糖のリン酸化によって糖 1-リン酸が得られ，これがウリジン三リン酸（UTP）と反応してウリジン二リン酸-糖（UDP-糖）と無機リン酸となる．この UDP-糖がアグリコンと反応して配糖体と遊離の UDP を与える．

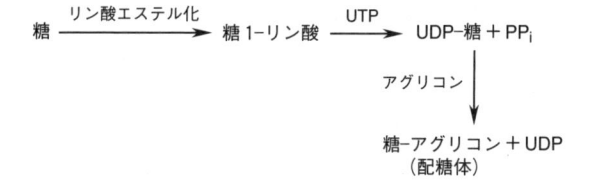

$$\text{糖} \xrightarrow{\text{リン酸エステル化}} \text{糖 1-リン酸} \xrightarrow{\text{UTP}} \text{UDP-糖} + \text{PP}_i$$
$$\downarrow \text{アグリコン}$$
$$\text{糖-アグリコン} + \text{UDP}$$
$$(\text{配糖体})$$

6・4・2 分 類

a．糖部分に基づく分類　グルコースを含んだ配糖体は**グルコシド**（glucoside）とよばれる．同様に，糖がフルクトースやガラクトースの場合には，配糖体はそれ

ぞれ**フルクトシド**(fructoside)や**ガラクトシド**(galactoside)とよばれる.

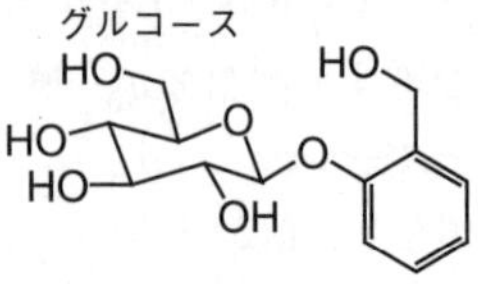

サリシン,グルコシドの一種

b. アグリコンに基づく分類 配糖体はアグリコンの構造のタイプによって分類することもできる.たとえば,アントラキノン配糖体,フラボノイド配糖体,イリドイド配糖体,リグナン配糖体およびステロイド配糖体では,アグリコン部分はそれぞれアントラキノン,フラボノイド,イリドイド,リグナンおよびステロイドである.

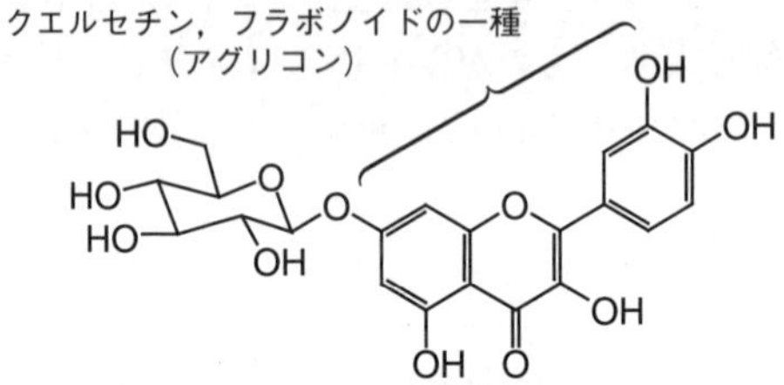

7-O-β-D-グルコピラノシドクエルセチン
フラボノイド配糖体の一種

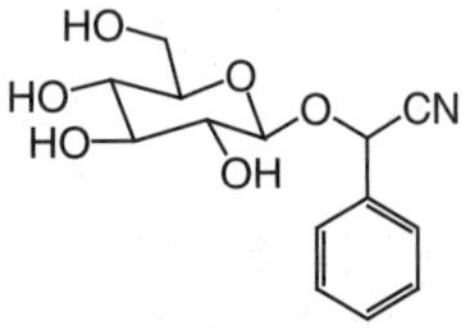

プルナシン,青酸配糖体の一種

c. 機能に基づく分類 石けんに似た性質をもつ配糖体は**サポニン**(saponin)とよばれる.同様に,加水分解によってシアン化水素HCNを発生する配糖体は**青酸配糖体**(シアン配糖体,cyanogenic glycoside)といわれ,強心作用を有する配糖体は,**強心配糖体**(cardiac glycoside)と総称される.

6・4・3 青酸配糖体

アミグダリン,プルナシンや関連する多くの化合物がこの配糖体に属しており,これらは加水分解によってシアン化水素を発生する.生合成的には,青酸配糖体のアグリコンはL-アミノ酸に由来している.たとえば,アミグダリンはL-フェニルアラニンから,リナマリンはL-バリンから,またデュリンはL-チロシンからそれぞれ誘導される.

青酸配糖体,特にアミグダリンとプルナシンはあんず,アーモンド,さくらんぼ,プラム,ももなどの種の部分に見出だされる.これ以外の青酸配糖体のいくつかを

つぎに示した.

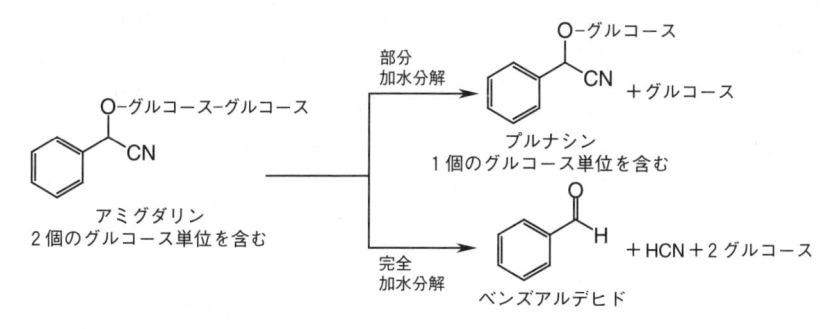

```
        O-グルコース-グルコース              部分        O-グルコース
        |                              加水分解      |
        CH                         ──────────→    CH         + グルコース
       / \                                       / \
      Ph  CN                                    Ph  CN
                                               プルナシン
      アミグダリン                              1個のグルコース単位を含む
      2個のグルコース単位を含む
                                    完全          O
                                    加水分解       ‖
                                ──────────→    Ph-C-H    + HCN + 2 グルコース
                                               ベンズアルデヒド
```

通 称	学 名	科	おもな青酸配糖体
アーモンド	*Prunus amygdalus*	バラ科	アミグダリン
キャッサバ	*Manihot utilissima*	トウダイグサ科	マニホトキシン
アマニ	*Linum ustatissimum*	アマ科	リナマリン

a. 青酸配糖体の確認試験　シアン化水素（青酸）の発生は青酸配糖体を完全に加水分解することによって起こり，ピクリン酸ナトリウムを用いた呈色反応によって簡単に検出することができる．HCN に触れると，元の黄色が赤色（イソプルプラ酸ナトリウム）に変化する．

b. 医薬品としての使用および毒性　青酸配糖体を含む植物からの抽出物は多くの医薬品の調製に香料として用いられている．アミグダリンはがんの治療に用いられており（胃で発生する HCN が腫瘍細胞を殺す），また多くの調合剤において咳止めとして用いられている．

青酸配糖体を多量に摂取すると，適切に処置しない場合には死に至ることがある（強度の胃痛および胃壁の損傷）．

6・4・4　アントラセン/アントラキノン配糖体

アントラセン配糖体のアグリコンの構造はアントラセン誘導体の範疇に属する．これらのほとんどがアントラキノン骨格を含んでおり，レイン 8-*O*-グルコシドやアロイン（*C*-配糖体の一種）のように，**アントラキノン配糖体**（anthraquinone glycoside）ともよばれる．これらの配糖体中で最もよく見られる糖はグルコースとラムノースである．

アントラキノン配糖体は着色した物質であり，特に便秘薬や下剤としての作用を

もつ多くの植物抽出物中の活性化合物である．アグリコンであるアントラキノンは大腸のぜん動運動を促進する．多くの OTC 便秘薬はアントラキノン配糖体を含んでいる．しかし，アントラキノンを含む薬物の使用は短期での便秘治療に止めるべきである．なぜなら高頻度または長期の使用により大腸がんが発症する可能性がある．

アントラセン　　　　9,10-アントラキノン

レイン 8-*O*-グルコシド　　　　アロイン，アントラキノン*C*-配糖体の一種

アントラキノン類は，ユリ科，タデ科，クロウメモドキ科，アカネ科，マメ科などの多くの植物に含まれている．それらはまた *Penicillium* 属や *Aspergillus* 属などの微生物によっても合成される．下図に示したアントラキノン類アグリコン中の構造の変化は自然界でよく見られるものである．

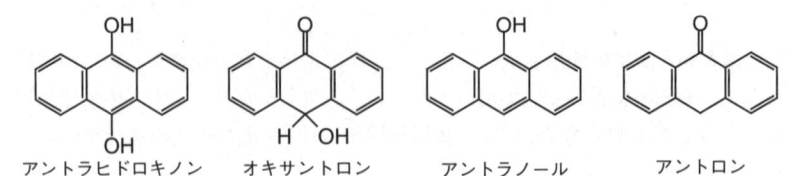

アントラヒドロキノン　　オキサントロン　　アントラノール　　アントロン

アントラキノン二量体およびその誘導体もアントラキノン配糖体のアグリコンとして植物中に含まれている．

ジアントロン　　ジアントラノール

a. センノシド　最も重要なアントラキノン配糖体は，センナ (*Cassia senna* または *Cassia angustifolia*) の葉と実から得られるセンノシドである．これらは実際にはアントラキノン配糖体の二量体である．しかし，これらの植物中には単量体のアントラキノン配糖体も含まれている．

センノシド A	R=COOH	10,10′-*trans*
センノシド B	R=COOH	10,10′-*cis*
センノシド C	R=CH$_2$OH	10,10′-*trans*
センノシド D	R=CH$_2$OH	10,10′-*cis*

b. カスカロシド　カスカラサグラダ (*Rhamnus purshianus*) の樹皮にはさまざまなアントラキノン *O*-配糖体が含まれているが，主要な物質は *C*-配糖体であり，カスカロシドという名称で知られている．ダイオウ (*Rheum palmatum*) も数種の *O*-配糖体とカスカロシドを含んでいる．アロエはおもにアントラキノン *C*-配糖体のアロインなどを含む．

カスカロシド A	R=OH
カスカロシド C	R=H

カスカロシド B	R=OH
カスカロシド D	R=H

c. アントラキノン配糖体の確認試験　遊離のアントラキノンに対しては，粉末にした植物を有機溶媒に混合し，沪過した後，NaOH，NH$_4$OH などの塩基性水溶液を加える．塩基性水溶液中にピンクまたは紫の着色が見えればその試料中にアントラキノンが存在していることを示唆している．

O-配糖体については，植物試料を沸騰塩酸水溶液中で処理し，アントラキノン配糖体を対応するアグリコンにまで加水分解する．そして遊離したアントラキノン

に対して前記の方法を適用する．

C-配糖体に対しては，植物試料を塩化鉄(III)-塩酸で加水分解した後に，遊離のアントラキノンに対して上記の方法を適用する．

d. アントラキノン配糖体の生合成　高等植物では，アントラキノン類はアシルポリマロン酸経路（タデ科あるいはクロウメモドキ科の植物）あるいはシキミ酸経路（アカネ科あるいはイワタバコ科の植物）により，以下のような生合成過程を経て合成される．

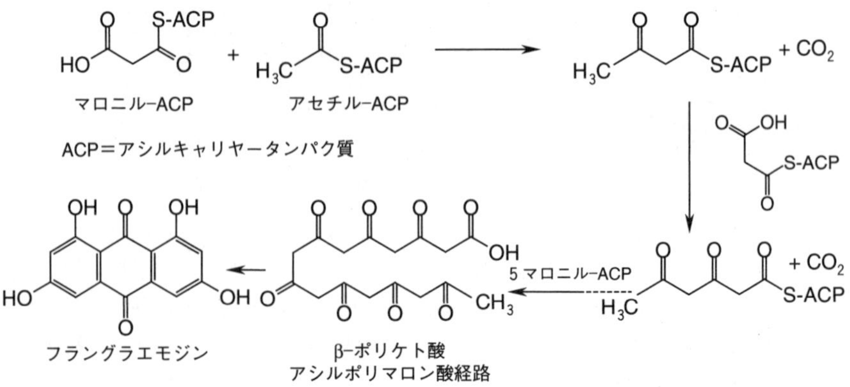

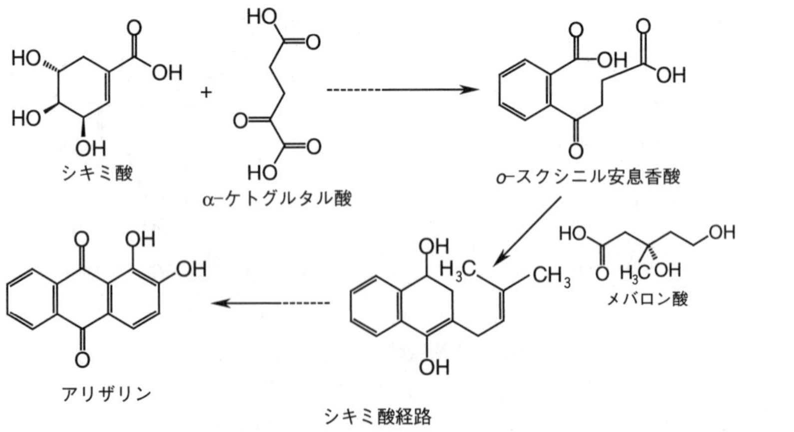

マロニル-ACP + アセチル-ACP → H_3C-CO-CH$_2$-CO-S-ACP + CO_2

ACP＝アシルキャリヤータンパク質

フラングラエモジン ← β-ポリケト酸 ← 5 マロニル-ACP, + CO_2

アシルポリマロン酸経路

シキミ酸 + α-ケトグルタル酸 → o-スクシニル安息香酸

メバロン酸

アリザリン ←

シキミ酸経路

6・4・5　イソプレノイド配糖体

この種の配糖体のアグリコンはイソプレン単位を用いた生合成経路から得られ

る．イソプレノイド配糖体には二つの主要な化合物群が存在する．サポニンと強心配糖体である．

a. サポニン サポニン配糖体は水中で泡立ち，せっけんに似た振舞いをする．加水分解によってアグリコンが生成し，それは**サポゲニン**（sapogenin）とよばれる．これにはステロイド系とトリテルペノイド系の二つの種類がある．ほとんどのサポゲニンには C-3 位にヒドロキシ基が存在しており，そのため通常，サポニンの C-3 位には糖が結合している．

ステロイド核　　　トリテルペノイド核

ステロイド系サポゲニンの二つの主要なタイプは**ジオスゲニン**（diosgenin）と**ヘコゲニン**（hecogenin）である．ステロイド系サポニンは臨床において性ホルモンとして使用されている．たとえば，プロゲステロンはジオスゲニンから得られている．

ジオスゲニン　　　→　　　プロゲステロン

プロゲステロン合成のために最も豊富に存在する出発物質は，元々はメキシコから，そして現在は中国から供給されているヤマノイモ科 *Dioscorea* 属植物から単離されるジオスゲニンである．ジオスゲニンの D 環に属しているスピロケタール基は容易に取り除かれる．コルチゾンやヒドロコルチゾンなどの他のステロイドホルモンは，出発物質として，東アフリカで見いだされるサイザル麻（*Agave sisalana*, ア

サ科）の葉から単離されるヘコゲニンを用いて合成できる．

ヘコゲニン　　　　　　　　　　コルチゾン

トリテルペノイド系サポニンの場合には，アグリコンはトリテルペンである．トリテルペノイド系サポニンのほとんどのアグリコンはα-アミリン，β-アミリン，およびルペオールに代表される三つの基本構造の一つから成っている．しかし，ギンセノシド類のような四環性のトリテルペノイドアグリコンも見いだされている．これらの配糖体はグリチルリチン（グリチルリチン酸）を含む甘草や，ギンセノシドを含むチョウセンニンジンなどの多くの植物中に豊富に存在する．トリテルペノイド系サポニンを含むほとんどの粗抽出薬物は去痰薬として用いられる．トリテル

グリチルリチン（グリチルリチン酸）
甘草の配糖体の一種

ギンセノシド R_{b1}
チョウセンニンジンの配糖体の一種

ペノイド配糖体の3種の主要な起源とその使用法について以下に要約した．

植　物	学名(科)	おもな成分	用　途
カンゾウ	*Glycyrrhiza glabra* (マメ科)	グリチルリチン酸誘導体	去痰作用に加え調味料として
キラヤ皮	*Quillaja saponaria* (バラ科)	数種の複合体，トリテルペノイド，サポニン (例：セネジンⅡ)	乳化剤
チョウセンニンジン	*Panax ginseng* (ウユギ科)	ギンセノシド類	強壮剤，疲労回復剤

b. 強心配糖体　　ジギタリスから得られるジギトキシンのように，心筋に対して強い効果をもつ配糖体を**強心配糖体**（cardiac glycoside）とよぶ．これらの効果は心筋収縮と房室伝導に対して特異的である．強心配糖体のアグリコンは，五員環γ-ラクトンまたは六員環δ-ラクトンのような不飽和ラクトン環側鎖を有するステロイドである（五員環ラクトンをもつものをカルデノリド，六員環ラクトンをもつものをブファジエノリドという）．これらの配糖体に含まれる糖類はおもにジギトキソース，シマロース，ジギタロース，ラムノース，サルメントースなどである．ジギトキソース，シマロース，サルメントースは2-デオキシ糖である．

　強心配糖体はユリ科，キンポウゲ科，キョウチクトウ科，ゴマノハグサ科などの少数の植物群で見いだされる．今日までに単離された強心配糖体のうち，ジギタリスから単離されたジギトキシンおよびジゴキシンが最も重要な強心剤である．ジギトキシンとジゴキシンはストロファンツス種子（キョウチクトウ科）と海葱（ユリ科）にも見いだされる．この二つの強心配糖体はカルデノリドに属しており，存在する糖は2-デオキシ糖のジギトキソースである．

カルデノリド　　　　　ブファジエノリド

糖とアグリコンの両方が生理活性発現のために必要である．糖の部分は配糖体が心筋に結合するのに必要だと思われ，アグリコン部分が結合後心筋に対して作用を示していると考えられる．ラクトン環は薬理作用を示すために必要であることが証明

されている．3位のヒドロキシ基の立体化学も重要であり，βに位置するものがより強い活性を示す．これらの配糖体を多量に投与すると，心停止につながり生命が危険である．しかし，少量の場合にはうっ血性の心不全治療に用いられる．

3分子のD-ジギトキソースを構成糖とする糖部

ジギトキソース
ジギトキシン（R=H）とジゴキシン（R=OH）
ジギタリスに由来する強心配糖体

プロシラリジンのようなブファジエノリド骨格を有する強心配糖体が植物中（海葱，ユリ科）に見いだされている．

プロシラリジンA
ブファジエノリド強心配糖体の一種

c. イリドイドおよびセコイリドイド配糖体　イリドイドおよびセコイリドイドは植物構成成分のうち大きな領域を占めており，通常は配糖体の形で存在している．たとえば，テビルス・クロウ *Harpagophytum procumbens*（ゴマ科）の活性成分であるハルパゴシドはイリドイド配糖体である．シソ科（特にオオキセワタ属，イヌゴマ属，*Eremostachys* 属），リンドウ科，オミナエシ科，モクセイ科植物はこれらの配糖体の良い供給源である．

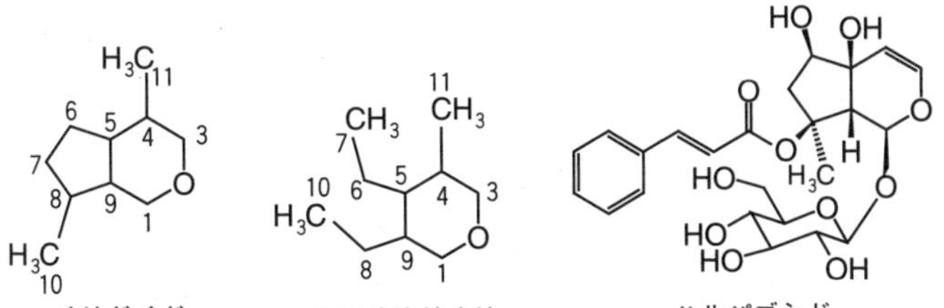

6・4 配糖体

イリドイド　セコイリドイド　ハルパゴシド

ほとんどの天然型イリドイトおよびセコイリドイドでは，C-1位が酸素化されており，これは配糖体生成の際に起こっている．

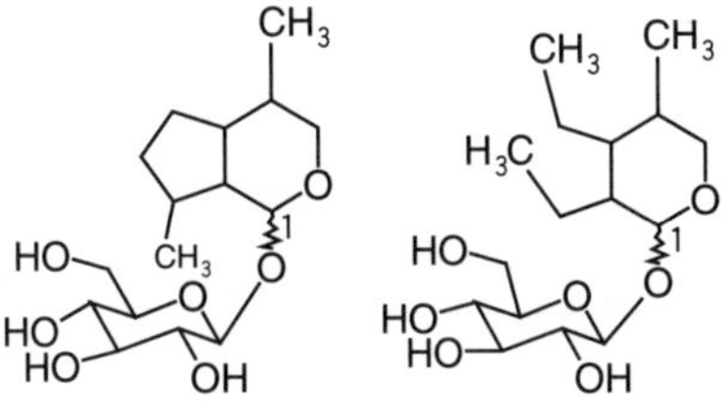

イリドイドとセコイリドイド配糖体
グリコシル化はC-1で起こる

また，天然型イリドイドおよびセコイリドイドは多くの場合C-3位とC-4位の間が二重結合になっており，C-11位にはカルボキシ基がある．イリドイドおよびセコイリドイド骨格の他の炭素上の官能基の変化が自然界で見いだされており，その例を以下に示した．

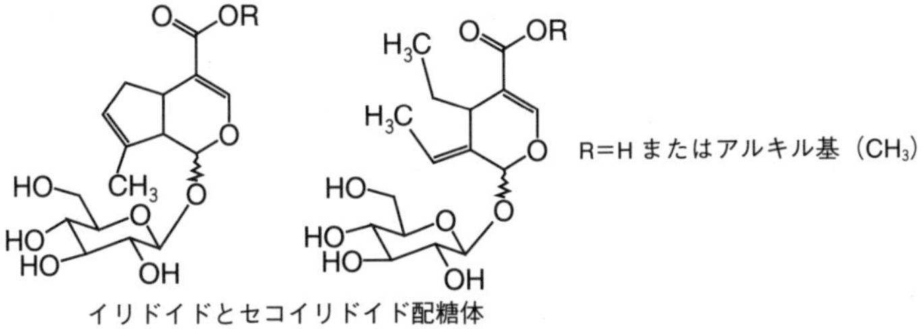

R=Hまたはアルキル基（CH_3）

イリドイドとセコイリドイド配糖体
官能基が変化する

イリドイドおよびセコイリドイド配糖体を生成する植物の例と，その医薬品としての応用について以下にまとめた．

1) デビルス・クロウ（*Harpagophytum procumbens*，ゴマ科）
　デビルス・クロウは南アフリカ，ナミビア，マダガスカルなどが原産地であり，

伝統的に骨関節炎，リウマチ，消化不良，後背部痛などに用いられてきた．この植物は 0.5〜3% のイリドイド配糖体を含んでおり，ハルパゴシド，ハルパジド，プロカンビンなどがその主要成分である．

ハルパジド　　　　プロカンビン

この植物の毒性はきわめて低いと考えられている．今日に至るまで，使用に伴う副作用についての報告例はない．しかし，分娩を促進する性質があり，妊婦への使用は避けるべきだといわれている．さらに，消化器系に対する反射作用があるので，胃潰瘍や十二指腸潰瘍の患者は使用しない方がよい．

2) コオウレン (*Picrorhiza kurroa*，オオバコ科)

コオウレンは小さい多年生植物であり，インドの丘陵地帯，特にヒマラヤの 3000〜5000 m の高地に生息する．この植物の苦みのある地下茎は**アーユルヴェーダ伝統医学** (Ayurvedic traditional medicine) において何千年にもわたって消化不良，便秘，肝不全，気管支炎，発熱などに用いられてきた．さまざまな金属と組合わせることによって急性ウイルス性肝炎にも有効である．コオウレンの有効成分はピクロシドⅠ〜Ⅳと，クトコシドとよばれるイリドイド配糖体である．

ピクロシドⅡ　　　　クトコシド

コオウレンはインドでは広く用いられており，重大な副作用は今日まで報告されていない．経口でのコオウレンのイリドイド配糖体の LD_{50} は，ラットのデータで 2600 mg kg^{-1} 以上である．

3) オレウロペイン（セコイリドイド配糖体）

セイヨウトネリコ，オリーブ，イボタノキなどのオリーブ属植物は，オレウロペインが得られる主要な植物である．この化合物は抗低血圧，抗酸化作用，抗ウイルス，抗菌作用を有している．この化合物の毒性や禁忌は報告されていない．

オレウロペイン
生体活性セコイリドイド配糖体の一種

6・5 テルペノイド

テルペノイドは二つ以上の**イソプレン単位**（isoprene unit）が結合して生じる化合物である．イソプレンは5炭素の単位からなっており，化学名は2-メチル-1,3-ブタジエンである．Leopold Ruzicka によって提案された**イソプレン則**（isoprene rule）によれば，テルペノイド類はイソプレン単位が tail-to-head 結合して生成する．1位の炭素が head であり，4位の炭素が tail である．たとえば，ミルセンは単純な炭素10個からなるテルペノイドであり，以下に示すような二つのイソプレン単位の tail-to-head 結合によって生成する．

テルペノイドは高等植物すべて，およびコケ，ゼニゴケ，藻類，地衣類などで見いだされる．昆虫や微生物由来のテルペノイドも存在する．

6・5・1 分　類

テルペノイドは，これらの化合物を生成するのに用いられるイソプレン単位の数によって分類される．

テルペノイドの型	炭素数	イソプレン単位の数	例
モノテルペン	10	2	リモネン
セスキテルペン	15	3	アーテミシニン
ジテルペン	20	4	フォルスコリン
トリテルペン	30	6	α-アミリン
テトラテルペン	40	8	β-カロテン（プロビタミン A）
ポリテルペン	多数	多数	ゴム

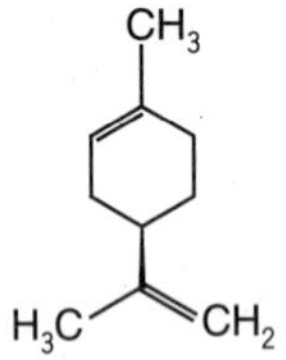

(＋)-リモネン
モノテルペンの一種

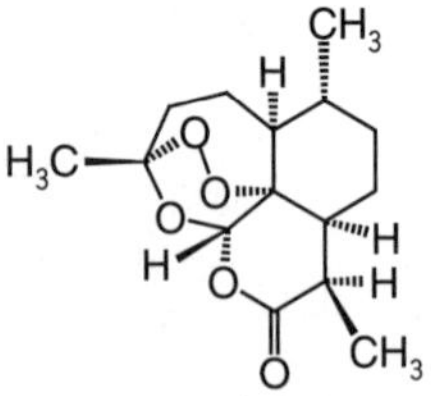

アーテミシニン
抗マラリアセスキテルペンの一種

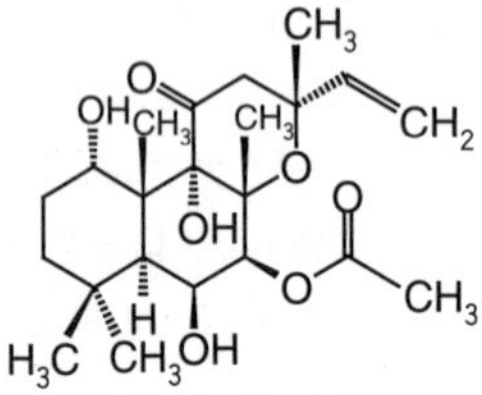

フォルスコリン
抗高血圧ジテルペンの一種

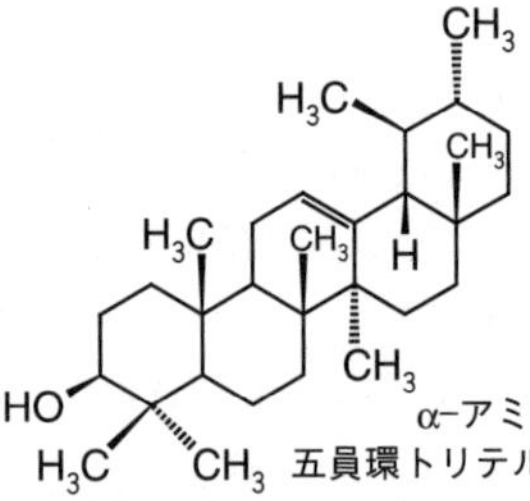

α-アミリン
五員環トリテルペンの一種

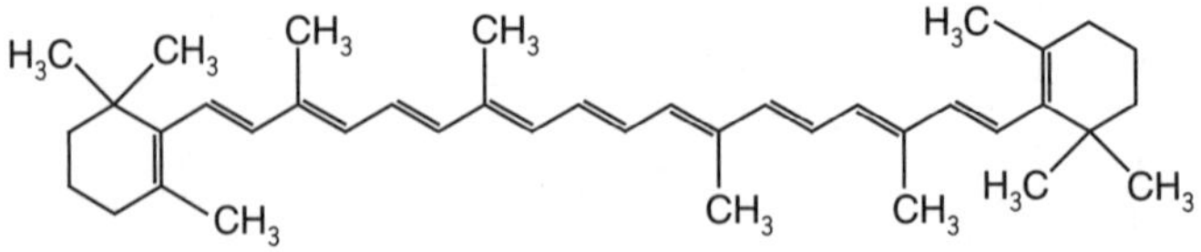

β-カロテン
テトラテルペンの一種

6・5・2 生 合 成

　(3R)-(＋)-メバロン酸はすべてのテルペノイド類の合成前駆体である．メバロン酸キナーゼとホスホメバロン酸キナーゼがメバロン酸のリン酸化を触媒し，(3R)-(＋)-メバロン酸 5-リン酸を与え，これは最終的に，メバロン酸 5-二リン酸脱炭酸酵素で触媒されるカルボキシ基とヒドロキシ基の脱離によって，イソペンテニル二リン酸，別名イソペンテニルピロリン酸（IPP）に変換される．イソペンテニルピロリン酸はイソペンテニルイソメラーゼによってジメチルアリルピロリン酸

(DMAPP)に異性化する．1単位のIPPとDMAPPがジメチルアリル転移酵素の作用によりhead-to-tailで結合してゲラニルピロリン酸を生成し，これが最終的に加水分解されて，単純なモノテルペンであるゲラニオールを与える．ゲラニルピロリン酸はすべてのモノテルペンの前駆体である．

同様の様式で，炭素25個までの化合物の主要合成経路は，IPPから誘導される炭素5個の単位を，DMAPPから誘導される出発単位に連続的に付け加えていくことによって成り立っている．すなわち，セスキテルペンは前駆体$(2E,6E)$-ファルネシルピロリン酸（FPP）と$(2E,6E,10E)$-ゲラニルゲラニルピロリン酸（GGPP）由来のジテルペンから得られる．トリテルペン類およびテトラテルペン類の母核は，二つのFPPおよびGGPPの還元的カップリングによってそれぞれ合成される．ゴムやそれ以外のポリイソプレノイドは出発単位であるGGPPに対するC_5単位の付加の繰返しによって生成する．

6・5・3 モノテルペン

炭素10個を含むモノテルペン類は二つのイソプレン単位から成り，レモンオイルからの（＋）-リモネン，ローズ油からの（－）-リナロールなど，植物界に多量に見いだされる．多くのモノテルペン類は植物中の揮発油あるいは精油の成分である．これらの化合物は薬，菓子類，香水などの香味成分として特に重要である．しかし，多くのモノテルペン類はさまざまな生理活性を有しており，医薬品としても用いられる．たとえばカンファーはリウマチの痛みに対して塗布薬として，メントールはかゆみを治療するための軟膏や塗布薬として，またオレンジの皮は芳香性の苦味強壮薬，また食欲不振の治療薬として用いられる．チモールやカルバクロールは殺菌薬として使用される．

a. モノテルペンの種類　モノテルペンはさまざまな構造で植物中に含まれている．環状構造もあれば非環状物質もある．また，さまざまな官能基を含んでおり，

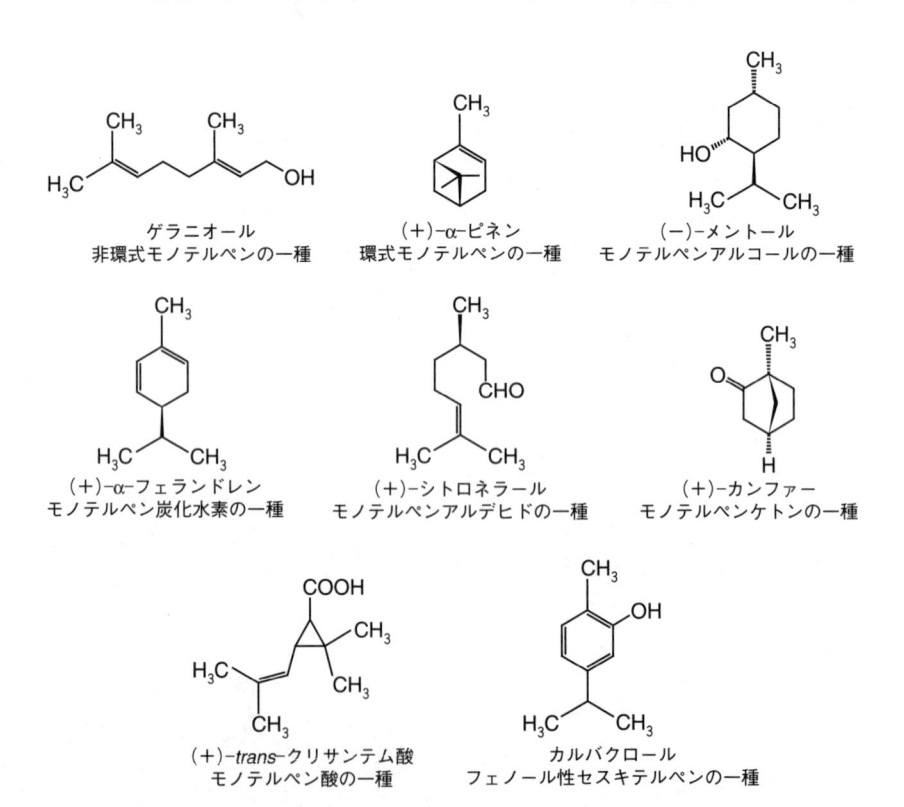

ゲラニオール
非環式モノテルペンの一種

（＋）-α-ピネン
環式モノテルペンの一種

（－）-メントール
モノテルペンアルコールの一種

（＋）-α-フェランドレン
モノテルペン炭化水素の一種

（＋）-シトロネラール
モノテルペンアルデヒドの一種

（＋）-カンファー
モノテルペンケトンの一種

（＋）-trans-クリサンテム酸
モノテルペン酸の一種

カルバクロール
フェノール性セスキテルペンの一種

その官能基によって炭化水素,アルコール,ケトン,アルデヒド,酸,フェノールなどに分類される.いくつかの例を示した.

b. 代表的な基原植物 多くの植物がさまざまなモノテルペンをつくり出す.以下の表には,基原植物とその代表的なモノテルペン化合物のいくつかの例を挙げた.

基原		おもなモノテルペン
通称	学名(科)	
ブラックペッパー	*Piper nigrum* (コショウ科)	α-ピネン, β-ピネン, フェランドレン
ペパーミントの葉	*Mentha Piperita* (シソ科)	メントール, メントン
バラ油	*Rosa centifolia* (バラ科)	ゲラニオール, シトロネロール, リナロール
カルダモン	*Elettaria cardamomum* (ショウガ科)	α-テルピネオール, α-テルピネン
ローズマリー	*Rosmarinus officinalis* (シソ科)	ボルネオール, シネオール, カンフェン
ビターオレンジ	*Citrus aurantium* (ミカン科)	(+)-リモネン, ゲラニアル
カンファー	*Cinnamomum camphora* (クスノキ科)	(+)-カンファー
キャラウェイ	*Carum carvi* (セリ科)	(+)-カルボン, (+)-リモネン
タイム	*Thymus vulgaris* (シソ科)	チモール, カルバクロール

6・5・4 セスキテルペン類

セスキテルペンは炭素15個をもつテルペノイドであり,3個のイソプレン単位からなる.クソニンジン *Artemisia annua* (キク科) から得られるアーテミシニン,ドイツカミツレ *Matricaria recutita* (キク科) から得られる (−)-α-ビスアボロールなど,植物中に多数存在する.IPP が GPP に付加すると,すべてのセスキテルペンの前駆体である (2*E*,6*E*)-ファルネシルピロリン酸 FPP が生成する.これは種々の環化酵素によって環状構造となり,多くのセスキテルペン類を与える.セスキテルペンのうちのいくつかは生理活性を有し,医学的にも重要な化合物である.たと

(−)-α-ビスアボロール

えば，(−)-α-ビスアボロールおよびその誘導体は消炎作用や鎮痙作用を有しており，アーテミシニンは抗マラリア薬である．

a. 構造による分類　セスキテルペンはさまざまな構造を有しており，そのうちのいくつかを以下の表に示した．

主要な構造の分類	特徴的な構造例
単純なファネサン型の直鎖状セスキテルペン	trans-β-ファルネセン ホップとサツマイモから見いだされた防アブラムシ剤
フラノイドファネサンセスキテルペン	イポメアマロン フィトアレキシンの一種
シクロブタンおよびシクロペンタンセスキテルペン	シクロネロジオール 菌の代謝産物
シクロファネサン型セスキテルペン	アブシジン酸 植物生長制御物質
ビスアボランセスキテルペン	(−)-α-ビスアボロール　　(−)-β-ビスアボレン

(つづき)

主要な構造の分類	特徴的な構造例
シクロビスアボラン セスキテルペン	セスキカレン
エレマン セスキ テルペン	クルゼレノン ウコンの成分 / β-エレメン ウコンの成分
ゲルマクラン	ゲルマクラン A / パルテノリド / ゲルマクラン D
レピドザンおよびビシクロゲルマクラン セスキテルペン	ビシクロゲルマクラン
フムラン セスキ テルペン	フムレン ホップから得られるセスキテルペン

(つづき)

主要な構造の分類	特徴的な構造例
カリオフィラン セスキテルペン	β-カリオフィレン シナモンから得られる生理活性物質
クパランおよび シクロラウラン セスキテルペン	クパレン　　　　　シクロラウレン
ラウランセスキ テルペン	(+)-クルクメンエーテル　　　アプリシン
トリコテカン セスキテルペン	ジアセトキシスシルペノール 菌が産生する毒
ユーデスマン セスキテルペン	α-サントニン　　　　　β-ユーデスモール ヨモギから得られる駆虫薬成分

(つづき)

主要な構造の分類	特徴的な構造例
エンモチン セスキテルペン	エンモチンA / エンモチンF
オポシタン セスキテルペン	4-ヒドロキシ-7-オポシタノン / 1β,4β,11-オポシタントリオール
シクロユーデスマン セスキテルペン	ブロテノリド / シクロユーデスモール
エレモフィラン セスキテルペン	エレモホルチンA / エレモホルチンC
アリストラン セスキテルペン	1,9-アリストラジエン / 9-アリストレン-12-アール
ナルドシナン セスキテルペン	カンションA / レムナカルノール

(つづき)

主要な構造の分類	特徴的な構造例
カカロール セスキテルペン	カカロール / カカロリド
カジナン セスキテルペン	α-カジネン / アーテミシン酸
アリアカン セスキテルペン	アリアコール A / アリアコリド
オプロパン セスキテルペン	アブロタニフォロン / 10-ヒドロキシ-4-オプロパノン
ドリマン セスキテルペン	クリプトポル酸 A / 8-ドリメン-11-アール / マラスメン

(つづき)

主要な構造の分類	特徴的な構造例
キサンタン セスキテルペン	クルマジオン ウコンの成分
カラブラン セスキテルペン	クルクラブラノール A　　クルクメノン
グアイアン セスキテルペン	ブルネソール　　マトリシン
アロマデンドラン セスキテルペン	1-アロマデンドレン　　1-アロマデンドラノール
パチョランおよび 転位パチョラン セスキテルペン	β-パチョレン
バレレナン セスキテルペン	6-バレレネン-11-オール　　バレレン酸

(つづき)

主要な構造の分類	特徴的な構造例	
アフリカナン セスキテルペン	2-アフリカナノール	3(15)-アフリカネン
リピフォリアンおよびヒマチャラン セスキテルペン	1,3-ヒマチャラジエン	2-ヒマチャレン-6-オール
ロンジピナン セスキテルペン	8β-ヒドロキシ-3-ロンジピネン-5-オン	3-ロンジピネン
ロンジフォラン セスキテルペン	(+)-ロンジフォレン	
ピングイサン セスキテルペン	5,10-ピングイサジエン	ピングイサニン
ピクロトキサン セスキテルペン	アモエニン	ノビリン

(つづき)

主要な構造の分類	特徴的な構造例
ダウカンおよびイソダウカンセスキテルペン	カラトール
イルダンおよびプロトイルダンセスキテルペン	イルジン S（発光キノコの成分）
ステルプランセスキテルペン	6-ヒドロキシ-6-ステルプレン-12-カルボン酸
イルダランセスキテルペン	カロメラノラクトン　　カンジカンゾール
イソラクタラン，メルラン，ラクタランおよびマラスマンセスキテルペン	ブレンニン C　　ラクテロルフィン C
ボトリジアールセスキテルペン	ボトシノリド

(つづき)

主要な構造の分類	特徴的な構造例	
スピロベチバン セスキテルペン	シクロデヒドロイソルビミン	1(10),7(11)-スピロベチバジエン-2-オン
アコラン セスキテルペン	3,5-アコラジエン	3,11-アコラジエン-15-オール
チャミグラン セスキテルペン	2,7-チャミグラジエン	マジュスクロン
セドランおよびイソセドラン セスキテルペン	α-セドレン	セドロール
プレカプネランおよびカプネラン セスキテルペン	ビリジアノール	9,12-カプネレン
ヒルスタンおよび転位ヒルスタン セスキテルペン	セラトピカノール	5α,7β,9α-ヒルスタントリオール
ペンタレナン セスキテルペン	ペンタレネン	ペンタネレン酸

(つづき)

主要な構造の分類	特徴的な構造例
カンフェレナン, α-サンタランおよびβ-サンタランセスキテルペン	α-ベルガモテン　　　α-サンタレン
コパアンセスキテルペン	3-コパエン　　　3-コパエン-2-オール
ジムノミトランセスキテルペン	3-ジムノミトレン　　　3-ジムノミトレン-15-アール

b. 代表的な基原植物　植物は多様なセスキテルペンを合成する. 以下に示した表は, 主要なセスキテルペン化合物のいくつかの例である.

植物源		おもなセスキテルペン
通称	学名(科)	
ジャーマンカモミール	*Matricaria recutita* (キク科)	α-ビサボロールとその誘導体
ナツシロギク	*Tanacetum parthenium* (キク科)	ファルネセン, ゲルマクレンD, パーテノリド
クソニンジン(青蒿)	*Artemisia annua* (キク科)	アーテミシニンとその誘導体
オニアザミ	*Cnicus benedictus* (キク科)	クニシン
シナモン(セイロン桂皮)	*Cinnamomum zeylanicum* (クスノキ科)	β-カリオフィレン
チョウジ	*Syzygium aromaticum* (フトモモ科)	β-カリオフィレン
ホップ	*Humulus lupulus* (アサ科)	フムレン
シナ	*Artemisia cinia* (キク科)	α-サントニン
カノコソウ	*Valeriana officinalis* (オミナエシ科)	バレラノン
セイヨウビャクシン	*Juniperus communis* (ヒノキ科)	α-カジネン
ウコン	*Cucuma longa* (ショウガ科)	クルクメノン, クルクマブラノールA, クルクマブラノールB, β-エレメン, クルゼレノン

6・5・5 ジテルペン

ジテルペノイドは IPP と (2*E*,6*E*)-FPP の縮合によって生成する (2*E*,6*E*,10*E*)-ゲラニルゲラニルピロリン酸 (GGPP), あるいはそのアリル位ゲラニルリナロイル異性体から誘導される, 炭素20個からなる大きな化合物群である. それらは高等植物, 菌類, 昆虫, 海洋生物から見つかっている.

最も単純で重要なジテルペンはゲラニルゲラニオールの還元型であるフィトールであり, これはクロロフィルの脂溶性側鎖の構成成分である. フィトールはビタミンE (トコフェロール) やビタミンKの一部にも使われている. ビタミンAも炭素20個からなる化合物であり, ジテルペンと見なすことができる. しかし, 実際にはビタミンAはテトラテルペンの分解によって生成している. 薬物として重要なジテルペンのうち, セイヨウイチイ *Taxus brevifolia* から単離されたパクリタキセル (タキソール) は, 現代において最も効果的な抗腫瘍薬の一つである.

フィトール
ジテルペンの一種

α-トコフェロール
ビタミンE群の一種

ビタミンK_1
ジテルペノイド部を含む

フォルスコリン
抗高血圧剤の一種

パクリタキセルまたはタキソール
抗がん剤の一種

a. 主要な構造の種類 フィトールのような直鎖状ジテルペンが数多く存在しているが，これら非環状ジテルペンの環化反応は種々の酵素によって促進され，環状ジテルペンが生成する．多くの生体反応，たとえば酸化反応によってこれらの環状ジテルペンの誘導体化が進行する．ジテルペンとして存在する主要な構造を以下に示した．

アビエタン ジテルペノイド

8,13-アビエタジエン

アンフィレクタン ジテルペノイド

ヘリオポリン E

ベイエラン ジテルペノイド

15-ベイエレン

ブリアラン ジテルペノイド

ベレシナルミン G

カッサン ジテルペノイド

カエサルジャピン

センブラン ジテルペノイド

ビピナチン B

クレイスタンタン ジテルペノイド

13(17),15-クレイスタンタジエン

シアタン ジテルペノイド

12,18-シアタジエン

ダフナン ジテルペノイド

ダフネトキシン

ドラベラン ジテルペノイド

3,7-ドラベラジエン-9,12-ジオール

ドラスタン ジテルペノイド

9-ヒドロキシ-1,3-ドラスタジエン-6-オン

エニセランおよびアスベスチナン ジテルペノイド

6,13-エポキシ-4(18),8(19)-エニセラジエン-9,12-ジオール

フシコッカン ジテルペノイド

7(17),10(14)-フシコッカジエン

ジベレリン類

ジベレリン A_{13}

6・5 テルペノイド

イソコパラン ジテルペノイド

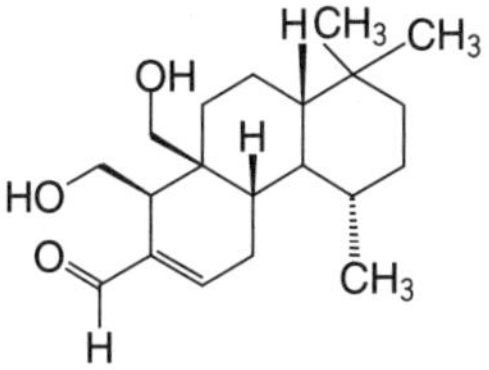

15,17-ジヒドロキシ-12-イソコパレン-16-アール

ジャトロファン ジテルペノイド

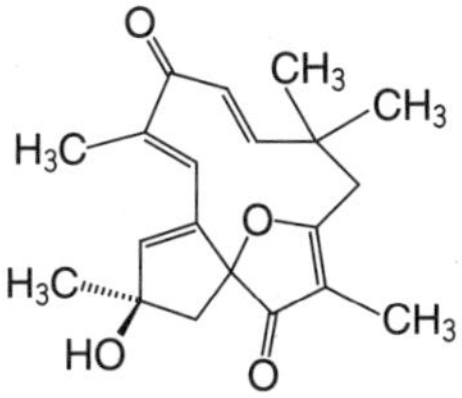

2β-ヒドロキシジャトロホン

カウランおよびフィロクラダン ジテルペノイド

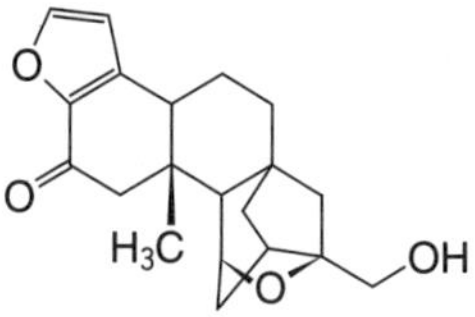

ベンガレンソール

ラブダン ジテルペノイド

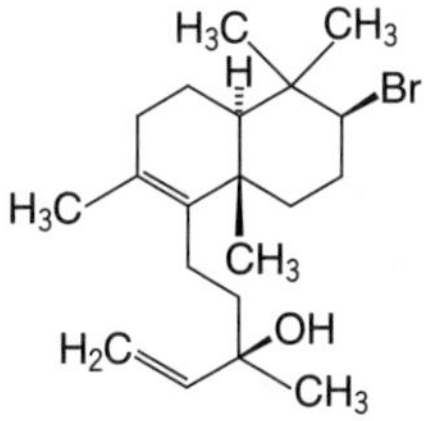

3-ブロモ-7,14-ラブダジエン-13-オール

ラチラン ジテルペノイド

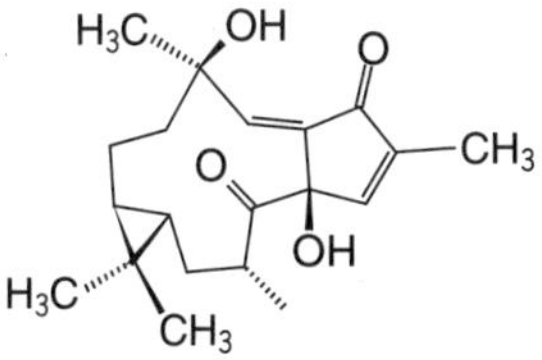

クルクラチラン A

ロバン ジテルペノイド

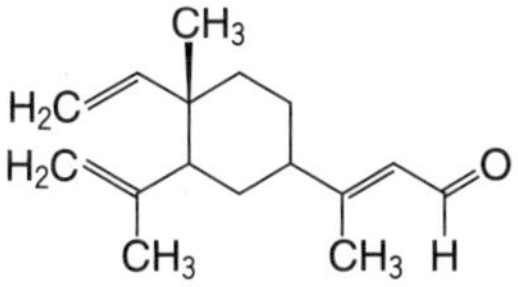

ロボフィタール

パチディクチラン ジテルペノイド

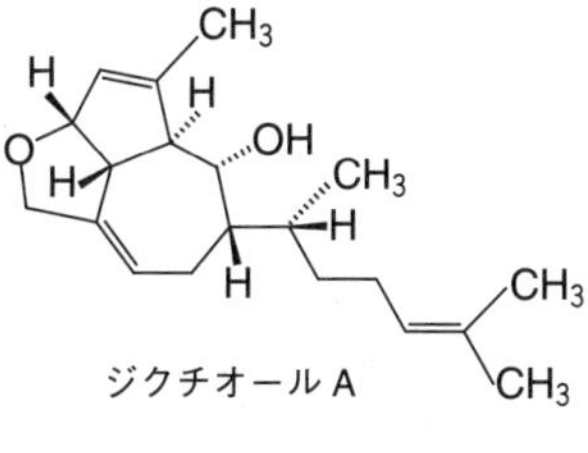

ジクチオール A

フィタン ジテルペノイド

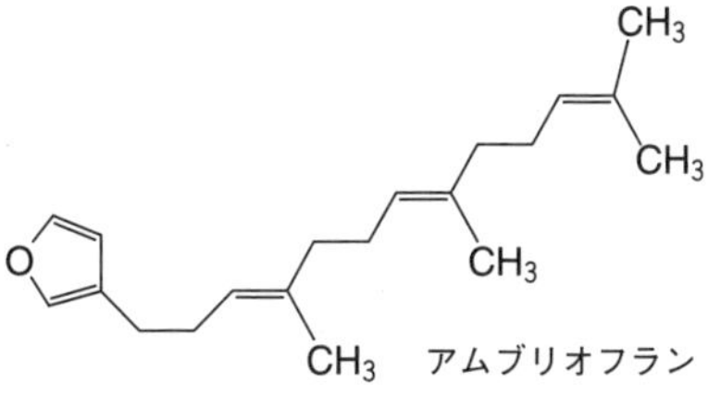

アムブリオフラン

6. 天然物化学

ピマラン ジテルペノイド

アンノナリド

ポドカルパン テルペノイド

ベトライド

プレニルゲルマクラン ジテルペノイド

ジロホール

セルラタンおよびビフロラン ジテルペノイド

14-セルラテン-8,18-ジオール

スフェノロバン ジテルペノイド

3-スフェノロベン-5,16-ジオン

タキサン ジテルペノイド

パクリタキセルまたはタキソール

チグリアンおよびインゲナン ジテルペノイド

4β,9α,12β,13α,16α,20β-ヘキサヒドロキシ-
1,6-チグリアジエン-3-オン

ベルコサン ジテルペノイド

2β,9α,13β-ベルコサントリオール

ゼニカンおよびキセニアフィラン ジテルペノイド

ゼニシン

b. 天然資源 ジテルペンはおもに植物中で見いだされるが,微生物や昆虫などの天然資源からも得られる.以下に示すのはこれら植物源と,そこに含まれる主要なジテルペノイド類のいくつかを示したものである.

天然資源		おもなジテルペン
通称	学名(科)	
イチイ	*Taxus brevifolia* (イチイ科)	パクリタキセル
イネ馬鹿苗病菌	*Gibberella fujikuroi*	ジベレリン
コリウス	*Coleus forskohlii* (シソ科)	フォルスコリン
ステビア	*Stevia rebaudiana* (キク科)	ステビオシド
イチョウ	*Ginkgo biloba* (イチョウ科)	ギンコライド

6・5・6 トリテルペン

トリテルペノイドは30個の炭素を含む多くの化合物を含んでおり,スクアレンから合成される.3β-ヒドロキシトリテルペノイドの場合にはスクアレン 2,3-エポキシドの (3*S*)-異性体に由来する.2分子のファルネシルピロリン酸が tail-to-tail で結びつけられる形式の結合でスクアレンが生成する.環化が起こり始める際に *all-trans*-スクアレン-2,3-エポキシドのとる立体配座が,結果として生成するトリテルペノイドの環結合部位の立体化学を決定する.最初に生成するカチオン中間体が,骨格転位とよばれる連続的な 1,2-ヒドリドおよび 1,2-メチル基移動を起こし,多くの骨格構造を与える.

多くのトリテルペノイドは生理活性物質であり,医薬品として用いられる.たとえば,フシジン酸は抗菌作用を有する *Fusidium coccineum* から単離された真菌代謝産物であり,またクレラスタチンは海綿の *Crella* 種から単離されたトリテルペノイド二量体である.

a. 主要な構造の種類 すべてのトリテルペノイドの母核であるスクアレンは直鎖状の化合物であるが,トリテルペノイドの大半は,五環性および四環性化合物

スクアレン
2FPP の tail-to-tail 結合から生成

スクアレン 2,3-エポキシド

フシジン酸
抗生物質の一種

キラ酸
キラヤ(サボンノキ) *Quillaja saponaria*
(バラ科)由来のトリテルペン

パナキサトリオール
ニンジン(ウコギ科)由来のトリテルペン

を中心とする環状構造で存在している．これら環状トリテルペノイド中，さらにはいくつかの構造が異なるトリテルペノイドに分類される．主要なトリテルペノイドについて以下に示した．

四環性トリテルペン

アポチルカラン

アザジラクトール

ククルビタン

ククルビタシン E
ウリ科植物に存在

6・5 テルペノイド

四環性トリテルペン（つづき）

シクロアルタン

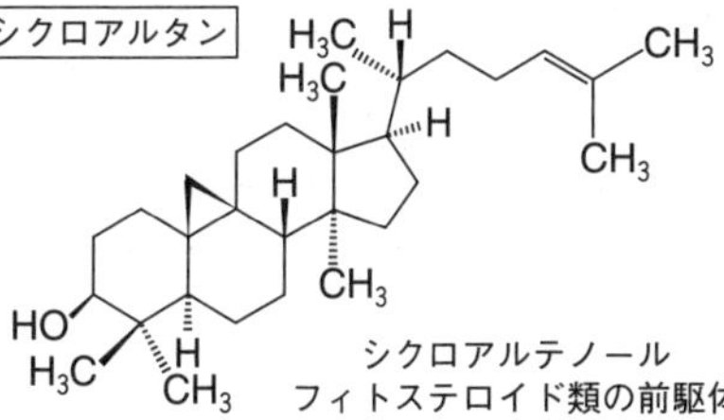

シクロアルテノール
フィトステロイド類の前駆体

ダンマラン

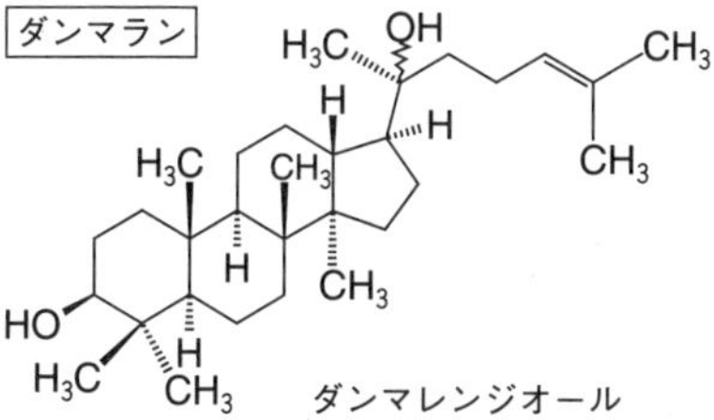

ダンマレンジオール

ユーファン

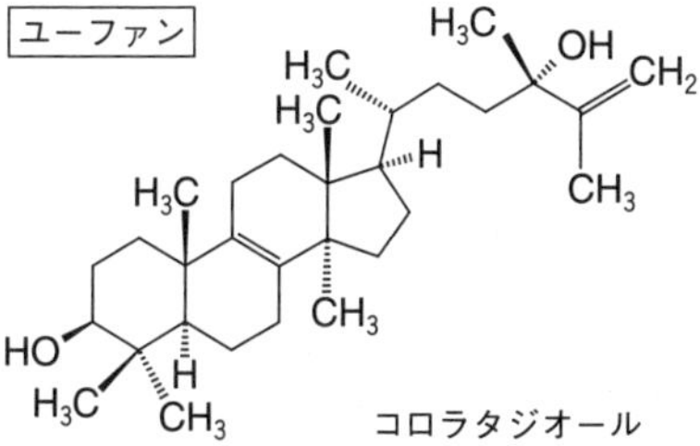

コロラタジオール

ラノスタン

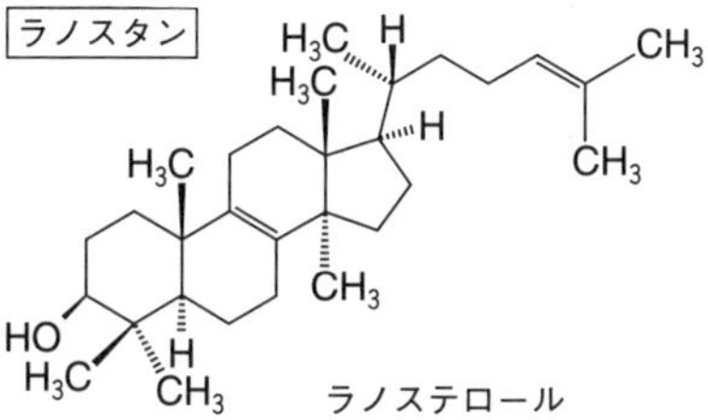

ラノステロール

プロストスタンとフシダン

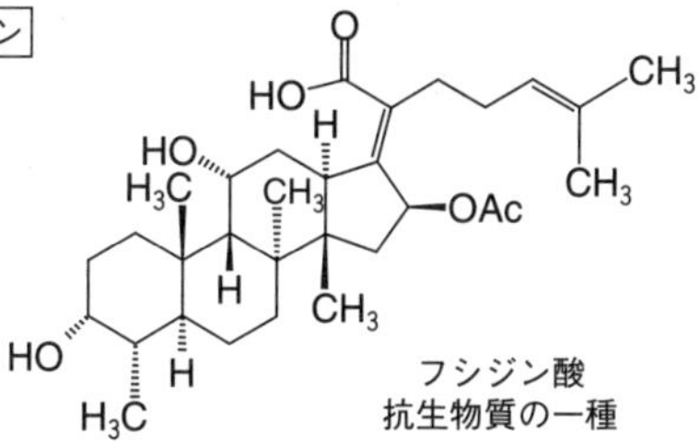

フシジン酸
抗生物質の一種

五環性トリテルペン

フリーデラン

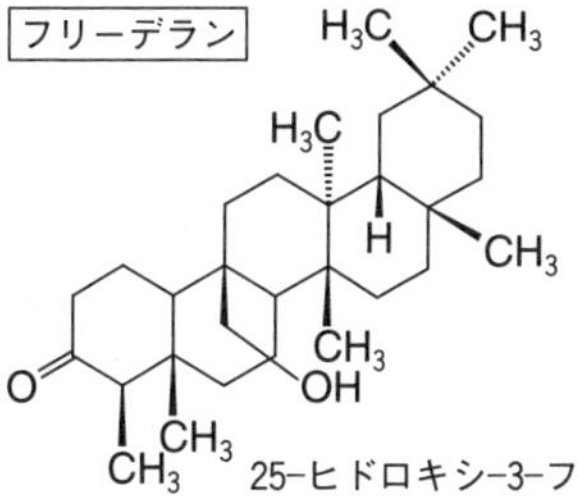

25-ヒドロキシ-3-フリーデラノン

ホパン

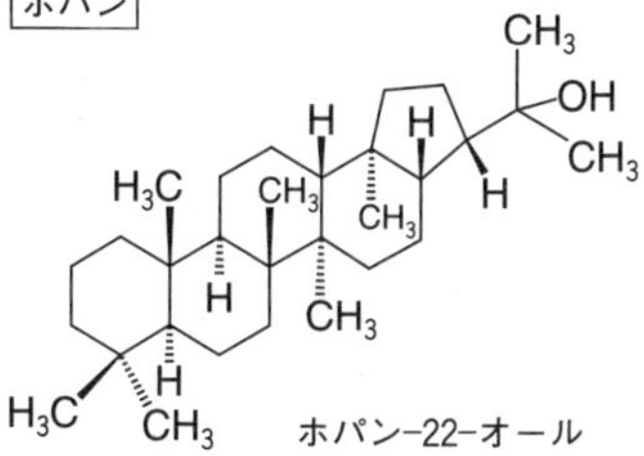

ホパン-22-オール

五環性トリテルペン（つづき）

[ルパン]

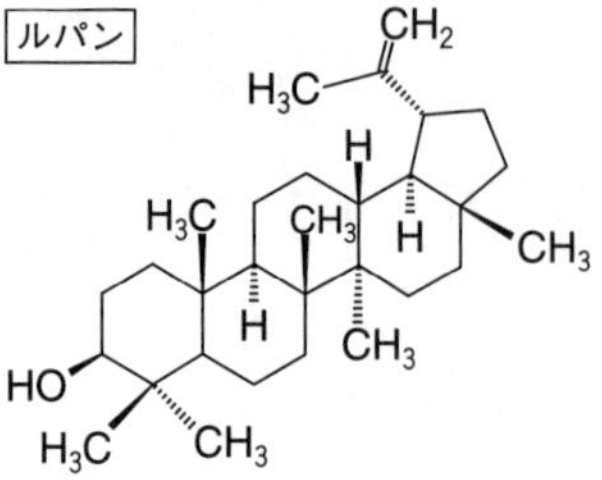

ルペオール

[オレアナン]

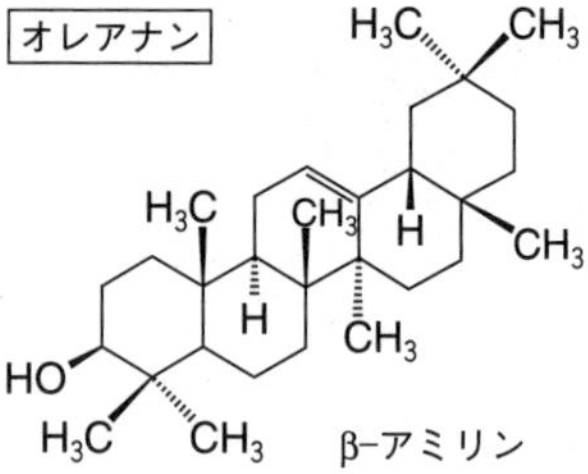

β-アミリン

[セラタン]

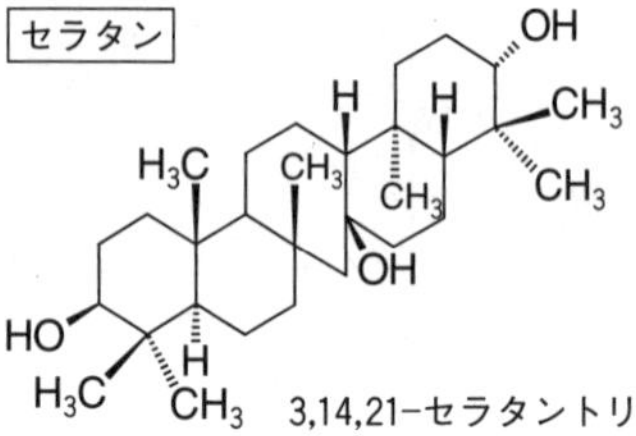

3,14,21-セラタントリオール

修飾型トリテルペン

[リモノイド]

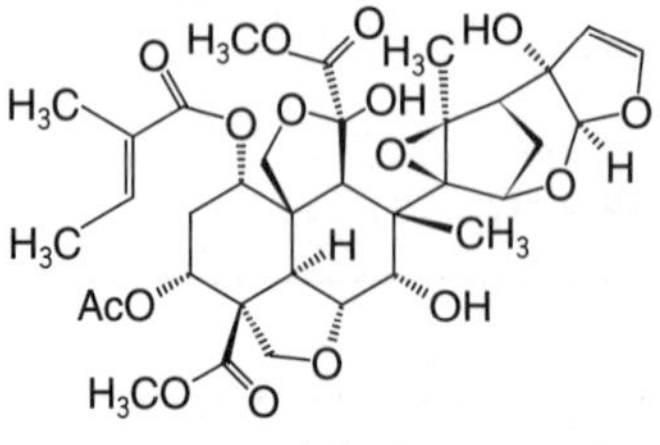

アザジラクチン
ニームノキ（*Azadirachta indica*, センダン科）
から得られるリモノイド

[クアシノイド]

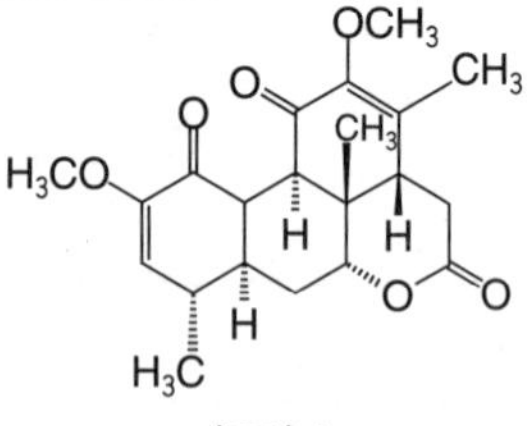

クアシン
カッシア（*Quassia amara*, ニガキ科）
から得られるクアシノイド

[ステロイド]

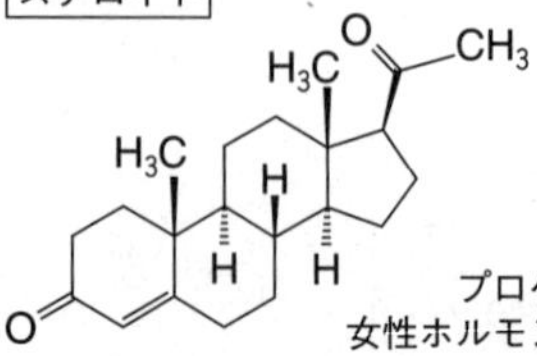

プロゲステロン
女性ホルモン（黄体ホルモン）

b. 天然資源　植物は天然型トリテルペン類のおもな供給源である．しかし，菌類のような他の天然源からもトリテルペンが見いだされている．以下の表には，いくつかの供給源と，そこから見いだされる主要なトリテルペノイド化合物について記載した．

天然資源		おもなジテルペン
通称	学名(科)	
不完全糸状菌	*Fusidium coccineum*	フシジン酸
マンネンタケ（霊芝）	*Ganoderma lucidum*	ラノステロール
ダンマル樹脂	*Balanocarpus heimii*（フタバガキ科）	ダンマレネジオール
チョウセンニンジン	*Panax ginseng*（ウコギ科）	ダンマレネジオール
ルピナス（キバナノハウチワマメ）	*Lupinus luteus*（マメ科）	ルペオール
キラヤ皮	*Quillaja saponaria*（バラ科）	キラ酸

6·5·7 テトラテルペン類

　テトラテルペンは，二つのゲラニルゲラニルピロリン酸(GGPP)が tail-to-tail で結合することによって生成する．テトラテルペン類は，ニンジンのオレンジ色の色素である β-カロテンや，トマトの特徴的な赤い色素であるリコペン，コショウ由来の明るい赤色色素であるカプサンチンなどの，カロテノイドおよびその類似体からなる．

リコペン

β-カロテン

カプサンチン

374   6. 天 然 物 化 学

カロテノイドは植物中に多量に存在し，食物，飲料，菓子類，医薬品などの着色料として用いられている．ビタミン A_1 などのビタミンは，カロテノイドの重要な代謝産物である．

a. 視覚の化学：ビタミンAの役割

β-カロテンはヒトの肝臓中でビタミン A_1（レチノール）に変換される．ビタミン A_1 は卵，乳製品などの動物性製品，および肝臓や腎臓などで見いだされるビタミンである．これは酸化されて *all-trans*-レチナールとよばれるアルデヒドを生成し，さらに異性化して 11-*cis*-レチナールを与える．この化合物は光に対して感受性が高い色素であり，すべての生物の視覚組織に存在している．

桿体細胞と錐体細胞は，ヒトの眼の網膜に存在する，光に対する感受性が高い細胞である．約 300 万個の桿体細胞は薄暗い中で物をみるときに機能する細胞であり，約 100 万個の錐体細胞は明るい光のもとで明るい色をみるときに機能している．桿体細胞中では，11-*cis*-レチナールがロドプシンに変換されている．

光が桿体細胞に当たると，C-11/C-12 位の二重結合の異性化が起こり，*trans*-ロドプシン（メタロドプシンⅡ）が生成する．このシス-トランス異性化は分子構造の変化をひき起こし，神経刺激が発生して脳に送られ，結果として視覚が発生する．メタロドプシンⅡは，*all-trans*-レチナールへの解離とシス-トランス異性化による

11-*cis*-レチナールへの再変換を含む多段階を経て, ロドプシンに戻る.

ビタミンAの欠乏症により夜盲症などの視覚障害が生じる. ビタミンAはきわめて不安定で, 酸化や光に対して感受性が高い. しかし, ビタミンAを過剰に摂取すると, 皮膚の病的な変化, 脱毛, かすみ目, 頭痛などの副作用が生じる.

6・6 ステロイド

世界的な運動選手が, ナンドロロンのような**タンパク質同化ステロイド**（筋肉増強剤, anabolic steroid）を使用して運動能力を高めたと非難されるニュースがしばしばメディアにとりあげられる. これらの物質は何だろうか. これらのすべての薬物, および他の重要な薬物の多くはステロイドとよばれる化合物群に属している.

ステロイド（steroid）は情報伝達物質（ホルモン）である. これらは腺細胞で合成され, 血流によって標的組織に運ばれ, ある種の生理作用を刺激したり阻害したりする. ステロイドは非極性で脂質としての性質をもつ. 非極性であるため細胞膜を通過できるので, 合成された細胞から他の標的細胞への移動が可能となる.

6・6・1 構 造

構造的には, ステロイドは4個の縮合環からなる炭素骨格によって特徴づけられる脂質である. すべてのステロイドはアセチルCoA生合成経路から生じる. 何百もの特徴的なステロイドが植物, 動物, 菌類から発見され, それらのほとんどが興味深い生理活性を有している. これらは, 三つの縮合したシクロヘキサン環（フェナントレン部分）とシクロペンタン環が縮合した, **シクロペンタフェナントレン**（cyclopentaphenanthrene）として知られる共通の環状構造をもつ.

四つの環は順にA, B, CおよびD環とよばれ, 炭素の番号づけは, ゴナン構造中に示したようにA環から始める. これら環の結合様式として, トランス縮環, シス縮環どちらの可能性もある. ステロイドでは, B, CおよびD環は常にトランスに縮環している（訳注: A/B環はトランス配置とシス配置の両者があるが, B/C環はすべてトランス配置である. C/D環はトランス配置が多いが, 強心ステロイドと一部のプレグナン類はシス配置をとるものもある）. 自然界で最も多数存在する

ステロイドでは，A環とB環もトランスに縮環している．さまざまなステロイドがこれらの環に，多様な官能基を有している．

すべてのステロイドは17個以上の炭素原子を有している．多くのステロイドではC-10位とC-13位にメチル基がある．これらは核間メチル基とよばれる．また，C-17位に側鎖を有している場合があり，それぞれのステロイドは以下に示したような，基本的な環構造に応じて名づけられる．

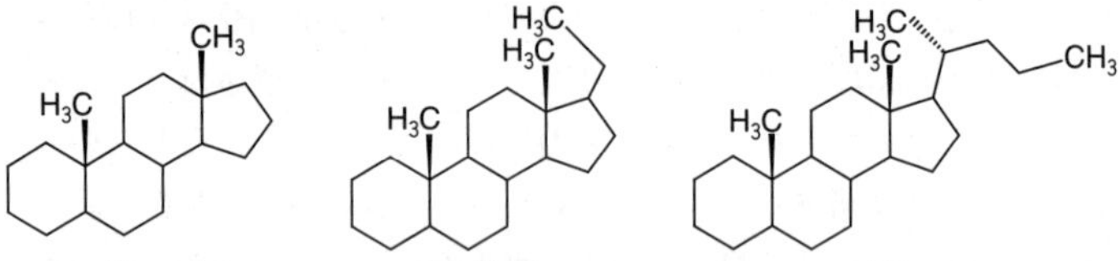

アンドロスタン
C_{19} ステロイドの一種

プレグナン
C_{21} ステロイドの一種

コラン
C_{24} ステロイドの一種

多くのステロイドは環に結合したアルコール性のヒドロキシ基を有していて，このような場合**ステロール**（sterol）とよばれる．最もよく見られるステロールは，コレステロールであり，これはほとんどの動物組織に存在する．構造の異なる多くのステロイドホルモンが存在している，そしてコレステロールはこれらすべてのホルモンの前駆体である．コレステロールはビタミンDの合成前駆体でもある．

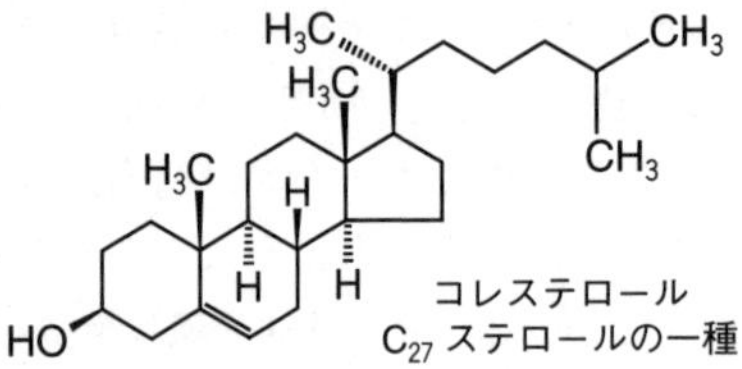

コレステロール
C_{27} ステロールの一種

6・6・2 ステロイドの立体化学

英国の Derek H. R. Barton 卿は，環構造中の置換基がアキシアル，エクアトリアルのどちらに存在しているかによって反応性が異なることを解明し，1969年にノーベル賞を受賞した（第3章をみよ）．ステロイド骨格は特徴的な立体化学を示す．3個の六員環すべてが，下図に示したように歪みのないいす形立体配座をとることができる．いす形立体配座間で相互変換が可能な単純なシクロヘキサン環とは異

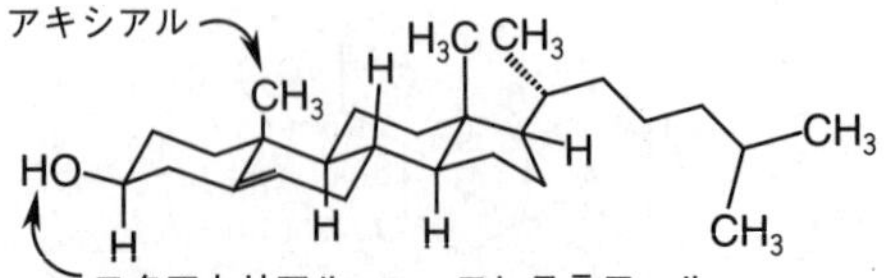

アキシアル
エクアトリアル
コレステロール

なり，ステロイドは大きくて自由度の少ない分子であり，環の間の相互変換はできない．ステロイドのA環とB環の間はシスまたはトランスのいずれかで縮環している．両分子とも大きくて平らな分子であるが，トランスで縮環している化合物がより一般的である．シス体は胆汁中などで見いだされる．さらに，C-10位とC-13位の核間メチル基の存在は，コレステロールに特有のものである．ステロイド環上の置換基はアキシアルあるいはエクアトリアルのどちらかに位置し，立体反発の点でアキシアルよりもエクアトリアルの方がより安定で好ましい立体配置である．そのため，コレステロール C-3 位のヒドロキシ基はより安定なエクアトリアルに位置している．

ほとんどのステロイドでは，B–C環とC–D環の間はトランスに縮合している．ステロイド環の下側をα，上側をβと定義し，下側に出ている置換基との結合は破線で，上側に出ている置換基との結合は実線で表記する．ステロイド骨格に結合する置換基はα，またはβで分類される．コレステロールの場合，8個のキラル中心があり，原理的には256個の異性体が可能であるが，自然界にはこのうちの一つしか存在しない．ステロイド側鎖のキラル中心は *RS* 表記で表される．

6・6・3 ステロイドの物性

ステロイドは多くの炭素および水素原子からできているため，他のすべての脂質と同様に，非極性分子としての性質をもつ．エーテル，クロロホルム，アセトン，ベンゼンなどの非極性有機溶媒に対するステロイドの可溶性，および水に対するステロイドの不溶性は，炭化水素構造が大きいことによる．しかし，ステロイド骨格上にヒドロキシ基や他の極性官能基の数が増えてくると，極性溶媒に対する溶解度が上がってくる．

6・6・4 ステロイドの種類

生理学的な機能に基づいて，ステロイドは以下のように分類できる．

(a) タンパク質同化ステロイドは，アンドロゲン受容体と相互作用して細胞増殖

テストステロン，R=CH$_3$
ナンドロロン，R=H
天然タンパク質同化ステロイド

メタンドロステノロン
合成タンパク質同化ステロイド

を促進し，結果としていくつかの組織，特に筋肉や骨の成長を促進する天然物および合成ステロイドである．タンパク質同化ステロイドには天然物と合成化合物がある．例として，テストステロン，ナンドロロン，メタンドロステノロンなどがある．

(b) 副腎皮質ステロイド（糖質コルチコイドと鉱質コルチコイド）．糖質コルチコイドはコルチゾール受容体に結合して効果を発現する一群のステロイドホルモンである．糖質コルチコイドは糖質やタンパク質の代謝や免疫機能発現にかかわる多くの過程を制御しており，喘息や関節炎などの炎症性疾患の治療薬としてよく処方される．例としてコルチゾールがある．

コルチゾール
（ヒドロコルチゾン）
副腎皮質で産生

鉱質コルチコイドは血流量を保持して電解質の腎排泄を制御する副腎皮質ステロイドである．例としてアルドステロンがある．

アルドステロン
副腎皮質で産生

(c) 性ステロイドまたは性腺ステロイドは，脊椎動物のアンドロゲンあるいはエストロゲン受容体と相互作用して性差（一次性徴および二次性徴）をつくり出し，生殖を助ける性ホルモンである．アンドロゲン，エストロゲン，プロゲスタゲンなどが含まれる．例としてエストラジオールとプロゲステロンを示した．

エストラジオール
ヒトでの主要エストロゲン
卵胞ホルモン

プロゲステロン
生殖を助ける
黄体ホルモン

(d) 植物ステロールは，天然の植物中で生成されるステロイドアルコールである．

例として β-シトステロールがある.

β-シトステロール
植物ステロールの一種

(e) エルゴステロールは菌類に含まれるステロイドであり，ビタミンDサプリメント中にも含まれる．

エルゴステロール
ビタミン D_2 の前駆体

6・6・5 ステロイドの生合成

all-trans-スクアレン（$C_{30}H_{50}$）は1920年代にサメの肝油から発見されたトリテ

スクアレン
2FPP の tail-to-tail 結合から生成

O_2 | スクアレンエポキシダーゼ

スクアレン-2,3-エポキシド

$-H^+$ | ラノステロールシクラーゼ

ラノステロール

酵素反応
19 ステップ

コレステロール
C_{27} ステロールの一種

ルペンであるが，イソプレン則が適用できない部分を1箇所有している．六つのイソプレン単位が head-to-tail 結合で配列されているのではなく，ファルネシル単位が tail-to-tail で結合しているような構造である．ほとんどすべてのステロイドがコレステロールから生合成される．コレステロールはスクアレンから生合成されるが，スクアレンは最初にラノステロールへと変換される．スクアレンをステロイド骨格に変換する過程は，オキシラン化合物であるスクアレン-2,3-オキシドから出発し，酵素によってラノステロールへと変化する．ラノステロールは羊毛脂中に含まれるステロイドアルコールである．この変換過程は立体選択的に進行する．

スクアレンはまた多くのトリテルペノイド生合成の重要な前駆体でもある．スクアレンをラノステロールに変換するための最初の段階は，スクアレンの2,3-二重結合のエポキシ化である．酸触媒によるエポキシドの環開裂により一連の閉環反応が開始され，結果としてプロテステロールカチオンが生じる．C-9位のプロトンが脱離することによって1,2-ヒドリドおよび1,2-メチル移動が起こり，ラノステロールが得られる．これは酵素による19工程を経由してコレステロールへと変換される．

6・6・6 合成ステロイド

いくつかの合成ステロイドが，生理作用を検討するためにつくられている．プレドニゾンは合成医薬品の例である．すべてのステロイド中，経口避妊薬とタンパク質同化ステロイドが最もよく知られている．

かなり以前から（1930年代），プロゲステロンを注射することにより，妊娠を防ぐ避妊薬としての効果を示すことがわかっていた．ピルは女性性ホルモンであるプロゲステロンとエストロゲンの合成誘導体を含有する経口避妊薬である．これらの合成ホルモンは排卵を抑制し，結果として妊娠を防ぐ．二つの最も重要な避妊ピルは，ノルエチンドロンとエチニルエストラジオールである．多くの合成ステロイドが，天然のステロイドよりさらに強い活性を有することが見いだされている．たとえば，ノルエチステロンは排卵抑制に関して，プロゲステロンよりも活性が強い．

ノルエチンドロン
合成プロゲスチンの一種

エチニルエストラジオール
合成エストロゲンの一種

筋肉増強を助けるステロイドはタンパク質同化ステロイドとよばれる．それらはテストステロンの合成誘導体であり，テストステロンと同様に筋肉増強作用をもつ．構造，作用の持続時間，効果，毒性の異なる100以上のさまざまなタンパク質同化ステロイドが存在する．アンドロステンジオン，スタノゾロール，ディアナボールなどがタンパク質同化ステロイドの例である．筋肉損傷に伴う傷害を治療するために用いられる．タンパク質同化ステロイドには多くの副作用があり，心臓によい影響を与える高比重リポタンパク質の濃度を低下させたり，危険な低比重タンパクの濃度を上昇させる．また前立腺がん，凝固障害，肝機能障害をひき起こすことがある．

アンドロステンジオン　　スタノゾロール　　ディアナボール
メタアンドロステノロン

6・6・7 機　　能

生体において最も重要なステロイドの機能は，ホルモンとしての作用である．ステロイドホルモンはステロイドホルモン受容体タンパク質に結合することによってその生理的効果を発現する．ステロイド受容体への結合によって遺伝子の転写過程と細胞の機能に変化がひき起こされる．生物学的および生理学的観点から見ると，最も重要なステロイドはコレステロール，ステロイドホルモン，およびそれらの前駆体および誘導体である．コレステロールは動物の細胞膜に存在する重要なステロイドアルコールである．コレステロールはおもに肝臓で生成する．胆石や胆汁中に見いだされる主要成分でもある．しかし，コレステロールは，血管内皮に付着して蓄積され，これによって血管が堅くなり，血流障害が起こることがある．この状況になると種々の心臓疾患，脳梗塞，高血圧などが出現する．したがって，コレステロールが高濃度になると生命が危険である．多くの脊椎動物において，成長から生殖までの種々の生理機能を制御しているホルモンはコレステロールからの生合成によってつくられている．

コレステロールは食物に由来するだけでなく，体内で炭水化物やタンパク質，脂質から合成される．したがって，コレステロールの多い食べ物を食事から除いても，必ずしも血液中のコレステロールの濃度は下がらない．いくつかの研究によれば，不飽和脂質を飽和脂質に変えると血液中のコレステロールレベルが下がると報告されている．

性ホルモンは組織の成長と生殖を制御している．男性性ホルモンはテストステロンと，アンドロゲンとして知られる5α-ジヒドロテストステロンであり，これらは睾丸から分泌される．主要な男性性ホルモンであるテストステロンは，思春期における二次性徴の発達に影響している．また，筋肉の成長も促進する．最も重要な女性性ホルモンはエストラジオールとエストロンの二つであり，これらは**エストロゲン**（estrogen）としても知られている．これらは女性の二次性徴の発達に影響を与える．

テストステロン　　　　5α-ジヒドロテストステロン

エストロゲンはテストステロンから，A環を芳香族化することによって生合成される．芳香族化によって二重結合が導入され，メチル基がなくなり，フェノール性ヒドロキシ基が生じる．エストロゲンはプロゲステロンとともに，子宮と卵巣に起こる，月経周期として知られる変化をコントロールしている．プロゲステロンは**プロゲスチン**（progestin）と総称される化合物の一つである．これは性ホルモンや副腎皮質ステロイドの前駆体である．プロゲステロンは妊娠を維持するために必須の物質であり，また妊娠中排卵を抑制する．多くのステロイドホルモンは官能基としてケトンを有しており，テストステロンやプロゲステロンもケトンである．男性および女性ホルモンは構造上ほんのわずかしか違わないが，非常に異なる生理学的効果をもっている．たとえば，テストステロンとプロゲステロンの違いはC-17位の置換基だけである．

エストロン

副腎皮質ホルモンは副腎で合成される．これらはさまざまな代謝過程を制御している．最も重要な鉱質コルチコイドはアルドステロンであり，アルデヒドとしてホルミル基，ケトンとしてカルボニル基をもつ．腎臓におけるナトリウムイオンや塩化物イオンの再吸収を制御し，カリウムイオンの減少を促進する．アルドステロンは

血液中のナトリウムイオン濃度が下がりすぎて，腎臓においてナトリウムイオンを保持できなくなったときに分泌される．ナトリウムイオン濃度が上昇するとアルドステロンは分泌されなくなり，ナトリウムが尿や水分中に出て行く．アルドステロンは組織の浮腫を直す働きもある．

コルチゾン　　　　　　プレドニゾン

最も重要な糖質コルチコイドであるコルチゾールとヒドロコルチゾンは，体内のグルコースとグリコーゲンの濃度を上昇させる機能をもつ．この反応は肝臓で行われ，脂肪細胞から脂肪酸を，また体内のタンパク質からアミノ酸を取込んでグルコースとグリコーゲンを合成する．コルチゾールとそのケトン誘導体であるコルチゾンは抗炎症薬としての活性がある．コルチゾンあるいはプレドニゾロン（プレドニゾンの活性代謝物）のような合成誘導体は炎症性疾患，関節リウマチ，気管支ぜんそくなどを治療するために用いられる．コルチゾンを医薬品として用いる場合には多くの副作用が生じる可能性があり，使用に際しては注意深くモニターする必要がある．プレドニゾロンは，副作用が多いコルチゾンの代替品として考案された．

　植物中に見いだされるフィトステロールは，食品添加物，医薬品，化粧品など多方面に用いられている．エルゴステロールは菌類の細胞膜の構成成分であり，動物細胞中でのコレステロールと類似した役割を果たしている．エルゴステロールは菌類の細胞膜には存在しているが動物の細胞膜には存在しないことから，この化合物は抗菌薬の標的分子として有用である．エルゴステロールはまた，トリパノゾーマのような原生動物の細胞膜の流動性を調節するために用いられている．西アフリカ睡眠病に対するいくつかの抗菌薬の効果がこのことから説明される．

6・7　フェノール類

　フェノール類は，構造中に少なくとも一つのフェノール性ヒドロキシ官能基を有する，構造上多岐にわたる天然物の大きな一群の名称である．たとえば，クマリンの一種であるウンベリフェロンは，C-7位にフェノール性ヒドロキシ基を有し，クエルセチンは C-5, C-7, C-3′, および C-4′ 位に四つのフェノール性ヒドロキシ基をもつフラボノイドである．化合物中のフェノール基は多くの構造をとりうるが，この章では特に，フェニルプロパノイド，クマリン，フラボノイド，イソフラボノ

イド，リグナン，タンニンに焦点を絞る．

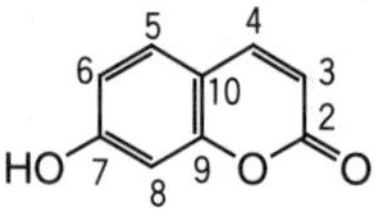

ウンベリフェロン
最も一般的な天然クマリン

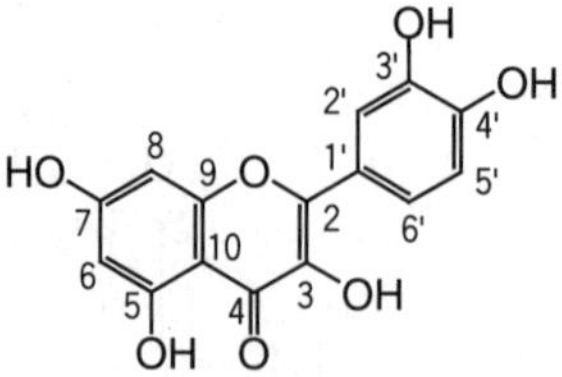

クエルセチン
天然抗酸化剤

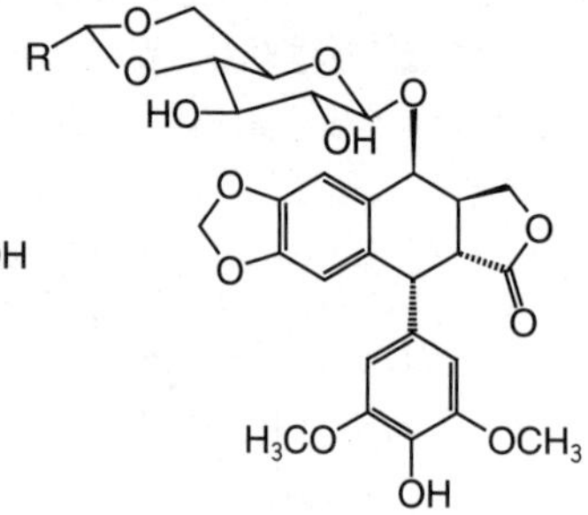

エトポシド，R=CH₃
テニポシド，R=チオフェニル
抗がん性リグナン

これらの化合物の多くは，さまざまな強度の抗酸化活性やフリーラジカル消去活性をもっている．フェノール性化合物の多くは薬理作用を有しており，医薬品としても古くから用いられてきている．たとえば，リグナン類であるエトポシドとテニポシドは抗悪性腫瘍薬である．

6・7・1 フェニルプロパノイド

フェニルプロパンは，ベンゼン環にプロピル置換基が結合した芳香族化合物であり，フェニルアラニンから短工程で合成される．天然に存在するフェニルプロパノイドは，ベンゼン環上にOHやOCH₃，メチレンジオキシ基のような酸素化された官能基を含んでいることが多い．ベンゼン環上にヒドロキシ基を有するフェニルプロパノイドはフェノール誘導体に分類され，カフェ酸や4-クマル酸がその例である．

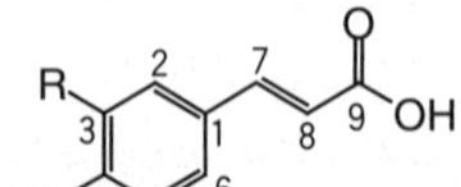

4-クマル酸（または 4-ヒドロキシケイ皮酸），R=H
カフェ酸（または 3,4-ジヒドロキシケイ皮酸），R=OH

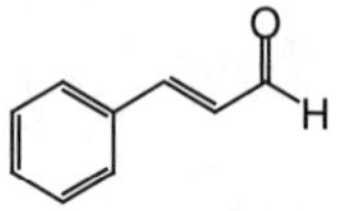

シンナムアルデヒド

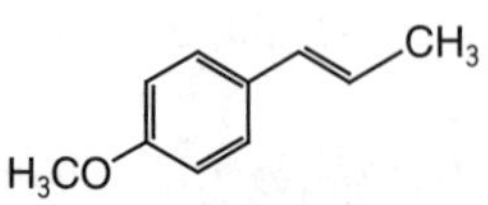

アネトール

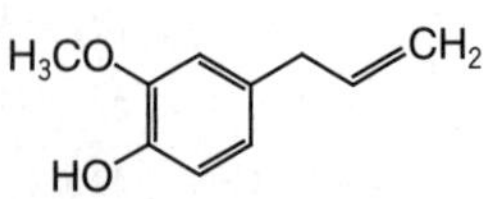

オイゲノール

フェニルプロパノイドは高等植物，特に精油を産生するセリ科，シソ科，クスノキ

6・7 フェノール類

科, フトモモ科, ミカン科などの植物中に広く含まれている. たとえば, トールバルサムは, 高濃度のケイ皮酸エステル類を, またシナモンはシンナムアルデヒドを与え, またウイキョウは, オイゲノールの供給源であり, ダイウイキョウは多量のアネトールを産生する. フェニルプロパノイドの生合成はシキミ酸経路に従い, ケイ皮酸の直接の前駆体はフェニルアラニンである. 他のフェニルプロパノイド類や, クマリン, フラボノイド, リグナンなどの多くのフェノール類はケイ皮酸から誘導される.

シキミ酸 → (ホスホエノールピルビン酸) → コリスミン酸 → プリフェン酸 → フェニルアラニン → (脱アミノ化 フェニルアラニンアンモニアリアーゼ) → ケイ皮酸 → 他のフェニルプロパノイド 例：クマル酸

6・7・2 リグナン

リグナン類は, 植物由来のフェノール誘導体の主要な一群の物質であり, 二つの

2 × コニフェリルアルコール → マタイレジノール フェニルプロパノイド二量体の一種 → ヤテイン フェニルプロパノイド二量体の一種 → ポドフィロトキシン よく知られた細胞毒化合物の一種

フェニルプロパン分子が結合して生成する．たとえば，マタイレジノール（ヤグルマギク，キク科）やポドフィロトキシン（ポドフィルム，メギ科）などは，フェニルプロパンの一種であるコニフェリルアルコールから得られる．リグナンは基本的にはシンナミルアルコールの二量体であり，それがさらに環化したり他の構造変換を受けて，ジベンジルブチロラクトンやエポキシリグナンのようなさまざまな構造をもつようになる．

　天然のリグナンは，いくつかのメソ化合物が存在するものの，一般に光学活性体である．他の光学活性化合物と同様に，リグナンの重要な生理的および薬理的性質は，たとえば抗悪性腫瘍薬のポドフィロトキシンのように，特定の立体配置と関係している．ネオリグナンを含むリグナン類は植物界に広く存在している．例として，キク科，メギ科，コショウ科，モクレン科，ヤマゴボウ科，ミカン科，マツ科などは，多様なリグナン類を生成することで知られている．

a. 構造の種類　　天然のリグナンでよく見いだされる構造の種類を以下に示した．リグナン関連化合物とその基原植物は非常に幅広く，リグナン類とネオリグナン類を区別する重要性もなくなってきている．ネオリグナンもケイ皮酸単位が二量化したものであるが，リグナン類が β-β 結合で二量化するのに対し，メソ体と

ジベンゾシクロオクタジエンリグナン
(2,2′-シクロリグナン)

2,2′-シクロリグナンの一種

ネオリグナン

マグノロール
コウボク(モクレン科ホウノキ)
の生物活性ネオリグナンの一種

して二量化する点が異なっている.

6・7・3 クマリン

クマリン類（2H-1-ベンゾピラン-2-オン）とは，おもに高等植物中で見いだされる 1-ベンゾピラン誘導体の一群を指している．天然由来のクマリン類のほとんどは，たとえばウンベリフェロン（7-ヒドロキシクマリン）のように，C-7 位が酸素化されている．ウンベリフェロンは，より多くの酸素化を受けた，スコポレチンなどのクマリン類の前駆体であると考えられている．多くのクマリン類において，インペラトリンのように，C 原子および O 原子がプレニル化されていることがよくある．クマリン中に見いだされるプレニル基は，生物発生的に最も多種類の化学変換を受けており，例としてジヒドロピラン類，ピラン類，ジヒドロフラン類およびフラン類への環化反応がある．

ウンベリフェロン, R=H
スコポレチン, R=OCH$_3$

インペラトリン
O-プレニル化されたフラノクマリンの一種

クマリン類はセリ科，キク科，マメ科，シソ科，クワ科，イネ科，ミカン科，ナス科などの多くの植物に豊富に含まれている．しかし，セリ科とミカン科が最も重要なクマリン産生植物である．

多くのクマリン類は，人体にとって危険な短波長の UV（280〜315 nm）を吸収するが，小麦色の日焼けを生じさせる，より長波長（315〜400 nm）の UV は吸収

しないため，太陽光から皮膚を守る日焼け止め剤の成分として用いられる．クマリンの二量体であるジクマロールは，傷んだ，あるいは発酵したセイヨウエビラハギやムラサキウマゴヤシ（マメ科）から得られ，優れた抗凝血作用をもつ．そのため，血栓症を予防するための抗血栓薬として医薬の分野で用いられる．直線型のフラノクマリンであるプソラレンは，マメ科のオランダビユ (*Psoralea corylifolia*) から単離されたが，ミカン科，セリ科，クワ科の植物でも見いだされ，目まいの治療に長く用いられてきた．多くのクマリン類は抗菌作用や抗菌作用ももっている．

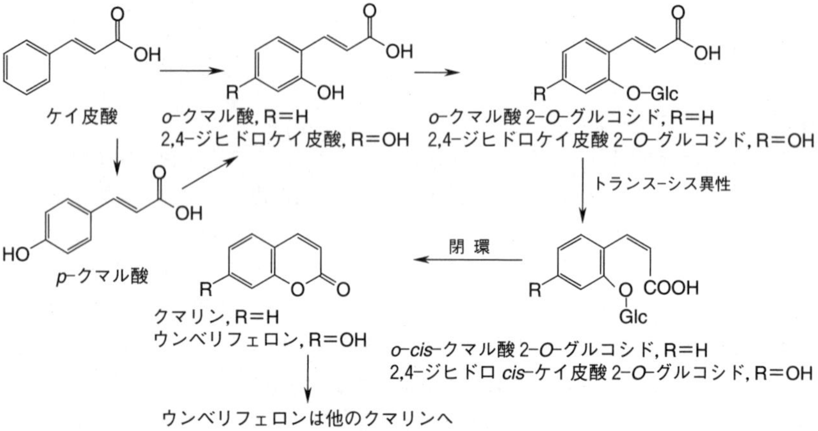

ケイ皮酸

o-クマル酸, R=H
2,4-ジヒドロケイ皮酸, R=OH

o-クマル酸 2-*O*-グルコシド, R=H
2,4-ジヒドロケイ皮酸 2-*O*-グルコシド, R=OH

トランス-シス異性

p-クマル酸

閉環

クマリン, R=H
ウンベリフェロン, R=OH

o-*cis*-クマル酸 2-*O*-グルコシド, R=H
2,4-ジヒドロ *cis*-ケイ皮酸 2-*O*-グルコシド, R=OH

ウンベリフェロンは他のクマリンへ

構造のタイプ

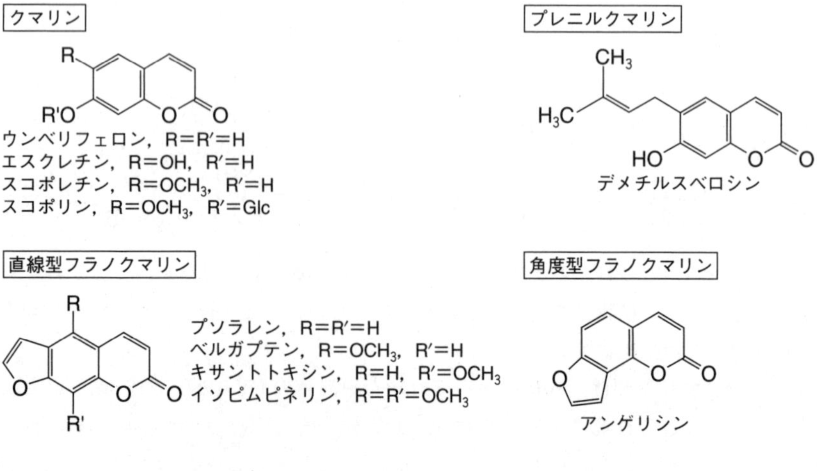

クマリン

ウンベリフェロン, R=R'=H
エスクレチン, R=OH, R'=H
スコポレチン, R=OCH$_3$, R'=H
スコポリン, R=OCH$_3$, R'=Glc

プレニルクマリン

デメチルスベロシン

直線型フラノクマリン

プソラレン, R=R'=H
ベルガプテン, R=OCH$_3$, R'=H
キサントトキシン, R=H, R'=OCH$_3$
イソピムピネリン, R=R'=OCH$_3$

角度型フラノクマリン

アンゲリシン

6・7 フェノール類

直線型ジヒドロフラノクマリン
マルメシン

角度型ジヒドロフラノクマリン
ジヒドロオロセロール

直線型ピラノクマリン
キサンチレチン

角度型ピラノクマリン
アビセンノール

直線型ジヒドロピラノクマリン
1′,2′-ジヒドロキサンチレチン

角度型ジヒドロピラノクマリン
リバノチンA

セスキテルペニルクマリン
ウンベリプレニン

クマリン二量体
ジクマロール

a. 生合成　クマリン類の生合成は $trans$-4-ケイ皮酸から出発する．これが酸化されて o-クマル酸（2-ヒドロキシケイ皮酸）となり，さらにグルコースが結合する．このグルコシドが対応するシス体へと異性化し，最終的な閉環反応を経由してクマリンが得られる．しかし，ほとんどの天然由来クマリンは C-7 位への酸素添加反応を受けており，これはケイ皮酸の4位ヒドロキシ化反応を経て生合成が進行していることを示している．

6・7・4 フラボノイドおよびイソフラボノイド

1,3-ジフェニルプロパン誘導体であるフラボノイドは，天然物の大きな一群を占めており，高等植物や，藻類を含むいくつかの下等植物にも含まれている．ほとんどのフラボノイドは黄色の化合物で，花や果物の黄色はこれによるものが多い．通常グリコシドの形で存在している．

ケンフェロール　　　　フォルモネチン

フラボノイドのほとんどがグリコシドであるため，分類する場合にもモノグリコシド，ジグリコシドなどとしてもよい．現在までに単離されたフラボンやフラボノイドには2000以上のグリコシド類が存在する．植物のフラボノイドでは，O-およびC-グリコシドの両者が一般的である．たとえばルチンはO-グリコシドであり，イソビテキシンはC-グリコシドである．フラボンやフラボノイドには硫酸抱合された化合物も見いだされ，フェノール性のヒドロキシ基や，グリコシド部分のアルコール性ヒドロキシ基が抱合されている．

ルチン　　　　イソビテキシン

ほとんどのフラボノイドは抗酸化活性を有する化合物である．いくつかのフラボノイド類は抗炎症，抗肝毒性作用，抗腫瘍作用，抗菌および抗ウイルス作用をもっている．伝統医薬や薬用植物の多くは生理活性物質としてフラボノイドを含んでいる．新鮮な果物や野菜に含まれるフラボノイドの抗酸化活性が，これらの抗腫瘍作用および心臓病に対する作用に寄与していると考えられている．エンジュ，ソバ，ヘンルーダなど，多くの植物中に見いだされるフラボノイドグリコシドであるルチンは，すべてのフラボノイド中で最も研究された化合物で，多くの総合ビタミン剤に含まれている．他のフラボノイドグリコシドであるヘスペリジンはミカンの果皮から得

られ，多くのサプリメントに含有されている．毛細血管出血の治療にも効果があるといわれている．

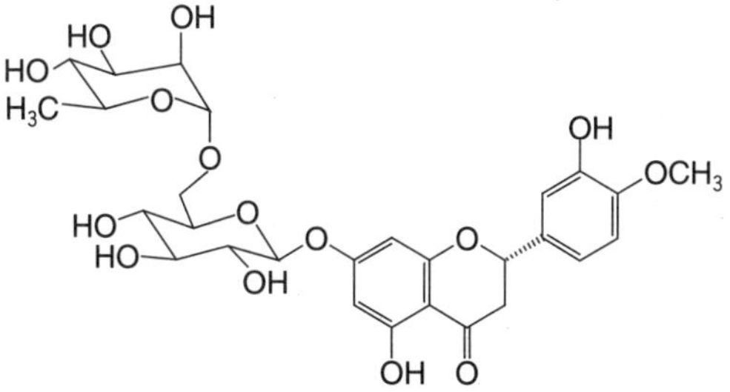

ヘスペリジン

a. 生合成 フラボノイドは構造的に見ると 1,3-ジフェニルプロパン誘導体に分類できる．一方のフェニル基である B 環の方はシキミ酸経路から合成され，A

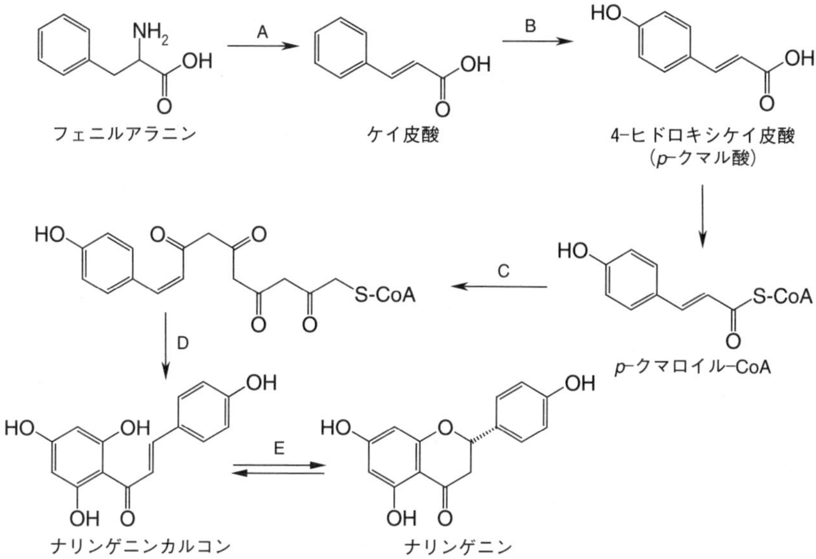

フェニルアラニン → ケイ皮酸 → 4-ヒドロキシケイ皮酸（p-クマル酸）→ p-クマロイル-CoA → → ナリンゲニンカルコン ⇄ ナリンゲニン

A＝フェニルアラニン-アンモニアリアーゼ
B＝ケイ皮酸 4-ヒドロキシラーゼ
C＝3×マロニル-CoA
D＝カルコンシンターゼ
E＝カルコンイソメラーゼ

環の方はポリケチドの閉環を経由する酢酸-マロン酸経路から得られる．A環の一つのヒドロキシ基は側鎖のオルト位に位置し，三つ目の六員環または五員環（オーロン類でのみ見いだされる）が形成されるのに使われる．フラボノイド骨格の2位のフェニル側鎖が3位に異性化すると，フォルモネチンのようなイソフラボノイドとなる．上にフラボノイド類の生合成経路を要約して示した．

b. 分類　　フラボノイド類はその生合成経路に従って分類される．いくつかのフラボノイドは最終生成物であると同時に，合成の中間体でもある．カルコン類，フラバノン類，フラバノン-3-オール類，フラバン-3,4-ジオール類などが該当する．他の化合物群は生合成の最終生成物としてのみ知られており，アントシアニン類，フラボン類，フラボノール類などがこれに属する．フラボノイドのこれ以外の群が，フラボノイド側鎖の2位フェニル基が3位に異性化した化合物（これらはイソフラボン類およびイソフラボノイド類となる）と，さらに4位に転位した化合物（ネオフラボノイド類となる）である．フラボノイドの主要な化合物群について以下にいくつかの例を示した．

カルコン

イソリキリチゲニン

ジヒドロカルコン

ジヒドロナリンゲニンカルコン

フラバノン

ナリンゲニン，R=H
エリオジクチオール，R=OH

フラボン

アピゲニン，R=H
ルテオリン，R=OH

6・7 フェノール類

フラバノン-3-オール 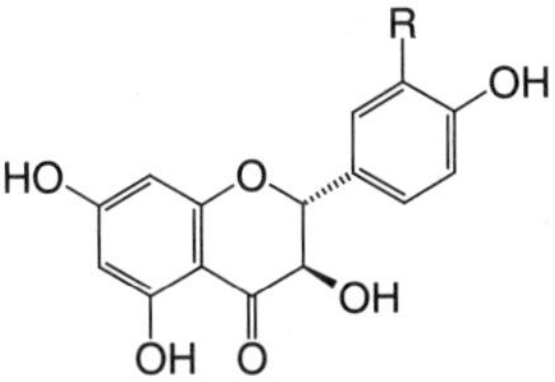
ジヒドロケンフェロール, R=H
ジヒドロクエルセチン, R=OH

フラボノール 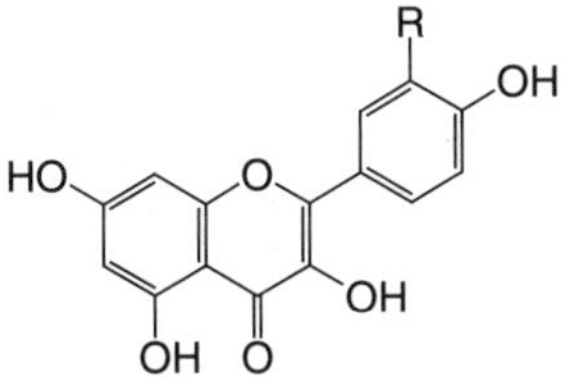
ケンフェロール, R=H
クエルセチン, R=OH

フラバン-3,4-ジオール 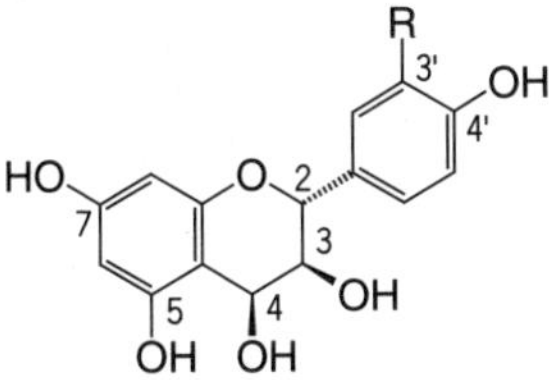
ロイコペラルゴニジン, R=H
ロイコシアニジン, R=OH

フラバン-3-オール 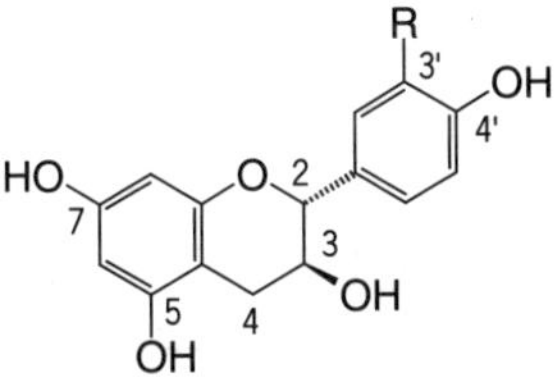
アフゼレキン, R=H
(+)-カテキン, R=OH

フラバン 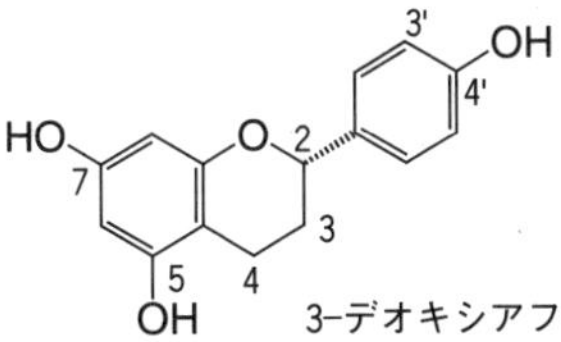
3-デオキシアフゼレキン

アントシアニジン 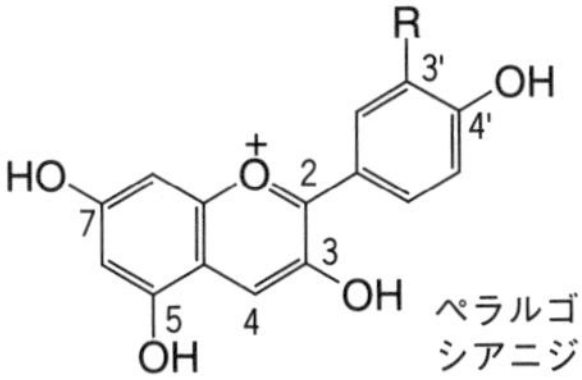
ペラルゴニジン, R=H
シアニジン, R=OH

フラボノイド O-グリコシド 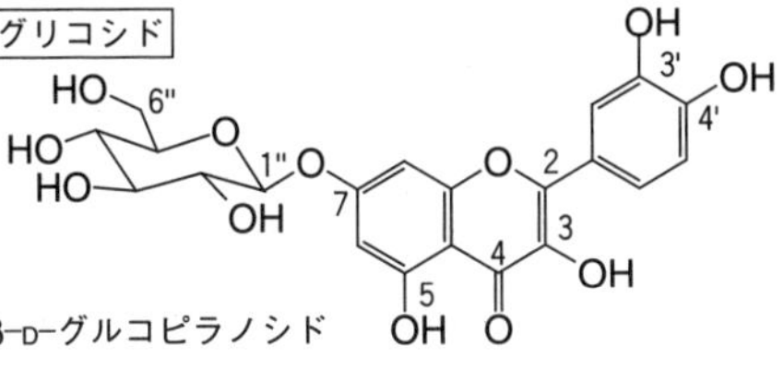
クエルセチン 7-O-β-D-グルコピラノシド

フラボノイド C-グリコシド 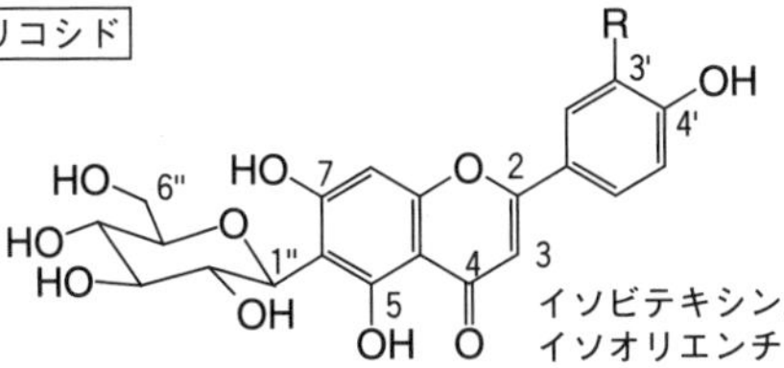
イソビテキシン, R=H
イソオリエンチン, R=OH

オーロン

アマロノール A

プロアントシアニジン

エピカテキン三量体
縮合タンニン

イソフラボノイド

ダイゼイン, R=H
ゲニステイン, R=OH

ビフラボノイド

アメントフラボン

6・7・5 タ ン ニ ン

　植物タンニン類としても知られる植物ポリフェノール類は，植物界に広く分布する天然物の多種混合物である．タンニン類は未成熟の果物の多くに含まれているが，熟していくにつれて消失していく．タンニン類は，植物が微生物に攻撃されるのを防いでいると考えられている．タンニン類は二つの大きな構造群に分類される．すなわち，基本的な構造単位がフェノール性のフラバン-3-オール（カテキン）骨格からなる縮合プロアントシアニジン類と，ガロイルおよびヘキサヒドロキシジフェニルエステルおよびその誘導体である．

　タンニン類は不定形の物資であり，渋味のある，コロイド状の酸性水溶液を与え，鉄塩（$FeCl_3$）が存在すると深青色あるいは深緑色の水溶性化合物を生成する．タンニン類はタンパク質と結合して不溶性で消化できない物質になるので，これを利用して皮革工業（なめし皮法）が行われている．また下痢，歯茎の出血，皮膚のけ

がなどにも使用される.

a. 分類　タンニン類は二つの主要な化合物群に分類される．加水分解性タンニン類と，縮合型タンニン類である．酸あるいは酵素と反応させることによって，加水分解性タンニン類はより単純な分子に分解するのに対し，縮合型タンニン類は水に溶解しない複雑な生成物となる．

加水分解性タンニン類はさらに，ガロタンニンとエラジタンニンに分けられる．ガロタンニン類は加水分解によって糖と没食子酸を与えるが，エラジタンニンでは糖，没食子酸とエラグ酸が生成する．なめし革にずっと使用されてきたペンタガロイルグルコースはガロタンニンの例である．

縮合型タンニン類は複雑な高分子化合物で，構成単位は通常カテキン，フラボノイドであり没食子酸によってエステル化されている．エピカテキン三量体を前ページの図に示した．

没食子酸

エラグ酸

ペンタガロイルグルコース

参 考 書

Hanson, J. R. *Natural Products: the Secondary Metabolites*, The Royal Society of Chemistry, London, 2003.

Dewick, P. M. *Medicinal Natural Products: a Biosynthetic Approach*, 2nd edn, Wiley, London, 2002.

索　引

あ

IUPAC 命名法　60
アスパラギン酸　186
アゾ化合物 (azo compound)　143
アキシアル　38
アキラル　40
アグリコン　337
アコニチン (aconitine)　306,317
アコニットアルカロイド
　　　(aconite alkaloid)　317
3,5-アコラジエン (3,5-acora-
　　　　　　　　　diene)　362
3,11-アコラジエン-15-オール
　　(3,11-acoradien-15-ol)　362
アコランセスキテルペン
　　　(acorane sesquiterpene)
　　　　　　　　　　　　362
アザジラクチン (azadirachtin)
　　　　　　　　　　　　372
アザジラクトール　370
アジド　292
アジドチミジン　166
アシリウムイオン　271
アシル基　94
アスコルビン酸 (ascorbic acid,
　　　　ビタミン C)　202,335
アスパラギン　186
アスピリン (aspirin)　＝アセチ
　　　　　　ルサリチル酸
アスベスチナンジテルペノイド
　　(asbestinane diterpenoid)　366
アズレン (azulene)　115
アセタール　228,229,324,325
アセチリド　111,223
アセチルサリチル酸 (acetyl
　　salicylic acid, アスピリン)
　　　　　　　　　　　2,117
アセトアニリド　101

アセトアミド　8,100
アセトアミノフェン (aceto-
　　　　　　　aminophen)　2
────の毒性　194
アセトフェノン　87
アダムス触媒 (Adams' catalyst)
　　　　　　　　　　　　204
アデニン (adenine)　167,169,316
アデノシン (adenosine)　334
アデノシン 5′-リン酸 (adeno-
　　　sine 5′-phosphate)　176
アーテミシニン (artemisinin)
　　　　　　　　　　299,350
アーテミシン酸 (artemisinic
　　　　　　　　acid)　358
アトロピン (atropine)　306〜309
アニリン (aniline)　83,84,115,
　　　　　　　　122,137〜144
────の合成法　139,140
────の反応性　140〜143
────の物性　137〜139
アネトール (anethole)　384
アノマー炭素　324
アバロール (avarol)　301
アバロン (avarone)　301
アビエタンジテルペノイド
　　(abietane diterpenoid)　365
アピゲニン (apigenin)　392
アブシジン酸 (abscisic acid)　354
アフゼレキン (afzalechin)　393
アフリカナンセスキテルペン
　　(africanane sesquiterpene)
　　　　　　　　　　　　360
3(15)-アフリカネン (3(15)-
　　　　　　africanene)　360
2-アフリカノール (2-africa-
　　　　　　　　nanol)　360
アブロタニフォロン
　　　(abrotanifolone)　358
アポチルカラントリテルペン
　　(apotirucallane triterpene)
　　　　　　　　　　　　370

アポルフィン (aporphine)　304
アマロノール A (amaronol A)
　　　　　　　　　　　　394
アミグダリン (amygdalin)　339
アミド　59,94,100〜102
────の加水分解　276,277
────の還元　292
────の合成法　101,263〜265
────の反応性　102
────の物性　101
────の命名法　100,101
アミド含有アミノ酸　186
p-アミノ安息香酸　91
アミノグリコシド系抗生物質
　　　　　　　　　　　　335
アミノ酸　185〜190
────の基本構造　187
────の酸・塩基としての性質
　　　　　　　　　　　　189
────の等電点　190
アミド含有────　186
硫黄含有────　186
塩基性────　186
ケト原性────　188
酸性────　186
脂肪族────　185
糖原性────　188
必須────　188
ヒドロキシ基含有────　186
芳香族────　186
アミノ糖　321,334
アミノリシス　83
α-アミリン (α-amyrin)　350
アミロース (amylose)　331
アミロペクチン　331
アミン　59,82〜85
────の合成法　83,84,292
────の反応性　83,84
────の物性　83
────の命名法　82
アムブリオフラン (amblio-
　　　　　　　　furan)　367

索引

アムロジピン（amlodipine）157
アメントフラボン（amentoflavone）394
アモエニン（amoenin）360
アモキシシリン（amoxicillin）193
アーユルヴェーダ伝統医学 348
アラコリン（arecoline）306
アラニン（alanine）185
アリアカンセスキテルペン（alliacane sesquiterpene）358
アリアコリド（alliacolide）358
アリアコール（alliacol）358
アリストランセスキテルペン（aristolane sesquiterpene）357
アリル基 105
アリール基 123
アリル炭素 105
RS 表記法 45〜47
RNA ポリメラーゼ 183
アルカリ融解 134
アルカロイド（alkaloid）303〜319
　　——の試験法 319
　　——の性質 304
　　——の分類 304〜319
　　　アコニット—— 317
　　　イソキノリン—— 310,311
　　　インドール—— 313〜316
　　　キノリン—— 310,311
　　　ステロイド系—— 317,318
　　　テルペノイド系—— 317,318
　　　トロパン—— 308,309
　　　ピペリジン—— 307
　　　ピリジン—— 307
　　　ピロリジン—— 308
　　　ピロール—— 308
　　　プリン—— 316
アルカン 58,60
　　——の合成法 66,286〜290
　　——の構造 63
　　——の反応 67
　　——の立体配座 63
　　脂肪族—— 60
　　非環状—— 60
アルキニド 70,111,223
アルギニン 186
アルキル化 113,141,156
アルキルジハロゲン化物 216〜218

アルキルテトラハロゲン化物 218
アルキルベンゼン 129,130
アルキン 58,60,109〜113
　　——の選択的水素化 205
　　——の工業的利用 111
　　——の合成法 112
　　——の構造 110
　　——の酸化 282,283
　　——の酸性度 111
　　——の反応性 112
　　——の命名法 110
　　内部—— 110
　　末端—— 110
アルケン 58,60,104〜109
　　——の安定性 108
　　——のオゾン分解 281,282
　　——の還元 216
　　——の工業的利用 107
　　——の合成法 107,108,233〜240
　　——の構造 106,107
　　——の酸化 279,280
　　——の反応性 109
　　——の物性 106
　　——の命名法 104,105
アルコキシアルコール 259
アルコキシ水銀化-脱水銀化 216
アルコキシド 75
アルコール 59,72〜78
　　——の合成法 76
　　——の反応性 77
　　——の物性 74,75
　　——の命名法 73,74
アルジトール（alditol）325
アルデヒド 59,85〜89
　　——の還元 287〜289
　　——の合成法 87,88,213〜215,284,291
　　——の酸化 285
　　——の反応性 88,89
　　——の物性 87
　　——の命名法 86
アルドース（aldose）320
アルドステロン 378,382
アルドール 230
アルドール縮合（aldol condensation）89,230,231
アレニウスの酸・塩基 5

アレニウムイオン 123
アレン 56
アレーン 60,123
アレンジアゾニウム塩 142
アロイン（aloin）340
アロマデンドランセスキテルペン（aromadendrane sesquiterpene）359
アンゲリシン（angelicin）388
安息香酸（benzoic acid）90
安息香酸無水物 97
アンチ形 36
アンチジヒドロキシ化 281
アンチセンス鎖 183
アンチ付加 204
安定化エネルギー 122
アントシアニジン（anthocyanidin）393
アントラキノン配糖体（anthraquinone glycoside）339〜342
　　——の確認試験 341
　　——の生合成 342
アントラセン 115,145,340
アントラセン配糖体（anthracene glycoside）339〜342
アントラノール（anthranol）340
アントラヒドロキノン（anthrahydroquinone）340
アントラマイシン（anthramycin）30
アンドロスタン（androstane）376
アンドロステンジオン（androstenedione）381
アントロン（anthrone）340
アンノナリド（annonalide）368
アンピシリン（ampicillin）193
アンフィレクタンジテルペノイド（amphilectan diterpenoid）365
アンフェタミン（amphetamine）313

い

E1 反応（単分子脱離反応）232
硫黄含有アミノ酸 186
イオン化エネルギー 22

索引

イオン結合 22
いす形配座 38
異性体 32
　幾何―― 49〜52
　光学―― 41,42
　構造―― 32,33,62
　配座―― 33〜39
　立体―― 32,33
EZ 表示法 50
イソオキサゾール(isoxazole) 149,163〜165
　――の合成法 164
　――の反応性 165
　――の物性 164
イソカウダンセスキテルペン(isodaucane sesquiterpene) 361
イソキノリン(isoquinoline) 149,169〜173,305
　――の合成法 171〜173
　――の反応性 172,173
　――の物性 170
イソキノリンアルカロイド(isoquinoline alkaloid) 310,311
イソコバランジテルペノイド(isocopalane diterpenoid) 367
イソセドランセスキテルペン(isocedrane sesquiterpene) 362
イソチアゾール 163〜165
　――の合成法 164
　――の反応性 165
　――の物性 164
イソビテキシン(isovitexin) 390,393
イソブタン 61
イソブチルアルコール 75
イソフラボノイド(isoflavonoid) 390〜394
イソプレノイド配糖体(isoprenoid glycoside) 342〜349
イソプレン則 349
イソプレン単位 349
イソプロピルアルコール 75
イソペンタン 3
イソペンチルアルコール 75
イソラクタランセスキテルペン(isolactarane sesquiterpene) 361
イソロイシン 185

一次構造 178
位置選択性 237
位置選択的反応 205
1,2-ヒドリド移動 244
E2 反応(二分子脱離反応) 233
イブプロフェン(ibuprofen) 53,117
イミダゾール 149,160〜163,304
　――の合成法 161,162
　――の反応性 162,163
　――の物性 161
イミン(imine) 225〜227
イリドイド(iridoid) 347
イリドイド配糖体(iridoid glycoside) 346〜349
イルジン S(illudin S) 361
イルダランセスキテルペン(illudalane sesquiterpene) 361
インゲナンジテルペノイド(ingenane diterpenoid) 368
インジナビル(indinavir) 118
インドリジジン(indolizidine) 305
インドール(indole) 149,173〜175,304
　――の合成法 174
　――の反応性 174,175
　――の物性 173
インドールアルカロイド(indole alkloid) 313〜316

う, え

ウィッティッヒ試薬 108
ウィッティッヒ反応 223,224
ウィリアムソンエーテル合成 81
ウィリアムソンエーテル反応 249
ウォルフーキシュナー還元 66,289,290
ウラシル(uracil) 165
ウリジン三リン酸 337
ウリジン 5′-リン酸(uridine 5′-phosphate) 176
ウンデカン
　――の沸点 62
　――の融点 62

ウンベリフェロン(umbelliferone) 384,387〜389
エクアトリアル 38
エクゴニン(ecgonine) 306
S_N1 反応 242〜245
S_N2 反応 245〜248
エステル 59,94,97〜100
　――の加水分解 275,276
　――の還元 291,292
　――の合成法 98,263
　――の反応性 99,100
　――の命名法 98
エステル交換反応 98
エストラジオール(estradiol) 378
エストロゲン(estrogen) 382
エストロン 382
エタノール(エチルアルコール) 73
エタン
　――の沸点 62
　――の融点 62
エタンチオール(ethanethiol) 78
エチニルエストラジオール(ethynyloestradiol) 380
エチミジン(echimidine) 306
エチルアミン 82
エチレンオキシド 80
エチレングリコール 229
エチレンジアミン 83
エーテル 59,79
　――の求核置換反応 257〜260
　――の合成法 81,216,252
　――の反応性 82
　――の物性 80
　――の命名法 80
エトポシド(etoposide) 384
エナミン(enamine) 85
　――の合成 227
エナンチオ選択的合成 54
エナンチオマー＝鏡像異性体
エニセランジテルペノイド 366
エフェドリン(ephedrine) 305,313
エポキシド 80
　――の求核置換反応 257〜260
　――の合成法 279,280

索　引

エメチン（emetine）　305
エリオジクチオール
　　　　（eriodictyol）　392
エルゴステロール（ergosterol）
　　　　　　　　　　　　379
エルゴタミン（ergotamine）　305
エルゴリン（ergoline）　304,305,
　　　　　　　　313〜315
エルジン（ergine）　305,315
エレマンセスキテルペン
　　（elemane sesquiterpene）
　　　　　　　　　　　　355
β-エレメン（β-elemene）　355,363
エレモフィランセスキテルペン
　（eremophilane sesquiterpene）
　　　　　　　　　　　　357
エレモホルチン（eremofortin）
　　　　　　　　　　　　357
塩化アルキル　254
塩化オキサリル　95,262
塩化チオニル　95,254
塩化ビニル　111
塩化ブタノイル　95
塩化プロパノイル　95
塩基性アミノ酸　186
エンモチン（emmotin）　357
エンモチンセスキテルペン
　　（emmotin sesquiterpene）　357

お

オイゲノール（eugenol）　384
オキサゾール（oxazole）　149,
　　　　　　　　160〜163
　——の合成法　161,162
　——の反応性　162,163
　——の物性　161
オキサン（oxane）　80
オキサントロン（oxanthrone）
　　　　　　　　　　　　340
オキシ水銀化-脱水銀化反応
　　　　　　　　　　　　212
オキシム
　——の還元　290
　——の合成　225〜227
オキソ　87
オキソニウムイオン　6
オキソラン（oxolane）　80

オクタン
　——の沸点　62
　——の融点　62
オゾン分解　88
　アルケンの——　281,282
オプロパンセスキテルペン
　　（oplopane sesquiterpene）　358
オポシタンセスキテルペン（op-
　positane sesquiterpene）　357
オリゴ糖　320
オルト-パラ配向性　126〜128
オレアナントリテルペン
　　（oleanane triterpene）　372
オレウロペイン（oleuropein）
　　　　　　　　　　　　349
オーロン（aurone）　394

か

カウランジテルペノイド
　　（kaurane diterpenoid）　367
カエサルジャピン（caesaljapin）
　　　　　　　　　　　　365
カカロリド（cacalolide）　358
カカロール（cacalol）　358
カカロールセスキテルペン
　（cacalol sesquiterpene）　358
核酸　175〜185
　——と遺伝　181〜184
　——の構造　178〜181
核タンパク質　175
角度型ジヒドロフラノクマリン
　　　　　　　　　　　　389
角度型ピラノクマリン　389
角度型フラノクマリン　388
重なり形　34,36
過酸　279
過酸化物効果　209,210
カジナンセスキテルペン
　（cadinane sesquiterpene）　358
α-カジネン（α-cadinene）　358,
　　　　　　　　　　　363
加水分解　54,258,274〜278
　アミドの——　276,277
　エステルの——　275,276
　カルボン酸誘導体の——
　　　　　　　　274〜278
　ニトリルの——　277,278

カスカロシド（cascaroside）　341
カスタノスペルミン（castano-
　　　　　　spermine）　305
カチノン（cathinone）　313
カッサンジテルペノイド
　　（cassane diterpenoid）　365
活性化基　124
カップリング反応　251
（＋）-カテキン（(＋)-catechin）
　　　　　　　　　　　　393
カフェイン（caffeine）　147,168,
　　　　　　　　306,316
カプサンチン（capsanthin）　374
カプネランセスキテルペン
　（capnellane sesquiterpene）
　　　　　　　　　　　　362
過マンガン酸カリウム　279
可溶媒分解　243
ガラクタル酸（galactaric acid）
　　　　　　　　　　　　327
ガラクトシド（galactoside）　338
カラトール（caratol）　361
カラブランセスキテルペン
　（carabrane sesquiterpene）
　　　　　　　　　　　　359
カリウム t-ブトキシド　238
β-カリオフィレン（β-caryo-
　　　　　　phyllene）　356,363
カリオフィレンセスキテルペン
　（caryophyllane sesquiterpene）
　　　　　　　　　　　　356
カルコン（chalcone）　392
カルデノリド（cardenolide）　345
カルバクロール（carvacrol）　352
カルベン　219
カルボキシ基
　——の構造　91
　——の酸性度　91
β-カルボリン（β-carboline）
　　　　　　304,305,313,315
カルボン酸　59,89〜93
　——の塩　92
　——の還元　291
　——の合成法　93,222,274〜
　　　　　　　　　　　285
　——の物性　92
　——の命名法　89
カルボン酸誘導体　94
　——の加水分解　274〜278
　——の反応性　94

索　引

ガロタンニン(gallotannin)　395
β-カロテン(β-carotene)　350,374
カロメラノラクトン(calomelanolactone)　361
Cahn-Ingold-Prelog 表記法＝RS 表記法
還元　279
　　アジドの——　292
　　アミドの——　292
　　アルケンの——　216
　　アルデヒドの——　287〜289
　　イミン誘導体の——　290
　　ウォルフーキシュナー——　66,289,290
　　エステルの——　291,292
　　オキシムの——　290
　　カルボン酸の——　291
　　金属ヒドリド——　76
　　クレメンゼン——　66,289
　　ケトンの——　287〜289
　　酸塩化物の——　291
　　接触——　66
　　単糖の——　325,326
　　ニトリルの——　292
　　ハロゲン化アルキルの——　286
　　ヒドリド——　287〜289
　　有機金属試薬の——　287
還元剤　279
還元的アミノ化　83,142
還元糖　326
カンジカンゾール(candicansol)　361
緩衝液　13
緩衝作用　13
カンション(kanshone)　357
含窒素糖　334
官能基　8,58〜195
(+)-カンファー((+)-camphor)　352
カンフェレナンセスキテルペン(campherenane sesquiterpene)　363

き

幾何異性体　49〜52,105
ギ酸　90

キサンタンセスキテルペン(xanthane sesquiterpene)　359
キサンチレチン　389
キサンチン(xanthine)　168
キセニアフィランジテルペノイド(xeniaphyllane diterpenoid)　368
キニジン(quinidine)　306,310
キニーネ(quinine)　170,310
キノリン(quinoline)　149,169〜173,306,310,311
——の合成法　171〜173
——の反応性　172,173
——の物性　170
求核試薬　242
求核置換反応　70,113,159,163,167,169,173,242〜248
　　アルコールの——　251〜256
　　エーテルの——　257〜260
　　エポキシドの——　257〜260
　　ハロゲン化アルキルの——　249〜251
求核付加反応　220〜231
求電子試薬　123,242
求電子置換反応　159,163,167,172,174,241,267〜274
求電子付加反応　109,112,203〜220
競合的拮抗薬　309
強心配糖体(cardiac glycoside)　338,345,346
鏡像異性体(エナンチオマー)　40,41
協奏反応　245
共鳴エネルギー　120,122
共鳴効果　126
共役塩基　6
共役酸　6
共有結合　19,23
極性　4,26
極性溶媒　4
キラリティー　39
キラル炭素　40
キラル分子　40
——の合成　54,55
ギルマン試薬(Gilman reagent)　66,70,71,266
均一結合開裂　198
ギンセノシド(ginseonoside)　344

金属ヒドリド還元　76
筋肉増強剤＝タンパク質同化ステロイド

く

グアイアンセスキテルペン(guaiane sesquiterpene)　359
クアシノイドトリテルペン　372
クアシン(quassin)　372
グアニン(guanine)　167,316
グアノシン 5′-リン酸(guanosine 5′-phosphate)　176
クエルセチン(quercetin)　131,384,393
ククルビタシン E(cucurbitacin E)　370
ククルビタントリテルペン(cucurbitane triterpene)　370
クスコヒグリン(cuscohygrine)　306,308
クトコシド(kutkoside)　348
クパランセスキテルペン(cuparane sesquiterpene)　356
クマリン(coumarin)　387〜389
クマリン酸(coumaric acid)　384
クライゼン縮合　100,266,267
クライゼン転位　297
グリコーゲン(glycogen)　333
グリコシド(glycoside)　324
グリコシルアミン(glycosylamine)　334
グリコン(glycone)　336
グリシン　185
グリセルアルデヒド　44,322
グリチルリチン(glycyrrhizinic acid)　344
クリック(Crick,Francis)　179
グリニャール試薬　70,71,221,222
クリプトボル酸(cryptoporic acid)　358
クルクメノン(curcumenone)　359,363
クルクメンエーテル(curcumene ether)　356
クルクラチン A(curculathyrane A)　367

索　引

クルクラブラノール（curcurabranol）359
グルクロン酸（glucuronic acid）321
グルコサゾン（glucosazone）326
グルコサミン（glucosamine）321,334
グルコシダーゼ　274
グルコース（glucose）319,322,323
グルシトール（glucitol）325
クルゼレノン（curzerenone）355,363
グルタミン　186
グルタミン酸　186
クルマジオン（curmadione）359
クレイスタンタンジテルペノイド（cleistanthane diterpenoid）366
クレメンゼン還元　66,289
クロム酸　279
クロロベンゼン（chlorobenzene）122

け，こ

形式電荷　21
ケタール　228,229
結合　15〜31
結合角　24
ケト-エノール互変異性　213
ケト原性アミノ酸　188
ケトース　320
ケトン　59,85〜89
　──の還元　287〜289
　──の合成法　87,88,213〜215,222,266,280,281,284,285
　──の反応性　88,89
　──の物性　87
　──の命名法　86
ゲニステイン（genistein）394
ゲラニオール（geraniol）352
ゲルマクラン（germacrane）355
けん化　275
原子価　17
原子軌道　16
原子構造　15〜31
原子番号　15

ゲンタマイシン（gentamicin）335
ケンフェロール（kaempferol）390,393
光学異性体　41，42
光学活性　42
鉱質コルチコイド　378
合成ステロイド　380,381
合成法
　アセタールの──　228,229
　アニリンの──　139,140
　アミドの──　101,263〜265
　アミンの──　83,84,292
　アルカンの──　66,286〜290
　アルキルジハロゲン化物の──　216〜218
　アルキンの──　112
　アルケンの──　107,108,224,233〜235,237〜240
　アルコキシアルコールの──　259
　アルコールの──　76,211〜213,221,222,258,287〜289
　アルデヒドの──　87,88,213〜215,281,284,291,292
　イソオキサゾールの──　164
　イソキノリンの──　171〜173
　イミンの──　225〜227
　インドールの──　174
　エステルの──　98,99,263,264
　エーテルの──　81,216,252
　エポキシドの──　279,280
　塩化アルキルの──　254
　オキサゾールの──　161,162
　オキシムの──　225〜227
　カルボン酸の──　93,222,274〜285
　キノリンの──　171〜173
　ケトンの──　87,88,213〜215,222,266,280,281,284,285
　酸塩化物の──　95,262,263
　シアノヒドリンの──　225
　ジオールの──　227,228,258,280,281
　シクロアルカンの──　66
　シクロアルケンの──　107,108

シクロプロパンの──　219,220
チアゾールの──　161,162
チオフェンの──　152〜154
チオールの──　79
ニトリルの──　103
ヌクレオシドの──　177,178
ヌクレオチドの──　177,178
ハロゲン化アルキルの──　69,197〜199,206,207,209,210,252〜254
ハロヒドリンの──　219
ハンチュ　153,158
ヒドラゾンの──　226,227
ピナコロンの──　235,236
ピリジンの──　158
ピリミジンの──　166
ピロールの──　152〜154
フィッシャーエステル──　261
フェイスト-ベナリー──　154
フェノールの──　134
ブロモアルケンの──　210
酵素　54
構造
　アルキンの──　110
　アルケンの──　106,107
　一次──　178
　核酸の──　178〜181
　二次──　179〜181
構造異性体　32,33,62
構造活性相関　191〜194
コカイン（cocaine）306〜309
五環性トリテルペン　371,372
ゴーシュ形　36
コデイン（codeine）305,311
コナニン（conanine）306
コニイン（coniine）306
コパアンセスキテルペン（copaane sesquiterpene）363
3-コパエン（3-copaene）363
コハク酸（succinic acid）97
コバックス試薬　175
コープ転位　296,297
コーリー-ハウス反応　251
コリン（choline）304
コルチゾール（cortisol）378,383
コルチゾン（cortisone）383
コルベ反応　135

索　引

コレステロール(cholesterol)
　　　　　　　　376,379
コロラタジオール(corollata-
　　　　　　diol) 371
コンビナトリアルケミストリー
　　　　　　　　　　301

さ

サキナビル(saquinavir) 117
酢酸 90
酢酸エチル 98
サポニン(saponin) 338,343
　　　　　　　　　～345
サマンダリン(samandarine)
　　　　　　　　306,317
サリシン(salicin) 2,274,336
サリチルアルコール 336
サリチル酸 131
サリドマイド(thalidomide) 53
サルファ剤(sulpha drug) 143
　　——の構造活性相関 191,192
サルブタモール(salbutamol)
　　　　　　　　　　313
酸塩化物 94
　　——の還元 291
　　——の合成法 95,262,263
　　——の反応性 96
　　——の命名法 95
酸・塩基
　　アレニウスの—— 5
　　ブレンステッド-ローリー
　　　　　　　　の—— 6
　　ルイスの—— 7
酸化 278
　　アルキンの—— 282,283
　　アルケンの—— 279,280
　　アルデヒドの—— 285
　　第一級アルコールの——
　　　　　　　　283,284
　　第二級アルコールの——
　　　　　　　　284,285
　　単糖の—— 326,327
　　バイヤー-ビリガー—— 285
酸化還元反応 196,278～293
酸化剤 279
サンギナリン(sanguinarine)
　　　　　　　　　　305

酸性アミノ酸 186
α-サンタランセスキテルペン
　　(α-santalane sesquiterpene)
　　　　　　　　　　363
三糖 320
サンドメイヤー反応 143
酸無水物 94,96
　　——の合成法 263
　　——の反応性 97
　　——の命名法 96

し

ジアジン(diazine) 166
ジアステレオマー 48
ジアセトキシスシルペノール
　　(diacetoxyscirpenol) 356
ジアゼパム(diazepam) 117
ジアゾニウム塩 134,142
シアタンジテルペノイド
　　(cyathane diterpenoid) 366
シアニジン(cyanidin) 393
シアノヒドリン 225
ジアントラノール(dianthranol)
　　　　　　　　　　340
ジアントロン(dianthrone) 340
ジイソプロピルアミン 238
ジエチルエーテル(diethyl
　　　　　　ether) 79
N,N-ジエチルトリプタミン
　　(N,N-diethyltryptamine) 314
ジエン 105
ジオスゲニン(diosgenin) 343
ジオール 74
　　——の合成法 227,228,258,
　　　　　　　　280,281
脂環式複素環 150
四環性トリテルペン 370,371
ジギトキシン(digitoxin) 345
シキミ酸 385
シグマトロピー転位 296,297
シクロアルカン 60,64,65
　　——の幾何異性 65
　　——の合成法 66
　　——の反応 67
　　——の物性 65
シクロアルケン
　　——の合成法 107,108

——の反応性 109
シクロアルタントリテルペン
　　(cycloartane triterpene)
　　　　　　　　　　371
シクロアルテノール(cyclo-
　　　　　artenol) 371
シクロネロジオール(cyclonero-
　　　　　diol) 354
シクロビスアボランセスキテル
　　ペン(cyclobisabolane sesqui-
　　　　　terpene) 355
シクロファネサン型セスキテル
　　ペン(cyclofarnesane-type
　　　sesquiterpene) 354
シクロブタン 64
　　——の配座異性体 36
シクロブタンセスキテルペン
　　(cyclobutane sesquiterpene)
　　　　　　　　　　354
シクロプロパン 64
　　——の合成法 219,220
　　——の配座異性体 36
シクロヘキサン 4,64
　　——の配座異性体 37
シクロペンタフェナントレン
　　　　　　　　　　375
シクロペンタン 64
　　——の配座異性体 37
シクロペンタンセスキテルペン
　　(cyclopentane sesquiterpene)
　　　　　　　　　　354
シクロユーデスマンセスキテル
　　ペン(cycloeudesmane sesqui-
　　　　　terpene) 357
シクロユーデスモール(cyclo-
　　　　　eudesmol) 357
シクロラウランセスキテルペン
　　(cyclolaurane sesquiterpene)
　　　　　　　　　　356
シクロラウレン(cyclolaurene)
　　　　　　　　　　356
ジケトン 282,283
ジゴキシン(digoxin) 345
四酸化オスミウム 279
シスチン 305
システイン 186
シスプラチン(cisplatin) 30
シチジン 5′-リン酸(cytidine
　　　　5′-phosphate) 176
シッフ塩基 84,226

ジテルペン(diterpene) 350, 364～369
　——の構造の種類 365～368
　——の天然資源 369
シトシン(cytosine) 165
(+)-シトロネラール
　((+)-citronellal) 352
ジハロゲン化アルキル 207～209
ジヒドロケンフェロール
　(dihydrokaempferol) 393
ジペプチド 187
ジベレリン(gibberellin) 366, 369
脂肪族アミノ酸 185
脂肪族アルカン 60
ジムノミトランセスキテルペン
　(gymnomitrane sesquiterpene) 363
3-ジムノミトレン(3-gymnomitrene) 363
3-ジムノミトレン-15-アール
　(3-gymnomitren-15-al) 363
N,N-ジメチルトリプタミン
　(N,N-dimethyltryptamine) 314
N,N-ジメチルホルムアミド 100
1,2-ジメトキシエタン 79
試薬
　ギルマン—— 70
　グリニャール—— 70
　有機リチウム—— 70
ジャトロファンジテルペノイド
　(jatrophane diterpenoid) 367
酒石酸 48
植物ステロール 378
ジョーンズ試薬 283
シロシビン(psilocybin) 305, 314
ジロホール(dilophol) 368
シンジヒドロキシ化 280,281
親水性(hydrophilic) 74
シンナムアルデヒド 384
シンフィチン(symphitine) 306
シン付加 204

す

水酸化物イオン 6
水素移動 296
水素化 204
水素化アルミニウムリチウム 279
水素化ジイソブチルアルミニウム 88,292
水素結合 27
　——の結合力 28
　分子間—— 74,132
　分子内—— 133
水和 4,211
スクラウプ合成 171
スクロース(sucrose) 330
スコポラミン(scopalamine) 306
ステルプランセスキテルペン
　(sterpurane sesquiterpene) 361
ステロイド(steroid) 306,375～383
　——の機能 381～383
　——の構造 375,376
　——の種類 377～379
　——の生合成 379,380
　——の物性 377
　——の立体化学 376,377
　合成—— 380,381
　性—— 378
　副腎皮質—— 378
ステロイド核 343
ステロイド系アルカロイド(steroidal alkaloid) 317,318
ステロイド系テルペノイド(steroidal terpenoidal) 306
ステロール(sterol) 376
スパルテイン(sparteine) 306
スピロベチバンセスキテルペン
　(spirovetivane sesquiterpene) 362
スフェノロバンジテルペノイド
　(sphenolobane diterpenoid) 368
3-スフェノロベン-5,16-ジオン
　(3-spenolobene-5,16-dione) 368

スペルミジン(spermidine) 305
スマトリプタン(sumatriptan) 314
スルファメトキサゾール
　(sulphamethoxazole) 117
スルホンアミド(sulfonamide) 85,141
スルホン化反応(sulphonation) 155

せ，そ

生合成
　ステロイドの—— 379,380
　テルペノイドの—— 350,351
　配糖体の—— 337
　フラボノイドの—— 391
青酸配糖体(シアン配糖体，cyanogenic glycoside) 338, 339
　——の確認試験 339
　医薬品としての—— 339
性ステロイド 378
セコイリドイド(secoiridoid) 347
セコイリドイド配糖体(secoiridoid glycoside) 346～349
セスキカレン(sesquicaren) 355
セスキテルペン(sesquiterpene) 350,353～363
　——の代表的な基原植物 363
　——の分類 354～363
接触水素化 204
セドランセスキテルペン
　(cedrane sesquiterpene) 362
セドロール(cedrol) 362
ゼニカンジテルペノイド
　(xenicane diterpenoid) 368
ゼニシン(xenicin) 368
セファロスポリンC(cephalosporin C) 147,301
セミカルバゾン(semicarbazone) 226,227
セラベンジン(celabenzine) 305
セリン 186
セルラタンジテルペノイド
　(serrulatane diterpenoid) 368

セルロース(cellulose) 333,334
セロトニン(serotonin) 147,173,305,314
セロビオース(cellobiose) 329
選択的水素化 205
センノシド(sennoside) 341
センブランジテルペノイド
　(cembrane diterpenoid) 365
双極子 25
双極子-双極子相互作用 26,63
双性イオン 188
疎水性 74
ソラニン(solanine) 306,317
ソルビトール(sorbitol) 325

た，ち

第一級アルコール
　――の合成 291,292
　――の酸化 283,284
第三級アルコール 265
ダイゼイン(daidzein) 394
第二級アルコール 284,285
ダウカンセスキテルペン
　(daucane sesquiterpene) 361
多環式芳香族化合物 145,146
タキサンジテルペノイド
　(taxane diterpenoid) 368
タキソール(taxol, パクリタキセル) 117,299,364,368
脱水銀化 212,216
脱水反応 231
脱ハロゲン化水素 236～241
脱離反応 70,107,196,231～241
多糖 320,331～334
ダフナンジテルペノイド
　(daphnane diterpenoid) 366
ダフネトキシン(daphnetoxin) 366
炭化水素 60
炭水化物 319～336
単糖 320
　――のアルコールとしての反応 327
　――の還元 325,326
　――の環状構造 322～324
　――の酸化 326,327
　――の薬理学的使用 328

タンニン(tannin) 394,395
タンパク質同化ステロイド(筋肉増強剤) 375
単分子脱離反応＝E1反応
ダンマラントリテルペン
　(dammarane triterpene) 371
ダンマレンジオール
　(dammarenediol) 371,373
チアゾール(thiazole) 149,160～163
　――の合成法 161,162
　――の反応性 162,163
　――の物性 161
チアミン(thiamine) 161
チオフェン(thiophene) 146,149,151
　――の合成法 152～154
　――の反応性 154～157
　――の物性 151,152
チオール(thiol) 59,78,79
　――の塩基性 79
　――の合成法 79
　――の酸化 79
　――の物性 78
　――の命名法 78
置換反応 196,241～274
チグリアンジテルペノイド
　(tigliane diterpenoid) 368
チミン(thymine) 165
チモールブルー(thymol blue) 14
チャミグランセスキテルペン
　(chamigrane sesquiterpene) 362
中性 11
中和反応 11,13
超共役 200
直線型ジヒドロフラノクマリン 389
直線型ピラノクマリン 389
直線型フラノクマリン 388
チロシン 186

て

ディールス-アルダー反応 293～297
　――の立体化学 295

テルペノイド系テルペノイド
　(terpenoidal terpenoidal) 306
デオキシ糖(deoxy sugar) 321
デオキシリボ核酸(deoxyribonucleic acid) 175,176
2-デオキシリボース(2-deoxyribose) 176
テオフィリン(theophylline) 168,306
テオブロミン(theobromine) 168,306,316
デカン 62
滴定 13
テストステロン(testosterone) 377,382
テトラテルペン(tetraterpene) 350,373～375
テトラヒドロハルミン(tetrahydroharmine) 315
テトラヒドロフラン
　(tetrahydrofuran) 79,146
デバイン(thebaine) 305
テルペノイド(terpenoid) 349～375
　――の生合成 350,351
　――の分類 349,350
テルペノイド系アルカロイド
　(terpenoidal alkaloid) 317,318
テルペン(terpene) 350
転位 140
　クライゼン―― 297
　コープ―― 296,297
　シグマトロピー―― 296,297
転位パチョランセスキテルペン
　(rearranged patchoulane sesquiterpene) 359
転位ヒルスタンセスキテルペン
　(rearranged hirsutane sesquiterpene) 362
転化糖 331
電気陰性度 4,25
電子配置 17
天然物(natural product) 298～303
　医学における―― 298,299
　医薬品の発見と―― 300～303
天然物化学(natural product chemistry) 298～395
天然物ライブラリー 302

索　引　　　405

デンプン　331

と

糖　322
糖原性アミノ酸　188
糖酸(sugar acid)　321
糖脂質　336
糖新生　188
糖タンパク質　336
等電点　190
糖リン酸　334
毒性　194
α-トコフェロール(α-tocopherol)　202,364
トシル酸エステル　286
　——の合成　255
ドデカン　62
トマチリジン(tomatillidine)　306
ドラゲンドルフ試薬　319
ドラスタンジテルペノイド (dolastane diterpenoid)　366
ドラベランジテルペノイド (dolabellane diterpenoid)　366
トリエン　105
トリオース　321
トリコテカンセスキテルペン (trichothecane sesquiterpene)　356
トリゴネリン(trigonelline)　306
トリテルペノイド核　343
トリテルペン(triterpene)　350, 369〜373
　——の天然資源　373
トリプタミン(tryptamine)　305, 313,314
トリプトファン(tryptophan)　186
ドリマンセスキテルペン (drimane sesquiterpene)　358
p-トルイジン(p-toluidine)　83
トルエン　115,122,129,130
トレオニン　186
トレンス試薬　326
トロパン(tropane)　306
トロパンアルカロイド　308,309

な行

内部アルキン　110
ナフタレン　115,145
ナリンゲニン(naringenin)　392
ナルドシナンセスキテルペン (nardosinane sesquiterpene)　357

ニコチン(nicotine)　147,306,307
二次構造　179〜181
二次代謝産物　298
二重結合　19
二糖　320,328〜331
ニトリル　59,94,102,103
　——の加水分解　277,278
　——の還元　292
　——の合成法　103
　——の反応性　103
　——の命名法　103
ニトロ化反応　155
　ベンゼンの——　272,273
ニトロニウムイオン　272
ニトロフェノール　132
ニトロベンゼン　122
二分子脱離反応＝E2反応
尿酸　168
ヌクレオシド(nucleoside)　175
ヌクレオチド(nucleotide)　175
ネオペンタン　3
ネオリグナン　387
ノナン　62
ノビリン(nobiline)　360
ノルアポルフィン(noraporphine)　304
ノルトロパン(nortropane)　306, 308
ノルルピナン(norlupinane)　305

は

バイオアッセイ誘導型単離　302

π結合　24
配向性　124
　オルト-パラ——　127,128
　メタ——　127
配座異性体　33〜39
　シクロブタンの——　36
　シクロプロパンの——　36
　シクロヘキサンの——　37
　シクロペンタンの——　37
　ブタンの——　35
　プロパンの——　35
ハイスループットスクリーニング　300
配糖体(glycoside)　336〜349
　——の生合成　337
　——の分類　337,338
バイヤーテスト　280
バイヤー-ビリガー酸化　285
パウリの排他原理　18
ハーガー試薬　319
パクリタキセル(paclitaxel)＝タキソール
ハース合成　145
パスツール(Pasteur,Louis)　55
パチディクチランジテルペノイド(pachydictyane diterpenoid)　367
パチョランセスキテルペン (patchoulane sesquiterpene)　359
パーテノリド(parthenolide)　363
バトラコトキシン(batrachotoxin)　306
パパベリン(papaverine)　171, 305,311, 312
バリン　185
パール-クノール合成　152
パルテノリド(parthenolide)　355
ハルパゴシド(harpagoside)　347
ハルパジド(harpagide)　348
ハルミン(harmine)　305,315
バレレナンセスキテルペン (valerenane sesquiterpenoid)　359
ハロアルカン　59,67〜72
ハロゲン化　271,272

406　索　引

ハロゲン化アルキル　67〜72
　――の還元　286
　――の求核置換反応　249〜251
　――の合成法　69,197〜199, 206〜210, 252〜254
　――の反応性　69,70
　――の物性　69
　――の命名法　68
ハロヒドリン　81
　――の合成　219
ハロホルム　69
ハンチュ合成　153,158
半保存的複製　182

ひ

pH　2,11
ヒオスチン(hyoscine)　306
非環状アルカン　60
非極性共有結合　23
非局在化　138
非極性溶媒　4
ピクテ-スペングラー合成　172
ピクトロキサンセスキテルペン(picrotoxane sesquiterpene)　360
ヒグリン(hygrine)　306,308
ピクロシド(picroside)　348
pK_a　11
非結合電子　20
α-ビサボロール(α-bisabolol)　363
ビシクロゲルマクラン(bicyclogermacrene)　355
ビシクロゲルマクランセスキテルペン(bicyclogermacrane sesquiterpene)　355
ビシュラー-ナピエラルスキー合成　171
ビスアボランセスキテルペン(bisabolane sesquiterpene)　354
(−)-β-ビスアボレン((−)-β-bisabolene)　354
ヒスタミン(histamine)　161
ヒスチジン　186

ビタミンE　364
ビタミンA＝レチノール
ビタミンC＝アスコルビン酸
必須アミノ酸　188
被毒触媒　205
ヒドラゾン(hydrazone)　226, 227
ヒドリド還元　287〜289
ヒドロキシ基含有アミノ酸　186
ヒドロキシルアミン　225
ヒドロコルチゾン　383
ヒドロホウ素化-酸化反応　80, 87
ピナコール転位　235,236
ピナコロン(pinacolone)　235,236
ビニル基　105
ビニル炭素　105
(＋)-α-ピネン((＋)-α-pinene)　352
ピノリン(pinoline)　315
ビフラボノイド(biflavonoid)　394
ビフロランジテルペノイド(biflorane diterpenoid)　368
ピペリジン(piperidine)　158, 306
ピペリン(piperine)　306
ヒポキサンチン(hypoxanthine)　168
ヒポクラテス(Hippocrates)　298
ヒマチャランセスキテルペン(himachalane sesquiterpene)　360
ピマランジテルペノイド(pimarane diterpenoid)　368
非マルコウニコフ型付加　209
ヒュッケル則　114
ピラジン(pyrazine)　166
ピラゾール(pyrazole)　149, 163〜165
　――の合成法　164
　――の反応性　165
　――の物性　164
ピラノース(pyranose)　324
ピラン(pyran)　323
ピリジン(pyridine)　116,146, 149,157〜160,306
　――の合成法　158
　――の反応性　159,160
　――の物性　157,158

ピリジンアルカロイド(pyridine alkaloid)　307
ピリジンN-オキシド　160
ピリダジン(pyridiazine)　166
ピリドトリアジン(pyridotriazine)　157
ピリミジン(pyrimidine)　147, 165〜167
　――の合成法　166
　――の反応性　167
　――の物性　166
ヒルスタンセスキテルペン(hirsutane sesquiterpene)　362
ビルスマイヤー反応　154,175
ピロカルピン(pilocarpine)　304
ピロリジジン(pyrrolizidine)　306
ピロリジン(pyrrolidine)　306
ピロリジンアルカロイド(pyrrolidine alkaloid)　306
ピロール(pyrrole)　116,149, 151,306
　――の合成法　152〜154
　――の反応性　154〜157
　――の物性　151,152
ピロールアルカロイド(pyrrole alkaloid)　308
ピングイサニン(pinguisanin)　360
ピングイサンセスキテルペン(pinguisane sesquiterpene)　360
ビンクリスチン(vincristine)　299

ふ

ファーマコフォア　191,300
ファンデルワールス力　27
フィタンジテルペノイド(phytane diterpenoid)　367
フィッシャーエステル合成　261
フィトール(phytol)　364
フィロクラダンジテルペノイド(phyllocladane diterpenoid)　367
フェイスト-ベナリー合成(Feist-Benary synthesis)　154

フェナントレン(phenanthrene) 145
フェニルアラニン 186,385,391
フェニルエチルアミン 305,312,313
フェニル基 123
フェニルヒドラジン 174
フェニルヒドラゾン 174
フェニルプロパノイド 384,385
フェニルプロパン 384
フェノキシドイオン 134
フェノバルビタール(phenobarbital) 166
フェノール 73,115,122,131~137,383~395
——の合成法 134
——の反応性 134~137
——の物性 132~134
——の命名法 131
フェノールフタレイン 14
フェーリング試薬 326
フォルスコリン(forskolin) 350,364,369
不活性化基 124
付加反応 196,202~231
副腎皮質ステロイド 378
複素環化合物 115,146~175
——の医薬品としての重要性 147
——の物性 150
——の命名法 147~150
フシコッカンジテルペノイド(fusicoccane diterpenoid) 366
フシジン酸(fusidic acid) 370,371,373
フシダントリテルペン(fusidane triterpene) 371
不斉炭素 40
n-ブタノール 75
ブタン 3,61
——の配座異性体 35
——の沸点 62
——の融点 62
t-ブチルメチルエーテル 79
ブトムンチアミン 319
舟形配座 38
ブファジエノリド(bufadienolide) 345
ブプロピオン(bupropion) 313

部分電荷 4
フムランセスキテルペン(humulane sesquiterpene) 355
フムレン(humulene) 355,363
フラノイドファネサンセスキテルペン(furanoid farnesane sesquiterpene) 354
フラノース(furanose) 324
フラバノン(flavanone) 392
フラバン(flavan) 393
フラボノイド(flavonoid) 390~394
——の生合成 391
——の分類 392~394
フラボノイド O-グリコシド(flavonoid O-glycoside) 393
フラボノール(flavonol) 393
フラボン(flavone) 392
フラン(furan) 149,151,323
——の合成法 152~154
——の反応性 154~157
——の物性 151,152
ブリアランジテルペノイド(briarane diterpenoid) 365
フリーデランドリテルペン(friedelane triterpene) 371
フリーデル-クラフツアシル化反応 270,271
フリードレンダー合成 171
プリン(purine) 147,165~169,306
——の反応性 169
——の物性 168
プリンアルカロイド(purine alkaloid) 316
フルオキセチン(fluoxetine) 53
フルクトシド(fructoside) 338
フルクトース(fructose) 323
ブルシン(brucine) 306
ブルナシン(prunasin) 339
ブルネソール(bulnesol) 359
フルフラール(furfural) 153
プレカプネランセスキテルペン(precapnellane sesquiterpene) 362
プレドニゾン(prednisone) 383
プレニルゲルマクランジテルペノイド(prenylgermacrane diterpenoid) 368

ブレンステッド-ローリーの酸・塩基 6
ブレンニン C(blennin C) 361
プロアントシアニジン(proanthocyanidin) 394
プロカンビン(procumbine) 348
プロゲスチン(progestin) 382
プロゲステロン(progesterone) 343,372,378
プロストスタントリテルペン(prostostane triterpene) 371
ブロテノリド(brothenolide) 357
プロトイルダンセスキテルペン(protoilludane sesquiterpene) 361
プロトン供与体 6
プロトン酸 8
プロトン受容体 6
プロパノール 75
プロパノン 86
プロパン 61
——の配座異性体 35
ブロモアルケン 210
ブロモ化 155
N-ブロモコハク酸イミド 201
ブロモニウムイオン 217
ブロモフェノールブルー 14
プロリン 185
分子間水素結合 74,132
分子間力 5
分子軌道法 120
分子内水素結合 133
フントの規則 18

ヘ

ベイエランジテルペノイド(beyerane diterpenoid) 365
閉殻電子 19
ヘキサン 3
——の物性 62
ヘキソース(hexose) 321
ヘコゲニン(hecogenin) 343
ベタイン(betaine) 224,304
ベトライド(betolide) 368
ペニシリン(penicillin) 2,147,193,299

ベネディクト試薬　326
ヘプタン　62
ペプチド　185～190
ペプチド結合　187
ヘミアセタール　323
ヘミケタール　323
ペラルゴニジン(pelargonidin)　393
ヘリオポリンE(helioporin E)　365
ペリ環状反応　196,202～231,293～297
α-ベルガモテン(α-bergamotene)　363
ベルコサンジテルペノイド(verrucosane diterpenoid)　368
ベルベリン(berberine)　305
ベンジルアルコール　131
ベンズアミド　100
ベンゼン(benzene)　115
　――の安定性　121
　――の求電子置換反応　123～128,267,268
　――の共鳴構造　119
　――の構造　118～121
　――のスルホン化　273,274
　――のニトロ化　272,273
　――のハロゲン化　271,272
　――誘導体の命名法　122
ベンゾチオフェン(benzothiophene)　173
ベンゾフェノン　87
ベンゾフラン　173
n-ペンタノール　75
ペンタレナンセスキテルペン(pentalenane sesquiterpene)　362
ペンタン　3
　――の物性　62
ペントース(pentose)　321

ほ

芳香族　59
芳香族アミノ酸　186
芳香族アミン　137～144

芳香族化合物　113～145
　――の医薬品としての重要性　116,117
　――の性質　114
　――の分類　115～116
芳香族求電子置換反応　267
芳香族性　113
ホスホニウム塩　72
ポドカルパンジテルペノイド(podocarpane diterpenoid)　368
ボトシノリド(botcinolide)　361
ボトリジアールセスキテルペン(botrydial sesquiterpene)　361
ホパントリテルペン(hopane triterpene)　371
ホフマン脱離　85
ホフマン転位　83
ホフマン分解　85
ポリペプチド　187
ボルディン(boldine)　304
ポルフィリン　151
ホルムアルデヒド　86

ま～む

マイトマイシンC(mitomycin C)　30
マクロサイクリックスペルミン(macrocyclic spermine)　305
末端アルキン　110
マトリシン(matricin)　359
マニホトキシン(manihotoxin)　339
マラスマンセスキテルペン(marasmane sesquiterpene)　361
マラスメン(marasmene)　358
マルコウニコフ則　205
マルトース(maltose)　329
マンニッヒ反応　154,175
ミルセン(myrcene)　349
無水塩化クロム酸ピリジニウム　284
無水酢酸　96
無水物　59

ムスカリン(muscarine)　304,318
ムレキシド試験　319

め，も

メイヤー試薬　319
メスカリン(mescaline)　305,313
メソ化合物　49
メタノール(メチルアルコール)　73,75
メタ配向性　126
メタロドプシンII　374
メタン　62
メタンチオール(methanethiol)　78
メチオニン　186
メチルアミン　82
メチルオレンジ　14
メチレン　219
メバロン酸(mevalonic acid)　350
メラトニン(melatonin)　314
メルカプタン(mercaptan)　59
6-メルカプトプリン(6-mercaptopurine)　168
メルランセスキテルペン(merulane sesquiterpene)　361
(−)-メントール((−)-menthol)　352
モスカミン(moschamine)　305
没食子酸　395
モノテルペン(monoterpene)
　――の種類　352
　――の代表的な基原植物　353
モルヒネ(morphine)　2,117,299,305,311,312

や行

ヤテイン　385
有機金属化合物　70
有機金属試薬　221,222
誘起効果　126

索　引

誘起双極子-誘起双極子相互作
　　　用　27
有機銅リチウム　70
有機リチウム試薬　70,71,221
ユーデスマンセスキテルペン
　　　(eudesmane sesquiterpene)
　　　356
ユーファントリテルペン(eu-
　　　phane triterpene)　371

溶液　4
溶解速度　5
溶解度　2,4
陽子　15
溶質　4
溶媒　4
溶媒効果　247
溶媒和　4
容量分析　13
四糖　320

ら～わ

ライマー-ティーマン反応　136,
　　　137
ラウランセスキテルペン
　　　(laurane sesquiterpene)　356
ラクタム　101
ラクタランセスキテルペン
　　　(lactarane sesquiterpene)　361
ラクトース(lactose)　330
ラクトン(lactone)　98
ラジカル阻害剤　202
ラジカル置換反応　197
ラジカル連鎖反応　67
ラセミ化　244
ラセミ体混合物　43
　　──の分割　55
ラチランジテルペノイド
　　　(lathyrane diterpenoid)　367

ラノスタントリテルペン
　　　(lanostane triterpene)　371
ラノステロール(lanosterol)
　　　371,373,379
ラブダンジテルペノイド
　　　(labdane diterpenoid)　367
リグナン　385～387
　　──の構造の種類　386
リシン(lysine)　186
リゼルグ酸(lysergic acid)　305
リゼルグ酸ジエチルアミド
　　　313,315
立体異性体　32,33
立体化学　32～57
　　──の定義　32
　　ステロイドの──　376,377
　　ディールス-アルダー反応
　　　　の──　295
　　糖の──　322
立体効果　248
立体選択性　237
立体選択的反応　206
立体特異性　217
立体配置　41
立体配置異性体　33,39～49
リード化合物　300
リナマリン(linamarin)　339
リピフォリアンセスキテルペン
　　　(lippifoliane sesquiterpene)
　　　360
リボース　176,321
(＋)-リモネン((＋)-limonene)
　　　350
リモノイドトリテルペン　372
リンコマイシン(lincomycin)
　　　335
リン酸エステル　99
リン酸化　334
リンドラー触媒　205
ルイス構造式　19

ルイスの酸・塩基　7
ルーカス試薬　254
ルチン　390
ルテオニン(luteolin)　392
ルパニン(lupanine)　305
ルパントリテルペン(lupane
　　　triterpene)　372
レイングルーバー合成
　　　(Leimgruber synthesis)　174
レセルビン(reserpine)　305
レチナール　374
レチノール(ビタミンA)　374
レピドザンセスキテルペン
　　　(lepidozane sesquiterpene)
　　　355
レムナカルノール(lemnacarnol)
　　　357
連鎖反応　197
ロイコシアニジン(leucocya-
　　　nidin)　393
ロイコペラルゴニジン(leuco-
　　　pelargonidin)　393
ロイシン　185
ロドプシン　374
ロバンジテルペノイド(lobane
　　　diterpenoid)　367
ロボフィタール(lobophytal)
　　　367
ロンジビナンセスキテルペン
　　　(longipinane sesquiterpene)
　　　360
ロンジフォランセスキテルペン
　　　(longifolane sesquiterpene)
　　　360
(＋)-ロンジフォレン((＋)-
　　　longifolene)　360
ロンドン分散力　27
ワグナー試薬　319
ワトソン　179

伊 藤　喬
　1955 年　愛媛県に生まれる
　1978 年　東京大学薬学部 卒
　現　昭和大学薬学部 教授
　専攻　有機合成化学，生物有機化学
　薬 学 博 士

鳥 居 塚　和 生
　1954 年　東京都に生まれる
　1977 年　千葉大学薬学部 卒
　現　昭和大学薬学部 教授
　専攻　生薬学，和漢薬物学
　薬 学 博 士

第 1 版　第 1 刷　2012 年 4 月 20 日　発行

薬学・生命科学のための
有機化学・天然物化学

Ⓒ 2012

訳　　者　　伊　藤　　喬
　　　　　　鳥 居 塚　和 生
発 行 者　　小 澤 美 奈 子
発　　行　株式会社 東京化学同人
　東京都文京区千石 3-36-7（☎112-0011）
　電話 03(3946)5311・FAX 03(3946)5316
　URL: http://www.tkd-pbl.com

印　刷　　中央印刷株式会社
製　本　　株式会社シナノ

ISBN978-4-8079-0738-0
Printed in Japan
無断複写，転載を禁じます．